電磁気学読本

Electromagnetism
Force and Field

大島隆義［著］
Takayoshi Ohshima

上

「力」と「場」の物語

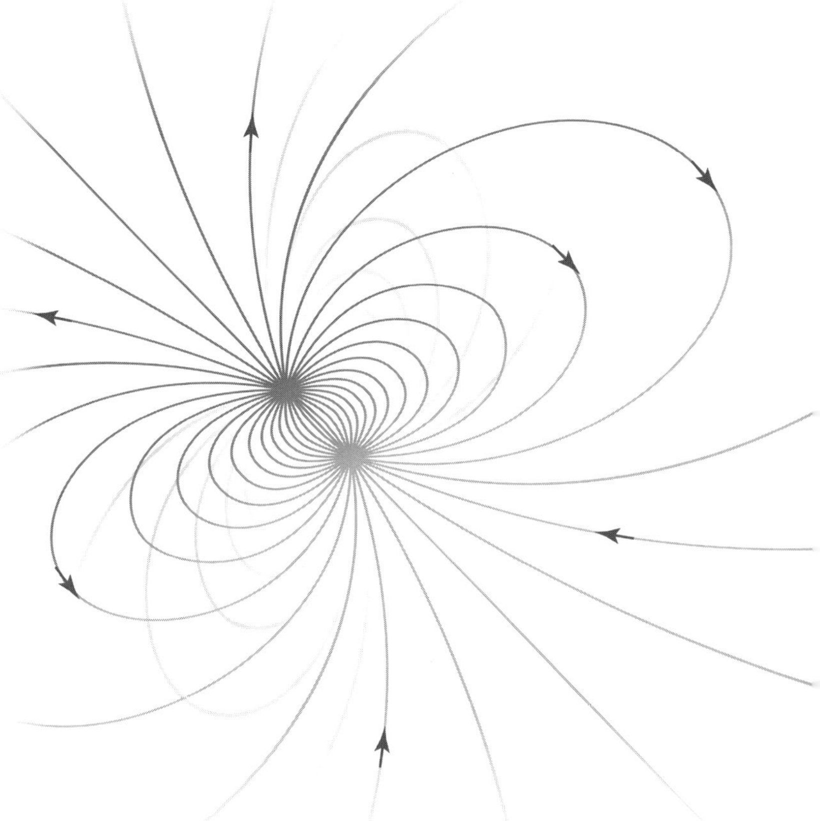

名古屋大学出版会

まえがき

大学理工系の基礎物理学は、「力学」と「電磁気学」の二つで構成される。「力学」については、著者は『自然は方程式で語る 力学読本』と題する書を世に送り出し、幸いに好評を得ることができた。

本書は大学前半期の「電磁気学」を、『力学読本』とまったく同じ精神でもって、同じスタイルで、副読本のつもりで書いた。

「電磁気学」は大変内容が豊富である。基礎を学ぶだけで相当の時間が必要であり、授業も長期間にわたる。自然界の仕組みを知るには、それ相応の努力が必要であるということだ。

諸君は高校の物理 I で電気、モーターと発電機、交流と電波、電気とエネルギー、物理 II で電界と磁界、電流と磁場、電磁誘導、電磁場などの基礎的な事項を学んだであろう。だから、「電磁気学」という名前にはじめて出会うとしても、その内容にはすでに見聞きしたものが多く含まれる。大学の「力学」である程度身に付けた物理の基礎、例えば微分・積分や方程式の解き方などを武器に、さらに深く、広く学習してゆくこととなる。

本書は副読本であり、いわゆる教科書ではなく、著者は諸君と対しているつもりで、語りかける口調の言葉遣いをしているところも随所にある。また、本書は通常の参考書の範疇の枠から随分はみだしており、硬派の立場をとる。

1．硬派の立場とは何か。

本書は「やさしく」電磁気学を教えようとするものではない。できるだけ数式を少なくして「やさしく」理解できるような書き方はしていない。電磁気学、さらには物理を敬遠しないように、努力少なく学習できるようにとは考えていない。

本書では、その逆を目指す。勉学に安易な道はない。努力なしで勉学の楽しさを知ることはできない、との立場をとる。諸君が努力して電磁気学を学ぶための手助けとなることを目指す。

微分・積分が難しいといって、物理を敬遠する学生が少なからずいる。しかし、本書では微分・積分をできるだけ多く登場させ、そして、可能な限り詳細に記述する。微分・積分は科学表現の言葉である。ガリレオがまさに述べたように、「自然」は数式、方程式という言葉によって自分を表現する。

"Nature speaks in equations."

である。科学の理解のために、基本的な数学の習得が要請される所以(ゆえん)である。人が言葉を覚え、正確に意思疎通を行い、自己表現でき、世界を理解するために、正しい文法に従った言語力を身につける必要があるのと同じである。

数学的扱いの厳密さよりも物理的描像の把握が重要である、と強調されることがある。両者が重要であるのは当然であるが、学部時代にはまず前者を習得せよ。数学の技術的な取り扱いを学べ。そして、その過程において、つねに数式の意味をも自分なりに考えよ。それが習得するという過程である。数式、方程式の意味を考えることは、その物理的描像の把握を当然導く。教科書の「行間を読む」、とはそういうことである。これらは教科書を単に読んだからできるというものではない。努力が必要である。努力があってこそ、科学の愉しさ、「自然」の面白さがはじめて分かってくるのだ。本書がその一助になればと願う。

２．本書はある意味では親切すぎる。

「行間を読め」と上で書いた。本書は「行間を読む」読み方を徹底して書いた。それが**この読本の精神**のつもりである。「行間の読み方」は当然、人により異なる。本書は、著者の観点からの読み方である。

「読み方」は学生が勉学して自分で習得するものであるが、「読め」といってもはじめは「読み方」が分からない。しかしながら、それを何年もかけて自得するのが理想である。だが、理想に達する前に、多くの学生はギブアップする、あるいはずっと「読み方」も分からず、勉学の面白さも知らずに卒業してしまう。

本書で「行間の読み方」を学んだからといって、残念ながらすぐできるわけではない。それは長年の修練と個性の混じり合った結果でもある。だから、人それぞれだというのだ。諸君が大学在学の期間、この読本のスタイルを 1 つの参考にして、自分の「読み方」を身につける勉学法を習得することを期待する。

本書を大学前半期の「電磁気学」の副読本のつもりで書いたと述べたが、そのレベルを超えるところも含む。電磁気学に興味をもちはじめ、理解力が向上しはじめた諸君がその実力を確認するため、あるいは、さらに飛躍し学ぶためである。よって、難しいと思うところは飛ばして進めるように構成したつもりである。初年次に読んで分からなかったとしても、3 年次、4 年次に読み直すと分かることもある。また、はるか先に研究者になって読み返しての発見もあろう。本書は一生ものである。

ここで扱う課題は当然、「電磁気学」のすべてではない。基本事項である。「電磁気学」に限らず、学問は面白いものだ。生物的に視覚を通して見えていた自分のまわりの世界について、学べば学ぶほどそれらの存在意義や相互関連に気づき、この見える同じ世界がその様相を変化させてくる。そして、その中での自分の存在を徐々に理解しはじめ、存在価値を探りはじめる。これが大学で学ぶ意義である。

3．「読本」である利点を活かして、著者の能力と時間と気力が続く範囲で、対象をできるだけ徹底して検討するように努めた。その意図は、事物を考えるとき、どこまで深く、かつ広く展開できるか、諸君がそのような体質を身につけるよう修練してもらうためである。著者の勝手な「読本」というものの意味づけから、記述の簡潔さは教科書に譲り、むしろ丁寧さをとった。諸君が確実な理解に至るため、式の展開過程を可能な限り省略せず（必要に応じてヒントも加え）、記述の繰り返しや1つの事項の説明に複数の異なる表現をとった。前の章で扱った事項の説明をのちの章で繰り返す記述法もとっているが、それは重点や重要性を思い出して確認するためであり、また、前の章へ戻る煩雑さを避け、諸君の理解の流れに支障をきたさないようにと考えたためである。

もちろん、本書を教科書同様に活用することもできる。また、「読本」として数式を追うことを脇に置き、方程式を読む愉しさや自然のメカニズムの面白さに焦点を合わせて「読む」こともできる。

本書の構成と使い方

1．第1章はガイドマップ

多くの修得課題を含む「電磁気学」においては、自分がいま学んでいる課題は「電磁気学」の世界のどこに位置しているかを理解しておくことは学生諸君にとって常に重要である。そのための参考手引きとして、あるいは「電磁気学」という物語の登場人物紹介として、本題に入る前に第1章「電磁気学のあらすじ」を設けた。そこには基本的な知識と、本書を含む多くの教科書の一般的な構成を記してある。また、「電磁気学」のダイジェスト的な側面も含むし、著者の「電磁気学」の捉え方を記したところもある。

2．「力の場」$\boldsymbol{E}, \boldsymbol{B}$ と「要素の場」$\boldsymbol{D}, \boldsymbol{H}$

「電磁気学」は「場」を扱う学問である。電「場」、磁「場」、電磁「場」である。よって、「場」の理解が「電磁気学」修得に必須となる。「場」の概念的な解説だけでなく、それぞれの状態に応じた「場」の具体的な様子をそれらが登場する都度、視覚的ならびに数式的にできるだけ丁寧に説明したので、単に読み流すのではなく、それを参考に読者自らの頭で考え咀嚼し、消化し、会得してほしい。

本書では $\boldsymbol{E}$ と $\boldsymbol{B}$ を「（潜在的な）力の場」、$\boldsymbol{D}$ と $\boldsymbol{H}$ を「要素（電荷あるいは電流素片）の場」（それぞれの意味は本文を参照のこと）とする著者の独自の視点を通して、行間を読み進む。

電「場」、磁「場」、電磁「場」はベクトルで記述される場である。ベクトル量はその空間特性によって極性ベクトルと軸性ベクトルに分けられ、「場」はそれらの重ね合わせで構成される。そして、極性あるいは軸性ベクトルの「場」はその特性を、数式的にはベクトル微分演算子（ナブラ ∇）を介して、空間に「発散」あるいは「回転」として表す。「電磁気学」の方程式では盛んに ∇ 記号が登場するが、それは「場」の相互関係をこの特性を通して述べたものだからである。よって、単に微分・積分の計算を行うだけでなく、同時に方程式での ∇ 記号の役割や「場」の振る舞いを吟味し読み取ってほしい。

3．単位を道案内に

「電磁気学」は「力学」と較べ登場する物理量が多い。よって、それに対応する単位もいろいろと登場する。また、「法則」も随分と多い。教科書や授業では「この物理量を・・・といい、その単位は・・・である」と説明があるが、大半はそれで終わる。あまりにも覚える事項が多く、学生はますます「電磁気学」を敬遠したくなる。これを逆手にとり、物理量や法則（方程式）の単位構成という切り口から「電磁気学」を攻めるのも一法である。単位には足し算や引き算はない。ましてや、微分や積分はなく、単に掛け算と割り算だけである。

本書では SI 国際単位系を用いるが、基本単位は長さのメートル (m)、質量のキログラム (kg)、時間の秒 (s)、電流のアンペア (A) だけで、あとはそれらからの組立単位が電磁気学を語る。電場 $\boldsymbol{E}$ は単位電荷当たりの力の単位 (N/C) をもち、磁場 (磁束密度)$\boldsymbol{B}$ は単位電流素片当たりの力の単位 (N/(A·m)) をもつ。電流の単位は A=C/s であって、それは電荷の流れである。物理量の単位を睨んでおれば、そのもつ意味が浮かんでくる。教科書で記されている論理構成の意味も浮かんでくる。磁場 $\boldsymbol{B}$ の単位を書き直せば、$\mathrm{N/(A\cdot m)=(N\cdot m)/(A\cdot m^2)=Wb/m^2}$ (Wb:磁荷の単位のウェーバ) であって、磁場の成因を磁荷としたときの磁束密度 $\boldsymbol{B}$ の単位である。磁場の時間変化 $\partial\boldsymbol{B}/\partial t$ の単位は N/(s·A·m) であり、これは電場の「回転」($\nabla\times\boldsymbol{E}$) の単位 N/(m·C) でもあって、同じ単位の異なる表示であり、「電磁誘導の法則」の理解を助ける。単位を組み立て直せば、物理量間のつながりも納得できる。電場と磁場の対応する関係を把握するのに役立つだけでなく、両者が時間と空間を介して 1 つの「場」を形成しているのではないかとの推量にも至るであろう。それがまさに特殊相対論への入口でもあるのだが。

「この物理量を・・・といい、その単位は・・・である」で終わるのでなく、そこからさらに楽しむべく、本書では至るところで次元（単位）の用語で単位を記した。

単位を扱うのは難しくない。特に、「電磁気学」を敬遠したくなった学生は、単位を切り口に「電磁気学」の攻略を試みてほしい。スポーツにおいては 1 つでも得意技をもつと強くなれる。「単位」を得意技にしてみれば、「電磁気学」が楽しくなる。

4．第 1 章以降の本書の構成

第 I 部「静電場の物語」は静電気学である。第 2 章「電荷と電場の物語」では、冒頭でクーロンの法則を「因数分解」することから電場を導入し、本章と続く第 3 章「電位と保存場の物語」で静電場の基本法則を扱う。第 4 章「導体と電場の物語」ではこれら静電場の法則を適用して導体の静電気的特性を学び、また第 5 章「誘電体と電束密度の物語」では誘電体 (絶縁体) を対象とする。第 5 章における $\boldsymbol{E}$ と $\boldsymbol{D}$ の振る舞いの違いは、第 I 部の一つの山場であろう。

第 II 部「静磁場の物語」は静磁気学である。まず、第 6 章「電流と電気回路の物語」において、静磁場の生成要因である電流について学び、つぎに第 7 章「電流素片と磁場の物語」では静磁場の基本法則を導く。それらの法則を活用して第 8 章「磁性体と磁気モーメントの物語」では磁性体の静磁気的特性とその扱い方を理解する。本書では磁荷の存在を要請しないが、第 9 章「磁荷と静磁場の物語 — 双子の世界」では磁性体の磁化を磁荷分極によるものと捉えることにより、第 8 章で扱った磁性体の静磁気的特性を、誘電体の分極と同様にして取り扱うことができることを示す。異なる現象を統一的に扱えるのも、物理の醍醐味である。

第 III 部では静状態の電場と磁場から「変動する電場と磁場」へと動状態に対象を広げる。第 10 章では電磁誘導を、第 11 章では変位電流を学び、電場と磁場の相互転化、つまり、電場と磁場の一体性を知ることで、電磁場を表現する「マクスウェルの方程式」に至る。電磁気学のクライマックスである。電磁誘導ならびに変位電流が基本的な役割を果たす LRC 交流回路を第 12 章で扱う。

あらゆる電磁気現象を記述するためのマニュアルが「マクスウェルの方程式」であり、第 IV 部「電磁場の物語」ではその具体的な使い方を理解する。第 13 章では真空中、第 14 章では物質中における電磁波の基本的な振る舞いを記す。

学部学科や学年により、また教授する教員により、重点の置きかたが当然異なる。大学初年次の短い教科時間に基礎知識や「場」の考え方の修得を課題として、「真空中での電磁気学」に焦点を絞る授業法もあれば、「電磁気学」が通年（あるいはそれ以上）で用意され、「物質中の電磁気学」も含め、本書の扱うほとんどの課題を教授する授業もある。どのような場合にも対応できるように、本書を書いた。学生諸君はそれぞれの状況に応じて本書を活用してほしい。むずかしく感じるところは飛ばしてくれていい。先へ進むにつれて、飛ばしたところが理解できる力がつくであろう。そのときに戻り、理解すればいいのだ。

理解度を上げるために、できるだけ多くの具体的な例題や問題を解いてある。これらが諸君の大いなる手助けになると信じる。

勉学することは実に楽しいものである。学べば学ぶほど、そして、自分の頭で考えれば考えるほど、世の中の見え方が変わってくる。諸君も大いに楽しむことを期待する。

目　次

第 II 部　静磁場の物語

（下巻内容）

第 IV 部　電磁場の物語

第1章

電磁気学のあらすじ

本章は電磁気学という物語のあらすじ、あるいは登場人物紹介にあたる。

学期はじめに意気込んでいた学生諸君も、授業が進むにつれて当初の緊張感が薄れ、中にはそれに比例して段々と難しく感じはじめるかもしれないし、その果てには、「電磁気学は難しい」とギブアップし、さらには物理を敬遠するようになるかもしれない。

そのような状況を避けるには、学んでいる「電磁気学」の全体構図をガイドマップとして漠然とでいいから（きっちりと把握できれば学ぶ必要などない）、自分ながらにもっておくことが肝心である。

そこで、本章では「読本」の利点を生かして、大学初等で学ぶ「電磁気学」の全体像をいくつかの異なった切り口で提示する。諸君らの「電磁気学」学習の助けになればと考える。事項の詳細は次章以降からはじまる。

1-1　予備知識としての「場」

すべての電荷は、その運動の状態によらず、電場とよぶ電気作用をおよぼす能力をもつ。また、運動するすべての電荷は、磁場とよぶ磁気作用をおよぼす能力をもつ。

「電磁気学」ではこれらの「**場** (field)」を扱う。電「場」、磁「場」、電磁「場」である。この「場」の概念をはじめから頭に入れておくことが、「電磁気学」の理解にとって大切である。

日常の活動において、摩擦電気を帯電した物体同士が引きつけ合い、あるいは斥（しりぞ）け合い、また同じように、磁石同士が互いを引きつけ、あるいは反発することを知る。このとき、力を及ぼしあう物体同士は直接に接しているのでなく、隔（へだ）たってある。作用する力は物体のあいだの空間を伝播して、相手に伝わる。

ちなみに、棒磁石の上に紙を置き鉄粉を振りかけると、鉄粉が磁石の磁気力分布を示すことは諸君のよく知るところである (図 1.1)。紙面の至る所に磁気力が及んでいることが分かる。紙面上だけでなく、紙面から離れた空間においても磁気力が同様に

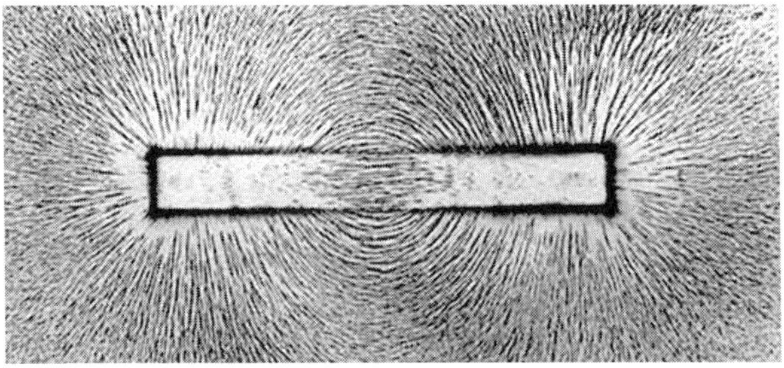

図 1.1　棒磁石のまわりの鉄粉の分布 (http://www.ons.ne.jp/˜taka1997/education/2003/physics/16/より)

分布することが想像できる。これが磁力の「場」である。

辞典などには物理量が分布する空間を「場」と説明してあるが、むしろ空間に分布する形態の物理量を「場」とよぶ方が適しているようだ。「議論の活発な場」や「喧騒な場」という表現は、その特性でもって空間領域を指定するが、比重は空間的な領域よりもむしろその「あり様」にある。あり様は空間の一点一点で定まり、また時間的にも変化するので、「場」の物理量は空間と時間の関数である。

物理量が方向をもつベクトル量の場合には「ベクトル場」(ベクトル関数) となり、方向をもたないスカラー量の場合には「スカラー場」(スカラー関数) となる。

つぎに示すように、電場や磁場はベクトル場となるが、電磁気学ではスカラー場から演算によりベクトル場を導出したり、ベクトル場からさらにベクトル場をつくったり、という操作をする。これが初学者にはまず分かりにくいかもしれない。

1-1-1　潜在的な力の「場」

物体の運動をはじめとして、自然界の現象は力のはたらきがあって起こる。故に、「力」を考えの中心に据えるのが自然である。「場」もこの観点から導入する。

電場 $\boldsymbol{E}$ を例にとる。以下、真空の空間で考える。

電荷をもつあらゆる物体はクーロン力 (Coulomb force) とよぶ電気力を生ずる潜在的能力をもつ。2 つの電荷 q_1 と q_2 が距離 $\boldsymbol{r}$ だけ隔ってあるとき (図 1.2)、それらのあいだにはたらくクーロン力 $\boldsymbol{F}(\boldsymbol{r})$ は

$$\boldsymbol{F}(\boldsymbol{r}) = \frac{q_1 q_2}{4\pi\varepsilon_0 r^2}\boldsymbol{e}_r = k_e \frac{q_1 q_2}{r^2}\boldsymbol{e}_r \tag{1.1}$$

である。ここで $k_e = 1/4\pi\varepsilon_0$ であって、ε_0 は真空の誘電率といい、電気力が真空中を伝わる割合を表す定数である（小節「静電気学のもとはクーロンの法則」p.30 を参

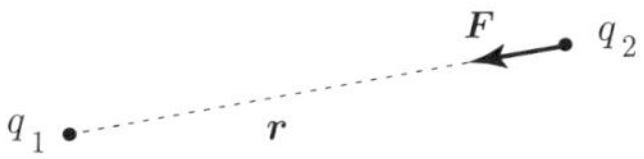

図 1.2　2 電荷間にはたらくクーロン力

照)。$\boldsymbol{e}_r(=\boldsymbol{r}/|\boldsymbol{r}|)$ は $\boldsymbol{r}$ 方向の単位ベクトルである[1]。

電荷 q_1 が q_2 に及ぼす力を 2 つの「因数」の積（以下、因数分解という用語を用いる）で表すと

$$\boldsymbol{F} = q_2\boldsymbol{E}(\boldsymbol{r}) \tag{1.2}$$

$$\boldsymbol{E}(\boldsymbol{r}) = \frac{q_1}{4\pi\varepsilon_0 r^2}\boldsymbol{e}_r \tag{1.3}$$

となる。$\boldsymbol{E}(\boldsymbol{r})$ を電荷 q_1 のつくる電「場」という。物体 2 についての因数は電荷 q_2 だけとなり、因数分解により物体 1 と物体 2 の要素に分離できた。$\boldsymbol{r}$ は本来的には 2 つの電荷間の距離であるので両電荷の位置に依存するが、ここではその意味を電荷 q_1 からの任意の距離 (位置)$\boldsymbol{r}$ と拡張解釈する。そして、$\boldsymbol{E}(\boldsymbol{r})$ を電荷 q_2 の存在とは独立した、電荷 q_1 が距離 $\boldsymbol{r}$ につくりだす**潜在的な電気力の「場」**と捉える。$\boldsymbol{E}(\boldsymbol{r})$ は空間に分布する関数、すなわち「場」となる。

その結果、任意の距離 $\boldsymbol{r}$ にある任意の電荷 q が電荷 q_1 から受ける電気力 $\boldsymbol{F}(\boldsymbol{r})$ は、単に電場に q を掛けるだけで $\boldsymbol{F}(\boldsymbol{r}) = q\boldsymbol{E}(\boldsymbol{r})$ と求まる。ベクトル量である力 $\boldsymbol{F}(\boldsymbol{r})$ の特性は、「場」$\boldsymbol{E}(\boldsymbol{r})$ が受けもつ。

「場」は 3 次元の空間に分布する。その中に電荷 q を置くと、電気力が作用する。「場」$\boldsymbol{E}(\boldsymbol{r})$ のみでは力は生じない。相手電荷 q があってこそ、秘められた力 $\boldsymbol{F}(\boldsymbol{r})$ が表にでてくる。この意味で $\boldsymbol{E}(\boldsymbol{r})$ は**電気力を生じる潜在能力をもつ**「場」(field of potential force) [2]である。

力の作用を式 (1.2) で表現するところから、「電磁気学」ははじまる！

1-1-2　「場」と近接作用

電気力には電「場」[3]が、磁気力には磁「場」が、また、重力には重力「場」がというように、相互作用力の種類に応じて「場」が存在する。これらの作用を決定づける

---

[1] 以下、あるベクトル $\boldsymbol{A}$ の絶対値 $|\boldsymbol{A}|$ を表すのに A を使うことがある。

[2] 「力学」でポテンシャル・エネルギー (potential energy)（位置エネルギー）を学んだ。ポテンシャルとは「潜在的な」という意味で、ポテンシャル・エネルギーとは蓄積された仕事量でもって仕事ができる潜在的な能力をいう。これと同じ意味で " field of potential force " である。

[3] しばらくは電場 $\boldsymbol{E}$、電束密度 $\boldsymbol{D}$ や磁場 $\boldsymbol{H}$、磁束密度 $\boldsymbol{B}$ を区別せず、$\boldsymbol{E}, \boldsymbol{D}$ を電場、$\boldsymbol{H}, \boldsymbol{B}$ を磁場と総称する。順次定義してゆくので。

基本的な「**要素**」は、電荷であり、磁荷であり、質量であって、よって、「場」はこれら要素の物理的な特性を担っている。

電場を例にとり、話を続ける。

電「場」はその基(もと)である電荷 q を空間に投影しているようなものである。したがって、電荷 q が動き、あるいはその大きさが変化すれば、「場」も当然変化する。よって、「場」は空間 $\boldsymbol{r}$ と時間 t の関数である。電荷 q が電場 $\boldsymbol{E}(\boldsymbol{r}, t)$ という衣装をまとい、舞踊するようなものである。

われわれが電荷 q を測定する場合には、「探(さぐ)り電荷」q' を使う。電荷 q' にはたらく力 $\boldsymbol{F}$ を測って電荷 q のつくる電場 $\boldsymbol{E}$、さらに、電荷 q を知るわけであるが、その力は電荷 q からの電気力 ($\boldsymbol{F} = k_e qq'/r^2(\boldsymbol{r}/r)$) ともいえるし、電場 $\boldsymbol{E}$ からの電気力 ($\boldsymbol{F} = q'\boldsymbol{E}$) であるともいえる。前者の観点を**遠隔作用** (action at a distance) 、後者を**近接作用** (action through medium) という。どちらが正しいのか？　現代科学は近接作用に軍配を挙げる。

1-1-3　「力学」と「電磁気学」

「力学」では力 $\boldsymbol{F}$ のはたらくもとでの物体の運動を扱う。すなわち、ニュートンの運動方程式 (Newton's equation of motion)

$$m\frac{\mathrm{d}^2\boldsymbol{r}(t)}{\mathrm{d}t^2} = \boldsymbol{F} \tag{1.4}$$

が物体の振る舞いを教える。すべての力学運動がたった一つのこの運動方程式で理解できるのである。物体は空間に局在するので、運動は物体の位置の時間の関数 $\boldsymbol{r}(t)$ として表示される。よって、「力学」では運動を 3 次元空間の中を、時間につれて移動する物体の軌道として捉える。

万有引力 $\boldsymbol{F}_G$ を対象とするとき、式 (1.2) と同様に重力の「場」$\boldsymbol{G}(\boldsymbol{r})$ を定義できる。

$$\boldsymbol{F}_G = G\frac{m_1 m_2}{r^2}\left(\frac{\boldsymbol{r}}{|\boldsymbol{r}|}\right) = m_2\boldsymbol{G}(\boldsymbol{r})\ ; \quad \boldsymbol{G}(\boldsymbol{r}) = G\frac{m_1}{r^2}\left(\frac{\boldsymbol{r}}{|\boldsymbol{r}|}\right) \tag{1.5}$$

ここで斜体のスカラー量 G は重力常数である (「場」の $\boldsymbol{G}$ と混同しないように)。質量 m_1 の物体が空間につくる「場」$\boldsymbol{G}(\boldsymbol{r})$ の中に、質量 m_2 が置かれると秘められていた重力 $\boldsymbol{F}_G$ が現れる。前述の電場と同じである。「力学」では重力の「場」$\boldsymbol{G}(\boldsymbol{r})$ よりも、力の作用をうける物体 m_2 の運動に焦点を置くため、上記したような時空間での物体の軌道の探求となるのである。

一方、「電磁気学」では電荷や電流がつくりだす電場 $\boldsymbol{E}(\boldsymbol{r}, t)$ や磁場 $\boldsymbol{B}(\boldsymbol{r}, t)$ を扱うが、これらは局在せず、空間にひろがったベクトル物理量であって、それは空間のあらゆる位置で定義され、かつ時間的に変動し得る。その振る舞いをまとめたものが「**マクスウェルの電磁場の基本方程式**」(単に、「マクスウェルの方程式」(Maxwell equations) ともよぶ) であって、

$$\begin{aligned} \nabla \cdot \boldsymbol{D}(\boldsymbol{r},t) &= \rho(\boldsymbol{r},t) \\ \nabla \cdot \boldsymbol{B}(\boldsymbol{r},t) &= 0 \\ \nabla \times \boldsymbol{H}(\boldsymbol{r},t) - \frac{\partial \boldsymbol{D}(\boldsymbol{r},t)}{\partial t} &= \boldsymbol{i}(\boldsymbol{r},t) \\ \nabla \times \boldsymbol{E}(\boldsymbol{r},t) + \frac{\partial \boldsymbol{B}(\boldsymbol{r},t)}{\partial t} &= 0 \end{aligned} \tag{1.6}$$

である。方程式の詳細はここでは重要でなく、知らなくてもよい。これからそれらを学んでゆくのだから。「ニュートンの運動方程式」(式 (1.4)) と異なり、「マクスウェルの方程式」は「場」($\boldsymbol{E}$, $\boldsymbol{D}$, $\boldsymbol{H}$, $\boldsymbol{B}$) の連立方程式であることを知ればよい。「電磁気学」は「力学」とは反対に、「場」の振る舞いに焦点を置く。

しかし、電磁気力の作用のもとで運動する電荷や、電荷の流れである電流を無視するわけではない。上記方程式中の ρ は電荷密度で、$\boldsymbol{i}$ は電流密度であり、それらは電場、磁場の生成元(もと)であり、また、電磁気力を受ける対象でもあり、「電磁場」と一体になっている。その電荷 q の受ける力は**ローレンツ力** (Lorentz force) と呼ばれ（「ローレンツ力」p.192）

$$\boldsymbol{F} = q(\boldsymbol{E} + \boldsymbol{v} \times \boldsymbol{B}) \tag{1.7}$$

である ($\boldsymbol{v}$ は電荷 q の速度であり、$\times$ はベクトルの外積を示す)。電荷 q の運動は「ニュートンの運動方程式」(式 (1.4)) の力 $\boldsymbol{F}$ にこのローレンツ力を代入することにより知ることができる。

1-1-4 「場」の表裏：電場 $\boldsymbol{E}$ と電束密度 $\boldsymbol{D}$

「電荷」q は局在的であるが、その作用は離れた空間領域に及ぶ。それを表現するのが電「場」$\boldsymbol{E}$ である。「場」は非局所的である。

電「場」は「(潜在的な) 力の場」と「電荷の場」の表裏を成す、と著者は捉える。「電荷の場」とは電束密度 $\boldsymbol{D}$ とよばれるものである。

少し説明する。

空間に拡がる「場」を感覚的に把握するために、ファラデーは電場 $\boldsymbol{E}$ を視覚化した**電気力線** (line of electric force) の考えに至った。

空間の各点に付す電場ベクトル $\boldsymbol{E}$ の矢を連続的につなぐと曲線群ができる。これが

電気力線である。電気力線は正電荷から始まり、負電荷で終わる。電荷のないところから生じたり、終わったりしない。電気力線の接線方向が「場」の向きを、電気力線に垂直な面を貫く電気力線密度が「場」の強さを表現する。

電場 $\boldsymbol{E}$ から真空の電気特性である誘電率 ε_0 を除いた $\boldsymbol{D} = \varepsilon_0 \boldsymbol{E}$ を**電束密度** (electric flux density) といい、それを視覚化した曲線群を**電束線** (line of electric flux) とよぶ。点電荷 q_1 の電束密度は

$$\boldsymbol{D}(\boldsymbol{r}) = \varepsilon_0 \boldsymbol{E}(\boldsymbol{r}) = \frac{q_1}{4\pi r^2}\boldsymbol{e}_r \tag{1.8}$$

である。電場 $\boldsymbol{E}$（電気力線）と電束密度 $\boldsymbol{D}$（電束線）は誘電率 ε_0（定数）が掛かっているかいないかであって、その振る舞いに違いはない。電荷 q_1 の効果は距離の逆 2 乗則に従って減少する。それが式 (1.3) ならびに式 (1.8) の $q_1/4\pi r^2$ である（4π は 3 次元空間の全立体角）[4)]。$4\pi r^2$ を電荷を中心とする半径 r の球面の表面積と読み替えると、電束密度 $\boldsymbol{D}$ は中心の電荷 q_1 を球面に投影した単位面積当たりの電荷量と解釈できる。動径方向の距離の 2 乗がそれに垂直な面積へと、意味合いが変化する。代数表示のマジックである。

電場 $\boldsymbol{E}$ が「力の場」であれば、それに定数である誘電率 ε_0 が掛かった電束密度 $\boldsymbol{D} = \varepsilon_0 \boldsymbol{E}$ は電場 $\boldsymbol{E}$ の電荷（量）表示とも言える。著者はこの $\boldsymbol{D}$ を「**電荷の場**」とよぶ。電場の次元（単位）は $[\,\boldsymbol{E}\,] = \mathrm{N \cdot C^{-1}}$ であり、電束密度の次元（単位）は $[\,\boldsymbol{D}\,] = \mathrm{C \cdot m^{-2}}$ である[5)]。

電場は真空中のみを伝わるのでなく、誘電性の物質中も伝播する。外部電場がはたらくもとでは物質を構成する電荷が分極し、分極電荷が新たに電場ならびに電束密度を生じ、物質特有の電気的な振る舞いが生じる。この誘電体の特性を取り込んだ電束密度 $\boldsymbol{D}$ は電場 $\boldsymbol{E}$ の単なる電荷表示ではなく、誘電体のはたらきを理解するための、電場 $\boldsymbol{E}$ と異なる重要な役割を担うことになる。真空中では電場 $\boldsymbol{E}$ と電束密度 $\boldsymbol{D}$ に本質的違いはないが、誘電体においてはじめて電束密度 $\boldsymbol{D}$ の存在意義が明確になる。しかし、ここでも $\boldsymbol{D}$ が「電荷の場」であることに変わりはない。このとき、電束密度 $\boldsymbol{D}$ は電場 $\boldsymbol{E}$ と $\boldsymbol{D} = \varepsilon \boldsymbol{E}$ の関係をつくる。真空のときと同じ形式である。

ただし、ε は誘電物質の誘電率である。

電場 $\boldsymbol{E}$ も電束密度 $\boldsymbol{D}$ も電荷 q の特質を表したもので、その意味においては両「場」の根は一つである。根は「電荷」である。電荷は力を及ぼし、また力を受ける。$\boldsymbol{F} = q\boldsymbol{E}$ である。

---

4) クーロンの法則やビオ・サバールの法則に 4π を含ませ、マクスウェルの方程式から 4π を除く単位系のとり方を有理化という。本書も有理化系である。

5) N は力の単位のニュートン、C は電荷の単位のクーロン、m は長さの単位のメートルである。単位系については後に詳しく登場する。

この「場」の捉え方を本書全体にわたり述べたので、これ以上はここでは控える。
以上、話を静電気学に限ったが、静磁気学においては磁場と磁束密度が同様の役割を果たす。

わずか、式 (1.2) の因数分解が、「電磁気学」という広大な学問分野を形成させた。それは、SF(Science Fiction) ドラマの展開をはるかに超える Science Non-fiction の世界であり、堅実な論理構成でもって、実験検証による裏打ちのもとで、代数解析の一般化をともなって、ひとつの壮大な物語をつくりあげている。

「場」が 3 次元空間のあらゆる領域で変動する様子を思い描くことは、それが大きさだけのスカラー量であっても複雑であるが、それ以上に 3 次元のベクトル量であればいっそう困難である。これが「電磁気学」を難しく感じさせる一要因であろう。

大学初等の「電磁気学」においては、「場」が比較的にイメージしやすく、把握できやすい幾何学的対称性をもつ対象を主に扱うし、本書で丁寧に詳細に記述する。
「場」は単に空間に連続的に分布する「何か」である、と理解するのではなく、この「**何か**」を、すなわち、上記したように「場」の担う**特性**を、しっかりと掴（つか）むことが「電磁気学」の学習にとって重要である。

1-2　教科書の構図

一般的な教科書の全体的な論理構成を知っておくのも、大きな助けになる。

1-2-1　「静」から「動」へ

「力学」には力のつりあいを扱う「静力学」(statics) があり、また力のはたらくもとで物体が運動する「動力学」(dynamics) があるように、自然の理解は「静」から「動」へと展開する。
電磁気学でも時間変化しない静電場、静磁場を扱う「静電気学」(electrostatics)、「静磁気学」(magnetostatics) があり、それに続いて、時間変化する電場ならびに磁場を扱う「電磁気学」へと発展する。
静電気ならびに静磁気では、電場 $\boldsymbol{E}(\boldsymbol{r})$ と磁場 $\boldsymbol{B}(\boldsymbol{r})$ は時間的に変動せず、また相互の関連をもたない別ものである。よって、「静電気学」と「静磁気学」が成り立つ。
ところが、磁場が時間変化するとそのまわりに電場が生じ（電磁誘導）、また、電場が時間変化する（変位電流）とそのまわりに磁場ができる。それは電場 $\boldsymbol{E}(\boldsymbol{r},t)$ と磁場

$\boldsymbol{B}(\boldsymbol{r}, t)$ が別ものでなく、相互に関連しており、電磁場 (electromagnetic field) という一つの「場」であることを示唆する。これらを扱うのが「電磁気学」(electromagnetism) である。

多くの教科書、ならびに本書では、主題を大体つぎのように 4 つに分ける。

① 「静電気学」として電荷と電場を扱い、
「電場のガウスの法則」: $\nabla \cdot \boldsymbol{D} = \rho$　と　「保存場の法則」: $\nabla \times \boldsymbol{E} = 0$
を導く。

② 「静磁気学」として電流と磁場を扱い、
「磁場のガウスの法則」: $\nabla \cdot \boldsymbol{B} = 0$　と　「アンペールの法則」: $\nabla \times \boldsymbol{H} = \boldsymbol{i}$
を導く。

③ 時間変動する電場あるいは磁場を扱い、
「ファラデーの電磁誘導の法則」: $\partial \boldsymbol{B}/\partial t = -\nabla \times \boldsymbol{E}$
「アンペール－マクスウェルの法則」: $\nabla \times \boldsymbol{H} - \partial \boldsymbol{D}/\partial t = \boldsymbol{i}$
を得て、「マクスウェルの方程式」(式 (1.6)) に辿り着く。

以上、実験事実からはじめ、帰納的に 原理や法則を導き、「マクスウェルの方程式」に至る過程を論理的に追いかける。また、その過程で、微積分 (特に、偏微分) の取り扱いに慣れるとともに、電場、磁場の振る舞いの捉え方を習得することを課題とする。

④ こんどは、「マクスウェルの方程式」から 演繹的に 話を進め、電磁場が光の速度で伝播する「電磁波」であること、ならびにその特性を導出し、議論する。

というのが大学初等の「電磁気学」の一般的なシナリオになる。

さらに、教科書は 2 階建て構造となる (表 1.1)。

1 階でまず、真空中での電場、磁場の振る舞いを学ぶ。分かり易いからである。

その後 2 階で、物質中の電場、磁場の振る舞いを知る。物質は電磁気的な特性をもち、電気的にみれば**導体**あるいは**誘電体**となり、磁気的には**磁性体**となる。具体的には、静電誘導、誘電分極、磁化、強磁性体、超電導体などなどであり、電気回路も登場する。

確かに、盛り沢山である。

われわれの日常生活があらゆるところで電気ならびに磁気（直接的にはあまり目立たないようだが）の恩恵に浴していることを考えると、当然のことではある。

表 1.1　教科書の構図

	静電場	静磁場	電磁誘導	電磁場
	クーロンの法則	アンペールの法則	ファラデーの法則	マクスウェルの方程式
2 階	導体と誘電体	磁性体	電気回路 モーターと発電機	電磁波
1 階	ガウスの法則 ($\nabla \cdot \boldsymbol{D} = \rho$) 保存場の法則 ($\nabla \times \boldsymbol{E} = 0$)	ガウスの法則 ($\nabla \cdot \boldsymbol{B} = 0$) アンペールの法則 ($\nabla \times \boldsymbol{H} = \boldsymbol{i}$)	($\partial \boldsymbol{B}/\partial t = -\nabla \times \boldsymbol{E}$) ($\partial \boldsymbol{D}/\partial t + \boldsymbol{i} = \nabla \times \boldsymbol{H}$)	式 (1.6)

1-2-2　磁場のみなもとは磁荷から電流へ

少し前（20 年程度以前）の教科書では、磁場を磁石間にはたらく磁気力を介して導入していた。磁石の両端部には磁極、いわゆる N 極（＋極）と S 極 (－極) があるが、その強さを**磁荷** (magnetic charge)q_m とよび、磁荷 q_{m1}, q_{m2} のあいだには磁気力 $\boldsymbol{F}$ がはたらくとする。それは「クーロンの法則」の磁気力版であって、

$$\boldsymbol{F} = \frac{q_{m1}q_{m2}}{4\pi\mu_0 r^2}\boldsymbol{e}_r = k'_m \frac{q_{m1}q_{m2}}{r^2}\boldsymbol{e}_r \tag{1.9}$$

ここで $k'_m = 1/4\pi\mu_0$ であって、μ_0 は真空の透磁率といい、磁気力が真空中を伝わる割合を表す定数である。式 (1.2) の電場 $\boldsymbol{E}$ と同様に磁場 $\boldsymbol{H}$ を定義する。

$$\boldsymbol{F} = q_{m2}\boldsymbol{H}(\boldsymbol{r}) \tag{1.10}$$

$$\boldsymbol{H}(\boldsymbol{r}) = \frac{q_{m1}}{4\pi\mu_0 r^2}\boldsymbol{e}_r \tag{1.11}$$

磁場 $\boldsymbol{H}(\boldsymbol{r})$ は電場 $\boldsymbol{E}(\boldsymbol{r})$ と全く瓜二つである。しかし、根本的な違いがあって、電荷は単独で存在するが、磁荷には単独の磁極はない[6)]。磁荷はつねに N 極と S 極が対になってのみ存在する。磁石を分子・原子レベルにまで分割すると、磁荷は電子をはじめとする電荷をもつ粒子の回転運動や自転運動（スピン）によることが分かる。電荷の運動、つまり、電流が実際には磁場生成のもとなのである。

故に、いまの教科書では磁石や磁荷によらず、電流によって磁場を導入する（磁荷で定義された磁場 $\boldsymbol{H}(\boldsymbol{r})$ は正しくないといっているのではない)。

それは無限に長い直線電流 I のまわりには同心円状に磁場 $\boldsymbol{B}$ ができる事実にもとづ

6) 真空中の「マクスウェルの方程式」が電場と磁場の対称性を示すことから、電荷に相当するものとして単磁極 (モノポール (magnetic monopoles)) の存在が古くから提唱されている。しかしながら、現在までのところ実験的には見出されていない。

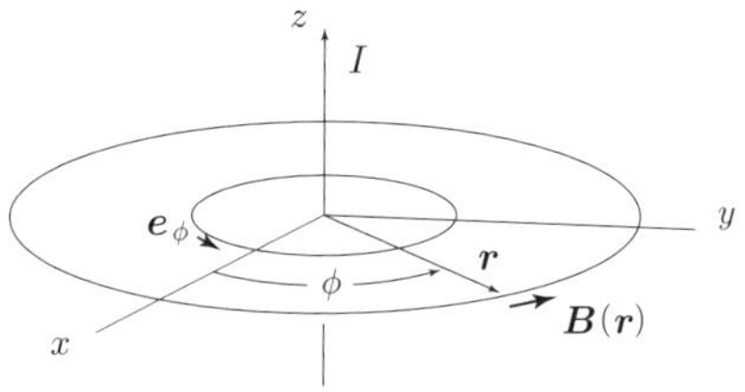

図 1.3　直線電流 I がつくる磁場 $\boldsymbol{B}(\boldsymbol{r})$

くもので、方位角方向の単位ベクトルを $\boldsymbol{e}_\phi$ と記すと

$$\boldsymbol{B}(\boldsymbol{r}) = \frac{\mu_0 I}{2\pi r}\boldsymbol{e}_\phi \tag{1.12}$$

であって、その向きは図 1.3 のように電流に垂直な面上で ϕ 方向へ周回する（「潜在的な磁気力の場 $\boldsymbol{B}$」p.189）。しかし、電流 I は無限に長い直線電流ばかりでなく、いろいろな経路をとり得る。よって、多少難しくなるが、電流の微小素片 $I\mathrm{d}\boldsymbol{\ell}$ が距離 $\boldsymbol{r}$ につくる磁場 $\mathrm{d}\boldsymbol{B}(\boldsymbol{r})$

$$\mathrm{d}\boldsymbol{B}(\boldsymbol{r}) = \frac{\mu_0}{4\pi}\frac{I\mathrm{d}\boldsymbol{\ell} \times \boldsymbol{e}_r}{r^2} \tag{1.13}$$

を導入する方が一般的でいい。式 (1.12) と式 (1.13) の磁場 $\boldsymbol{B}$ は異なるものでなく、後者を重ね合わせて得たのが前者の磁場となる（「直線電流のつくる磁場 $\boldsymbol{B}$」p.199）。

$\boldsymbol{B}(\boldsymbol{r})$ は磁束密度といい、磁場 $\boldsymbol{H}(\boldsymbol{r})$ とは $\boldsymbol{B} = \mu_0\boldsymbol{H}$ でつながる。この段階で上式を詳しく理解できなくてもよい。

1-2-3　$\boldsymbol{E} \leftrightarrow \boldsymbol{B}$, $\boldsymbol{D} \leftrightarrow \boldsymbol{H}$ 対応と $\boldsymbol{E} \leftrightarrow \boldsymbol{H}$, $\boldsymbol{D} \leftrightarrow \boldsymbol{B}$ 対応

電気的な量と磁気的な量には対応する関係がある（対応するだけであって物理的な次元までが等しくなるわけではない）。その関係をうまく用いると両者のあいだにきれいな対称性が成り立ち、自然界の奥深さに気づく。

磁荷 q_m に代わって電流素片 $I\mathrm{d}\boldsymbol{\ell}$ を基本に据えることにより、電場 $\boldsymbol{E}(\boldsymbol{r})$ を式 (1.3) で、磁場 $\boldsymbol{B}(\boldsymbol{r})$ を式 (1.13) の $\mathrm{d}\boldsymbol{B}(\boldsymbol{r})$ で定義すると

$$\boldsymbol{E} \leftrightarrow \boldsymbol{B}, \quad \boldsymbol{D} \leftrightarrow \boldsymbol{H}, \quad q \leftrightarrow I\mathrm{d}\boldsymbol{\ell}, \quad \varepsilon_0 \leftrightarrow 1/\mu_0 \tag{1.14}$$

の対応関係が生じる。本読本を含め、いまの多くの教科書ではこの対応関係のもとで $\boldsymbol{E}$ と $\boldsymbol{B}$ を中軸とした記述をする。

一方、電荷 q と磁荷 q_m は共に「クーロンの法則」(r の逆 2 乗則) に従う作用力を

もつので、電場 $\boldsymbol{E}(\boldsymbol{r})$ と磁場 $\boldsymbol{H}(\boldsymbol{r})$ をそれぞれ式 (1.3) と式 (1.11) で定義するときれいな対応がある。このもとでは、

$$q \leftrightarrow q_m, \quad \varepsilon_0 \leftrightarrow \mu_0, \quad \boldsymbol{E} \leftrightarrow \boldsymbol{H}, \quad \boldsymbol{D} \leftrightarrow \boldsymbol{B} \tag{1.15}$$

などを入れ換えれば、電場世界の振る舞いから磁場世界の振る舞いを、また、その逆をも知ることができる（第 9 章「磁荷と静磁場の物語——双子の世界」 p.280）。

これらの相違は物質の電磁気学を扱うときに、物質特有の分極や磁化の定義の違いとして現れる。

はじめは、対応関係など気にせず学習すればよい。学習レベルが上がってきて、いくつかの教科書を読みはじめると「おやっ？」と電場、磁場の扱いの不一致に戸惑うであろう。そのときにこの小節を思い出せばよい。

1-3　少しだけ基礎を

ここでは、「電磁気学」の数式的取り扱いにおいて頻度高く登場する基本的事項を前もって少し解説しておく。多少でも知識があれば、初出に際し抵抗感が少なくて済むし、また、その説明に多くの行数を費やす必要もなく、かつ諸君も著者も本来の課題に集中できるであろうからである。

なお、ベクトルと座標系、微分と積分、指数関数と対数関数と三角関数などの物理基礎を学ぶための数学の基本的な事項は、拙著『自然は方程式で語る 力学読本』（名古屋大学出版会）の付録にまとめたので、そちらを参照願いたい。

1-3-1　基本的な電場のかたちと磁場のかたち

「力学」においてもっとも単純な運動状態は、力のはたらきを受けない状態である ($m\ddot{\boldsymbol{r}} = 0$)。それは物体の静止した状態 ($\dot{\boldsymbol{r}} = 0$) や等速運動する状態 ($\dot{\boldsymbol{r}} =$ 一定 $\neq 0$) である。それらの違いは初期条件の異なりであり、あるいは慣性系の違いによるといってもよい。力がはたらかなければ、物体は「静」の状態 (時間変動しない) にある。

真空中に点電荷 q が 1 つ、もっとも単純である静止状態にあると考える。

そのつくる電場 $\boldsymbol{E}$ を考えよう。空間はどの方向にも等質であるので、点電荷を中心とした球対称がもっとも基本的で自然なかたちである。電場のベクトルの方向（つまり、潜在的な力の「場」の方向）は正電荷では外向きを、負電荷では内向きを示す。

これが静電場のかたちである。

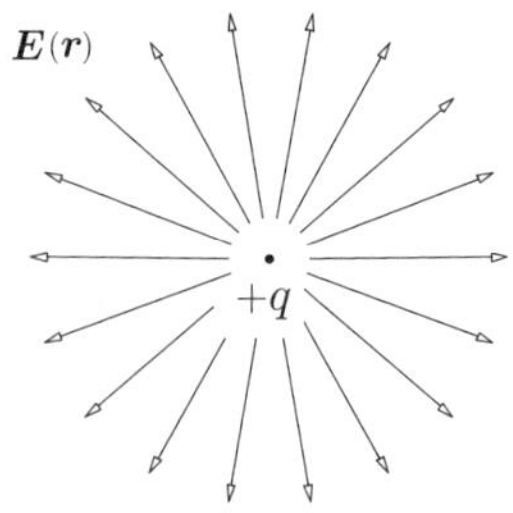

図 **1.4**　点電荷 $+q$ がつくる電気力線 $\boldsymbol{E}(\boldsymbol{r})$

それを数式表示したのが、式 (1.3) なのであり、

$$\boldsymbol{E}(\boldsymbol{r}) = k_e \frac{q}{r^2} \boldsymbol{e}_r \tag{1.3}$$

これを電気力線で図示したのが図 1.4(電荷 $+q$ を含む 2 次元面で示したが、実際は 3 次元の空間であるのでそのように想像してほしい) である。

等速運動する点電荷では、運動しているので「静」的な「場」ができない。そこで等速運動する連続した電荷の流れをひとつの基本的な「静」的な事象と捉えると、導線に流れるこのような定常な直線電流 I は、静止した点電荷と同等なもうひとつのもっとも単純な電磁気現象と考えられる (「導線に流れる」という表現を挿入したが、これについては第 7 章の p.189 で言及する)。

直線電流 I の存在は特定の方向性をもたらすが、そのもとで空間の等質性は電流 I を基準とする軸対称な形で磁場のかたちに反映される。

その具体的なかたちは、図 1.3 あるいは図 1.5 にみるように、直線電流 I を軸とした回転対称な磁場 $\boldsymbol{B}$ である。バームクーヘンのような軸を同じくする半径の異なる円筒の連続した集積であり、磁場の大きさは円筒の半径 r に反比例して減少するが、各円筒上の磁場の大きさは等しく、その向きは電流の方向に右ネジを進めたとき、その回転する方向である。

電子は負電荷をもつので、電流の方向は電子の運動方向とは逆である。電流の担い手である電子は左回りの風車(かざぐるま)のような特性をもっており、連続した電子の流れである直線電流 I は自分を軸とし右回りに回転する潜在的な磁気力の「場」である磁場 $\boldsymbol{B}$ を生じる。

これが静磁場のかたちである。

それを数式表示したのが、式 (1.12) である。

$$\boldsymbol{B}(\boldsymbol{r}) = \mu_0 \boldsymbol{H}(\boldsymbol{r}) = \frac{\mu_0 I}{2\pi r} \boldsymbol{e}_\phi \tag{1.12}$$

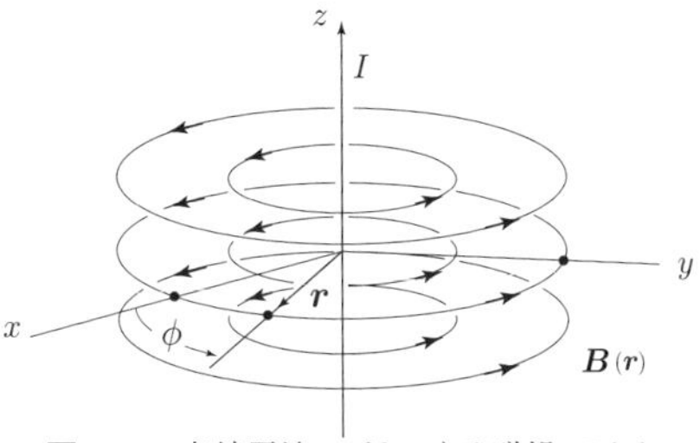

図 **1.5**　直線電流 I がつくる磁場 $\boldsymbol{B}(\boldsymbol{r})$

電場と磁場の基本形は「場」が広がる空間の本来的な自由さを表現しているようにみえる。しかも、2 つはまったく異質な振る舞いを示す。それらについてのイメージ的な捉え方は、次節で提示する。

1-3-2　重ね合わせの原理

「重ね合わせの原理」(principle of superposition) はすでに「力学」で頻繁に登場した。それは自然界の「線形」(linear) な系を特徴づける原理であったことを思い出そう。

数学的にいえば、次数が 1 次の微分方程式の一般解 x は、基本解 x_i の線形 (1 次) 結合

$$x = \sum_i a_i x_i \tag{1.16}$$

で表せるという原理である。a_i は定数を示す。

「電磁気学」においては、「マクスウェルの方程式」(式 (1.6)) は「場」の強さについて「線形」であって、電場や磁場には「重ね合わせの原理」が成立する。たとえば、複数の点電荷 q_i $(i = 1, \ldots, n)$ が分布する静電場 $\boldsymbol{E}(\boldsymbol{r})$ を考えるとき、その電場分布 $\boldsymbol{E}(\boldsymbol{r})$ は個々の点電荷がつくる電場分布 $\boldsymbol{E}_i(\boldsymbol{r})$ を重ね合わせて（足し合わせて)、

$$\boldsymbol{E}(\boldsymbol{r}) = \sum_{i=1}^{n} \boldsymbol{E}_i(\boldsymbol{r}) \tag{1.17}$$

として得ることができる。これは電荷間にはたらくクーロン力も万有引力と同じく、その作用力は個々の電荷からのはたらく力 $(\boldsymbol{F}_i)$ をベクトル的に足し合わせたものになる事実にもとづく $(\boldsymbol{F} = \sum_i \boldsymbol{F}_i)$。

複雑に見える場も、2 つ以上の基本的な場の重ね合わせに分解することができる。基本的な場に成り立つ法則は、重ね合わせでできる場にも当然成り立つ。事物を扱いやすい原理的なレベルに分解し、基本的な視点で捉え、組み立て直すことによって理解

し易くなる。

勉学において単純にみえる基礎が大切である所以である。

1-3-3　座標系と「電磁気学」

「力学」では観測者の立ち位置を、すなわち、運動を描写する座標系を明確にすることを五月蝿く言った。「ニュートンの第 1 法則」は、「第 2 法則」($m\ddot{\boldsymbol{x}} = \boldsymbol{F}$) は慣性系において成り立つもので、これから慣性系において運動を論じるぞという宣言文であると教えられた。「慣性系」とは、力がはたらかなければ、物体の運動は等速直線運動 ($\boldsymbol{v} =$ 一定) にみえる座標系である。そして、「慣性系」に対して等速直線運動するあらゆる座標系も、また「慣性系」である。これら「慣性系」の間をつなぐ座標変換を「ガリレオ変換」といい、その変換のもとで運動方程式は同じ形式をとった。$\boldsymbol{v} = 0$ の「静止系」も「慣性系」である。

これに対して、大学初等の「電磁気学」ではほとんど座標系について述べていない。電場、磁場は座標変換によって変わるものなのだが、それを学ぶ以前に、「場」そのものについてまずその基本特性を、そして「マクスウェルの方程式」を習得しなければならない。それらを理解していなければ、座標変換云々もないからである。

しかし、だからといって、「電磁気学」を学びながら、それがどの座標系において記されたものかを、基礎を理解するまでお預けで、知らなくてよいというわけには行かない。そこで、必要最小限のことを記しておく。

それは「静止系」である。われわれが生活している 地上に固定された座標系 と考えてよい。

「静」電場では、電荷は不動である。「静」磁場では、電流 (経路) は不動である。電荷ならびに電流を不動とする系が「静止系」である。「静止系」に対して速度 $\boldsymbol{v}$ で等速直線運動している系は「慣性系」であるが、「電磁気学」は速度 $\boldsymbol{v} \neq 0$ の「慣性系」で学ぶのではない。

なぜ、「静止系」であるか。われわれが生活する座標系であり、電磁気学がつくられた座標系だからである。当然、取り組み始めるのに簡単で、わかりやすいからでもある。

「静止系」では静電場 $\boldsymbol{E}$ と静磁場 $\boldsymbol{B}$ は別物であるが、この静電場あるいは静磁場を運動する系からみると、その電場と磁場は「静止系」でみる電場と磁場が混在したものになる。たとえば、直線状に並んだ電荷を、直線に沿って等速運動する系からみる (光速 c に近い速度 v である必要はなく、$v \ll c$ でよい) と、電流に見える。速度をゼロから徐々に上げてゆくと、電場だけであったのが、徐々に磁場成分が混じり、その割り合いが増えてゆく。当初からこの座標系による変化まで取り入れたら教科書は煩雑となり、学生は混乱してしまうであろう。

以上の事柄を 2,3 年次の科目「相対性理論」で学ぶ用語で記すと、つぎのようになる。「マクスウェルの方程式」はアインシュタインの「相対性原理」を満たし、どの「慣性系」から見てもその形式は不変（共変）なのである。「ニュートンの運動方程式」が「ガリレオ変換」のもとで不変であったように。但し、電場、磁場の座標変換は「ローレンツ変換」と呼ばれる時空間での 4 次元世界での変換となる。

この部分は恐る々々書いている。必要な知識を習得する以前の諸君におかしな先入感を与えないように、誤解を与えないようにと考えながら。だから、ここで止める。

その前に、ひとつだけ。

観測者の視点によって電場と磁場が混ざり合うことをここに記す一つの意図は、電場と磁場は別物でなく、1 つの「場」の異なる機能を現出したものだ、という印象を諸君に与えることにある。

1-3-4　いつも次元 (単位) をつかめ

「力学」と同じように「電磁気学」も方程式で溢れている、と物理を敬遠する諸君へ。

方程式は自然の言葉である。確かに、数式で溢れているが、よくみると、数学としてそれほど難しい取り扱いはしていない。微積分の計算にしても複雑、高度なものではない。

「電磁気学」では偏微分が満載である。それは、「場」が空間と時間の多変数関数であるからだ。よって、数式的には、「電磁気学」=偏微分と思えばよい。そして、偏微分は何も難しいものでなく、また普通の常微分と大差があるわけでもない。

方程式よりも「電磁気学」が難しく感じるのは、あまりにも課題が山盛りの所為（せい）ではないかと考える。物の理屈 (物理) をつぎつぎと捉え、理解してゆく大変さにあると考える。論理を捉え、理解するには、読者諸君が方程式を解き、あるいは自分で教科書の数式を順次導き、確認することが大切である。

それと同時に、方程式の 次元、単位をつねに追いかけ、確認する ことをアドバイスする。方程式の左右両辺の次元、単位を書きだし、その等式と単位のかたちを確認する作業は難しくない。「電磁気学」では多くの電磁気量が登場するので、また同じ量であってもその単位の組み立て方は多岐にわたるので、それらを手中のものにするためにも、つねに次元、単位を押さえよ。次元、単位を確認するだけでも、分かったような気になるものである。分かった気になるのが大切なのである。

本書では多くの方程式でもそれらの次元（単位）を付記した。電場ならびに磁場に関する物理量の意味合いを、さらに、電場と磁場の相似する対応関係を、次元（単位）

を介してながめてみよ。手を動かして、思い付く事柄をいろいろと思案してみよ。その作業を繰り返し、自分の習性となせ。「電磁気学」がより身近になり、かつ面白くなるのは間違いない。

本書では国際的にもっとも広く使われている国際単位系 (**SI 単位系**：Système International d'Unités) を用いている (表 1.2) [7]。これは MKSA 単位系の 4 つの単位 (長さのメートル (m)、質量のキログラム (kg)、時間の秒 (s)、電流のアンペア (A)) を基本量として、さらに基本単位として温度にケルビン (K) を、物質量にモル (mol) を、測光の光度にカルデラ (cd) を、また補助単位として平面角にラジアン (rad) を、立体角にステラジアン (sr) を定めた単位系である。

上の 9 つの基本単位の代数的な乗除によって組み立てることができる単位を**組立単位** (derived units) とよぶ (表 1.3)。SI 国際単位系の便利なところは、組立単位を基本単位、さらには補助単位で組み立てたときに変換の係数を考える必要がないこと、つまり、係数が 1 であることにある。たとえば、力は質量と加速度の積であって、1 N = 1 kg · m · s^{-2} である。組立単位には固有の名称と記号が付いている。

表 1.2　SI 単位系

	物理量	SI 単位記号	読み方
基本単位	長さ	m	メートル (meter)
	質量	kg	キログラム (kilogram)
	時間	s	秒、セコンド (second)
	電流	A	アンペア (ampere)
	温度	K	ケルビン (kelvin)
	物質量	mol	モル (mole)
	光度	cd	カンデラ (candela)
補助単位	平面角	rad	ラジアン (radian)
	立体角	sr	ステラジアン (steradian)

7) 電磁気学の単位系には他にも、cgs 単位系だのガウス単位系だの色々なものがあり、そうした SI 単位系とは異なる単位系を用いて記述された教科書もある。これら単位系どうしの換算が必要となることもあるのだが、あまりにも説明が煩雑になり、初心者はかえって混乱するため、本書では省略した。

表 1.3　組立単位の例

物理量	記号	読み方	基本単位で構成
力	N	ニュートン (newton)	$kg \cdot m \cdot s^{-2}$
仕事、エネルギー	J	ジュール (joule)	$N \cdot m = m^2 \cdot kg \cdot s^{-2}$
振動数、周波数	Hz	ヘルツ (hertz)	s^{-1}
仕事率	W	ワット (watt)	$J/s = m^2 \cdot kg \cdot s^{-3}$
電荷	C	クーロン (coulomb)	$s \cdot A$
電位、電圧、起電力	V	ボルト (volt)	$W/A = kg \cdot m^2 \cdot s^{-3} \cdot A^{-1}$
電気容量	F	ファラッド (farad)	$C/V = kg^{-1} \cdot m^{-2} \cdot s^4 \cdot A^2$
電気抵抗	Ω	オーム (ohm)	$V/A = kg \cdot m^2 \cdot s^{-3} \cdot A^{-2}$
磁束	Wb	ウェーバ (weber)	$V \cdot s = kg \cdot m^2 \cdot s^{-2} \cdot A^{-1}$
磁束密度	T	テスラ (tesla)	$Wb/m^2 = kg \cdot s^{-2} \cdot A^{-1}$
インダクタンス	H	ヘンリー (henry)	$Wb/A = kg \cdot m^2 \cdot s^{-2} \cdot A^{-2}$

1-4　記号解読のための予備知識

「マクスウェルの方程式」(式 (1.6)) はエジプトの古代遺跡に書かれたヒエログリフのようだ、と感じた諸君もいるであろう。逆三角形 ∇ をはじめとして $\cdot$, $\times$, ∂, $\boldsymbol{E}$, $\boldsymbol{B}$, $\boldsymbol{r}$, t など、暗号記号の羅列である。そう、数式は暗号ではないが、記号での語りである。そう考えれば、暗号を解読して古代文明を解き明かすように、「電磁気学」記号の語る自然の神秘をマスターし、秘められたさらに深い自然界のルールを究めるのも楽しいものではないか。

本節では、ナブラ ∇ 記号のベールで隠されたようになっている「マクスウェルの方程式」を、大雑把であるが読み解く。次章からそれらを学ぶのであるが、先の旅程が長くて途中で諸君らがギブアップしないように、道中のようすを感覚的でいいから知っておくことが助けになると思うからである。正確さに欠けるところ、あるいは誤解されるところが (ないように記したが) あるかもしれないが、それは次章からの勉学で補うことにしよう。

1-4-1　「マクスウェルの方程式」は暗号文？

暗号解読には、もっとも出現頻度の高い記号の意味を理解することが大切である。その出現頻度のもっとも高い記号のナブラ ∇ のおさらいである。

逆三角形 ∇ は**ナブラ** (nabla) とよび、**ベクトル微分演算子** (vector differential operator) 記号であることはすでに「力学」で学んだ。直交座標表示では

$$\nabla = \boldsymbol{e}_x \frac{\partial}{\partial x} + \boldsymbol{e}_y \frac{\partial}{\partial y} + \boldsymbol{e}_z \frac{\partial}{\partial z} \tag{1.18}$$

であり、$\boldsymbol{e}_i$ $(i = x, y, z)$ は i 軸方向の単位ベクトルである。∇ は関数に対して空間微分を行う演算子で、上式から分かるようにベクトルである。ナブラが作用する関数は空間座標 x, y, z を変数とする多変数関数なので、微分は 1 変数関数 $f(x)$ についての硬い微分 $\mathrm{d}f(x)/\mathrm{d}x$ でなく、丸い微分の偏微分であることに注意。

電磁場におけるナブラの役割は以降の章に任せ、ここでは形式だけを説明する。

電場、磁場はベクトル関数であり、それにベクトルであるナブラを演算させるとき、両者のあいだで内積 (inner product) あるいは外積 (cross product) が構成できる。

ベクトル関数を

$$\boldsymbol{A}(\boldsymbol{r}) = A_x \boldsymbol{e}_x + A_y \boldsymbol{e}_y + A_z \boldsymbol{e}_z \tag{1.19}$$

と記すと、内積の演算

$$\nabla \cdot \boldsymbol{A}(\boldsymbol{r}) = \frac{\partial A_x}{\partial x} + \frac{\partial A_y}{\partial y} + \frac{\partial A_z}{\partial z} \tag{1.20}$$

を**発散** (divergence) といい、$\nabla \cdot \boldsymbol{A}(\boldsymbol{r})$ を div $\boldsymbol{A}(\boldsymbol{r})$ とも記す。得られる関数はスカラー関数となり、$\boldsymbol{A}(\boldsymbol{r})$ の発散量を導く。一方、外積の演算

$$\nabla \times \boldsymbol{A}(\boldsymbol{r}) = \left(\frac{\partial A_z}{\partial y} - \frac{\partial A_y}{\partial z}\right)\boldsymbol{e}_x + \left(\frac{\partial A_x}{\partial z} - \frac{\partial A_z}{\partial x}\right)\boldsymbol{e}_y + \left(\frac{\partial A_y}{\partial x} - \frac{\partial A_x}{\partial y}\right)\boldsymbol{e}_z \tag{1.21}$$

を**回転** (rotation) といい、$\nabla \times \boldsymbol{A}(\boldsymbol{r})$ を rot $\boldsymbol{A}(\boldsymbol{r})$、あるいは curl $\boldsymbol{A}(\boldsymbol{r})$ とも記す。演算結果の関数はベクトル関数となり、それは関数 $\boldsymbol{A}(\boldsymbol{r})$ の回転量を導く。

「発散」と「回転」に、ベクトル「場」の 9 つのすべての空間偏微分係数 $\partial A_i/\partial j$ $(i, j = x, y, z)$ が取り込まれている。「発散」はベクトル成分 A_i と微分変数 i が同じ偏微分係数 $(\partial A_i/\partial i)$ で、「回転」はベクトル成分 A_i と微分変数 j が直交する偏微分係数 $(\partial A_i/\partial j, i \neq j)$ で構成される。

問 1-1　ナブラ (式 (1.18)) と関数 $\boldsymbol{A}$(式 (1.19)) から、発散 (式 (1.20)) ならびに回転 (式 (1.21)) を導け。

回転については 3-3-2 小節「保存場の法則（微分形）」(p.77) に解法を示した。

ついでに、ナブラのスカラー関数 $f(\boldsymbol{r})$ への演算を記しておく。これは**勾配** (gradient)

といい、

$$\nabla f(\boldsymbol{r}) = \frac{\partial f}{\partial x}\boldsymbol{e}_x + \frac{\partial f}{\partial y}\boldsymbol{e}_y + \frac{\partial f}{\partial z}\boldsymbol{e}_z \tag{1.22}$$

を grad $f(\boldsymbol{r})$ とも記す。演算結果はベクトル関数であり、関数 $f(\boldsymbol{r})$ の勾配量を導く。「力学」でポテンシャル・エネルギー $U(\boldsymbol{r})$ の勾配からはたらく力 $\boldsymbol{F} = -\nabla f(\boldsymbol{r})$ を求めたので、諸君はすでに承知のものであるため、勾配についてはこれ以上は触れない。

1-4-2　発散

前小節では「発散」と「回転」の数式表示と呼称を記したのみで、物理の説明になっていない。そこで「重ね合わせの原理」と「力線」の助けを借りながら、まず「発散」を感覚的に描写する。以下、真空中 (誘電率 ε_0, 透磁率 μ_0) で考える

静電場では $\nabla \cdot \boldsymbol{D} = \rho$、静磁場では $\nabla \cdot \boldsymbol{B} = 0$ の発散が登場する (表 1.1)。それぞれを $\nabla \cdot \boldsymbol{E} = \rho/\varepsilon_0$、$\nabla \cdot \boldsymbol{H} = 0$ と記しても同じである。

(a) $\nabla \cdot \boldsymbol{D} = \rho$: ガウスの法則

この式の右辺の ρ は電荷密度である。電荷密度とは分布する電荷を単位体積あたりの電荷量で表したものである。

さて、「発散」$\nabla \cdot \boldsymbol{D}$ の説明のため、多少数式を使う。

空間に x 成分のみをもつ電束密度ベクトル $\boldsymbol{D} = D_x(x, y, z)\boldsymbol{e}_x$ と、微小な直方体 (体積 $v = \Delta x \times \Delta y \times \Delta z$) を考える (図 1.6)。$\boldsymbol{D}$ はその向きに垂直な単位面積あたりに投影された「電荷の場」であり、電束線の強さを示すので、$D_x(x + \Delta x, y, z)$ $\times(\Delta y\Delta z)$ は右側面での電束線量を、$D_x(x, y, z)$ $\times(\Delta y\Delta z)$ は左側面での電束線量を指し、それらの差、すなわち、直方体の x 軸に垂直な側面を通して出入りする電束線量は

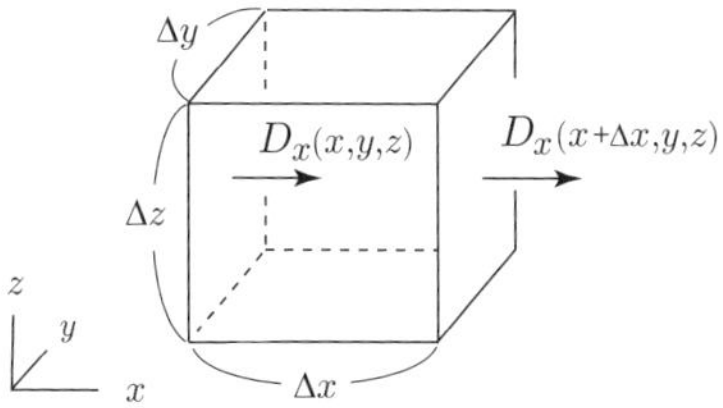

図 **1.6**　微小領域と電束密度 $\boldsymbol{D}$

$$\begin{aligned}\{D_x(x + \Delta x, y, z) - D_x(x, y, z)\}\Delta y\Delta z& \\ = \left.\frac{\Delta D_x}{\Delta x}\right|_x (\Delta x\Delta y\Delta z)& \\ \Rightarrow \left.\frac{\partial D_x}{\partial x}\right|_x \mathrm{d}v& \end{aligned} \tag{1.23}$$

と書ける。$\Rightarrow$ は極限操作 $\Delta x, \Delta y, \Delta z \to 0$ による移行である。微分が偏微分になっているのは、$\boldsymbol{D}$ が多変数関数のためである。$|_x$ は「x での値」の意味である。

一般に電束密度 $\boldsymbol{D}$（「電荷の場」）は 3 成分をもつので、y 方向、z 方向の電束線量の出入りも考慮し総和をとると、直方体の表面を通して出入り（増減）する全電束線量は

$$\left(\frac{\partial D_x}{\partial x}+\frac{\partial D_y}{\partial y}+\frac{\partial D_z}{\partial z}\right)\mathrm{d}v \tag{1.24}$$

と書ける。

上式は直方体内に電束線を生成する正電荷量あるいは吸収する負電荷量に相当し、その電荷量は電荷密度を $\rho(\boldsymbol{r})$ と記せば、

$$\rho(\boldsymbol{r})\mathrm{d}v \tag{1.25}$$

と書ける。式 (1.24) と式 (1.25) が等しいわけで、それをナブラ ∇ を用いて表記すると、

$$\left(\frac{\partial D_x}{\partial x}+\frac{\partial D_y}{\partial y}+\frac{\partial D_z}{\partial z}\right)\mathrm{d}v=\rho\mathrm{d}v \qquad \Rightarrow \qquad \nabla\cdot\boldsymbol{D}=\rho \tag{1.26}$$

を得る。電束密度 $\boldsymbol{D}(\boldsymbol{r})$（あるいは、電場 $\boldsymbol{E}(\boldsymbol{r})$）の「発散」があるところ $(\nabla\cdot\boldsymbol{D}\neq 0)$ には電荷 $\rho(\boldsymbol{r})$ があり、電荷 $\rho(\boldsymbol{r})$ が存在するところでは電束密度 $\boldsymbol{D}(\boldsymbol{r})$（あるいは、電場 $\boldsymbol{E}(\boldsymbol{r})$）は「発散」する $(\nabla\cdot\boldsymbol{D}\neq 0)$。

電気力線や電束線の発散は水の流れにたとえて説明される。それは感覚的に大変理解しやすいからである。しかし、水という物質が流れる（移動する）ように、「発散」は電荷が流れ出ることを意味しているのではない。発散があれば、時間が経てば電荷が失くなってしまうのではない。このような誤解を生じないように、本書では極力「流れ」という語を避け、力線の生成や吸収ということばを用いた。それが適した用語かは覚束無いが、意図はそういうことである。

「発散」を演算される「場」はベクトル量であるが、「発散」の結果はスカラー量であることを常時留意せよ。

(b)　注意事項

はじめに戻って、原点に点電荷 $+q$ を置いた場合を考える。すなわち、電束線あるいは電気力線の生成は 1 箇所、原点のみである。この点電荷 q は電荷密度 $\rho(\boldsymbol{r})=q\delta(\boldsymbol{r})$ と表示でき [8)]、電束密度あるいは電場の「発散」は

$$\nabla\cdot\boldsymbol{D}=\varepsilon_0\boldsymbol{E}=\rho\ (=q\delta(\boldsymbol{r})) \tag{1.27}$$

[8)] $\delta(\boldsymbol{r})$ は $\boldsymbol{r}=0$ で無限大、$\boldsymbol{r}\neq 0$ でゼロの大きさをもち、$\boldsymbol{r}=0$ を含む空間にわたり体積積分すると 1 になるディラックのデルタ関数 である $(\int_{-\infty}^{+\infty}\delta(\boldsymbol{r})\mathrm{d}\boldsymbol{r}=1)$。次元は $[\ \delta(\boldsymbol{r})\ ]=\mathrm{m}^{-3}$ である。

となる。原点以外のところは「発散」がゼロである。生成点が原点以外にはないからである。

また、「発散」=ゼロだから、$\partial E_x/\partial x = 0, \partial E_y/\partial y = 0, \partial E_z/\partial z = 0$ であると考えてはいけない。発散がゼロとは、3 つの増減量の和がゼロになるのである。つぎの問を計算して自分で確かめるとよい。

問 1-2 点電荷 q のつくる電場 (式 (1.3)) の発散 (式 (1.20)) を $\boldsymbol{r} = 0$ 以外で求め、それがゼロであることを確認せよ。

$\boldsymbol{r} = x\boldsymbol{e}_x + y\boldsymbol{e}_y + z\boldsymbol{e}_z$, $r^2 = x^2 + y^2 + z^2$ であることを使い、偏微分するだけである。個々の成分 $\partial E_x/\partial x, \partial E_y/\partial y, \partial E_z/\partial z$ の振る舞いを、導出した式をよく読んで理解せよ。

難しく感じたとしても、この段階で解けなくてもいい。「ガウスの法則 (微分形)」(p.51) を学んだ後に問 2-8 (p.56) で再度同じ問題を用意してあるので、そこで再度チャレンジすればよい。

(c) $\nabla \cdot \boldsymbol{B} = 0$: ガウスの法則

この方程式は、磁場 $\boldsymbol{B}$(あるいは $\boldsymbol{H}$) にはつねに「発散」はない、といっている。

電荷が電場 $\boldsymbol{E}$(あるいは $\boldsymbol{D}$) の生成、吸収の源であったことを考えると、磁場の生成、吸収の源である磁荷の存在を認めなければ、当然「発散」=0 である。生成、吸収がないということは、磁束線（磁力線）に始点も終点もないということで、磁束線（磁力線）が存在すれば、それはループを描くということになる。そのようすはつぎの「回転」が表す。

1-4-3 回転

表 1.1 をみると、静電場では $\nabla \times \boldsymbol{E} = 0$、静磁場では $\nabla \times \boldsymbol{B} = \mu_0 \boldsymbol{i}$ の回転式がある。それぞれを $\nabla \times \boldsymbol{D} = 0$、$\nabla \times \boldsymbol{H} = \boldsymbol{i}$ と記しても同じである。

(a) $\nabla \times \boldsymbol{H} = \boldsymbol{i}$: アンペールの法則

この式の右辺の $\boldsymbol{i}$ は電流密度である。電流密度とは単位面積に垂直な方向に流れる電流量であり、流れは大きさと向きをもつ量であるので電流密度 $\boldsymbol{i}$ はベクトルで表す。なお、電流は単位時間に流れる電荷量である。

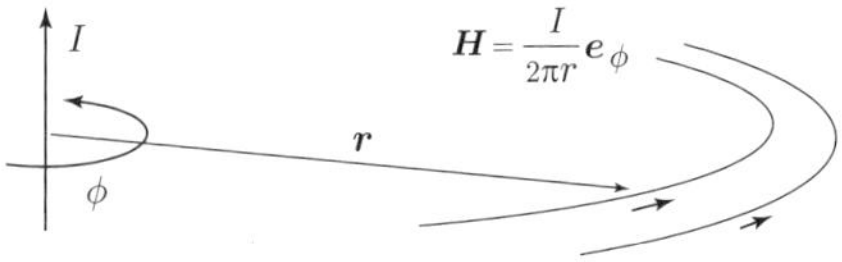

図 1.7　$r \neq 0$ では磁場の「回転」はゼロ

「回転」を感覚的に理解するために、直線電流 I のつくる磁場 (式 (1.12)) の振る舞いをもとに述べる (図 1.3)。

$$\boldsymbol{H}(\boldsymbol{r}) = \frac{\boldsymbol{B}(\boldsymbol{r})}{\mu_0} = \frac{I}{2\pi r}\boldsymbol{e}_\phi \tag{1.28}$$

磁場 $\boldsymbol{H}$ は直線電流 I からの距離 r に反比例する大きさをもち、I を軸とする軸対称で、その向きは I の向きに進む右ネジの回転方向である。確かに、直線電流のつくる磁場は「回転」している。電流（密度）$\boldsymbol{i}$ があれば、磁場 $\boldsymbol{H}$ の回転が起こり、逆に磁場の回転 $\nabla \times \boldsymbol{H}$ があるということは、電流 $\boldsymbol{i}$ が存在することを示すのだから。

しかし、これには注意がいる！

磁力線 $\boldsymbol{H}$ が周回しているからといって、あらゆる領域で磁場が「回転」しているのではない。直線電流 I 以外の電流 (密度) のないところでは「回転」していないのである。

それを知るために、まずつぎの問を計算してみよ。

問 1-3　直線電流 I のつくる磁場 $\boldsymbol{H}$ の「回転」(式 (1.21) に $\boldsymbol{A} = \boldsymbol{H}$ を代入) を $\boldsymbol{r} = 0$ 以外で求め、それがゼロであることを確認せよ。

$$\nabla \times \boldsymbol{H}(\boldsymbol{r}) = \left(\frac{\partial H_z}{\partial y} - \frac{\partial H_y}{\partial z}\right)\boldsymbol{e}_x + \left(\frac{\partial H_x}{\partial z} - \frac{\partial H_z}{\partial x}\right)\boldsymbol{e}_y + \left(\frac{\partial H_y}{\partial x} - \frac{\partial H_x}{\partial y}\right)\boldsymbol{e}_z \tag{1.29}$$

直線電流 I を z 軸にとり、ϕ を z 軸まわりの回転角 (方位角) とする。磁場 $\boldsymbol{H}$ は z 軸成分をもたず、また、x ならびに y 成分も z を変数としないので、

$$H_z = 0\,; \quad \frac{\partial H_x}{\partial z} = \frac{\partial H_y}{\partial z} = 0 \tag{1.30}$$

であって、ナブラを演算したものは

$$\nabla \times \boldsymbol{H} = \left(\frac{\partial H_y}{\partial x} - \frac{\partial H_x}{\partial y}\right)\boldsymbol{e}_z \tag{1.31}$$

となる。2 つの偏微分項を $\boldsymbol{e}_\phi = -(y\boldsymbol{e}_x + x\boldsymbol{e}_y)/r$、$r = \sqrt{x^2 + y^2}$ を用いて計算すればよい。

ここでは式 (1.31) の $x - y$ 面での「回転」を考える（変数 z は変化しないので表記を省略する）。

「回転」は周回する経路に沿っての「場」、ここでは磁場 $\boldsymbol{H}$、の大きさの総和である。図 1.8 は (x, y) を中心にした$+z$ 軸まわりの「回転」のようすを示した。直交座標系を用いているので、辺の長さが微小な $\Delta x \times \Delta y$ の長方形をめぐる磁場成分 H_x, H_y（太い矢印で表示）で評価する。極限操作 $(\lim_{\Delta x, \Delta y \to 0})$ にもとづく微小な領域を考えるので、経路の形状はどんなものでもよい。

$+z$ 軸まわりの「回転」（反時計回り）を数式で表すと

$$
\begin{aligned}
&\Big\{H_x(x, y - \frac{\Delta y}{2})\Delta x + H_y(x + \frac{\Delta x}{2}, y)\Delta y \\
&\qquad\qquad -H_x(x, y + \frac{\Delta y}{2})\Delta x - H_y(x - \frac{\Delta x}{2}, y)\Delta y\Big\}\boldsymbol{e}_z \\
&= \left\{\frac{H_y(x + \frac{\Delta x}{2}, y) - H_y(x - \frac{\Delta x}{2}, y)}{\Delta x} - \frac{H_x(x, y + \frac{\Delta y}{2}) - H_x(x, y - \frac{\Delta y}{2})}{\Delta y}\right\}\Delta x \Delta y \boldsymbol{e}_z
\end{aligned}
\tag{1.32}
$$

となる。微小領域での磁場の強さは、図 1.8 に示すようにそれぞれの辺にわたって一定と見なせる。「回転」の大きさは（磁場の大きさ）と（辺の長さ）の積を 4 辺にわたり足し合わせたものである。回転方向が上辺と左辺では磁場成分の正負方向と逆になるため、磁場にマイナス符号が付く。

上式 (1.32) は極限操作 $\lim_{\Delta x, \Delta y \to 0}$ により

$$
\left(\frac{\partial H_y}{\partial x} - \frac{\partial H_x}{\partial y}\right)(\mathrm{d}x\mathrm{d}y)\boldsymbol{e}_z \tag{1.33}
$$

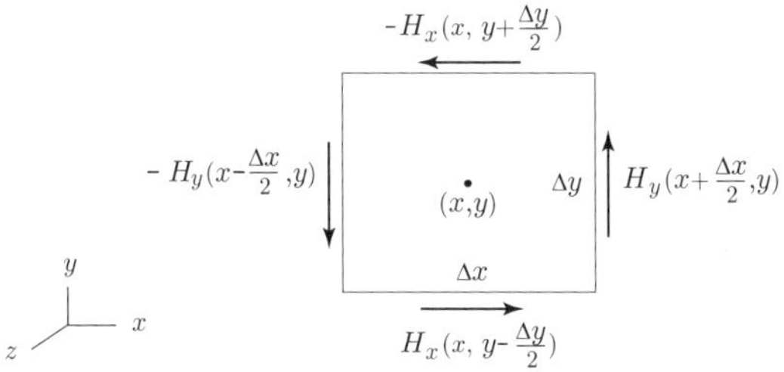

図 1.8 $x - y$ 面での「回転」

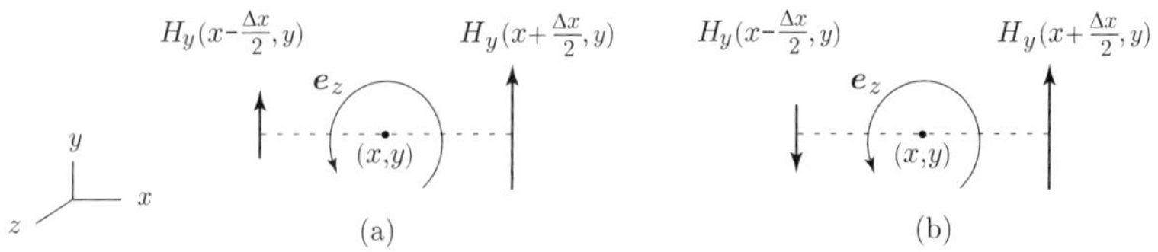

図 1.9　$(\partial H_y/\partial x)\boldsymbol{e}_z$ の「回転」: (a) $H_y(x-\frac{\Delta x}{2},y)>0$, (b) $H_y(x-\frac{\Delta x}{2},y)<0$

となり、$(\mathrm{d}x\mathrm{d}y)$ を除いたものが式 (1.31) である。アンペールの法則は、これが (x,y) を中心とした面積 $\mathrm{d}x\mathrm{d}y$ を貫く電流、すなわち $i(\mathrm{d}x\mathrm{d}y)\boldsymbol{e}_z$ に等しいと教えるが、それは 7-4 節「アンペールの法則」で論じる。

なお、ここでは図から回転を理解しやすくするために (x,y) を中心に据え、$\pm\Delta x/2$, $\pm\Delta y/2$ 離れた位置での磁場の差分をとったが、いつもの通りに (x,y) に対する $(x\pm\Delta x,y)$, $(x,y\pm\Delta y)$ での差分をとっても極限操作への移行があるため、両取り扱いには違いはないことを記しておく。

（1） $(\partial H_y/\partial x)\boldsymbol{e}_z$

式 (1.31) の第 1 項 $(\partial H_y/\partial x)\boldsymbol{e}_z$ を眺める。これはナブラの x 成分 $(\boldsymbol{e}_x\partial/\partial x)$ と $\boldsymbol{H}$ の y 成分 $(H_y\boldsymbol{e}_y)$ の外積であり、$\boldsymbol{e}_x\times\boldsymbol{e}_y=\boldsymbol{e}_z$ である。

偏微分 $\partial H_y/\partial x$ は x 方向への微小変位 Δx に対しての、直交する磁場成分 H_y の変化量 $\Delta H_y(x)=H_y(x+\Delta x/2)-H_y(x-\Delta x/2)$ である（図 1.9）。(x の偏微分について議論しているので、変数としての y,z は変化しないので省略し、$H_y(x,y,z)\to H_y(x)$ と記す。)

図 1.8 では「回転」の経路方向と磁場の正負の向きが逆になる辺では磁場成分にマイナス符号を付したので誤解しないように、説明を繰り返す。図 1.9(a) のように両 H_y 磁場成分が同じ向きをもつと、経路方向の違いのため両者間で打ち消し合いが生じ、向きの異なる (b) の場合とくらべ「回転」の大きさは小さくなる。$\partial H_y/\partial x$ は無限小の単位 Δx 変位当たりの「回転」の強さを表したものといえる。

（2） $-(\partial H_x/\partial y)\boldsymbol{e}_z$

同じように、偏微分 $\partial H_x/\partial y$ は ΔH_x 成分による単位 Δy 変位当たりの「回転」の強さを表す。マイナス符号がつくが、特別に物理的な意味があるわけでもないことは理解できるであろう。

これらの 2 つの回転、すなわち、偏微分係数を足したものが z 方向の「回転」となる。一方の回転成分 (偏微分係数) がゼロであっても、他方の成分 (偏微分係数) がゼロでなければ、その箇所で磁場は z 軸まわりに「回転」する。

同義反復すれば、式 (1.32) ならびに図 1.8 から分かるように、4 つの磁場成分の内 1 つでもゼロでなければ「回転」が生じるということである。

ここでは z 軸まわりの回転をみたが、一般に磁場は 3 次元空間に展開するので、x 軸、y 軸まわりの回転も存在し、それらのベクトル和の方向を向く「回転」となる。

(b) $\nabla \times \boldsymbol{E} = 0$: 保存場の法則

点電荷の電場分布は式 (1.3) であって、方向は動径を向く。

$$\boldsymbol{E}(\boldsymbol{r}) = \frac{q_1}{4\pi\varepsilon_0 r^2}\boldsymbol{e}_r \left(= k_e q \frac{x\boldsymbol{e}_x + y\boldsymbol{e}_y + z\boldsymbol{e}_z}{x^2+y^2+z^2}\right) \tag{1.3}$$

点電荷電場は球対称性のため、それを壊すような回転成分は本来的に存在しない。それを示したのが、$\nabla \times \boldsymbol{E} = 0$ であるといえる。

問 1-4　点電荷電場 (式 (1.3)) の回転を計算せよ。

1-4-4　「場」の時間変化

ここからは電場ならびに磁場が時間変動する「場」の方程式である。「静」電場、「静」磁場は時間的に変化しないため、時間 t をあからさまに変数として記さない ($\boldsymbol{E} = \boldsymbol{E}(\boldsymbol{r})$, $\boldsymbol{B} = \boldsymbol{B}(\boldsymbol{r})$) が、ここでは

$$\boldsymbol{E} = \boldsymbol{E}(\boldsymbol{r}, t), \quad \boldsymbol{B} = \boldsymbol{B}(\boldsymbol{r}, t) \tag{1.34}$$

である。

この時間の関数である電場、磁場についても上記した静電場、静磁場の方程式 ($\nabla\cdot\boldsymbol{D} = \rho$, $\nabla \times \boldsymbol{E} = 0$; $\nabla \cdot \boldsymbol{B} = 0$, $\nabla \times \boldsymbol{H} = \boldsymbol{i}$) は成り立つ。それは、時間変化する電場、電荷密度、磁場、電流密度のこれらの関係がパラパラ漫画のように、各瞬間の静電場、静磁場の連続したものと捉えれば納得できるであろう。

ところが、それだけであれば電磁気学は簡単であるが、時間変化が新たな現象を誘起するという電磁気学の真髄となる局面が現れる。このことをつぎに簡単に記す。

(a) $\nabla \times \boldsymbol{E} = -\partial \boldsymbol{B}/\partial t$: ファラデーの法則

静電場は「回転」成分をもたない。これは電場の生成が電荷にもとづいたことによる。

しかし、磁場 $\boldsymbol{B}(= \mu_0 \boldsymbol{H})$ が時間変化 $\partial \boldsymbol{B}(\boldsymbol{r}, t)/\partial t$ すると、その変化する微小空間領域において、その変化の方向に対し垂直な面内で、電場の「回転」$\nabla \times \boldsymbol{E}(\boldsymbol{r}, t)$ が生じる (「回転」方向はこの面に垂直である)。電流密度 $\boldsymbol{i}$ があれば、その微小領域に磁場の「回転」がある ($\nabla \times \boldsymbol{H} = \boldsymbol{i}$) のと同じように想えばいい。ただし、この電場の「回

図 1.10　「場」の時間変化と回転

転」の向きは磁場の時間変化 $\partial\boldsymbol{B}/\partial t$ の向きと逆であるので、マイナス符号がついていることに注意 (図 1.10(a))。

$$\nabla\times\boldsymbol{E}(\boldsymbol{r},t)=-\frac{\partial\boldsymbol{B}(\boldsymbol{r},t)}{\partial t} \tag{1.35}$$

電場は電場であって、電荷起因の電場もこの磁場の時間変化に起因する電場も区別はない。タイトルの方程式 $\nabla\times\boldsymbol{E}=-\partial\boldsymbol{B}/\partial t$ は、電荷起因の電場の「回転」($\nabla\times\boldsymbol{E}=0$) と磁場の時間変化起因の電場の「回転」($\nabla\times\boldsymbol{E}=-\partial\boldsymbol{B}/\partial t$) を加え合わせたものを意味するが、前者はゼロのため電場の「回転」を示すのは後者からの寄与である。

「静」の世界では別物であった電場と磁場が、「動」の世界では相互に関連し、相互に転化する。

(b) $\nabla\times\boldsymbol{H}=\partial\boldsymbol{D}/\partial t+\boldsymbol{i}$:　アンペール－マクスウェルの法則

上と同じように、電場 $\boldsymbol{D}(=\varepsilon_0\boldsymbol{E})$ が時間変化 $\partial\boldsymbol{D}(\boldsymbol{r},t)/\partial t$ すると、その変化の方向に対し垂直な面内で磁場 $\boldsymbol{H}$ の「回転」$\nabla\times\boldsymbol{H}(\boldsymbol{r},t)$ が生じる（「回転」方向はこの面に垂直である）。このときは磁場の「回転」の向きは電場の変化方向に沿う。(図 1.10(b))。

$$\nabla\times\boldsymbol{H}(\boldsymbol{r},t)=\frac{\partial\boldsymbol{D}(\boldsymbol{r},t)}{\partial t} \tag{1.36}$$

電流密度 $\boldsymbol{i}$ があれば、その微小領域に磁場の「回転」がある ($\nabla\times\boldsymbol{H}(\boldsymbol{r},t)=\boldsymbol{i}(\boldsymbol{r},t)$)。磁場は磁場であって、電流起因の磁場もこの電場の時間変化に起因する磁場も区別はない。タイトルの方程式 $\nabla\times\boldsymbol{H}=\partial\boldsymbol{D}/\partial t+\boldsymbol{i}$ は、電流起因の磁場の「回転」($\nabla\times\boldsymbol{H}=\boldsymbol{i}$) と電場の時間変化起因の磁場の「回転」($\nabla\times\boldsymbol{H}=\partial\boldsymbol{D}/\partial t$) をベクトル的に加え合わせたものを意味し、両者とも磁場の「回転」を生じる。

$$\nabla\times\boldsymbol{H}(\boldsymbol{r},t)=\frac{\partial\boldsymbol{D}(\boldsymbol{r},t)}{\partial t}+\boldsymbol{i}(\boldsymbol{r},t) \tag{1.37}$$

式 (1.35) ならびに式 (1.36) が時間変化する電磁「場」を扱う方程式となる。

「静」電場、「静」磁場においては「場」は電荷や電流の存在から派生するものであったが、ここでは「場」自体は独り立ちして他の「場」を誘起する。時間変化する磁場 ($\partial\boldsymbol{B}/\partial t$) あるいは電場 ($\partial\boldsymbol{D}/\partial t$) が位置 (x,y,z) で生じると、その変化の方向を軸に、電場 $\boldsymbol{E}$ あるいは磁場 $\boldsymbol{H}$ の回転が生まれる。

これらの時間変化は一様で無限に続くものでないため、誘起された「場」がつぎの瞬間には時間変化し、それがまたつぎの「場」を誘起する。これが連続的に継続するのが、伝播する電磁場（電磁波）である。

式 (1.35) と式 (1.37) が時間微分を含み、「ニュートンの運動方程式」に対応して、「場」の時間、空間の展開を決める。電磁場が時間変化しない (時間微分項=0) と、両式から「静」場の方程式 ($\nabla \times \boldsymbol{E} = 0$ と $\nabla \times \boldsymbol{H} = \boldsymbol{i}$) が得られる。また、後の章 (13-1-3 小節「$\nabla \cdot \boldsymbol{D} = \rho, \nabla \cdot \boldsymbol{B} = 0$ は補足」p.388) で論じるが、式 (1.35) と式 (1.37) は $\nabla \cdot \boldsymbol{D} = \rho$ と $\nabla \cdot \boldsymbol{B} = 0$ をも内包する。

以上で、2 階建て教科書の 1 階部分の予備知識を提示した。準備はこれでよいであろう。

第I部

静電場の物語

第2章

電荷と電場の物語

時間的に変化しない電荷の分布が引き起こす電気現象をこの第I部で扱う。

一般には、複数の電荷があるとその間に斥力あるいは引力がはたらき、電荷が移動し電荷分布が変化する。第I部ではそれらの電荷が固定されて移動せず、したがって、それらがつくりだす電場が時間的に変化しないと考える。よって、静電場は空間座標の関数であるが、時間を変数として含まない。

2-1　電荷とクーロンの法則

2-1-1　静電気学のもとはクーロンの法則

物体は一般的には、電気的に中性 (neutral) の傾向にあるが、正電荷 (positive charge) あるいは負電荷 (negative charge) をもつものもある。電荷 (electric charge) には最少単位があり、それは物質を構成する電子や陽子のもつ電荷（通常、$\pm e$ で表示）の大きさであって

$$e = 1.6 \times 10^{-19}(\mathrm{C}) \tag{2.1}$$

である[1)]。C は**電荷の単位**のクーロン (Coulomb) である。よって、1 C の電荷の大きさとは、電子を 6.2×10^{18} 個蓄えることと等価である。

電気、磁気の現象は、電荷ならびにその流れである電流によって引き起こされる。つまり、力学で「質量」が果たしたと同じ本質的な役割を、電磁気学では「電荷」が受けもつことになる。そこで、力学で「質点」を導入したのと同様に、電磁気学では空間的に広がりのない「**点電荷** (point charge)」を考える。

微小な重さを高精度で測定するねじり秤の開発 (1777 年) に成功したフランスの物

1) 素粒子のクォーク (quark) は $\pm(1/3)e$, $\pm(2/3)e$ の電荷をもつが、単体では現れず、実験で検出できるのは $\pm e$ の整数倍の電荷のみである。

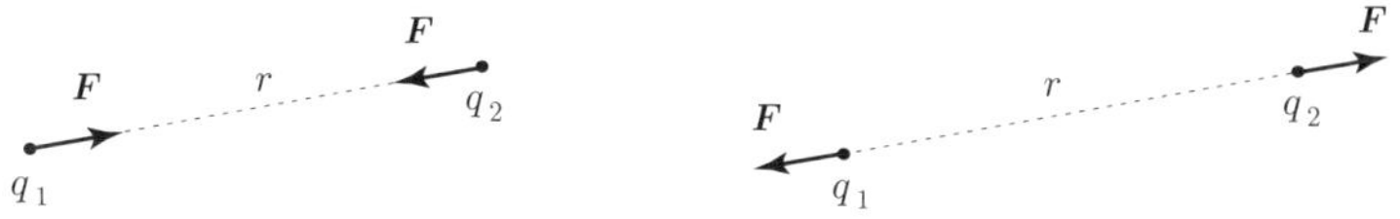

(a) q_1, q_2 が異符号　　(b) q_1, q_2 が同符号

図 2.1　電荷のあいだにはたらくクーロン力（1）

理学者クーロン (Charles-Augustin de Coulomb, 1736-1806) は、1780 年頃それを静電気の間にはたらく力の測定に用いて、いわゆる**クーロンの法則** (Coulomb law) を導いた。さらに、磁気 (磁石) についても同様の法則が成立することを発見した。

これからみるように、静電気学は「クーロンの法則」に根ざしている。

2 つの電荷 q_1, q_2 の間にはたらくクーロン力は以下の形で表される。

$$\boldsymbol{F}(\boldsymbol{r}) = k_e \frac{q_1 q_2}{r^2} \boldsymbol{e}_r \tag{2.2}$$

r は q_1 と q_2 の間の距離であり、$\boldsymbol{e}_r$ は r 方向の単位ベクトル $\boldsymbol{r}/r$ である。このクーロンの法則は自然界の定めであり、別の法則から導けるものでない。

そのはたらく力の向きは 2 つの電荷をむすぶ作用線上にあって、異種電荷 $(q_1 q_2 < 0)$ のときは引力となり、同種電荷 $(q_1 q_2 > 0)$ のときは斥力となる。この力を**クーロン力**あるいは**静電気力**とよぶ。万有引力と同じ r の逆 2 乗則の力であって、質量が電荷に変化しているだけである。ただし、質量はつねに正値だけをもつのに対し、電荷は正負の値をとり得るため、引力だけでなく斥力をも生じる。

k_e は万有引力定数 G に対応するクーロン力の定数であって、

$$k_e = \frac{1}{4\pi\varepsilon_0} = 9.0 \times 10^9 \ (\mathrm{N \cdot m^2 \cdot C^{-2}}) \tag{2.3}$$

ε_0 を**真空の誘電率**とよび、真空を伝わるときのクーロン力の強さを表す。N は力の単位のニュートン (newton) である。力は隣接する物質や空間（媒質）を順次伝わって伝達するという近接作用の表現を使えば、ε_0 は電気力が媒質である真空中を伝播する割合を表すもので

$$\varepsilon_0 = 8.9 \times 10^{-12} \ (\mathrm{N^{-1} \cdot m^{-2} \cdot C^2}) \tag{2.4}$$

である。

問 2-1　電気力 F_C と万有引力 F_G の強さを比較しよう。

電荷ならびに質量の大きさとして、物質の構成要素である電子と陽子の値を採用して、その間にはたらく力を比べよ。

電子の電荷と質量は、$q_e = -e$ と $m_e = 9.1 \times 10^{-31}$ (kg) であり、陽子では $q_p = +e$ と $m_p = 1.7 \times 10^{-27}$ (kg) である。ちなみに、水素原子の場合、陽子のまわりを回る電子の軌道半径はおよそ $r = 5.3 \times 10^{-11}$ (m) と考えてよい。万有引力定数は $G = 6.7 \times 10^{-11}(\mathrm{N \cdot m^2 \cdot kg^{-2}})$ である。

2-1-2　クーロン力とニュートンの運動方程式

いま、2 つの電荷 q_1, q_2 の位置ベクトルを $\boldsymbol{r}_1$, $\boldsymbol{r}_2$ と記せば (図 2.2)、q_1 にはたらくクーロン力 $\boldsymbol{F}_{12}$ は

$$\boldsymbol{F}_{12} = k_e \frac{q_1 q_2}{r_{12}^2} \boldsymbol{e}_{r_{12}} \tag{2.5}$$

であり、$\boldsymbol{r}_{12} = \boldsymbol{r}_1 - \boldsymbol{r}_2 = -(\boldsymbol{r}_2 - \boldsymbol{r}_1) = -\boldsymbol{r}_{21}$, $r_{12} = |\boldsymbol{r}_{12}| = |\boldsymbol{r}_{21}| = r_{21}$ である。式 (2.2) の r がここでの $r_{12}(= r_{21})$ である。$\boldsymbol{e}_{r_{12}}$ は $\boldsymbol{r}_{12}$ 方向の単位ベクトルである。

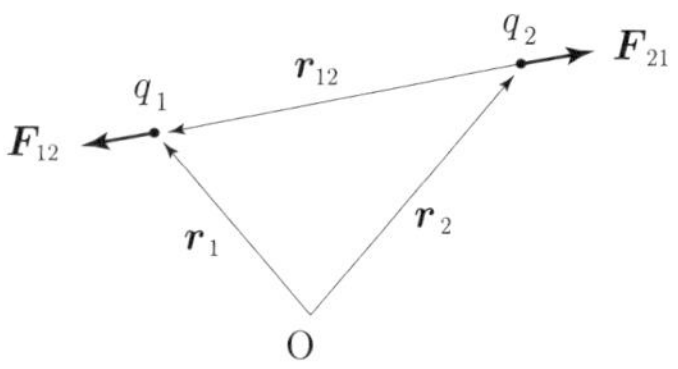

図 2.2　電荷のあいだにはたらくクーロン力（2）

力 $\boldsymbol{F}_{12}$ を受ける電荷 q_1 はニュートンの運動の第 2 法則（運動の法則）にしたがって運動する。q_1 の質量を m_1 と記せば、その運動方程式は

$$m_1 \ddot{\boldsymbol{r}}_1 = \boldsymbol{F}_{12} \tag{2.6}$$

である。同様に、q_2 にはたらくクーロン力 $\boldsymbol{F}_{21}$ は

$$\boldsymbol{F}_{21} = k_e \frac{q_1 q_2}{r_{21}^2} \, \boldsymbol{e}_{r_{21}} = -\boldsymbol{F}_{12} \tag{2.7}$$

であって、ニュートンの運動の第 3 法則（作用・反作用の法則）を満たし、電荷 q_2（質量 m_2）の運動方程式は

$$m_2 \ddot{\boldsymbol{r}}_2 = \boldsymbol{F}_{21} = -\boldsymbol{F}_{12} \tag{2.8}$$

である。2 つの電荷が同符号であれば、両者は斥力のため作用線上を互いに遠ざかり、その斥力は徐々に弱くなる。反対に異符号であれば、クーロン引力に引かれて作用線上を互いに近づく。その引力は徐々に強くなり、r の逆 2 乗則にしたがって r が小さくなれば力の変化は急激となり、両者は衝突する。

すでに記したが、以下では静電気学を学ぶため、クーロン力が作用しても電荷が移動しないように固定されたものとする。

2-1-3 クーロン力と重ね合わせの原理

前章で記したが、クーロン力には「重ね合わせの原理」が成り立つ。

複数の点電荷 q_i $(i = 1, \ldots, n)$（移動しないように固定されている）が分布しているなかに他の点電荷 q が $\boldsymbol{r}_q$ に置かれたとき、この電荷が受けるクーロン力 $\boldsymbol{F}_q$ は個々の電荷が及ぼす力 $\boldsymbol{F}_{qi}$ （電荷 q_i が q に及ばす力）を重ね合わせたもので与えられる。

$$\boldsymbol{F}_q = \sum_{i=1}^{n} \boldsymbol{F}_{qi} = \sum_{i=1}^{n} k_e \frac{qq_i}{r_{qi}^{\ 2}}\ \boldsymbol{e}_{r_{qi}} \qquad (\boldsymbol{r}_{qi} = \boldsymbol{r}_q - \boldsymbol{r}_i) \tag{2.9}$$

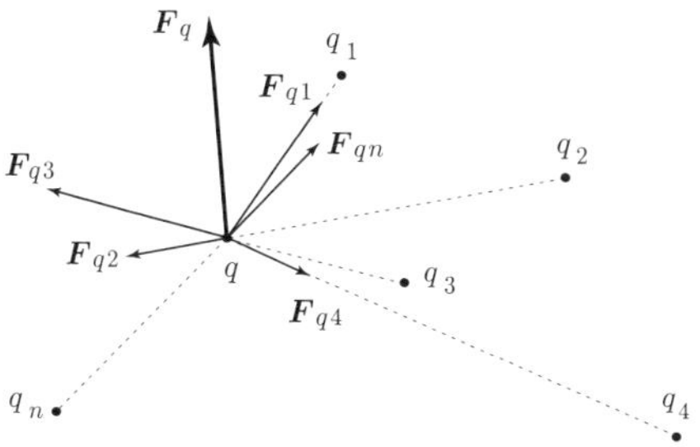

図 **2.3** クーロン力の重ね合わせ

つぎに、電荷の分布が離散的ではなく、連続的に分布しているときに電荷 q が受けるクーロン力 $\boldsymbol{F}_q$ を書きだす。

電荷 q の位置ベクトルを $\boldsymbol{r}$ とし、これに作用する電荷の分布を体積密度 $\rho(\boldsymbol{r}')$ で表す。位置 $\boldsymbol{r}'$ に微小な体積 $\Delta v'(= \Delta x' \Delta y' \Delta z')$ を考えると、その領域の電荷量は $\rho(\boldsymbol{r}')\Delta v'$ である。この電荷分布が q に及ばすクーロン力 $\boldsymbol{F}_{q\rho(\boldsymbol{r}')}$ は

$$\boldsymbol{F}_{q\rho(\boldsymbol{r}')} = k_e \frac{q\rho(\boldsymbol{r}')\Delta v'}{r_{qr'}^{\ 2}}\ \boldsymbol{e}_{r_{qr'}} \qquad (\boldsymbol{r}_{qr'} = \boldsymbol{r} - \boldsymbol{r}') \tag{2.10}$$

である。これは式 (2.9) の $\boldsymbol{F}_{qi}$ の連続分布版である。連続分布するすべての電荷から q が受ける力 $\boldsymbol{F}_q(\boldsymbol{r})$ は、式 (2.9) の総和を $\sum$ から**体積積分** (volume integral) $\int \mathrm{d}v'$ に換えればよい。すなわち、極限操作 $\lim_{\Delta v' \to 0}$ により微小体積を無限小体積 $(\Delta v' \to \mathrm{d}v')$ にもってゆき、電荷が分布する全空間に亘って積分するのである。

$$\boldsymbol{F}_q(\boldsymbol{r}) = \int k_e \frac{q\rho(\boldsymbol{r}')}{r_{qr'}^{\ 2}}\ \boldsymbol{e}_{r_{qr'}} \mathrm{d}v' \tag{2.11}$$

巨視的なスケールでは電荷分布は一般的に正負電荷の足し合わせにより全体としては中性に落ち着く傾向にある。このため、問 2-1 で知ったようにクーロン力は本来的には重力よりもはるかに強い力であるが、正負電荷によるクーロン力をベクトル的に重ね合

わせると互いに打ち消しあって、全体としては顕著な効果を生じない。これに対し、万有引力は引力作用のみであるため、質量の増加とともに重ね合わさって全体としての力は地上の重力のように日常生活で感じる規模にまで大きくなる。ただし、重力であっても質量が対称に分布していれば、その対称軸あるいは対称点での重力は重ね合わせによって増加せず、減少するのは理解できるであろう。

2-2　電場と電気力線

2-2-1　電荷と電場

(a) 単電荷がつくる電場

電荷 q_1 が電荷 q に及ばすクーロン力 $\boldsymbol{F}_{q1} = k_e(qq_1/r^2)\boldsymbol{e}_r$ を

$$\boldsymbol{F}_{q1} = q \cdot \boldsymbol{E}_1(\boldsymbol{r}) \qquad (2.12)$$

$$\boldsymbol{E}_1(\boldsymbol{r}) = k_e \frac{q_1}{r^2}\, \boldsymbol{e}_r \qquad (2.13)$$

と書く。ここで $\boldsymbol{r} = \boldsymbol{r}_q - \boldsymbol{r}_1 = \boldsymbol{r}_{q1}$, $r = |\boldsymbol{r}|$ であり、$\boldsymbol{e}_r (= \boldsymbol{r}/|\boldsymbol{r}|)$ は $\boldsymbol{r}$ 方向の単位ベクトルである。$\boldsymbol{E}_1(\boldsymbol{r})$ が電荷 q_1 がつくる**潜在的なクーロン力の「場」**であり、これを**電場** (electric field)、あるいは**電界**という。

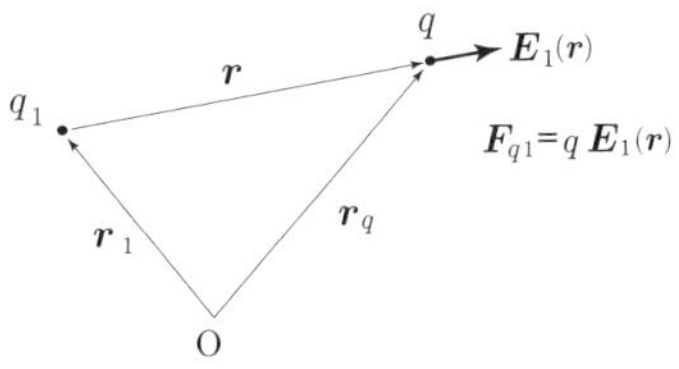

図 **2.4**　クーロン力 $\boldsymbol{F}_{q1}$ と電場 $\boldsymbol{E}_1(\boldsymbol{r})$

電場 $\boldsymbol{E}_1(\boldsymbol{r})$ は電荷 q に独立して存在する。そして、q が存在してはじめて「場」の潜在的な能力が、q にはたらくクーロン力 $\boldsymbol{F}_{qi}(\boldsymbol{r})$ として現れるのである。クーロン力 $\boldsymbol{F}_{q1}(\boldsymbol{r})$ と電場 $\boldsymbol{E}_1(\boldsymbol{r})$ は電荷量 q （スカラー量）だけが異なり、同じ分布を示すベクトル量である。ただし、当然、クーロン力と電場では次元が異なる。前者は $[F] = \mathrm{N}$、後者は $[E] = [F]/[q] = \mathrm{N \cdot C^{-1}}$ の次元（単位）をもつ。

よって、電場 $\boldsymbol{E}_1(\boldsymbol{r})$ を知るためにはプローブ (probe) として点電荷 q を持ち込み、これにはたらく力 $\boldsymbol{F}_{q1}$ を測ればよい。この電荷 q を**探り電荷**という。

図 2.5 に正電荷 q_1 の 2 次元面上での電場分布とその電場の大きさを示す。

あらゆる電荷はその正負値と電荷量の大きさが異なるだけで、本来的な違いはない。すなわち、どの電荷 q_i も r の逆 2 乗の形の電場 $\boldsymbol{E}_i(\boldsymbol{r})$

$$\boldsymbol{E}_i(\boldsymbol{r}) = k_e \frac{q_i}{r^2} \boldsymbol{e}_r \qquad (2.14)$$

をともなう。

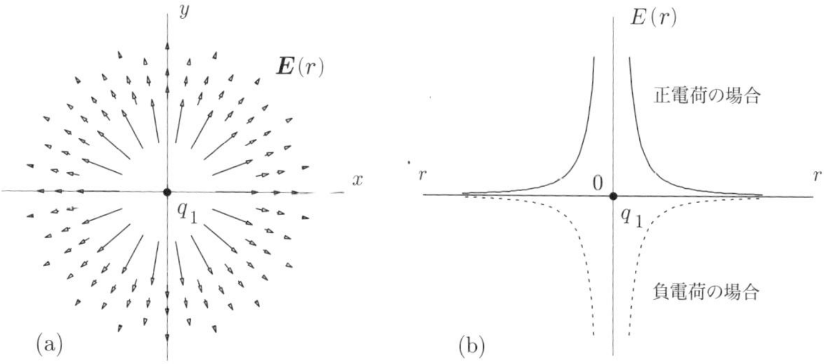

図 **2.5**　単電荷 $+q_1$ の (a) 2 次元面での電場分布と (b) その大きさ

(b) 複数の電荷がつくる電場

複数の点電荷 q_i $(i = 1, \ldots, n)$ が存在するときも同様に、探り電荷 q を用いて、それにはたらくクーロン力 $\boldsymbol{F}_q(\boldsymbol{r})$ を測定すればいいわけである。このときの力 $\boldsymbol{F}_q(\boldsymbol{r})$ はすでに式 (2.9) で求めた。その電場 $\boldsymbol{E}(\boldsymbol{r})$ は定義から

$$\boldsymbol{F}_q(\boldsymbol{r}) = q\boldsymbol{E}(\boldsymbol{r}) \quad \Rightarrow \quad \boldsymbol{E}(\boldsymbol{r}) = \frac{\boldsymbol{F}_q(\boldsymbol{r})}{q}$$

$$\boldsymbol{E}(\boldsymbol{r}) = \sum_{i=1}^{n} k_e \frac{q_i}{r_{qi}^2}\ \boldsymbol{e}_{r_{qi}} = \sum_{i=1}^{n} \boldsymbol{E}_i(\boldsymbol{r}_{qi}) \tag{2.15}$$

$$\left(\boldsymbol{E}_i(\boldsymbol{r}_{qi}) = k_e \frac{q_i}{r_{qi}^2}\ \boldsymbol{e}_{r_{qi}} \right)$$

である。

(c) 連続分布する電荷がつくる電場

また、電荷が体積密度 $\rho(\boldsymbol{r})$ で連続的に分布するとき、$\boldsymbol{F}_q(\boldsymbol{r})$ は式 (2.11) であって、その電場は

$$\boldsymbol{E}(\boldsymbol{r}) = \int k_e \frac{\rho(\boldsymbol{r}')}{r_{qr'}^2}\ \boldsymbol{e}_{r_{qr'}} \mathrm{d}v' = \int \boldsymbol{E}_\rho(\boldsymbol{r}')\mathrm{d}v' \tag{2.16}$$

$$\left(\boldsymbol{E}_\rho(\boldsymbol{r}') = k_e \frac{\rho(\boldsymbol{r}')}{r_{qr'}^2}\ \boldsymbol{e}_{r_{qr'}} \right) \tag{2.17}$$

である。

要するに、電場にも「重ね合わせの原理」が成り立つわけである。

つぎに「重ね合わせの原理」にもとづいて、複数の電荷あるいは連続に分布する電

荷のつくる具体的な電場を計算してみよう。

2-2-2　電気双極子のつくる電場（例題 2-1）

距離 $\boldsymbol{\ell}$ だけ離れた $+q$ と $-q$ の電荷対があるとき、その電場 $\boldsymbol{E}(\boldsymbol{r})$ を求める。

この電荷対を**電気双極子** (electric dipole) といい、そのベクトル量

$$\boldsymbol{p} = q\boldsymbol{\ell} \tag{2.18}$$

を**電気双極子モーメント** (electric dipole moment) とよぶ。ここで $\boldsymbol{\ell}$ を負電荷から正電荷へととる点に留意のこと。

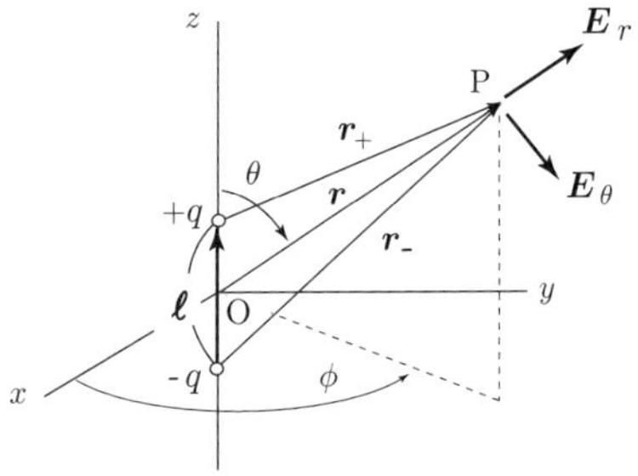

図 2.6　電気双極子

電荷対を原点 O を中心に z 軸上にとり、球座標系で考える (図 2.6)。そうすると対称性から、電場分布は z 軸を対称軸として方位角 ϕ に依存しないことが分かる。また、$z=0$ の $x-y$ 面に対して上下の電場分布は鏡映の関係 ($\boldsymbol{E}(x,y,z) = -\boldsymbol{E}(x,y,-z)$、あるいは $\boldsymbol{E}(r,\theta,\phi) = -\boldsymbol{E}(r,\pi-\theta,\phi)$ と書ける) にあることも分かる。

任意の点 P($\boldsymbol{r}$) の電場は動径 r と極角 θ で表せることになる（どの ϕ に対しても電場分布は同じ）。電荷 $+q$、$-q$ と P 点の距離ベクトルを $\boldsymbol{r}_+$、$\boldsymbol{r}_-$ と記せば、

$$\boldsymbol{r}_\pm = \boldsymbol{r} \mp \frac{\boldsymbol{\ell}}{2} \tag{2.19}$$

であって、P の電場 $\boldsymbol{E}(\boldsymbol{r})$ は $+q$ の作る電場 $\boldsymbol{E}_+(\boldsymbol{r})$ と $-q$ の作る電場 $\boldsymbol{E}_-(\boldsymbol{r})$ を足し合わせたもの

$$\begin{aligned}\boldsymbol{E}(\boldsymbol{r}) &= \boldsymbol{E}_+(\boldsymbol{r}) + \boldsymbol{E}_-(\boldsymbol{r}) \\ &= k_e q\left\{\frac{1}{r_+^2}\left(\frac{\boldsymbol{r}_+}{r_+}\right) - \frac{1}{r_-^2}\left(\frac{\boldsymbol{r}_-}{r_-}\right)\right\} \\ &= k_e q\left(\frac{\boldsymbol{r}_+}{r_+^3} - \frac{\boldsymbol{r}_-}{r_-^3}\right) = k_e q\left\{\boldsymbol{r}\left(\frac{1}{r_+^3} - \frac{1}{r_-^3}\right) - \frac{\boldsymbol{\ell}}{2}\left(\frac{1}{r_+^3} + \frac{1}{r_-^3}\right)\right\}\end{aligned} \tag{2.20}$$

である。$r_\pm (= |\boldsymbol{r}_\pm|)$ は

$$r_\pm = \left\{\left(\boldsymbol{r} \mp \frac{\boldsymbol{\ell}}{2}\right)\cdot\left(\boldsymbol{r} \mp \frac{\boldsymbol{\ell}}{2}\right)\right\}^{1/2} = \left(|\boldsymbol{r}|^2 \mp (\boldsymbol{r}\cdot\boldsymbol{\ell}) + \left|\frac{\boldsymbol{\ell}}{2}\right|^2\right)^{1/2} \tag{2.21}$$

と書けるが、双極子の大きさよりもはるかに離れたところ ($r \gg \ell$) の電場を求めると

すれば、ℓ/r で展開し、2 次以上の項を小さいとして無視すると、

$$r_{\pm} = r\left\{1 \mp \frac{\ell}{r}\cos\theta + \frac{1}{4}\left(\frac{\ell}{r}\right)^2\right\}^{1/2} \simeq r\left(1 \mp \frac{\ell}{r}\cos\theta\right)^{1/2} \tag{2.22}$$

$$r_{\pm}^{-3} = r^{-3}\left(1 \mp \frac{\ell}{r}\cos\theta\right)^{-3/2} \simeq r^{-3}\left(1 \pm \frac{3\ell}{2r}\cos\theta\right) \tag{2.23}$$

となる。このもとで電場 $\boldsymbol{E}(\boldsymbol{r})\Big|_{r\gg\ell}$ は式 (2.20) に上式の $r_{\pm}^{-3}$ を代入すれば、

$$\boldsymbol{E}(\boldsymbol{r})\Big|_{r\gg\ell} = k_e q\frac{1}{r^3}\left(\frac{\boldsymbol{r}}{r}3\ell\cos\theta - \boldsymbol{\ell}\right) = \frac{p}{4\pi\varepsilon_0 r^3}(3\cos\theta\boldsymbol{e}_r - \boldsymbol{e}_z) \tag{2.24}$$

となる。p は電気双極子モーメントの絶対値で $p = |\boldsymbol{p}| = q|\boldsymbol{\ell}| = q\ell$ である。z 軸方向の単位ベクトル $\boldsymbol{e}_z$ を球座標で表示すれば、

$$\boldsymbol{e}_z = \cos\theta\boldsymbol{e}_r - \sin\theta\boldsymbol{e}_\theta \tag{2.25}$$

であるので、電場は

$$\boldsymbol{E}(\boldsymbol{r})\Big|_{r\gg\ell} = \frac{p}{4\pi\varepsilon_0 r^3}(2\cos\theta\boldsymbol{e}_r + \sin\theta\boldsymbol{e}_\theta) \tag{2.26}$$

$$= \frac{3(\boldsymbol{p}\cdot\boldsymbol{r})\boldsymbol{r} - r^2\boldsymbol{p}}{4\pi\varepsilon_0 r^5} = -\frac{1}{4\pi\varepsilon_0 r^3}\left\{\boldsymbol{p} - \frac{3(\boldsymbol{p}\cdot\boldsymbol{r})\boldsymbol{r}}{r^2}\right\} \tag{2.27}$$

となる。式 (2.27) を導くには、$\boldsymbol{p}\cdot\boldsymbol{r} = pr\cos\theta$, $\boldsymbol{p} = p\boldsymbol{e}_z$ を用いて式 (2.24) を書き直せばよい。球座標成分で示せば

$$E_r(\boldsymbol{r}) = \frac{p\cos\theta}{2\pi\varepsilon_0 r^3}\ , \quad E_\theta(\boldsymbol{r}) = \frac{p\sin\theta}{4\pi\varepsilon_0 r^3}\ , \quad E_\phi(\boldsymbol{r}) = 0 \tag{2.28}$$

である。

今後、電気双極子の電場 $\boldsymbol{E}(\boldsymbol{r})$ はしばしば登場するので、この例題 2-1 に記してあることを覚えておこう。

この電場分布の特徴は、点電荷の電場 $\boldsymbol{E}(\boldsymbol{r})$

$$\boldsymbol{E}(\boldsymbol{r}) = \frac{q}{4\pi\varepsilon_0 r^2}\boldsymbol{e}_r \tag{2.29}$$

では現れなかった θ 成分 $\boldsymbol{E}_\theta(\boldsymbol{r})$ が生じたこと、ならびに r 成分も θ 成分も点電荷電場の「r の逆 2 乗則」と比べ r の逆 3 乗で速く減少することにある。電気双極子の電場の大きさは大雑把に言えば、点電荷の電場の ℓ/r ($\ll 1$) 倍だけ小さいといえ、点電荷と比べれば充分遠方ではほとんど消え去る。すなわち、遠方から見ると、電荷間距離は $\ell \approx 0$ であり、$+q$ と $-q$ が打ち消しあって近似的には電荷が存在しなく見えるからである。

$r \sim \ell$ の領域での電場分布を示したのが、後に載せる図 2.9(b) である。ただし、両図では z 軸は水平方向にとっている。

問 2-2　上の電気双極子の作る電場 $\boldsymbol{E}(\boldsymbol{r})$ を直交座標 (xyz) 系で導け。答えは

$$E_x(\boldsymbol{r}) = \frac{3pzx}{4\pi\varepsilon_0 r^5}\,,\quad E_y(\boldsymbol{r}) = \frac{3pzy}{4\pi\varepsilon_0 r^5}\,,\quad E_z(\boldsymbol{r}) = \frac{p(3z^2 - r^2)}{4\pi\varepsilon_0 r^5} \tag{2.30}$$

である。

2-2-3　円周状に分布する電荷のつくる電場（例題 2-2）

図 2.7 のように、電荷が一定の線密度 λ で半径 a の円周を構成しているとき、その中心軸 (z 軸) 上での電場 $\boldsymbol{E}(\boldsymbol{r})$ を求める。

円周に沿っての線素片 ($\mathrm{d}s = a\mathrm{d}\phi, \phi$ は円周に沿っての方位角) の電荷 $\lambda\mathrm{d}s$ が、原点 O から z だけ離れた点 P につくる電場 $\mathrm{d}\boldsymbol{E}(z)$ を考える。

z 軸に垂直な成分 $\mathrm{d}E_\perp(z)$ は、円周上の対面する線素片の電荷同士が打ち消しあい、ゼロである。一方、すべての線素片電荷がつくる平行成分 $\mathrm{d}E_\parallel(z)$ は等しく、よって、円周にわたっての $\mathrm{d}E_\parallel(z)$ の総量が求める電場 $\boldsymbol{E}(z)$ を形成するわけである。

これを計算すると

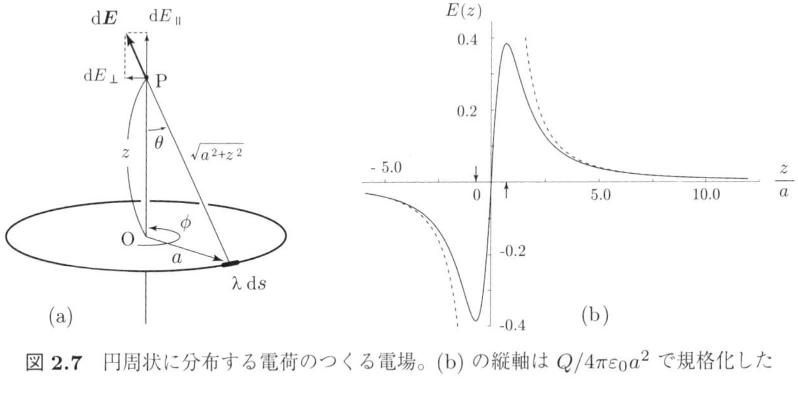

図 2.7　円周状に分布する電荷のつくる電場。(b) の縦軸は $Q/4\pi\varepsilon_0 a^2$ で規格化した

$$\begin{aligned}\boldsymbol{E}(z) &= \int \mathrm{d}E_{\parallel}\,\boldsymbol{e}_z = \int \mathrm{d}E\cos\theta\,\boldsymbol{e}_z = \int k_e \frac{\lambda \mathrm{d}s}{a^2+z^2}\frac{z}{\sqrt{a^2+z^2}}\,\boldsymbol{e}_z \\ &= k_e \frac{\lambda a z}{(a^2+z^2)^{3/2}}\,\boldsymbol{e}_z \int_0^{2\pi} \mathrm{d}\phi = k_e \frac{Qz}{(a^2+z^2)^{3/2}}\,\boldsymbol{e}_z \end{aligned} \tag{2.31}$$

$Q = 2\pi a\lambda$ は円周上の全電荷である。

電場分布 $E(z)$ を図 2.7(b) に示す。$z<0$ の場合は電場の向きが逆 ($x-y$ 面に対して対称) である。円の中心 ($z=0$) では $\mathrm{d}E_{\parallel}$ 成分はなく、かつ $\mathrm{d}E_{\perp}$ 成分は互いに打ち消しあい、$\boldsymbol{E}(0)=0$ である。円周から充分に離れたところ ($|z| \gg a$) では、円周の大きさが見えなくなり、点電荷 Q が原点 O にあるときの電場分布（図中に破線で示した）となる。

$$\boldsymbol{E}(z \gg a) = k_e \frac{Qz}{(a^2+z^2)^{3/2}}\bigg|_{z\gg a}\,\boldsymbol{e}_z = k_e \frac{Q}{z^2}\frac{z}{|\boldsymbol{z}|}\,\boldsymbol{e}_z \tag{2.32}$$

極値は $\mathrm{d}E/\mathrm{d}z = 0$ から、$z/a = \pm 1/\sqrt{2}$（図中の矢印）において $E = \pm k_e Q/a^2 \times (2/3\sqrt{3}) = \pm k_e Q/a^2 \times 0.38$ をもつ。

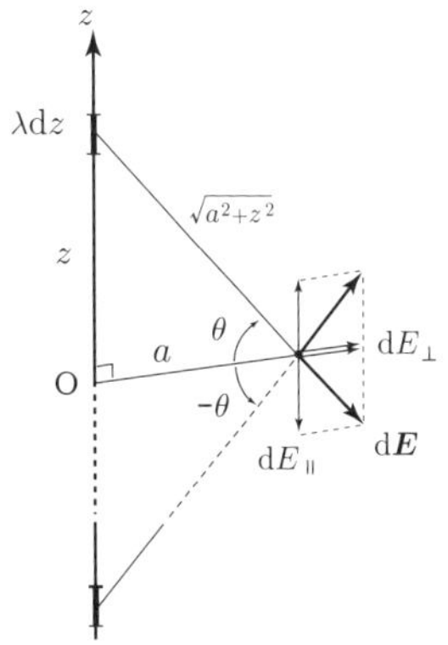

図 **2.8**　直線状に分布する電荷のつくる電場

問 2-3　図 2.8 のように、電荷が z 軸上に線密度 λ で一様に分布しているとき、z 軸から a だけ離れた位置の電場を求めよ。

2-2-4　電気力線と電束線

電気力線と電束線についてはすでに小節「「場」の表裏：電場 $\boldsymbol{E}$ と電束密度 $\boldsymbol{D}$」(p.5) で述べたが、重要なので繰り返す。

空間に拡がる「場」である電場を視覚化したものが**電気力線** (line of electric force) である。空間に展開する電場ベクトル $\boldsymbol{E}$ の矢を連続的につなぐと曲線群ができる。これが電気力線である。

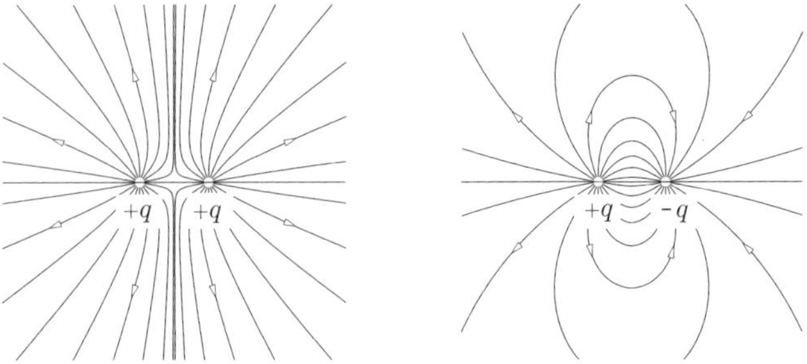

(a) 同種電荷の場合　　(b) 異種電荷の場合

図 2.9　2 電荷が構成する電気力線

この曲線群の描き方にはルールがある。

電気力線は正電荷から始まり、負電荷で終わる。電荷のないところから生じたり、終わったりしない。あるいは、始点または終点が無限遠にまで延びる。電気力線の接線方向が「場」の向きを示し、電気力線に垂直な単位面積を貫く電気力線の面密度が「場」の強さを表現する。電気力線が交わることはない。なぜならば、どのような電場も一価の値（ベクトル量）しかとらないためである。もし、2 値以上をとるならば、電気力線が交わることになる。

同種電荷対ならびに異種電荷対のつくる電気力線を図 2.9 に示す。

電場 $\boldsymbol{E}$ から真空の誘電率 ε_0 を除いた $\boldsymbol{D} = \varepsilon_0 \boldsymbol{E}$ を**電束密度** (electric flux density) という。それを視覚化した曲線群を**電束線** (line of electric flux) とよぶ。点電荷 q_1 の電束密度は

$$\boldsymbol{D}(\boldsymbol{r}) = \varepsilon_0 \boldsymbol{E}(\boldsymbol{r}) = \frac{q_1}{4\pi r^2}\boldsymbol{e}_r \tag{2.33}$$

である。電場 $\boldsymbol{E}$ に定数 ε_0 が掛かったのが電束密度 $\boldsymbol{D}$ であるので、両者の「場」の振る舞いには違いがない。つまり、電気力線の分布と電束線の分布は同様である。しかし、同じものでない。なぜなら、誘電率 ε_0 は定数ではあるが、次元（単位）をもつ。

電場の次元（単位）は $\boldsymbol{E} = \boldsymbol{F}/q$ からも分かるように $[\,\boldsymbol{E}\,] = \mathrm{N \cdot C^{-1}}$ であって、電束密度の次元（単位）は $[\,\boldsymbol{D}\,] = \mathrm{C \cdot m^{-2}}$、単位面積当たりの電荷である。電束線に垂直な単位面積を貫く電束線の面密度を表現し、まさに「電束密度」である。故に、著者は電束密度 $\boldsymbol{D}$ を「**電荷の場**」とよぶ。

電場 $\boldsymbol{E}$ が潜在的な「力の場」であれば、電束密度 $\boldsymbol{D}$ は電場 $\boldsymbol{E}$ の電荷表示 とも言える。

2-3　ガウスの法則（積分形）

この法則は、電荷分布 $\rho(\boldsymbol{r})$ とそれらがつくる電場 $\boldsymbol{E}(\boldsymbol{r})$ の間の関係を示すもので、大変有効性の高いものである。電束密度 $\boldsymbol{D}$ を「電荷の場」と解釈する著者としては、「ガウスの法則」を電束密度 $\boldsymbol{D}$ で議論したいが、無用な混乱を避けるためにほとんどの教科書に倣い、電場 $\boldsymbol{E}$ で記す。代数式としては ε_0 が前面に出るかどうかの違いだけであるので。

2-3-1　単電荷とガウスの法則

まず、真空中の単電荷 q（正電荷としよう）とそのつくる電場 $\boldsymbol{E}(\boldsymbol{r})$ を扱う。

図 2.10 に示すように、電荷 q を中心とする半径 r_0 の閉曲面 $\boldsymbol{S}$、すなわち、球面を考え、この球面を貫く電場 $\boldsymbol{E}(\boldsymbol{r}_0)$ の総量 Φ を求める。球面を貫く電気力線の総本数を求める、と言い換えてもよい。

面はその大きさにかかわらず表裏をもつので、内から外へ（裏から表へ）面を垂直に突き抜ける向きを面の向き と定め、その向きに単位ベクトル $\boldsymbol{n}$ をとって、大きさ S の面は $\boldsymbol{S} = S\boldsymbol{n}$ と記す。$\boldsymbol{n}$ を**法線ベクトル**といい、面はベクトルである。

微小な断面積 $\Delta\boldsymbol{S}(= \Delta S\boldsymbol{n})$ を貫く電気力線 $\boldsymbol{E}$ の数 $\Delta\Phi$ は、断面積を垂直に貫く電気力線の数であって、それは $\boldsymbol{E}$ と $\Delta\boldsymbol{S}$ の内積である。

$$\Delta\Phi = \boldsymbol{E}\cdot\Delta\boldsymbol{S} = E\Delta S\cos\theta \tag{2.34}$$

ここで θ は面の法線ベクトル $\boldsymbol{n}$ と電場 $\boldsymbol{E}(\boldsymbol{r})$ のなす角である (図 2.11)。

では、球面 $(r = r_0)$ を貫く電気力線の総量 Φ を導出しよう。

球面を微小領域（その面積を $\Delta\boldsymbol{S}_i = \Delta S_i\boldsymbol{n}_i$ $(i = 1, \ldots, n)$ と記す）に細分割し、そ

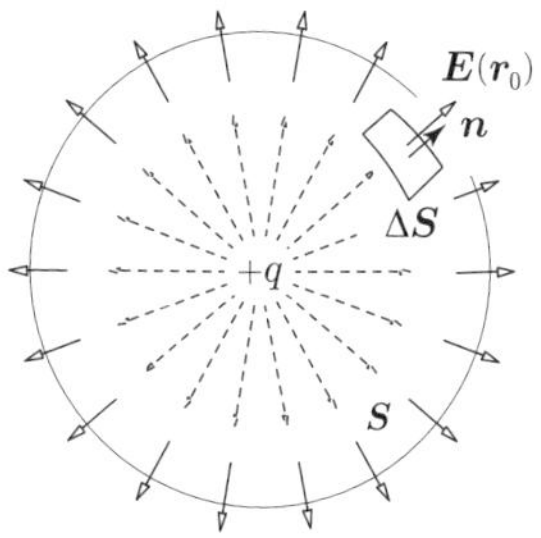

図 **2.10**　電荷 q と球面を貫く電場

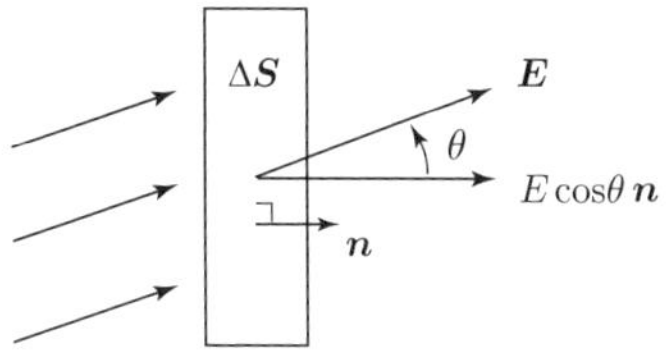

図 **2.11**　$\Delta\Phi$

れを貫く電気力線の本数 $\Delta\Phi_i$ を求める。ここでは電気力線（電場）$\boldsymbol{E}_i(\boldsymbol{r}_0)$ ならびに微小面積 $\mathrm{d}\boldsymbol{S}_i$ $(\boldsymbol{n}_i = \boldsymbol{e}_r)$ はともに動径方向 $\boldsymbol{e}_r$ を向くので、

$$\Delta\Phi_i = \boldsymbol{E}_i(\boldsymbol{r}_0)\cdot\Delta\boldsymbol{S}_i = E_i(r_0)\boldsymbol{e}_r\cdot\Delta S_i\boldsymbol{e}_r = E_i(r_0)\Delta S_i \tag{2.35}$$

である。総量 Φ は i についての総和 $\sum_{i=1}^{n}$ をとればよく、極限操作 $\lim_{\Delta S_i\to 0}$ によりそれは**面積分** (surface integral) $\oint_S \mathrm{d}S$ に移行し

$$\begin{aligned}\Phi &= \lim_{\Delta S_i\to 0}\sum_{i=1}^{n} E_i(r_0)\Delta S_i = \oint_S E_i(r_0)\mathrm{d}S = E(r_0)\oint_S \mathrm{d}S \\ &= 4\pi {r_0}^2 E(r_0)\end{aligned} \tag{2.36}$$

となる。ここで記号 $\oint_S \mathrm{d}S$ は閉曲面 S についての面積分を意味する。電場の大きさが i に依存せず一定値 $E(r_0)$ をもつため、第 1 行最右辺では積分の外へ出した。その結果、積分は半径 r_0 の球の表面積を求めることになり、電場 $E(r_0) = k_e q/{r_0}^2$ $(k_e = 1/4\pi\varepsilon_0)$ を代入すると

$$\Phi = \oint_S \boldsymbol{E}(\boldsymbol{r})\cdot\mathrm{d}\boldsymbol{S} = \frac{q}{\varepsilon_0} \tag{2.37}$$

を得る。

上式は、閉曲面を貫く電場（電気力線）の総量は閉曲面内の電荷 q を真空の誘電率 ε_0（真空の電気特性を表示）で割ったものに等しい、ということを意味する。これが**ガウスの法則** (Gauss's law) である。

誘電率 ε_0 は次元をもつ換算定数であって、電荷とクーロン力をつなぐ比例係数であり (式 (2.2)、(2.3)、(2.4))、ここでも電気力線の総数と電荷の換算定数の役割をはたしている。また、Φ は球面の半径 r_0 に依存しないことは、上の導出過程をみれば明らかであろう。

○ 積分記号 $\oint$ について

教科書により閉曲線 C についての線積分を $\int_C$、あるいは $\oint_C$ と記す。同様に、頻度は少なくなるが閉曲面 $\boldsymbol{S}$ についての面積分を $\int_S$、あるいは $\oint_S$ と記す。$\oint$ は 閉 曲線、閉 曲面を明確に表記するが、C, S がしっかりと定義、あるいは説明されていればどちらの表記でもよい。定義され、その上に $\oint$ であるのは冗長であるという考えも正しいが、本書は初等の電磁気学であるので、冗長であっても、方程式の意味が確実に諸君に伝わり、理解の助けになるように、閉曲線だけでなく閉曲面にも $\oint$ 記号を使う。

2-3-2　立体角とガウスの法則

(a)　立体角

立体角 $\mathrm{d}\Omega$ (solid angle) を復習する。

2 次元空間では、半径 r の円周の微小部分 $\mathrm{d}\ell$ を中心 O から眺めると、その見込む角 $\mathrm{d}\theta$ は

$$\mathrm{d}\theta = \frac{\mathrm{d}\ell}{2\pi r} \times 2\pi = \frac{\mathrm{d}\ell}{r} \tag{2.38}$$

である (図 2.12(a))。円を一周するとその長さは $2\pi r$ で、一周は角にして 2π だからである。

同様に、3 次元のときは半径 r の球面を考え、球面上の任意の微小面積 $\mathrm{d}S$ を中心 O からみたときの見込む 2 次元角が立体角 $\mathrm{d}\Omega$ である。

$$\mathrm{d}\Omega = \frac{\mathrm{d}S}{4\pi r^2} \times 4\pi = \frac{\mathrm{d}S}{r^2} \tag{2.39}$$

である (図 2.12(b))。球面の面積は $4\pi r^2$ であり、その 2 次元角は 4π だからである。同じことを、方位角 ϕ ならびに極角 θ を用いて書き表せば、

$$\mathrm{d}S = (r\mathrm{d}\theta) \times (r\sin\theta\mathrm{d}\phi) = r^2\sin\theta\mathrm{d}\theta\mathrm{d}\phi \tag{2.40}$$

$$\Rightarrow \quad \mathrm{d}\Omega = \frac{\mathrm{d}S}{r^2} = \sin\theta\mathrm{d}\theta\mathrm{d}\phi \tag{2.41}$$

である。上式から分かるように、立体角 $\mathrm{d}\Omega$ は r に依存しない。

立体角の単位は、国際単位系 (SI 単位系) では補助単位としてのステラジアン (sr) である。

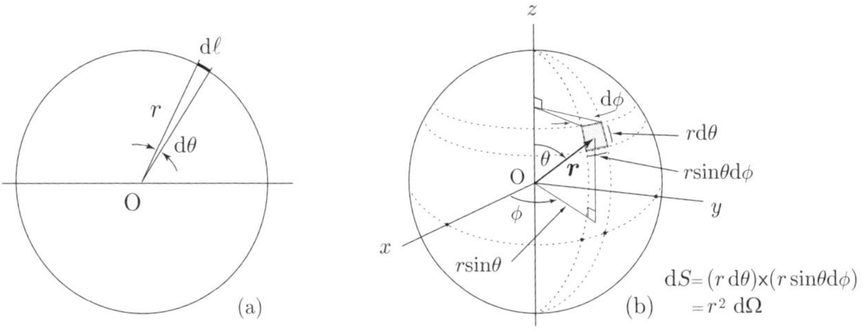

図 **2.12**　立体角 $\mathrm{d}\Omega$

(b) 立体角とガウスの法則

図 2.13 に示すように、電荷 $+q$ から望む微小な立体角 $\mathrm{d}\Omega$ に注目する。

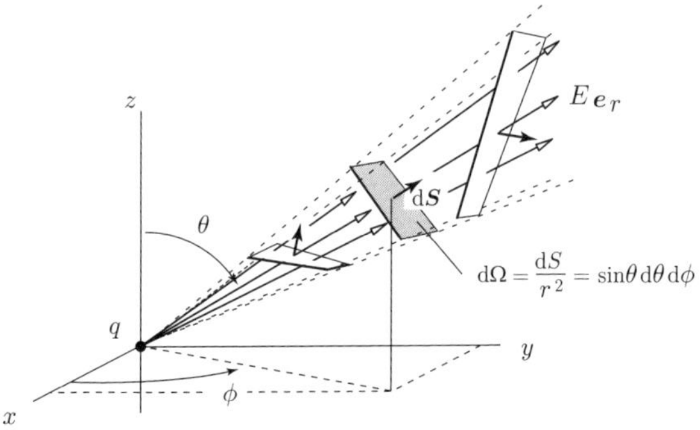

図 2.13　立体角と電気力線

立体角は電荷 q を中心として空間に放射状に拡がるメガホン様の形状を張るので、この立体角内にある電気力線はこの内から外へ出ることも、あるいは外にあった電気力線が途中から内へ入ってくることもない。なぜなら、単電荷の作る電気力線も放射状の分布をするからである。また、単電荷の電気力線は空間に等方的に分布するので、任意の方向に張られた立体角 $\mathrm{d}\Omega$ 内の電気力線の数 $\mathrm{d}\Phi$ は、立体角の大きさに比例する。

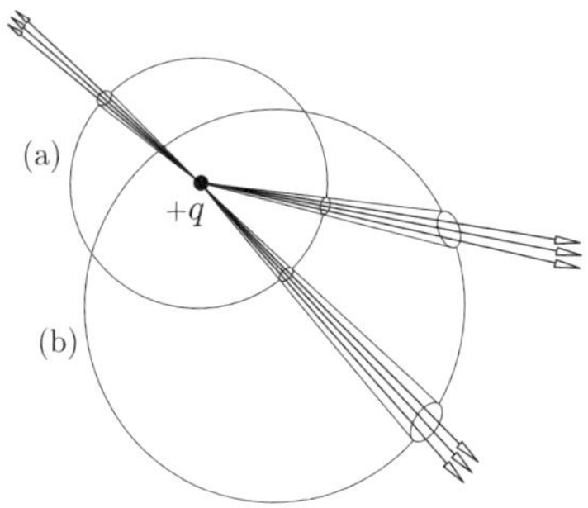

図 2.14　立体角と電荷が閉曲面内にあるとき

電場 $\boldsymbol{E}$ が r^2 に反比例し、微小面積 $\mathrm{d}\boldsymbol{S}$ が r^2 に比例することにより、$\mathrm{d}\boldsymbol{S}$ を貫く電気力線の数 $\mathrm{d}\Phi$ は

$$\begin{aligned}\mathrm{d}\Phi = \boldsymbol{E}\cdot\mathrm{d}\boldsymbol{S} &= \frac{q}{4\pi\varepsilon_0 r^2}(r^2\sin\theta\mathrm{d}\theta\mathrm{d}\phi)\\ &= \frac{q}{4\pi\varepsilon_0}\mathrm{d}\Omega \end{aligned}\tag{2.42}$$

であり、立体角 $\mathrm{d}\Omega$ にのみ比例する。図 2.13 にみるように、電気力線の数 $\mathrm{d}\Phi$ は $\mathrm{d}\boldsymbol{S}$ への距離 r によらないし、同じ立体角を張る限りは $\mathrm{d}\boldsymbol{S}$ の形状や傾きは関係しない。

すなわち、単電荷 q を囲む閉曲面 S を貫く電気力線の総数 Φ は、閉曲面の形状に依存しないのである。よって、単電荷が球面の中心からずれていて困ることはないし、閉曲面が球面である必要もない。そこで、最も扱いやすい閉曲面としてその中心に電荷をもつ球面でとり扱えばよいことになる。

立体角を用いて考えると、このように単電荷が球面の中心に位置しよう (図 2.14 の球面 (a)) が、中心からずれていよう (同図の球面 (b)) が、電気力線の総数には違いがないことが容易に分かる。

(c) 電荷が閉曲面の外にあるとき

では、電荷が閉曲面の外部にあればどうなるのか？

ここでも図 2.15 に見るように、立体角で考えればよい。微小面積 $\mathrm{d}\boldsymbol{S}_1$ を外から内へと横切る電気力線は、$\mathrm{d}\boldsymbol{S}_1$ を構成する立体角でつくる微小面積 $\mathrm{d}\boldsymbol{S}_2$ をこんどは内から外へと貫く。上で議論したように、この立体角内の電気力線の本数は増えも減りもしないので、微小面積 $\mathrm{d}\boldsymbol{S}_1$ ならびに $\mathrm{d}\boldsymbol{S}_2$ を貫く電気力線の本数（それぞれ $\mathrm{d}\Phi_1$、$\mathrm{d}\Phi_2$）は等しい。

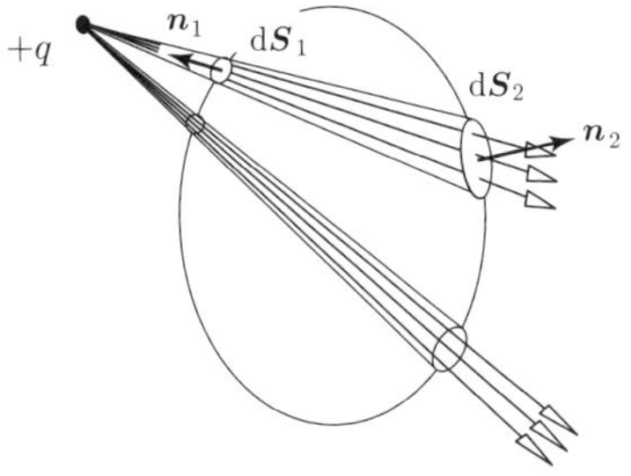

図 2.15　立体角と電荷が閉曲面外にあるとき

面積には裏表（内外）があり、裏から表（内から外）へ貫く方向を正と定め、法線ベクトル（図中の黒い矢印 $\boldsymbol{n}_1, \boldsymbol{n}_2$）の方向とした。$\mathrm{d}\boldsymbol{S}_1$ では電気力線は法線ベクトルとは逆方向を、$\mathrm{d}\boldsymbol{S}_2$ では法線ベクトルと同じ方向を向くので、電場と微小面積の内積は両者は同じ大きさをもつが、前者は負値をとり、後者は正値をとるため、その和はゼロになる。

それを数式で表示すると

$$\begin{aligned}\mathrm{d}\Phi &= \mathrm{d}\Phi_1 + \mathrm{d}\Phi_2 = \boldsymbol{E}(\boldsymbol{r}_1)\cdot\mathrm{d}\boldsymbol{S}_1 + \boldsymbol{E}(\boldsymbol{r}_2)\cdot\mathrm{d}\boldsymbol{S}_2 \\ &= -E(\boldsymbol{r}_1){r_1}^2\mathrm{d}\Omega + E(\boldsymbol{r}_2){r_2}^2\mathrm{d}\Omega = \left(-\frac{q{r_1}^2}{4\pi\varepsilon_0{r_1}^2} + \frac{q{r_2}^2}{4\pi\varepsilon_0{r_2}^2}\right)\mathrm{d}\Omega = 0 \qquad (2.43)\end{aligned}$$

閉曲面を貫いて入る電気力線は、必ず閉曲面を貫いて出てゆく。よって、電荷が閉曲面の外にあれば電気力線の総数は必ずゼロである。

(d) 閉曲面の形状が複雑なとき

上の例では単電荷が閉曲面の外にあるとき、電気力線は必ず 2 度閉曲面を横切ることが分かる。

では、図 2.16 のような複雑な形状をした閉曲面ではどうか？

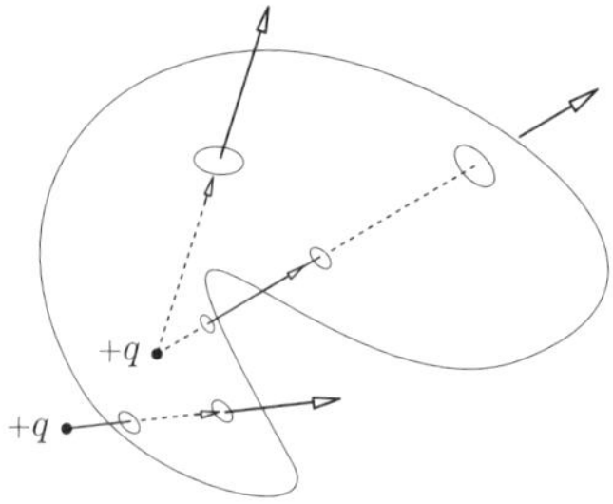

図 **2.16**　閉曲面の形状が複雑なとき

閉曲面内の電荷からの電気力線は必ず面を奇数回貫き、閉曲面外に電荷があるときは面を偶数回貫く規則性がある。裏から表 ($\boldsymbol{n} = +1$) へ、表から裏 ($\boldsymbol{n} = -1$) へと必ず対をなすため、電荷が外にあるときは貫く数の総和は打ち消しあいゼロとなる。また、内部にあるときは打ち消しあった結果、実質的には 1 度だけ面を横切ったことと同等となり、これは球面の中心に電荷があるに等しい。よって、閉曲面 S の形状にかかわらず、ガウスの法則、式 (2.37)、が成り立つことが分かる。

$$\oint_S \boldsymbol{E}(\boldsymbol{r}) \cdot \mathrm{d}\boldsymbol{S} = \frac{q}{\varepsilon_0} \tag{2.37}$$

(e) 複数の電荷が分布するとき

複数の電荷が分布するとき、電場が、したがって、電気力線がたとえば図 2.17 に見るように複雑な様相を描くとき果たしてどのように取り扱えばいいのか？

簡単なのである。「重ね合わせの原理」が手品のタネのようにはたらく。

2-2 節の小節「複数の電荷がつくる電場」(p.35) で学んだように、複数の電荷 q_i $(i = 1, \ldots, n)$ がつくる電場は個々の単電荷がつくる電場 $\boldsymbol{E}_i(\boldsymbol{r})$ を重ね合わせたものである (式 (2.15))。

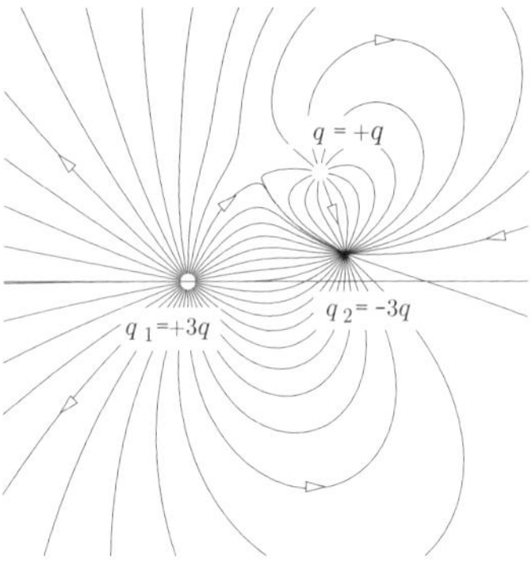

図 **2.17**　3 つの電荷のつくる電気力線

$$\boldsymbol{E}(\boldsymbol{r}) = \sum_{i=1}^{n} \boldsymbol{E}_i(\boldsymbol{r}_i) \qquad \left(\boldsymbol{E}_i(\boldsymbol{r}_i) = k_e \frac{q_i}{r_i^{\,2}}\ \boldsymbol{e}_{r_i} \right) \tag{2.15}$$

ここで $\boldsymbol{r}_i$ は電荷 q_i から閉曲面上の任意の点への距離ベクトルである。これにもとづいて電場 $\boldsymbol{E}(\boldsymbol{r})$ を閉曲面 S にわたって面積分しよう。

$$\oint_S \boldsymbol{E}(\boldsymbol{r})\cdot \mathrm{d}\boldsymbol{S} = \oint_S \sum_{i=1}^{n} \boldsymbol{E}_i(\boldsymbol{r}_i)\cdot \mathrm{d}\boldsymbol{S} = \sum_{i=1}^{n}\left(\oint_S \boldsymbol{E}_i(\boldsymbol{r}_i)\cdot \mathrm{d}\boldsymbol{S}\right) = \sum_{i=1}^{n}\frac{q_i}{\varepsilon_0}$$
$$= \frac{1}{\varepsilon_0}\sum_{i=1}^{n} q_i = \frac{Q}{\varepsilon_0} \qquad (2.44)$$

となる。Q が閉曲面に含まれる総電荷量である。閉曲面外の電荷の影響がないのは分かるであろう。

まとめると、ガウスの法則は

$$\varepsilon_0 \oint_S \boldsymbol{E}(\boldsymbol{r})\cdot \mathrm{d}\boldsymbol{S} = \sum_{i=1}^{n} q_i\ (\ = Q) \qquad (2.45)$$

と書ける。

(f) 電荷が連続分布するとき

同じようにして、電荷が体積密度 $\rho(\boldsymbol{r})$ で分布している場合を考える。

上の電荷 q_i を微小体積での電荷 $\rho(\boldsymbol{r})\mathrm{d}v$ に、総和 $\sum_{i=1}^{n}$ を閉曲面内にわたる体積積分 $\int_V$ に置き換えればよい。

$$\varepsilon_0 \oint_S \boldsymbol{E}(\boldsymbol{r})\cdot \mathrm{d}\boldsymbol{S} = \int_V \rho(\boldsymbol{r})\ \mathrm{d}v\ (\ = Q) \qquad (2.46)$$

以上の「ガウスの法則」をまとめると、つぎのようになる。電場 $\boldsymbol{E}(\boldsymbol{r})$ の中に任意の閉曲面 S を考えるとき、閉曲面を内から外へ貫く電気力線の本数 Φ（=電場を閉曲面にわたって面積分したもの）に ε_0 をかけたものは、閉曲面の内部にある全電荷量 Q に等しい。したがって、上式の積分形のガウスの法則 (式 (2.46)) の次元（単位）は電荷量の C である。

「ガウスの法則」を使い慣れるため、そしてそのありがたさを理解するために、具体的に問題を解いてみよう。

2-3-3 「ガウスの法則」を使って問 2-3 を解く（例題 2-3）

z 軸を中心軸とする円筒状の閉曲面 S（半径 a、高さ h）をとる。対称性から電場は円筒側面に垂直 (円柱座標[2] の単位ベクトル $\boldsymbol{e}_r$ 方向) であり、z 軸からの距離にのみ

[2] 任意の 3 次元座標点 (x, y, z) を、$x-y$ 面に投影した極座標 $(x = r\cos\phi, y = r\sin\phi)$ と、$x-y$ 面からの距離 z で表す。(r, ϕ, z) 系で表したのが円柱座標であり、$r = \sqrt{x^2+y^2}$, $\phi = \tan^{-1}(y/x)$, $z = z$ となる。

依存する（側面上では等しい大きさをもつ）ことが分かる。

ガウスの法則 (式 (2.46)) を適用する。

$$左辺 = \varepsilon_0 \oint_S \boldsymbol{E}(a) \cdot \mathrm{d}\boldsymbol{S} = \varepsilon_0 E(a) \times 2\pi a h \quad (2.47)$$

円筒の上底面ならびに下底面は電場ベクトルと平行なため、面積分には寄与しない。また、

$$右辺 = \int_V \rho \, \mathrm{d}v = \lambda h \quad (2.48)$$

であって両辺が等しいので、

$$\boldsymbol{E}(a) = \frac{\lambda}{2\pi\varepsilon_0 a} \, \boldsymbol{e}_r \quad (2.49)$$

を得る。

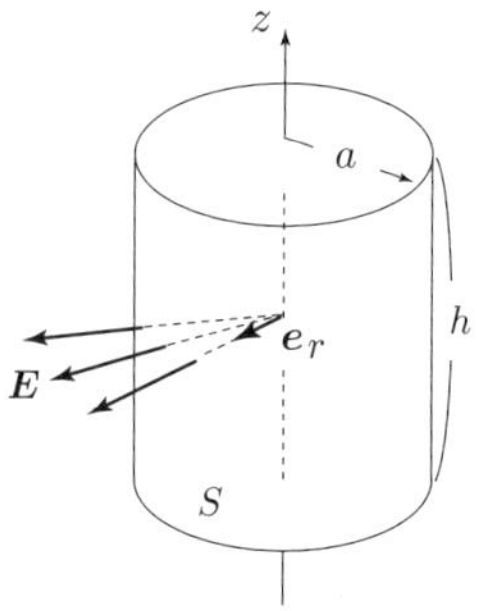

図 2.18　直線状に分布する電荷とガウスの定理

1 つの空間次元の z 方向に電荷が連続して分布しているため、点電荷 q の電場 $E(r) = q/4\pi\varepsilon_0 r^2$ と比べ、距離依存性の次元が 1 つ少なくなっている。すなわち、距離とともに減少する度合いが少ない。ただし、電荷の線密度 λ の次元が $[\lambda] = \mathrm{C} \cdot \mathrm{m}^{-1}$ であって、電場 $\boldsymbol{E}(\boldsymbol{r})$ の次元には変化はない。

問 2-4　無限に広い平面上に一様に電荷が分布するとき、そのつくる電場 $\boldsymbol{E}(\boldsymbol{r})$ を求めよ。答えは

$$E = \frac{\sigma}{2\varepsilon_0} \quad (2.50)$$

σ は一様な電荷の面密度であり、電場 $\boldsymbol{E}$ の向きは図示したように面に垂直、外向きである。距離依存性の次元が上の例題からさらに 1 つ少なくなり、面からの距離に無関係で σ のみに比例する。

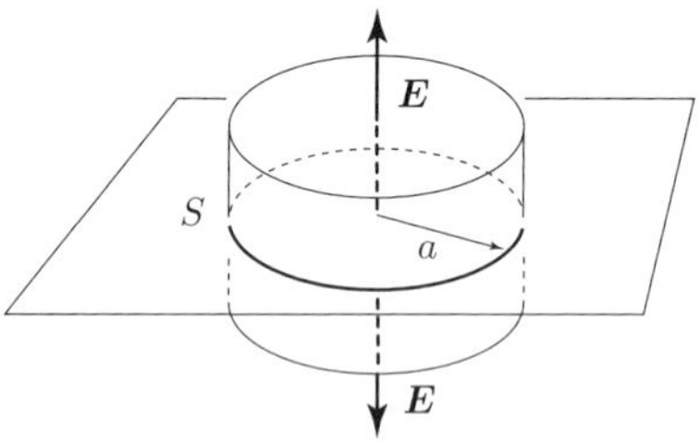

図 2.19　平面上に一様分布する電荷のつくる電場

2-3-4 球殻状に分布する電荷のつくる電場（例題 2-4）

半径 a の球殻に電荷 Q が一様に分布する（図 2.20）。電荷分布は球対称なので、球殻の中心を原点 O とする球座標で考える。

（1）はじめに、ガウスの法則のありがたみを知るために、それに拠らずに求めてみよう。

「円周状に分布する電荷のつくる電場（例題 2-2）」(p.38) の計算結果を活用しよう。図 2.20 にみるように、原点 O から距離 $\boldsymbol{r}(=r\boldsymbol{e}_r)$ 離れた点 P の電場 $\boldsymbol{E}(\boldsymbol{r})$ は、電荷分布が球対称なことから r 方向のみの成分をもつ。

そこで球殻を OP に対して垂直に微小な巾 $(a\mathrm{d}\theta)$ の円殻に分割する。個々の円殻電荷がつくる電場 $\mathrm{d}\boldsymbol{E}$ は式 (2.31) で与えられており、

$$\mathrm{d}\boldsymbol{E}(\boldsymbol{z}) = k_e \frac{Q_i z_i}{(a_i^2 + z_i^2)^{3/2}}\,\boldsymbol{e}_z \tag{2.31}$$

各円殻ごとに半径 a_i、円殻中心からの P までの距離 z_i、電荷量 Q_i は異なる。各円殻の半径は $a_i = a\sin\theta$、距離は $z_i = r - a\cos\theta$ で、球殻の電荷の面密度 $\sigma = Q/4\pi a^2$ と円殻の面積 $2\pi(a\sin\theta)\times a\mathrm{d}\theta$ から $Q_i = (Q/2)\sin\theta\mathrm{d}\theta$ である。よって、球殻がつくる電場 $\boldsymbol{E}$ は円殻の電場 $\mathrm{d}\boldsymbol{E}$ を足し合わせて、すなわち、$\theta = 0 \sim \pi$ までを積分して求められる。

$$\begin{aligned}
\boldsymbol{E}(\boldsymbol{r}) &= \int_0^\pi k_e \frac{(Q/2)\sin\theta\mathrm{d}\theta(r - a\cos\theta)}{\{a^2\sin^2\theta + (r - a\cos\theta)^2\}^{3/2}}\,\boldsymbol{e}_r \\
&= \frac{k_e Q}{2}\int_{-1}^{+1} \frac{r - a\eta}{(a^2 + r^2 - 2ar\eta)^{3/2}}\mathrm{d}\eta\,\boldsymbol{e}_r \\
&= \frac{k_e Q}{2}\left\{r\int_{-1}^{+1}\frac{1}{(a^2 + r^2 - 2ar\eta)^{3/2}}\mathrm{d}\eta - a\int_{-1}^{+1}\frac{\eta}{(a^2 + r^2 - 2ar\eta)^{3/2}}\mathrm{d}\eta\right\}\,\boldsymbol{e}_r
\end{aligned} \tag{2.51}$$

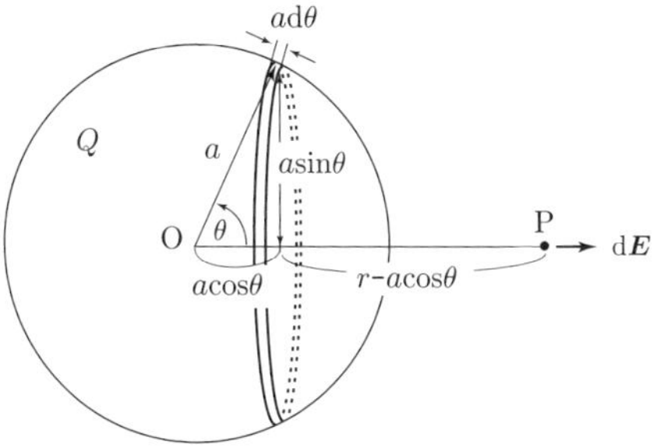

図 2.20 球殻状に分布する電荷のつくる電場（1）

$\eta = \cos\theta$ とおいた。$\mathrm{d}\eta/\mathrm{d}\theta = -\sin\theta$ より $\sin\theta\mathrm{d}\theta = -\mathrm{d}\eta$ であるが、積分範囲を $\eta = \cos\theta = -1(\theta = \pi) \sim 1(\theta = 0)$ とすることでマイナス符号を除いている。また、上の 1 次無理関数の不定積分の数学公式を脚注に与える [3)]。それらを使って、

$$\boldsymbol{E}(\boldsymbol{r}) = \frac{k_e Q}{2r^2} \frac{r\eta - a}{\sqrt{a^2 + r^2 - 2ar\eta}}\Bigg|_{-1}^{+1} \boldsymbol{e}_r = \frac{k_e Q}{2r^2}\left(\frac{r-a}{|r-a|} + \frac{r+a}{|r+a|}\right)\boldsymbol{e}_r$$
$$= \begin{cases} k_e Q/r^2\ \boldsymbol{e}_r & (r > a) \\ 0 & (r < a) \end{cases} \tag{2.53}$$

（2）つぎに、ガウスの法則を適用しよう。

電荷分布の対称性から電場ベクトルも対称性を満足し、r 方向の成分のみを有するので、図 2.21(a) に示すように球殻と中心 O を共有する半径 a の球面 S を考える。

いま、$r > a$ とすると、ガウスの法則は

$$\left.\begin{aligned} \varepsilon_0 \oint_S \boldsymbol{E}(\boldsymbol{r}) \cdot \mathrm{d}\boldsymbol{S} = \boldsymbol{E}(r) \times 4\pi\varepsilon_0 r^2 \\ \int_V \rho(\boldsymbol{r})\mathrm{d}v = Q \end{aligned}\right\} \quad \Rightarrow \quad \boldsymbol{E}(\boldsymbol{r}) = k_e \frac{Q}{r^2}\boldsymbol{e}_r \tag{2.54}$$

$r < a$ のときは、球面 S 内には電荷分布がないため、球面上での電場もゼロである。内部では電気力線が形成されないのである。

$$\boldsymbol{E}(\boldsymbol{r}) = 0 \tag{2.55}$$

以上、暗算でできるほど簡単である。

$r > a$ のときの電場は、全電荷 Q をもつ点電荷が中心 O に位置するときの電場に等

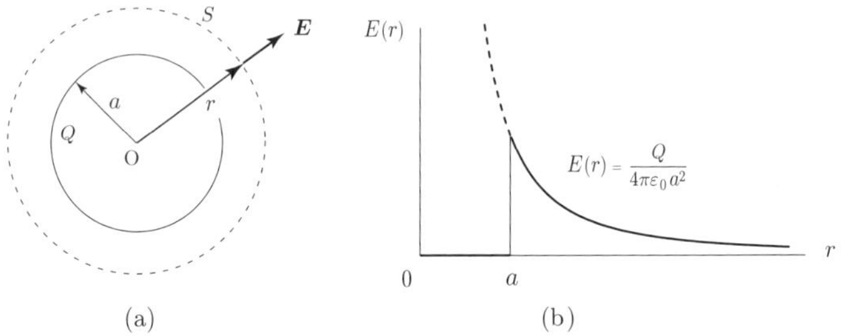

図 **2.21**　球殻状に分布する電荷のつくる電場（2）

3)
$$\int \frac{1}{(ax+b)^{3/2}}\mathrm{d}x = -\frac{2}{a\sqrt{ax+b}}\ ; \qquad \int \frac{x}{(ax+b)^{3/2}}\mathrm{d}x = \frac{2}{a^2\sqrt{ax+b}}(ax+2b) \tag{2.52}$$

しい！ 電場の大きさを図 2.21(b) に示す。

問 2-5 半径 a の球内に電荷 Q が一様に分布するとき、そのつくる電場 $\boldsymbol{E}(\boldsymbol{r})$ を求めよ。

ここで電荷を質量で置き換えると、一様な物質密度で満たされた球の重力の場を扱うことになる。たとえば、近似的な地球の重力場である。地球内部に下降してゆけば、重力が増加するのか減少するのか、またその重力の強さは地球中心からの距離 r にどのように依存するのかを知ることができる。考えてみよ。

2-4 ガウスの法則（微分形）

自然の法則は空間のあらゆる局所な領域でも同等に成り立つものである。前節では、拡がりのある空間の領域に対して面積分という形で「ガウスの法則」を述べたが、ここでは微小な空間領域に適用し表示する。微分形、つまり、ナブラの登場となる。

2-4-1 発散とガウスの法則

前節において「ガウスの法則」の積分形を得た。

$$\varepsilon_0 \oint_S \boldsymbol{E}(\boldsymbol{r}) \cdot \mathrm{d}\boldsymbol{S} = \int_V \rho(\boldsymbol{r})\ \mathrm{d}v \qquad (2.46)$$

である。このときの積分対象となった空間領域を微小な直方体（体積 $\Delta v = \Delta x \Delta y \Delta z$、面積 $\Delta \boldsymbol{S}$: 図 2.22）とすると、上式は

$$\varepsilon_0 \boldsymbol{E} \cdot \Delta \boldsymbol{S} = \rho \Delta v \qquad (2.56)$$

と書ける。左辺の $\boldsymbol{E} \cdot \Delta \boldsymbol{S}$ は微小直方体の 6 つの側面を貫いて出入りする電気力線量を示すもので、その内の x 軸に垂直な面を貫くものを書き出すと

$$\left\{E_x(x + \Delta x) - E_x(x)\right\}\Big|_{y,z} (\Delta y \Delta z) = \frac{\Delta E_x}{\Delta x}\Big|_{y,z} \Delta v \qquad (2.57)$$

となる。面の法線ベクトルは直方体の内から外向きにとった。左辺第 1 項は図 2.22 の右側面から出て行く電気力線量、第 2 項は左側面から入ってくる電気力線量であるの

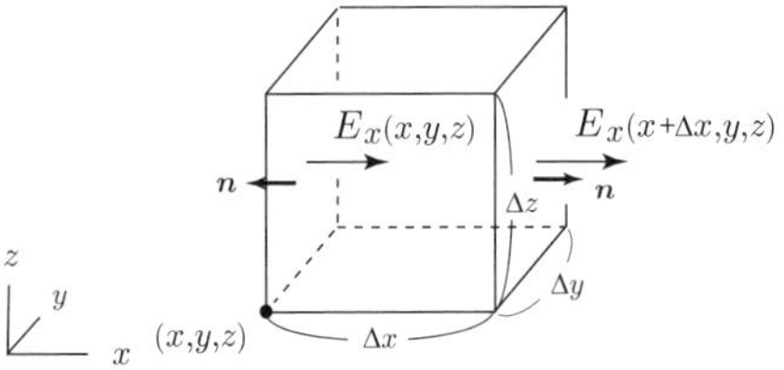

図 **2.22**　微小領域と電気力線 $\boldsymbol{E}$

で、上式は直方体への x 方向の出入り量を示す。$\Delta E_x = E_x(x+\Delta x) - E_x(x)$ であり、両面においては変数 y, z が変化しないので変数表示を省略した $(E_x(x,y,z) \rightarrow E_x(x))$。残る y ならびに z 方向の電気力線の出入り量も同様にして得られるので、式 (2.56) は

$$\varepsilon_0 \left(\left.\frac{\Delta E_x}{\Delta x}\right|_{y,z} + \left.\frac{\Delta E_y}{\Delta y}\right|_{z,x} + \left.\frac{\Delta E_z}{\Delta z}\right|_{x,y} \right) \Delta v = \rho \Delta v \tag{2.58}$$

となる。

微分形を得るための極限操作 $\lim_{\Delta x, \Delta y, \Delta z \to 0}$ を行うと、上式は

$$\varepsilon_0 \left(\frac{\partial E_x}{\partial x} + \frac{\partial E_y}{\partial y} + \frac{\partial E_z}{\partial z} \right) \mathrm{d}v = \rho \mathrm{d}v \tag{2.59}$$

となる。電場 $\boldsymbol{E}$ は x, y, z の多変数関数なので微分は偏微分である。さらに上式左辺はナブラ ∇ と電場ベクトル $\boldsymbol{E}$ の内積に書き換えると

$$\text{左辺} = \varepsilon_0 \left(\boldsymbol{e}_x \frac{\partial}{\partial x} + \boldsymbol{e}_y \frac{\partial}{\partial y} + \boldsymbol{e}_z \frac{\partial}{\partial z} \right) \cdot \left(E_x \boldsymbol{e}_x + E_y \boldsymbol{e}_y + E_z \boldsymbol{e}_z \right) \mathrm{d}v = \varepsilon_0 \nabla \cdot \boldsymbol{E} \mathrm{d}v \tag{2.60}$$

となり、左右両辺から $\mathrm{d}v$ を消去すれば、式 (2.59) は

$$\varepsilon_0 \nabla \cdot \boldsymbol{E}(\boldsymbol{r}) = \rho(\boldsymbol{r}) \tag{2.61}$$

を得る。これが「ガウスの法則」の微分形である。次元（単位）は電荷密度の $\mathrm{C \cdot m^{-3}}$ である。

2-4-2　発散の効果

いま仮に、半径 a の球内に $\boldsymbol{E}(\boldsymbol{r}) = \alpha(x\boldsymbol{e}_x + y\boldsymbol{e}_y + z\boldsymbol{e}_z)$ の電場分布があるとしよう。α は比例定数（次元（単位）は $\mathrm{N \cdot C^{-1} \cdot m^{-1}}$）である。問 2-5、問 2-9 と関連づけて考えよ。

電場ベクトル $\boldsymbol{E}$ を図示すれば、原点 O を中心とする球対称な針山のようなもので、針の長さは原点からの距離に比例して長くなる (図 2.23)。これは球座標で書き直せば、$\boldsymbol{E}(\boldsymbol{r}) = \alpha r \boldsymbol{e}_r$ ($r = \sqrt{x^2+y^2+z^2}$) であることからも分かる。（点電荷の電場は距離の 2 乗に反比例して小さくなるので、混同しないように。）

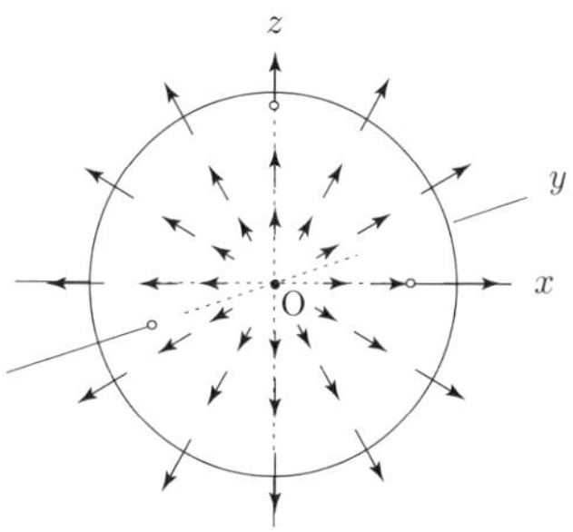

図 **2.23** $\boldsymbol{E}(\boldsymbol{r}) = \alpha(x\boldsymbol{e}_x + y\boldsymbol{e}_y + z\boldsymbol{e}_z)$

電場ベクトル $\boldsymbol{E}$ が原点から生まれ、それが原点からの距離とともに増加しているようなものだ。電場ベクトル $\boldsymbol{E}$ の生成が原点からだけであれば、球面（半径 r）を貫く電気力線の総量（面積 $(\propto r^2)\times$ 電場 $(\propto r^{-2})$）は球面の大きさにかかわらず変化せず一定であるが、ここでは面積 $(\propto r^2)\times$ 電場 $(\propto r)$ で r^3 に比例して増加する。つまり、原点以外に電場の生成点（電荷分布）があることになる。

では、このときの発散を求めよう。

$$\begin{aligned}\nabla\cdot\boldsymbol{E}(\boldsymbol{r}) &= \left(\boldsymbol{e}_x\frac{\partial}{\partial x} + \boldsymbol{e}_y\frac{\partial}{\partial y} + \boldsymbol{e}_z\frac{\partial}{\partial z}\right)\cdot\alpha(x\boldsymbol{e}_x + y\boldsymbol{e}_y + z\boldsymbol{e}_z) \\ &= \alpha\left(\frac{\partial}{\partial x}x + \frac{\partial}{\partial y}y + \frac{\partial}{\partial z}z\right) = 3\alpha\ (\text{一定}) \end{aligned} \tag{2.62}$$

である。この電場分布のあるところすべての空間において、一様な電荷密度 ($\rho = 3\alpha\varepsilon_0$) の分布があることを示す。この電荷分布のため、それらからの電場が足し合わさって距離とともに電場が r^3 に比例して強くなるのである。

このように「**発散**」は、**空間の各点での電場の生成あるいは吸収による変化量**を評価し、それを等価な電荷密度（を ε_0 で割ったもの）に換算する。これが微分形の「ガウスの法則」である。

2-4-3 注意事項：ナブラと球座標

本小節では、$\nabla\cdot\boldsymbol{E}(\boldsymbol{r})$ の球座標での取り扱いの注意事項を記しておく。

問 2-6 上の電場分布を球座標で表示すると、

$$\boldsymbol{E}(\boldsymbol{r}) = \alpha r \boldsymbol{e}_r \tag{2.63}$$

である。直交座標表示でも簡単であるが、球座標表示の方がもっと簡単に見える。座標表示が違っても、計算結果は当然変わらない。

では、球座標を使って $\nabla \cdot \boldsymbol{E}(\boldsymbol{r})$ を計算してみよ。ナブラの球座標表示は

$$\nabla = \boldsymbol{e}_r \frac{\partial}{\partial r} + \boldsymbol{e}_\theta \frac{1}{r}\frac{\partial}{\partial \theta} + \boldsymbol{e}_\phi \frac{1}{r \sin\theta}\frac{\partial}{\partial \phi} \tag{2.64}$$

である。

（1）答えは、すでに知るように 3α である (式 (2.62))。

では、

$$\nabla \cdot \boldsymbol{E}(\boldsymbol{r}) = \left(\boldsymbol{e}_r \frac{\partial}{\partial r} + \boldsymbol{e}_\theta \frac{1}{r}\frac{\partial}{\partial \theta} + \boldsymbol{e}_\phi \frac{1}{r \sin\theta}\frac{\partial}{\partial \phi}\right) \cdot (\alpha r \boldsymbol{e}_r) \tag{2.65}$$

を計算せよ。ナブラの $\boldsymbol{e}_r$ 成分と電場（$\boldsymbol{e}_r$ 成分のみ）の内積をとって

$$\boldsymbol{e}_r \frac{\partial}{\partial r} \cdot (\alpha r \boldsymbol{e}_r) = \alpha(\boldsymbol{e}_r \cdot \boldsymbol{e}_r)\frac{\partial r}{\partial r} = \alpha \tag{2.66}$$

を得る？　これでは式 (2.62) と合わない。多くの諸君はこんな答えにたどり着いたのではないか。どこかに間違いがある。

（2）ひょっとすると、3α が間違いなのか。「ガウスの法則」の積分形 (式 (2.46)) で確認してみよう。同じような不一致がでてくるのか？

適当に半径 r_0 の球面（$r_0 < a$）をとり、電場の球面にわたる面積分を行う。球面の法線ベクトルは動径方向 $\boldsymbol{e}_r$ を向き、電場も動径成分のみで球面上では $\boldsymbol{E} = \alpha r_0 \boldsymbol{e}_r$ の値をとる。よって、面積分は

$$\oint_S \boldsymbol{E}(\boldsymbol{r}) \cdot \mathrm{d}\boldsymbol{S} = \alpha r_0 \oint \mathrm{d}S \boldsymbol{e}_r \cdot \boldsymbol{e}_r = \alpha r_0 \times 4\pi {r_0}^2 = 4\pi\alpha {r_0}^3 \tag{2.67}$$

であり、これが球面内の全電荷量（を ε_0 で割ったもの）に等しい。いまの場合、ρ/ε_0 は一定値をもつが、3α か α かを知りたいのである。球内の全電荷量は体積×電荷密度であって、ε_0 で割ると

$$\frac{1}{\varepsilon_0}\int_V \rho \mathrm{d}v = \frac{\rho}{\varepsilon_0} \times \frac{4}{3}\pi a^3 \tag{2.68}$$

である。「ガウスの法則」は式 (2.67) と式 (2.68) が等しいことを教えるので、

$$4\pi\alpha a^3 = \frac{\rho}{\varepsilon_0}\frac{4}{3}\pi a^3 \qquad \Rightarrow \qquad \frac{\rho}{\varepsilon_0} = 3\alpha \tag{2.69}$$

である。すなわち、$\nabla \cdot \boldsymbol{E}(\boldsymbol{r}) = 3\alpha$ が正しい。

では、式 (2.65) の計算のどこに間違いがあったのか？

（3）それは

$$\frac{\partial \boldsymbol{e}_r}{\partial \theta} \neq 0, \qquad \frac{\partial \boldsymbol{e}_r}{\partial \phi} \neq 0 \tag{2.70}$$

なのである！ 単位ベクトル $\boldsymbol{e}_r$, $\boldsymbol{e}_\theta$, $\boldsymbol{e}_\phi$ は互いに独立ではあるが、変数 r, θ, ϕ による偏微分はゼロでない。球座標表示のナブラ (式 (2.64)) の第 2 項目ならびに第 3 項目を $\boldsymbol{e}_r$ に演算したものはゼロでないのである。

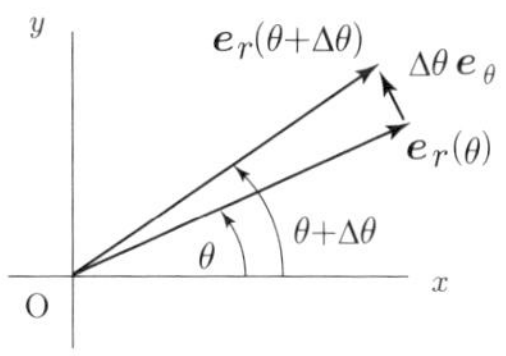

図 **2.24** $\boldsymbol{e}_r$ の偏微分 $\partial \boldsymbol{e}_r/\partial\theta$

なぜならば、球座標では座標点の移動にともなって動径単位ベクトル $\boldsymbol{e}_r$ も、極角単位ベクトル $\boldsymbol{e}_\theta$ も、方位角単位ベクトル $\boldsymbol{e}_\phi$ も方向を変えるのである（図 2.24）。一方、直交座標においては、x, y, z 方向の単位ベクトルは不動である。

$\boldsymbol{e}_r$ の θ での偏微分は

$$\frac{\partial \boldsymbol{e}_r}{\partial \theta} = \lim_{\Delta\theta \to 0} \frac{\boldsymbol{e}_r(\theta + \Delta\theta) - \boldsymbol{e}_r(\theta)}{\Delta\theta} \tag{2.71}$$

で、分子は図中の短いベクトル $\Delta\theta\boldsymbol{e}_\theta$ であって、大きさは $\Delta\theta$ で、向きは θ 方向である。したがって、$\partial\boldsymbol{e}_r/\partial\theta = \boldsymbol{e}_\theta$ であることが分かる。

球座標系での単位ベクトルは直交座標系の単位ベクトルで展開すると

$$\boldsymbol{e}_r = \sin\theta\cos\phi\boldsymbol{e}_x + \sin\theta\sin\phi\boldsymbol{e}_y + \cos\theta\boldsymbol{e}_z \tag{2.72}$$

$$\boldsymbol{e}_\theta = \cos\theta\cos\phi\boldsymbol{e}_x + \cos\theta\sin\phi\boldsymbol{e}_y - \sin\theta\boldsymbol{e}_z \tag{2.73}$$

$$\boldsymbol{e}_\phi = -\sin\phi\boldsymbol{e}_x + \cos\phi\boldsymbol{e}_y \tag{2.74}$$

である [4]。$\boldsymbol{e}_r$ を式 (2.71) に代入すると

$$\frac{\partial \boldsymbol{e}_r}{\partial \theta} = \boldsymbol{e}_\theta, \qquad \frac{\partial \boldsymbol{e}_r}{\partial \phi} = \sin\theta\boldsymbol{e}_\phi \tag{2.75}$$

を得る。これを知ると、式 (2.65) は

$$\begin{aligned}
\nabla\cdot\boldsymbol{E}(\boldsymbol{r}) &= \left(\boldsymbol{e}_r\frac{\partial}{\partial r} + \boldsymbol{e}_\theta\frac{1}{r}\frac{\partial}{\partial\theta} + \boldsymbol{e}_\phi\frac{1}{r\sin\theta}\frac{\partial}{\partial\phi}\right)\cdot(\alpha r\boldsymbol{e}_r) \\
&= \alpha\left(1 + \boldsymbol{e}_\theta\frac{\partial\boldsymbol{e}_r}{\partial\theta} + \boldsymbol{e}_\phi\frac{1}{\sin\theta}\cdot\frac{\partial\boldsymbol{e}_r}{\partial\phi}\right) \\
&= \alpha\left(1 + \boldsymbol{e}_\theta\cdot\boldsymbol{e}_\theta + \boldsymbol{e}_\phi\frac{1}{\sin\theta}\cdot\sin\theta\boldsymbol{e}_\phi\right) \\
&= 3\alpha
\end{aligned} \tag{2.76}$$

[4] 拙著『自然は方程式で語る 力学読本』の付録 D-4「ベクトル微分演算子」に詳しく球座標と直交座標の換算関係を記した。紙数節約のため、そこを参照願う。

となり、直交座標表示での計算と一致する。

単に式の変形をしているようだが、緻密に物理的な意味を考えないと飛んだ間違いをする。なかなか奥が深くて面白いではないか！

問 2-7　式 (2.75) を導け。

式 (2.72)-(2.74) を用いて、偏微分の定義式にしたがって順序立てて計算すればよい。

問 2-8　点電荷 q のつくる電場は

$$\boldsymbol{E}(\boldsymbol{r}) = \frac{q}{4\pi\varepsilon_0 r^2}\boldsymbol{e}_r \tag{2.77}$$

である。点電荷以外の空間に電荷が存在しないことを「ガウスの法則（微分形）」により示せ。

上記の「注意事項： ナブラと球座標」の理解度テストである。

問 2-9　問 2-5 の球内の電場は

$$\boldsymbol{E}(\boldsymbol{r}) = \frac{Q}{4\pi\varepsilon_0 a^3} r\boldsymbol{e}_r \qquad (r < a) \tag{2.78}$$

である。

逆に、$r < a$ での電場分布が上式で与えられたとき、これに「ガウスの法則」を適用して電荷分布が求められることを示せ。

2-4-4　ガウスの定理

前節ならびに本節で「ガウスの法則」をみた。積分形は

$$\varepsilon_0 \oint_S \boldsymbol{E}(\boldsymbol{r}) \cdot \mathrm{d}\boldsymbol{S} = \int_V \rho(\boldsymbol{r})\ \mathrm{d}v \tag{2.46}$$

となり、微分形は

$$\varepsilon_0 \nabla \cdot \boldsymbol{E}(\boldsymbol{r}) = \rho \tag{2.61}$$

であった。同じ法則が異なるようにみえるが、「ガウスの定理」(Gauss's theorem) を導いて、これらは同じものであることを示しておこう。

ここで議論する「ガウスの定理」は「ガウスの法則」から導かれるものでない。「ガウスの法則」は電場が r の逆 2 乗則の形 ($\boldsymbol{E} \propto \boldsymbol{e}_r/r^2$) であることにもとづくが、「ガ

ウスの定理」はその法則性を必要とせず、任意のベクトル関数についての「定理」である。したがって、ここでは $\boldsymbol{E}(\boldsymbol{r})$ に代わり、ベクトル関数を $\boldsymbol{A}(\boldsymbol{r})$ と表記する。

いま、空間に分布する関数 $\boldsymbol{A}(\boldsymbol{r})$ を任意の大きさの閉曲面 S（S が囲む体積を V）にわたって面積分する（S を貫くベクトル $\boldsymbol{A}$ の総量を求める）ことを考える。

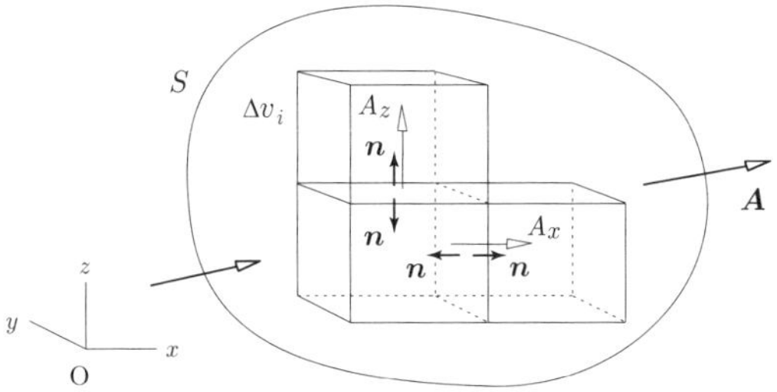

図 2.25　微小直方体を貫くベクトル $\boldsymbol{A}$

そこで、体積 V を多数の微小な直方体 (表面積 ΔS_i，体積 $\Delta v_i, i = 1, \ldots, n$) に分割し (図 2.25)、それらの直方体を貫くベクトル $\boldsymbol{A}$ の総量を求める。隣り合う任意の 2 つの直方体同士は 1 つの面を共有するので、この面を貫くベクトル $\boldsymbol{A}$ は一方の直方体には正値となるが、他方の直方体には負値となり、2 つの直方体の面積分の和はこれらの 2 つの直方体を合わせて 1 つにした直方体の面積分に等しい。したがって、複数の直方体の面積分の和は、直方体間の共有する面からの寄与はなく、共有することのない表面についての面積分の和に等しく、それは極限操作 $\lim_{\Delta S_i \to 0}$ によって閉曲面 S についての面積分に等しく

$$\lim_{\Delta S_i \to 0} \sum_i \boldsymbol{A}(\boldsymbol{r}) \cdot \Delta \boldsymbol{S}_i = \oint_S \boldsymbol{A}(\boldsymbol{r}) \cdot \mathrm{d}\boldsymbol{S} \tag{2.79}$$

である。

ここで、式 (2.56) の左辺 ($\varepsilon_0 \boldsymbol{E} \cdot \Delta \boldsymbol{S}$) の式 (2.60)($\varepsilon_0 \nabla \cdot \boldsymbol{E} \mathrm{d}v$) への変換をたどると、$\boldsymbol{E}$ を $\boldsymbol{A}$ に読み替えることにより、微小な直方体を貫くベクトル $\boldsymbol{A}(\boldsymbol{r})$ の面積分はベクトル $\boldsymbol{A}(\boldsymbol{r})$ の発散と直方体の体積の積に等しいことが分かる。

$$\boldsymbol{A}(\boldsymbol{r}) \cdot \Delta \boldsymbol{S}_i = \nabla \cdot \boldsymbol{A}(\boldsymbol{r})\ \Delta v_i \tag{2.80}$$

よって、式 (2.79) の左辺は

$$\lim_{\Delta S_i \to 0} \sum_i \boldsymbol{A}(\boldsymbol{r}) \cdot \Delta \boldsymbol{S}_i = \lim_{\Delta v_i \to 0} \sum_i \nabla \cdot \boldsymbol{A}(\boldsymbol{r})\ \Delta v_i = \int_V \nabla \cdot \boldsymbol{A}(\boldsymbol{r})\ \mathrm{d}v \tag{2.81}$$

となる。第 2 式の極限操作 $\Delta v_i \to 0$ は $\Delta S_i \to 0$ と等価である。これが式 (2.79) の右辺に等しいので、

$$\oint_S \boldsymbol{A}(\boldsymbol{r}) \cdot \mathrm{d}\boldsymbol{S} = \int_V \nabla \cdot \boldsymbol{A}(\boldsymbol{r})\ \mathrm{d}v \tag{2.82}$$

を得る。すなわち、任意のベクトル関数 $\boldsymbol{A}(\boldsymbol{r})$ の閉曲面 S についての面積分（左辺）は、$\nabla \cdot \boldsymbol{A}(\boldsymbol{r})$ を閉曲面 S の囲む体積 V についての体積積分 (右辺) に等しい。これが**「ガウスの定理」**である。

上式左辺は $\boldsymbol{A}$ に面積の次元（単位）m^2 が掛かったもので、右辺は $\boldsymbol{A}$ のナブラ (次元（単位）は m^{-1}) と体積 (m^3) の積で、両辺の次元は確かに一致する。

積分形の「ガウスの法則」(式 (2.46)) を「ガウスの定理」を用いて書き直すと、

$$\left(\varepsilon_0 \oint_S \boldsymbol{E}(\boldsymbol{r}) \cdot \mathrm{d}\boldsymbol{S} =\right)\ \varepsilon_0 \int_V \nabla \cdot \boldsymbol{E}(\boldsymbol{r}) \mathrm{d}v = \int_V \rho(\boldsymbol{r}) \mathrm{d}v \tag{2.83}$$

となり、両辺とも同じ体積積分になる。この等式が体積 V の大きさや形に依存せず成り立つとは、すべての空間領域において

$$\varepsilon_0 \nabla \cdot \boldsymbol{E}(\boldsymbol{r}) = \rho(\boldsymbol{r}) \tag{2.84}$$

の微分形の「ガウスの法則」が成立することを意味する。積分形も微分形も確かに同一方程式である。

2-4-5　電束密度 $\boldsymbol{D}$ と「ガウスの法則」

電場 $\boldsymbol{E}$ での表記が続いたので、ここで電束密度 $\boldsymbol{D}$ 表記と関連する用語の説明だけしておく。

電束密度 $\boldsymbol{D}$ (electric flux density) の単位は

$$[\ \boldsymbol{D}\ ] = \frac{\mathrm{C}}{\mathrm{m}^2} \tag{2.85}$$

であり、電束密度 $\boldsymbol{D}$ を用いて「ガウスの法則」を表記すれば

$$\oint_S \boldsymbol{D}(\boldsymbol{r}) \cdot \mathrm{d}\boldsymbol{S} = \int_V \rho(\boldsymbol{r}) \mathrm{d}v \quad （積分形） \tag{2.86}$$

$$\nabla \cdot \boldsymbol{D}(\boldsymbol{r}) = \rho(\boldsymbol{r}) \quad （微分形） \tag{2.87}$$

である。積分形では両辺は C の次元 (単位) を、微分形では $\mathrm{C} \cdot \mathrm{m}^{-3}$ の次元 (単位) をもつ。

任意の大きさの曲面 S（閉曲面である必要はない）を貫く電束線の数 Φ_ε

$$\Phi_\varepsilon = \int_S \boldsymbol{D}(\boldsymbol{r}) \cdot \mathrm{d}\boldsymbol{S} \tag{2.88}$$

を**電束** (electric flux) といい、単位は C である。

ちなみに、電気力線の数 Φ

$$\Phi = \int_S \boldsymbol{E}(\boldsymbol{r}) \cdot \mathrm{d}\boldsymbol{S} \tag{2.89}$$

を**電気力束** (flux of electric force) といい、単位は $\mathrm{N} \cdot \mathrm{C}^{-1} \cdot \mathrm{m}^2$ である。

第3章

電位と保存場の物語

前章では、「潜在的な（電気）力の場」として電場を考えた。本章では、「潜在的な（静電）エネルギーの場」である電位（静電ポテンシャル）を考える。両者とも「クーロンの法則」に基を置いており、静電場は保存場であることを本章で学ぶ。

3-1　静電ポテンシャル、あるいは電位

「力学」で学んだポテンシャル・エネルギーと同様な論理手順でもって、静電場のポテンシャル、いわゆる電位、を導入する。

はじめに「力学」のおさらいをしておく。万有引力 $\boldsymbol{F}(\boldsymbol{r})$ は r の逆2乗則の力である。

$$\boldsymbol{F}(\boldsymbol{r}) = G\frac{m_1 m_2}{r^2}\boldsymbol{e}_r \tag{3.1}$$

G は相互作用の強さを示す定数（次元（単位）をもち、$\mathrm{N \cdot m^2 \cdot kg^{-2}}$）である。

2つの質量 m_1, m_2 があるとき、はたらく万有引力 $\boldsymbol{F}(\boldsymbol{r})$ の向きは両質量を結び重心を通る作用線上にあり、その力の大きさは両質量間の距離 $\boldsymbol{r}$ のみに依存する。このように力がつねに定点 O を通り、力の大きさが定点からの距離だけに依存するような力を**中心力** (central force) といい、定点 O を力の中心という。

このとき、万有引力 $\boldsymbol{F}$ に抗して物体を移動させる仕事 W は、始点 A と終点 B の位置にのみ依存し、移動する経路によらない。

$$W(\boldsymbol{r}) = \int_{\boldsymbol{r}_\mathrm{A}}^{\boldsymbol{r}_\mathrm{B}} (-\boldsymbol{F}) \cdot \mathrm{d}\boldsymbol{r} \tag{3.2}$$

このような力を**保存力** (conservative force) といい、保存力が作用する空間を**力場** (force field) あるいは**保存場**とよぶ。

物体がなされた仕事量 (W) は位置のエネルギー $U(\boldsymbol{r})$ として物体に蓄えられ、よって、物体は仕事を行い得る潜在的な能力をもつ。この $U(\boldsymbol{r})$ をポテンシャル・エネルギー (potential energy) と呼んだ。

$$U(\boldsymbol{r}) = -\int_{\boldsymbol{r}_\mathrm{A}}^{\boldsymbol{r}_\mathrm{B}} \boldsymbol{F}\cdot \mathrm{d}\boldsymbol{r} \tag{3.3}$$

物体がポテンシャル・エネルギー $U(\boldsymbol{r})$ をもつとき、物体にはたらく力 $\boldsymbol{F}(\boldsymbol{r})$ はポテンシャル・エネルギー $U(\boldsymbol{r})$ の「勾配」(gradient)(にマイナス符号を付けたもの) として導けた。

$$\boldsymbol{F}(\boldsymbol{r}) = -\nabla U(\boldsymbol{r}) \tag{3.4}$$

3 次元ベクトル量である力 $\boldsymbol{F}$ を大きさのみのスカラー関数 U から把握でき、その物理的意味は位置のエネルギーを表すものとして、自然界の法則の理解をさらに一歩進めることになった。

3-1-1　保存力としてのクーロン力

クーロン力も r の逆 2 乗則に従う力 $\boldsymbol{F}(\boldsymbol{r})$(式 (2.2)) であって、保存力である。よって、クーロン力がはたらくもとで電荷 q を移動させる仕事 W は、移動経路によらず、始点 A と終点 B の位置にのみ依存する。このことを以下にみる。

図 3.1 に示すように、移動経路 (A→B) を微小な線素片ベクトル $\Delta\boldsymbol{r}_i = \boldsymbol{r}_{i+1} - \boldsymbol{r}_i$ $(i = 1,\ldots,n)$ に分割する。この 1 つの線素片ベクトルに沿ってクーロン力に抗して、電荷 q を移動させるに必要な仕事 ΔW_i は移動させる力と移動距離の内積

$$\Delta W_i = -\boldsymbol{F}(\boldsymbol{r}_i)\cdot\Delta\boldsymbol{r}_i = -q\boldsymbol{E}(\boldsymbol{r}_i)\cdot\Delta\boldsymbol{r}_i \tag{3.5}$$

である。図中の θ は力 $\boldsymbol{F}$ と経路 $\Delta\boldsymbol{r}$ のなす角である。

全経路にわたる仕事 W は、線素片ベクトルに沿って仕事 ΔW_i を足し合わせればよく、

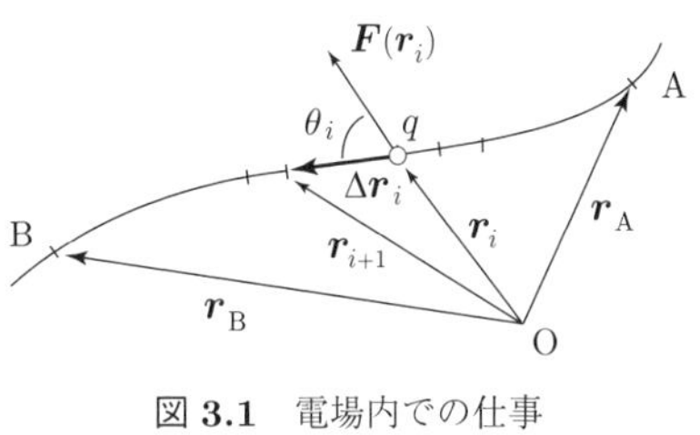

図 **3.1**　電場内での仕事

$$W(\mathrm{A}\to\mathrm{B}) = \lim_{\Delta\boldsymbol{r}_i\to 0}\sum_{i=1}^{n}\Delta W_i = \int_{\mathrm{A}}^{\mathrm{B}}\mathrm{d}W = -\int_{\boldsymbol{r}_\mathrm{A}}^{\boldsymbol{r}_\mathrm{B}}\boldsymbol{F}(\boldsymbol{r})\cdot\mathrm{d}\boldsymbol{r}$$
$$= -q\int_{\boldsymbol{r}_\mathrm{A}}^{\boldsymbol{r}_\mathrm{B}}\boldsymbol{E}(\boldsymbol{r})\cdot\mathrm{d}\boldsymbol{r} = -q\int_{r_\mathrm{A}}^{r_\mathrm{B}}E(\boldsymbol{r})\,\mathrm{d}r \tag{3.6}$$

となる。「力学」では 1 行目の最右辺の式で終わるが、電磁気学では $\boldsymbol{F}=q\boldsymbol{E}$ を用いてさらに 2 行目の形式をとり、仕事量 W を電荷 q と電場 $\boldsymbol{E}(\boldsymbol{r})$ の移動経路に沿っての**線積分** (line integral) の 2 因数に分解した形とする。

仕事が移動経路に依存しないことを具体的に示すために、まず、中心 O に位置する単電荷 Q のつくる電場で仕事量 W を計算しよう。

$$W(\mathrm{A}\to\mathrm{B}) = -q\int_{\mathrm{A}}^{\mathrm{B}}k_e\frac{Q}{r^2}\boldsymbol{e}_r\cdot\mathrm{d}\boldsymbol{r} = -k_e qQ\int_{r_\mathrm{A}}^{r_\mathrm{B}}\frac{1}{r^2}\mathrm{d}r = -k_e qQ\left[-\frac{1}{r}\right]_{r_\mathrm{A}}^{r_\mathrm{B}}$$
$$= k_e qQ\left(\frac{1}{r_\mathrm{B}}-\frac{1}{r_\mathrm{A}}\right) \tag{3.7}$$

であり、$\mathrm{d}r=\boldsymbol{e}_r\cdot\mathrm{d}\boldsymbol{r}$ である。仕事量 W は確かに途中の経路によらず、始点 r_A と終点 r_B の位置にのみ拠（よ）っている。電場 $\boldsymbol{E}(\boldsymbol{r})$ が r の 1 変数関数であり、かつ r 方向を向くベクトル（中心力の場）であることによる自然な帰結であり、クーロン力が保存力であることによる。

クーロン力が保存力であるため、閉曲線 C に沿っての仕事（図 3.2）は、周回する一部の経路で費した仕事量 (エネルギー) を他の経路で取り戻し、差し引きゼロとなる。

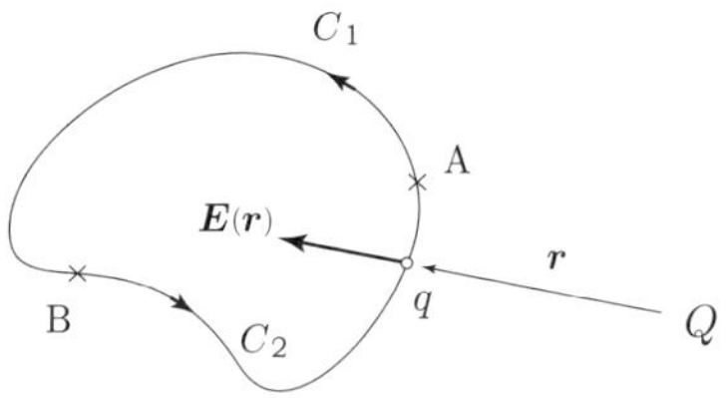

図 3.2　閉曲線の移動経路と仕事

$$W = -\oint_C\boldsymbol{F}(\boldsymbol{r})\cdot\mathrm{d}\boldsymbol{r} = -q\oint_C\boldsymbol{E}(\boldsymbol{r})\cdot\mathrm{d}\boldsymbol{r}$$
$$= -q\int_{\mathrm{A}(C_1)}^{\mathrm{B}}\boldsymbol{E}(\boldsymbol{r})\cdot\mathrm{d}\boldsymbol{r} - q\int_{\mathrm{B}(C_2)}^{\mathrm{A}}\boldsymbol{E}(\boldsymbol{r})\cdot\mathrm{d}\boldsymbol{r}$$
$$= -q\int_{\mathrm{A}(C_1)}^{\mathrm{B}}\boldsymbol{E}(\boldsymbol{r})\cdot\mathrm{d}\boldsymbol{r} + q\int_{\mathrm{A}(C_2)}^{\mathrm{B}}\boldsymbol{E}(\boldsymbol{r})\cdot\mathrm{d}\boldsymbol{r} = 0 \tag{3.8}$$

経路を移動する過程で電荷量は変化しないので、電場の経路に沿っての積分がゼロであることを意味する。

$$\oint_C\boldsymbol{E}(\boldsymbol{r})\cdot\mathrm{d}\boldsymbol{r} = 0 \tag{3.9}$$

これが「**保存場の法則**」の積分形表示である。

以上で点電荷 Q がつくる電場内においては、クーロン力に抗して電荷 q を移動させる仕事量 W は移動経路によらず、始点 A と終点 B の位置にのみ依存することが分かった。この過程においてはクーロン力が中心力（電場が中心力場）であることが重要な役割を果たす。

ところが、複数の電荷が分布するとき、系全体のクーロン力は必ずしも中心力を構成せず、電場は中心力場ではなくなる。すなわち、電場ベクトル $\boldsymbol{E}(\boldsymbol{r})$ はつねに定点 O を向くわけではない。

しかし、クーロン力や電場には「重ね合わせの原理」が成り立つので、複雑な電場分布であっても、それを単電荷電場の重ね合わせの形で考えればよい。つまり、個々の単電荷電場での仕事は移動経路によらないので、それらの重ね合わせの結果得られる仕事も当然、移動経路に拠らないわけである。

故に、あらゆる電荷分布のもとではたらくクーロン力は保存力であり、その電場分布は保存場を形成する。

3-1-2 静電ポテンシャル、あるいは電位

電場が保存場であることが分かったので、つぎは「力学」でのポテンシャル・エネルギー導出の手順をそのまま適用し、電場をスカラー関数の勾配として表示しよう。

式 (3.3) に倣（なら）い、電場 $\boldsymbol{E}(\boldsymbol{r})$ のなかで電荷 q を A から B へ移動することによって蓄えられるエネルギー U は

$$U(\boldsymbol{r}_{\mathrm{B}}) = -q\int_{\boldsymbol{r}_{\mathrm{A}}}^{\boldsymbol{r}_{\mathrm{B}}} \boldsymbol{E}(\boldsymbol{r})\cdot \mathrm{d}\boldsymbol{r} = q\phi(\boldsymbol{r}_{\mathrm{B}}) \tag{3.10}$$

$$\phi(\boldsymbol{r}_{\mathrm{B}}) = -\int_{\boldsymbol{r}_{\mathrm{A}}}^{\boldsymbol{r}_{\mathrm{B}}} \boldsymbol{E}(\boldsymbol{r})\cdot \mathrm{d}\boldsymbol{r} \tag{3.11}$$

と書ける。A をポテンシャル・エネルギーの基準点ととることにより、U は位置 $\boldsymbol{r}_{\mathrm{B}}$ のみの関数となる。

ここで、「力学」と異なるのは、「電磁気学」ではポテンシャル・エネルギー $U(\boldsymbol{r}_{\mathrm{B}})$ をさらに、電荷 q と、それに力を及ぼす潜在能力をもつ電場 $\boldsymbol{E}(\boldsymbol{r})$ についての線積分、の 2 因数に分解する。後者 $\phi(\boldsymbol{r}_{\mathrm{B}})$ を**静電ポテンシャル** (electrostatic potential) 、あるいは**電位**といい、$\boldsymbol{r}_{\mathrm{B}}$ を変数とするスカラー関数である（$\boldsymbol{r}_{\mathrm{B}}$ は任意の点 B の位置ベクトルであり、以下、$\boldsymbol{r}$ と表記する。上では、同じ変数なのであるが、被積分関数 $\boldsymbol{E}(\boldsymbol{r})$ の変数表示と区別するために、下付き B を残しただけである）。

電場 $\boldsymbol{E}$ が「潜在的な（電気）力の場」であるように、静電ポテンシャル ϕ は「潜在的な（静電）エネルギーの場」と理解できる。電荷 q を演算することによって、電場 $\boldsymbol{E}$ 内に置かれた電荷 q のもつポテンシャル・エネルギー U が得られるということである。

通常、基準点 A は実質的に電場がゼロである無限遠 ($\boldsymbol{E}(r=\infty)=0$) にとり、電位の基準とする。したがって、電位は

$$\phi(\boldsymbol{r}) = -\int_{\infty}^{\boldsymbol{r}} \boldsymbol{E}(\boldsymbol{r}')\cdot \mathrm{d}\boldsymbol{r}' = \int_{\boldsymbol{r}}^{\infty} \boldsymbol{E}(\boldsymbol{r}')\cdot \mathrm{d}\boldsymbol{r}' \tag{3.12}$$

であり、単電荷 Q の電場においては

$$\begin{aligned}\phi(\boldsymbol{r}) &= k_e \int_{r}^{\infty} \frac{Q}{r'^2}\mathrm{d}r' = k_e\Big[-\frac{Q}{r'}\Big]_{r}^{\infty} \\ &= \frac{Q}{4\pi\varepsilon_0 r} = k_e\frac{Q}{r}\end{aligned} \tag{3.13}$$

を得る。電荷 Q を中心とする球面上では等しい電位となる。

一般に電位が等しい曲面

$$\phi(\boldsymbol{r}) = 一定 \tag{3.14}$$

が存在し、そのような曲面群を**等電位面**または**等ポテンシャル面** (equipotential surface) という。

複数の点電荷が位置 $\boldsymbol{r}_i$ $(i=1,\ldots,n)$ に分布しているとき、あるいは体積電荷密度 $\rho(\boldsymbol{r})$ で分布しているとき、電場 $\boldsymbol{E}(\boldsymbol{r})$ は「重ね合わせの原理」から求められ、電位 $\phi(\boldsymbol{r})$ は

$$\phi(\boldsymbol{r}) = \frac{1}{4\pi\varepsilon_0}\sum_{i=1}^{n}\frac{Q_i}{|\boldsymbol{r}-\boldsymbol{r}_i|} \qquad \Big(複数の点電荷\ Q_iが分布\Big) \tag{3.15}$$

$$= \frac{1}{4\pi\varepsilon_0}\int_{V'}\frac{\rho(\boldsymbol{r}')}{|\boldsymbol{r}-\boldsymbol{r}'|}\mathrm{d}v' \qquad \Big(体積電荷密度\rho(\boldsymbol{r})\ で分布\Big) \tag{3.16}$$

と求まる。2 行目の積分は、電荷が分布する領域にわたる体積積分である。

(a)　等電位面と電気力線

等電位面は電気力線と直交することをみる。電気力線は電場 $\boldsymbol{E}(\boldsymbol{r})$ の接線方向を向くので、このことは等電位面は電場ベクトルに直交することを意味する。

いま、図 3.3 にみるように近接する任意の 2 点 B、B$'$ の電位 $\phi(\boldsymbol{r})$、$\phi(\boldsymbol{r}+\Delta\boldsymbol{r})$ とその差 $\Delta\phi(\boldsymbol{r})$ を考える。電位 $\phi(\boldsymbol{r})$ は式 (3.11) で定義されるので、$\Delta\phi(\boldsymbol{r})$ は

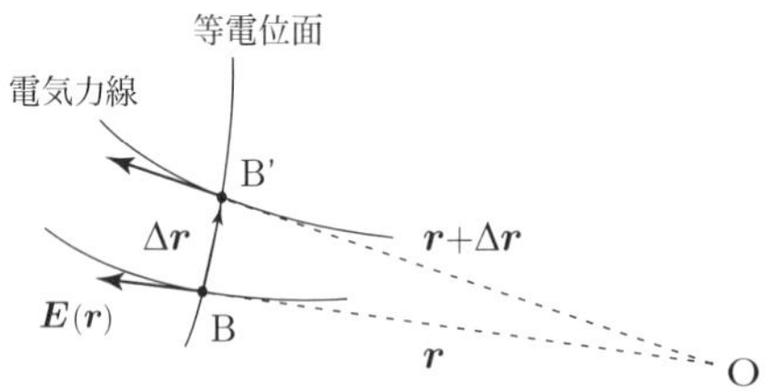

図 3.3　等電位面と電気力線

$$\Delta\phi(\boldsymbol{r}) \equiv \phi(\boldsymbol{r}+\Delta\boldsymbol{r})-\phi(\boldsymbol{r}) = -\int_{\boldsymbol{r}_{\mathrm{A}}}^{\boldsymbol{r}+\Delta\boldsymbol{r}} \boldsymbol{E}(\boldsymbol{r})\cdot\mathrm{d}\boldsymbol{r} + \int_{\boldsymbol{r}_{\mathrm{A}}}^{\boldsymbol{r}} \boldsymbol{E}(\boldsymbol{r})\cdot\mathrm{d}\boldsymbol{r}$$
$$= -\int_{\boldsymbol{r}}^{\boldsymbol{r}+\Delta\boldsymbol{r}} \boldsymbol{E}(\boldsymbol{r})\cdot\mathrm{d}\boldsymbol{r} \tag{3.17}$$

である。B、B$'$ が充分近接している ($\Delta\boldsymbol{r}\approx 0$) とすれば、上式は

$$\Delta\phi(\boldsymbol{r}) = -\boldsymbol{E}(\boldsymbol{r})\cdot\Delta\boldsymbol{r} \tag{3.18}$$

と書け、さらに、B、B$'$ が同じ等電位面上にあるということは $\Delta\phi(\boldsymbol{r})=0$ であって、

$$\boldsymbol{E}(\boldsymbol{r})\cdot\Delta\boldsymbol{r} = 0 \tag{3.19}$$

である。これは、電場ベクトル $\boldsymbol{E}(\boldsymbol{r})$ と等電位面は直交することを示す。$\boldsymbol{r}$ は空間の任意の位置であるので、この直交関係は一般に成立する。ただし、$\boldsymbol{E}(\boldsymbol{r})=0$ のところは除く。もともと電場がゼロでは直交するかどうかの議論自体が意味をもたない。

(b) 電位の単位

電位は仕事（エネルギー）を電荷で割ったもの ($\phi = U/q$) であるので、その単位はエネルギーの単位であるジュール (J) を電荷の単位であるクーロン (C) で割ったもので、

$$[\phi] = \frac{\mathrm{J}}{\mathrm{C}} = \mathrm{V} \tag{3.20}$$

である。V は電位の単位のボルト (volt)、家庭のコンセントから取れる電圧 100V のボルトである。電位は日常生活では**電圧**とよんでいる。なお、エネルギーの単位ジュールは

$$[U] = \mathrm{J} = \mathrm{N}\cdot\mathrm{m} = \mathrm{W}\cdot\mathrm{s} \tag{3.21}$$

である (W はワット (Watt) である)。

(c) $\boldsymbol{E}(\boldsymbol{r}) = -\nabla\phi(\boldsymbol{r})$

式 (3.12) にみるように、電位 $\phi(\boldsymbol{r})$ は電場ベクトル $\boldsymbol{E}(\boldsymbol{r})$ を積分したものである。であるなら、電場ベクトル $\boldsymbol{E}(\boldsymbol{r})$ は電位 $\phi(\boldsymbol{r})$ を微分して得られるであろう。このとき、電位はスカラー関数 $\phi(\boldsymbol{r})$ であるのだから、ベクトルである電場 $\boldsymbol{E}(\boldsymbol{r})$ を得るには微分はベクトル演算子であろうことが予測できる。

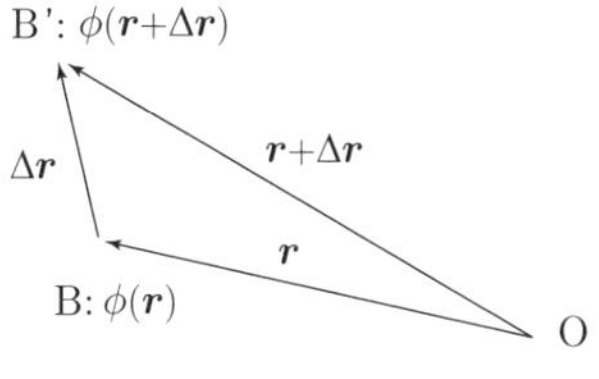

図 **3.4** 接近した 2 点間の電位差

そこで、接近した 2 点 B, B$'$ (位置ベクトル $\boldsymbol{r}$, $\boldsymbol{r}+$

$\Delta\boldsymbol{r}$) をとり、その微小な電位差 $\Delta\phi(\boldsymbol{r})$ を考える（図 3.4）。すでに前小節において式 (3.18): $\Delta\phi(\boldsymbol{r}) = -\ \boldsymbol{E}(\boldsymbol{r})\cdot\Delta\boldsymbol{r}$ を得ている。この左辺の電位差 $\Delta\phi(\boldsymbol{r})$ は 3 変数 x, y, z の関数であるので、各方向への変位の和

$$\Delta\phi = \frac{\partial\phi}{\partial x}\Delta x + \frac{\partial\phi}{\partial y}\Delta y + \frac{\partial\phi}{\partial z}\Delta z \tag{3.22}$$

である。また、右辺のベクトルの内積も同様に成分展開すると

$$\begin{aligned} -\boldsymbol{E}(\boldsymbol{r})\cdot\Delta\boldsymbol{r} &= -\left(E_x\boldsymbol{e}_x + E_y\boldsymbol{e}_y + E_z\boldsymbol{e}_z\right)\cdot\left(\Delta x\boldsymbol{e}_x + \Delta y\boldsymbol{e}_y + \Delta z\boldsymbol{e}_z\right) \\ &= -E_x\Delta x - E_y\Delta y - E_z\Delta z \end{aligned} \tag{3.23}$$

である。任意の微小量 $\Delta x, \Delta y, \Delta z$ に関して、左右両辺が等しいということは、個々の成分方向につぎの関係が成り立っているということである。

$$E_x = -\frac{\partial\phi}{\partial x}\ , \qquad E_y = -\frac{\partial\phi}{\partial y}\ , \qquad E_z = -\frac{\partial\phi}{\partial z} \tag{3.24}$$

これをベクトル表記すると

$$\begin{aligned} \boldsymbol{E}(\boldsymbol{r}) &= E_x\boldsymbol{e}_x + E_y\boldsymbol{e}_y + E_z\boldsymbol{e}_z = -\left(\frac{\partial\phi}{\partial x}\boldsymbol{e}_x + \frac{\partial\phi}{\partial y}\boldsymbol{e}_y + \frac{\partial\phi}{\partial z}\boldsymbol{e}_z\right) \\ &= -\left(\boldsymbol{e}_x\frac{\partial}{\partial x} + \boldsymbol{e}_y\frac{\partial}{\partial y} + \boldsymbol{e}_z\frac{\partial}{\partial z}\right)\phi(\boldsymbol{r}) \\ &= -\nabla\phi(\boldsymbol{r}) \end{aligned} \tag{3.25}$$

となる。電場 $\boldsymbol{E}(\boldsymbol{r})$ は、静電ポテンシャル（電位）$\phi(\boldsymbol{r})$ にベクトル微分演算子であるナブラ ∇(nabla) を演算したものに負符号を掛けたものとなる。このように、スカラー関数にナブラを演算することを**勾配** (gradient) ということはすでに「力学」で学んだ。

これに電荷 q を掛けたものは

$$q\boldsymbol{E}(\boldsymbol{r}) = -q\nabla\phi(\boldsymbol{r}) \quad \Rightarrow \quad \boldsymbol{F}(\boldsymbol{r}) = -\nabla U(\boldsymbol{r}) \tag{3.26}$$

となり、クーロン力 $\boldsymbol{F}(\boldsymbol{r})$ は静電ポテンシャル・エネルギー $U(\boldsymbol{r})$ の勾配に負符号を掛けたものである。これは万有引力とそのポテンシャル・エネルギーの関係式 (式 (3.4)) と同一の形式である。

電場 $\boldsymbol{E}(\boldsymbol{r})$ はベクトル量であるため 3 成分を記述しなければならないが、静電ポテンシャル $\phi(\boldsymbol{r})$ はスカラー量であって、方向性がなく、取り扱いが容易なうえ、描像を描きやすい利点がある。

つぎに、その 1 例として、電気双極子のつくる電場を静電ポテンシャルから導出する。

3-1-3 電気双極子のつくる静電ポテンシャル（例題 3-1）

「電気双極子のつくる電場（例題 2-1）」(p.36) を静電ポテンシャルを利用して求める。

点 P での静電ポテンシャル $\phi(\boldsymbol{r})$ は単電荷 $+q$ ならびに $-q$ のつくる静電ポテンシャル $\phi_+(\boldsymbol{r}_+)$ と $\phi_-(\boldsymbol{r}_-)$ の和であって、単電荷の静電ポテンシャルは式 (3.13) であるので、

$$\phi(\boldsymbol{r}) = k_e q\left(\frac{1}{r_+} - \frac{1}{r_-}\right) \tag{3.27}$$

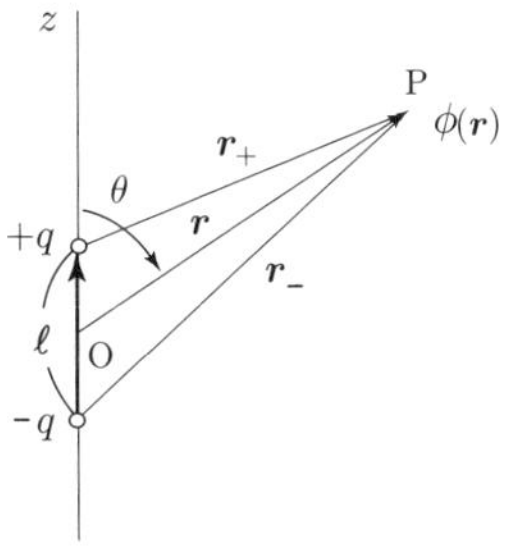

図 3.5 電気双極子

である。$r_\pm$ はすでに式 (2.21)、(2.22) で求めた。また、双極子の大きさ ℓ よりもはるかに離れたところ ($r \gg \ell$) では ℓ/r で展開し、2 次以上の項を小さいとして無視すると、

$$r_\pm = r\left\{1 \mp \frac{\ell}{r}\cos\theta + \frac{1}{4}\left(\frac{\ell}{r}\right)^2\right\} \simeq r\left(1 \mp \frac{\ell}{r}\cos\theta\right)^{1/2} \tag{2.22}$$

そうすると、

$$\begin{aligned}\phi(\boldsymbol{r}) &= k_e\frac{q}{r}\left\{\left(1 + \frac{\ell}{2r}\cos\theta\right) - \left(1 - \frac{\ell}{2r}\cos\theta\right)\right\} = k_e\frac{q\ell}{r^2}\cos\theta && (3.28)\\ &= \frac{\boldsymbol{p}\cdot\boldsymbol{r}}{4\pi\varepsilon_0 r^3} && (3.29)\end{aligned}$$

を得る。$\boldsymbol{p} = q\boldsymbol{\ell}$ は電気双極子モーメントである。

静電ポテンシャル $\phi(\boldsymbol{r})$ が求まったのだから、式 (3.25) から電場を計算すればよい。ナブラの球座標表示は式 (2.64)

$$\nabla = \boldsymbol{e}_r\frac{\partial}{\partial r} + \boldsymbol{e}_\theta\frac{1}{r}\frac{\partial}{\partial\theta} + \boldsymbol{e}_\varphi\frac{1}{r\sin\theta}\frac{\partial}{\partial\varphi} \tag{2.64}$$

であるのだから、[1)]

$$\begin{aligned}\boldsymbol{E}(\boldsymbol{r}) &= E_r(\boldsymbol{r})\boldsymbol{e}_r + E_\theta(\boldsymbol{r})\boldsymbol{e}_\theta + E_\varphi(\boldsymbol{r})\boldsymbol{e}_\varphi\\ &= -\nabla\phi(\boldsymbol{r}) = -\frac{\partial\phi(\boldsymbol{r})}{\partial r}\boldsymbol{e}_r - \frac{1}{r}\frac{\partial\phi(\boldsymbol{r})}{\partial\theta}\boldsymbol{e}_\theta - \frac{1}{r\sin\theta}\frac{\partial\phi(\boldsymbol{r})}{\partial\varphi}\boldsymbol{e}_\varphi && (3.30)\end{aligned}$$

よって、

1) 静電ポテンシャル $\phi(\boldsymbol{r})$ と区別するため、球座標表示の方位角を φ と記す。

$$E_r(\boldsymbol{r}) = -\frac{\partial \phi(\boldsymbol{r})}{\partial r} = \frac{p\cos\theta}{2\pi\varepsilon_0 r^3}, \tag{3.31}$$

$$E_\theta(\boldsymbol{r}) = -\frac{1}{r}\frac{\partial \phi(\boldsymbol{r})}{\partial \theta} = \frac{p\sin\theta}{4\pi\varepsilon_0 r^3}, \tag{3.32}$$

$$E_\varphi(\boldsymbol{r}) = -\frac{1}{r\sin\theta}\frac{\partial \phi(\boldsymbol{r})}{\partial \varphi} = 0 \tag{3.33}$$

を得る。式 (2.28) の結果と当然一致することを確かめよ。

問 3-1　静電ポテンシャル $\phi(\boldsymbol{r})$ (式 (3.29)) から、同じようにして電気双極子のつくる直交座標 (xyz) 表示の電場成分 $E_i(\boldsymbol{r})$ $(i = x, y, z)$ をもとめ、問 2-2 (p.38) の解答との一致を確かめよ。

3-2　エネルギーは電荷がもつ？ あるいは、場がもつ？

3-2-1　静電エネルギーは電荷分布がもつ

前節で静電ポテンシャル（電位）を学んだ。いま、電荷 q_1（位置 $\boldsymbol{r}_1$）が存在する空間に、電荷 q_2 を無限遠から位置 $\boldsymbol{r}_2$ にもってくることを考える。両電荷が同符号電荷であれば、両者間に斥力 $\boldsymbol{F}$ がはたらくので、この力に逆らって仕事をなす必要があり、その仕事量 W は $\boldsymbol{r} = \boldsymbol{r}_2 - \boldsymbol{r}_1$, $r = |\boldsymbol{r}|$ と記せば

$$W(= U(\boldsymbol{r})) = -\int_\infty^{\boldsymbol{r}} \boldsymbol{F}(\boldsymbol{r})\cdot \mathrm{d}\boldsymbol{r} = -\int_\infty^{r} \frac{q_2 q_1}{4\pi\varepsilon_0 r^2}\mathrm{d}r = \frac{q_2 q_1}{4\pi\varepsilon_0 r} \tag{3.34}$$

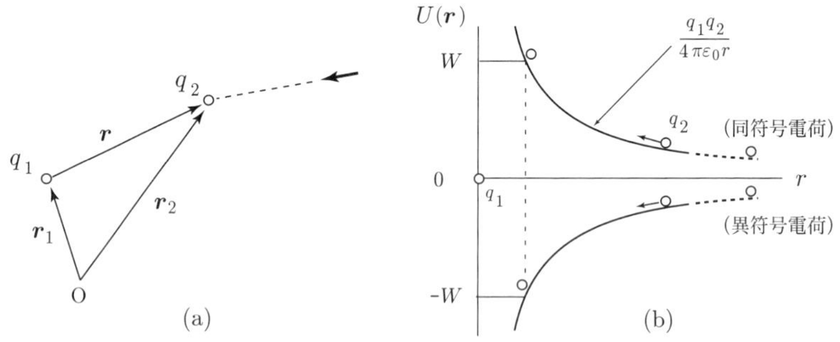

図 3.6　等電位面と電気力線

である ($[W] = \mathrm{N \cdot m = J}$)。

この仕事量 W は、形成された配置の電荷対 (q_1 と q_2) の系にエネルギーとして蓄えられる。これを静電ポテンシャル・エネルギー $U(\boldsymbol{r})$ といい、前節では単にポテンシャル・エネルギーと記したものである（以下、**静電エネルギー**と略す)。3-1-2 小節では ϕ を静電ポテンシャル（「エネルギー」なし）と記しているので、混同しないように。

両者が異符号電荷をもつときは引力がはたらくため、無限遠からもってくる過程では同符号の場合とは逆に仕事がなされ（エネルギーをとり出すことができ、外部に仕事を行うことができる)、仕事量は逆符号 $-W$ となる。その代わり、無限遠に戻すときには仕事 W をなす（とり出した分だけのエネルギーを供給する）必要がある。

上の事項ははじめに電荷 q_2 があり、無限遠から電荷 q_1 をもってくる場合も違いはなく

$$U(\boldsymbol{r})(=W) = \frac{q_1 q_2}{4\pi\varepsilon_0 r} \tag{3.35}$$

である。

引き続き q_3 を無限遠からもってきたとき、3 電荷の系がもつ静電エネルギーは

$$\begin{aligned}
U(\boldsymbol{r}) &= \frac{q_1 q_2}{4\pi\varepsilon_0 r_{12}} + \frac{q_2 q_3}{4\pi\varepsilon_0 r_{23}} + \frac{q_3 q_1}{4\pi\varepsilon_0 r_{31}} \\
&= \frac{1}{4\pi\varepsilon_0}\frac{1}{2}\left[\left(\frac{q_1 q_2}{r_{12}} + \frac{q_2 q_1}{r_{21}}\right) + \left(\frac{q_2 q_3}{r_{23}} + \frac{q_3 q_2}{r_{32}}\right) + \left(\frac{q_3 q_1}{r_{31}} + \frac{q_1 q_3}{r_{13}}\right)\right] \\
&= \frac{1}{2}\sum_{i=1}^{3}\sum_{j(\neq i)} k_e \frac{q_i q_j}{r_{ij}} \quad \text{あるいは} \quad \frac{1}{2}\sum_{i\neq j} k_e \frac{q_i q_j}{r_{ij}} \\
&\quad \left([\,U\,] = \frac{\mathrm{N \cdot m^2}}{\mathrm{C^2}} \cdot \frac{\mathrm{C^2}}{\mathrm{m}} = \mathrm{J} \right)
\end{aligned} \tag{3.36}$$

である（電荷 q_i と q_j の間の距離を $r_{ij} = r_{ji} = |\boldsymbol{r}_i - \boldsymbol{r}_j|$ $(i, j = 1, 2, 3)$ と記した)。2 重総和の略記法を脚注に記す[2)]。上式の因子 1/2 は、i と j の 2 重総和における重複勘定を勘案したものであり、2 行目の式を見れば分かるであろう。

---

2) $\sum_{i\neq j}$ は $\sum$ (summation) の下付きの変数すべてについて総和をとる約束の表記である。ここでは、i ならびに j について 2 重の和を取るわけである。但し、自分自身との作用を除外するため、$i \neq j$ である。2 重総和をつぎのように $\sum$ を 2 重に使って

$$\sum_i \sum_j{}' \quad \text{あるいは} \quad \sum_i \sum_{j(\neq i)} \tag{3.37}$$

と表示してもよい。ここで、左の記法ではダッシュは $i \neq j$ を意味する約束である。右の記法では変数 i が括弧内にあるため、j の総和に際しては i ははずれることを意味する。

(a) 点電荷系のもつ静電エネルギー U

このようにして n 個の点電荷 q_i $(i=1,\ldots,n)$ の系を形成したとき、その静電エネルギーは

$$U(\boldsymbol{r}) = \frac{1}{2}\sum_i \sum_{j(\neq i)} k_e \frac{q_i q_j}{r_{ij}} = \frac{1}{2}\sum_i \sum_{j(\neq i)} q_i \phi_{ij} = \frac{1}{2}\sum_i q_i \phi_i \tag{3.38}$$

$$\phi_{ij} = k_e \frac{q_j}{r_{ij}}\ ; \qquad \phi_i = \sum_{j(\neq i)} \phi_{ij} \tag{3.39}$$

$$\left([\phi_{ij}] = \frac{\mathrm{N\cdot m^2}}{\mathrm{C^2}} \cdot \frac{\mathrm{C}}{\mathrm{m}} = \frac{\mathrm{J}}{\mathrm{C}} \right)$$

である。ϕ_{ij} は電荷 q_j が電荷 q_i の位置 (r_{ij}) につくりだす静電ポテンシャルであって、ϕ_i は q_i 以外のすべての電荷が q_i の位置 (r_{ij}) につくりだす静電ポテンシャルである。

静電エネルギー U は個々の電荷がもつものと考えると、式 (3.38) から電荷 q_i のもつ静電エネルギー u_i は

$$u_i(\boldsymbol{r}) = \frac{1}{2} q_i \phi_i \qquad \left(U(\boldsymbol{r}) = \sum_i u_i(\boldsymbol{r}) \right) \tag{3.40}$$

であり、全静電エネルギー U は u_i の総和といえる。

(b) 連続分布する電荷系のもつ静電エネルギー U

電荷が体積密度 $\rho(\boldsymbol{r})$ で連続的に分布している場合は、点電荷 $q_{i(j)}$ に代わって微小体積 $\Delta v_{i(j)}$ での電荷 $\rho(\boldsymbol{r}_{i(j)})\Delta v_{i(j)}$ をとり、$\Delta v_{i(j)} \to 0$ の極限操作を行えばよく、

$$\begin{aligned} U(r) &= \lim_{\Delta v_i \to 0, \Delta v_j \to 0} \frac{1}{2} \sum_i \sum_{j(\neq i)} k_e \frac{\rho(\boldsymbol{r}_i)\Delta v_i \rho(\boldsymbol{r}_j)\Delta v_j}{|\boldsymbol{r}_i - \boldsymbol{r}_j|} \\ &= \frac{1}{2} k_e \int\!\!\int \frac{\rho(\boldsymbol{r})\rho(\boldsymbol{r}')}{|\boldsymbol{r} - \boldsymbol{r}'|} \mathrm{d}v \mathrm{d}v' \end{aligned} \tag{3.41}$$

$$\left([\ U\ ] = \mathrm{N\cdot m} = \mathrm{J} \right)$$

を得る。v, v' についての積分は $\boldsymbol{r}$, $\boldsymbol{r}'$ についての体積積分である。総和 $\sum_{j(\neq i)}$ に対応して、積分においては $\boldsymbol{r} = \boldsymbol{r}'$ を除外する必要がありそうだ。しかし、$\Delta v \to 0$ への極限移行においては分母よりも分子の方が速くゼロに収束するので、発散の心配はない。なぜなら、分母 $|\boldsymbol{r} - \boldsymbol{r}'|$ は長さであって体積の 1/3 乗 $(\Delta v)^{1/3}$ でゼロに移行するが、分子は $(\Delta v)^2$ で分母より速くゼロに移行する。電荷密度 ρ は有限値をもつので、全体としては、$(\Delta v)^{5/3}$ でゼロに移行し、発散はしない。

このとき、静電エネルギー $U(\boldsymbol{r})$ を静電ポテンシャル $\phi(\boldsymbol{r})$ で表示すると、式 (3.41) は

$$U(\boldsymbol{r}) = \frac{1}{2}\int \rho(\boldsymbol{r})\phi(\boldsymbol{r})\mathrm{d}v\ , \qquad \phi(\boldsymbol{r}) = k_e \int \frac{\rho(\boldsymbol{r}')}{|\boldsymbol{r}-\boldsymbol{r}'|}\mathrm{d}v' \tag{3.42}$$

となる。

3-2-2　球面上に電荷分布があるときの静電エネルギー（1）（例題 3-2）

半径 a の球面上に電荷 Q が一様に分布しているとき、その静電エネルギー U を求める。

（1）球面上に一様に電荷 q があるとし、無限遠から微小電荷 $\mathrm{d}q$ を球面に運び込むことを考える。このとき、$\mathrm{d}q$ が受けるクーロン力 $\boldsymbol{F}(\boldsymbol{r})$ は球の中心に電荷 q があるのと同等であるので（「球殻状に分布する電荷のつくる電場（例題 2-4）」p.49）、必要な仕事量 $\mathrm{d}W$ は

$$\mathrm{d}W = -\int_{\infty}^{a} \boldsymbol{F}(\boldsymbol{r})\cdot\mathrm{d}\boldsymbol{r} = -\int_{\infty}^{a} k_e\frac{q\mathrm{d}q}{r^2}\mathrm{d}r = k_e\frac{q\mathrm{d}q}{a} \tag{3.43}$$

である。この仕事を繰り返し、$\mathrm{d}q$ の積分量が 0 から Q になるまで続けるわけであって、その全仕事量、すなわち、その静電エネルギー U は

$$U = \int_0^Q k_e\frac{q}{a}\mathrm{d}q = \frac{1}{2}k_e\frac{Q^2}{a} = \frac{Q^2}{8\pi\varepsilon_0 a} \tag{3.44}$$

と求まる。

（2）式 (3.41) を用いて求める。

但し、ここでは電荷が球面上に一様に分布しているので、体積積分は面積分となり $(\mathrm{d}v \to \mathrm{d}S)$、電荷密度 ρ も面密度 $\sigma = Q/4\pi a^2$(= 一定) であって、式 (3.41) は

$$U = \frac{1}{2}k_e\int_S\int_{S'}\frac{\sigma\sigma'}{|\boldsymbol{r}-\boldsymbol{r}'|}\mathrm{d}S\mathrm{d}S' = \frac{1}{2}k_e\left(\frac{Q}{4\pi a^2}\right)^2\int_S\int_{S'}\frac{1}{|\boldsymbol{r}-\boldsymbol{r}'|}\mathrm{d}S\mathrm{d}S' \tag{3.45}$$

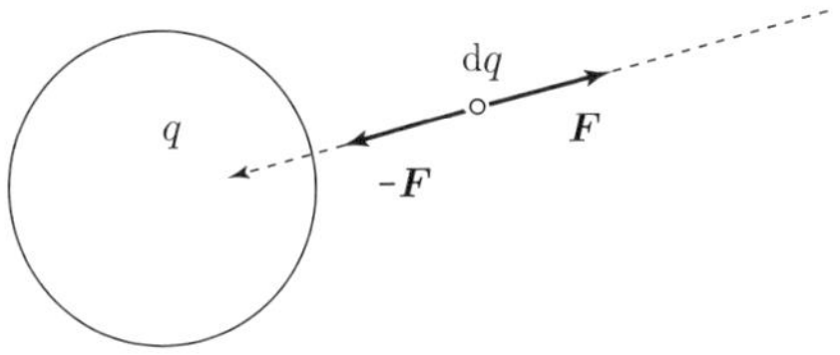

図 3.7　球面上の電荷 q と静電エネルギー U

となる。面を S, S' と記したが、積分は同じ半径 a の球面について行うのである。2 重の面積分を簡単にするために、はじめの $\mathrm{d}S$ についての積分においては相手方の微小面積 $\mathrm{d}S'$ は z 軸にあると考え（図 3.8）、球座標表示を用いる。そうすると、$|\boldsymbol{r}-\boldsymbol{r}'|$ は $r = r' = a$ においては

$$|\boldsymbol{r}-\boldsymbol{r}'|^2 = r^2 + r'^2 - 2rr'\cos\theta \quad \Rightarrow$$
$$|\boldsymbol{r}-\boldsymbol{r}'|_{r=r'=a} = a\sqrt{2(1-\cos\theta)} \qquad (3.46)$$

であり、微小面積は $\mathrm{d}S = a^2 \sin\theta \mathrm{d}\phi \mathrm{d}\theta$（式 (2.40) を参照）であって、まず $\mathrm{d}S$ について積分する。式 (3.45) は

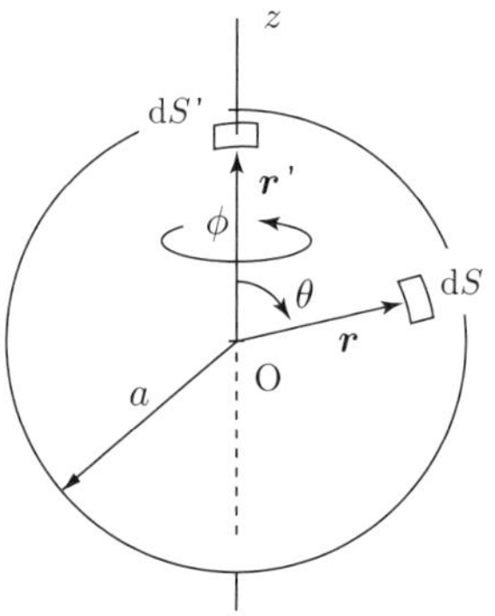

図 3.8　$\mathrm{d}S\mathrm{d}S'$ についての 2 重面積分

$$U = \frac{1}{2}k_e\left(\frac{Q}{4\pi a^2}\right)^2 \int \left\{\int_0^{2\pi}\int_{-1}^{+1} \frac{1}{a\sqrt{2(1-\cos\theta)}}(a^2 \mathrm{d}\cos\theta \mathrm{d}\phi)\right\} \mathrm{d}S' \qquad (3.47)$$

であって、$\cos\theta, \phi$ の積分範囲はそれぞれ $-1 \sim +1$ ならびに $0 \sim 2\pi$ である。$\{\ \}$ 内では積分変数を θ から $\cos\theta$ に変形していることを少し説明しておく。球座標の微小面積はつねに $\sin\theta$ と $\mathrm{d}\theta$ が対になって登場するので、その積を $\cos\theta$ の微小量 $\mathrm{d}\cos\theta = -\sin\theta\mathrm{d}\theta$ として扱う。ここでマイナス符号がでるが、それを利用して $\cos\theta$ の積分範囲 $+1(\theta = 0) \sim -1(\theta = \pi)$ を $-1 \sim +1$ に反転させる。このことを θ 積分だけについて書けば、

$$\int_0^{\pi} f\ \sin\theta\mathrm{d}\theta = -\int_{+1}^{-1} f\ \mathrm{d}\cos\theta = \int_{-1}^{+1} f\ \mathrm{d}\cos\theta \qquad (3.48)$$

である。f は被積分関数である。

さて、$x = \cos\theta$ とおいて

$$\int_{-1}^{+1} \frac{1}{\sqrt{1-x}}\mathrm{d}x = -2\sqrt{1-x}\Big|_{-1}^{+1} = 2\sqrt{2} \qquad (3.49)$$

であるので、式 (3.47) は

$$U = \frac{1}{2}k_e\left(\frac{Q}{4\pi a^2}\right)^2 \int \left[\frac{a^2 2\pi}{\sqrt{2}a} 2\sqrt{2}\right] \mathrm{d}S' = \frac{1}{2}k_e\left(\frac{Q}{4\pi a^2}\right)^2 \int 4\pi a\ \mathrm{d}S' \qquad (3.50)$$

となる。つぎは $\mathrm{d}S'$ の全球面にわたる面積分であるが、被積分関数が定数であるので $\int \mathrm{d}S' = 4\pi a^2$ であって、よって、

$$U = \frac{1}{2}k_e\frac{Q^2}{a} = \frac{Q^2}{8\pi\varepsilon_0 a} \qquad (3.51)$$

を得る。

ここで、球面上の静電ポテンシャル $\phi(a)$ は式 (3.42) から

$$\phi(a) = k_e \int \frac{\sigma}{|\boldsymbol{r} - \boldsymbol{r}'|} \mathrm{d}v' = \frac{1}{4\pi\varepsilon_0} \frac{Q}{a} \tag{3.52}$$

である。

3-2-3　静電エネルギーは電場がもつ

「ガウスの法則」を用いて式 (3.42) をさらに変形し、「場」の相互作用の形に書き表す。

「ガウスの法則」は式 (2.61): $\varepsilon_0 \nabla \cdot \boldsymbol{E}(\boldsymbol{r}) = \rho$ であり、よって、式 (3.42) の静電エネルギー U は、

$$U(\boldsymbol{r}) = \frac{1}{2} \int \rho(\boldsymbol{r}) \phi(\boldsymbol{r}) \mathrm{d}v = \frac{\varepsilon_0}{2} \int (\nabla \cdot \boldsymbol{E}(\boldsymbol{r})) \phi(\boldsymbol{r}) \mathrm{d}v \tag{3.53}$$

と書ける。つぎに、$\boldsymbol{E}(\boldsymbol{r})\phi(\boldsymbol{r})$ へのナブラの演算は

$$\nabla(\boldsymbol{E}(\boldsymbol{r})\phi(\boldsymbol{r})) = (\nabla \cdot \boldsymbol{E}(\boldsymbol{r}))\phi(\boldsymbol{r}) + \boldsymbol{E}(\boldsymbol{r}) \cdot \nabla\phi(\boldsymbol{r}) \tag{3.54}$$

と展開できるので[3]、式 (3.53) の右辺をさらに書き直す。

$$\begin{aligned} \frac{\varepsilon_0}{2} \int (\nabla \cdot \boldsymbol{E}(\boldsymbol{r}))\phi(\boldsymbol{r}) \mathrm{d}v &= \frac{\varepsilon_0}{2} \int \nabla \cdot (\boldsymbol{E}(\boldsymbol{r})\phi(\boldsymbol{r})) \mathrm{d}v - \frac{\varepsilon_0}{2} \int \boldsymbol{E}(\boldsymbol{r}) \cdot \nabla\phi(\boldsymbol{r}) \mathrm{d}v \\ &= \frac{\varepsilon_0}{2} \int \nabla \cdot (\boldsymbol{E}(\boldsymbol{r})\phi(\boldsymbol{r})) \mathrm{d}v + \frac{\varepsilon_0}{2} \int \boldsymbol{E}(\boldsymbol{r}) \cdot \boldsymbol{E}(\boldsymbol{r}) \mathrm{d}v \end{aligned} \tag{3.55}$$

右辺第 2 項は $\boldsymbol{E}(\boldsymbol{r}) = -\nabla\phi(\boldsymbol{r})$ を使って書き換えた。さらに、右辺第 1 項の体積積分は「ガウスの定理」(式 (2.82)) を用いると、

$$\oint_S \boldsymbol{A}(\boldsymbol{r}) \cdot \mathrm{d}\boldsymbol{S} = \int_V \nabla \cdot \boldsymbol{A}(\boldsymbol{r})\ \mathrm{d}v \tag{2.82}$$

つぎのように面積分に置き換わる。

$$\int \nabla \cdot (\boldsymbol{E}(\boldsymbol{r})\phi(\boldsymbol{r})) \mathrm{d}v = \oint_S (\boldsymbol{E}(\boldsymbol{r})\phi(\boldsymbol{r})) \cdot \mathrm{d}S \tag{3.56}$$

この面積分を評価する。電荷分布が空間の有限域に限られていると考えれば、そこから充分離れた領域では一般的に $\phi(\boldsymbol{r}) \propto 1/r$ ならびに $\boldsymbol{E}(\boldsymbol{r}) \propto 1/r^2$ に比例する振る

[3] 高校でやった関数の積の微分と同様である。

舞いをし、両者の積は r^{-3} に比例して減少する。一方、面積 S は r^2 に比例して増加するだけであるので、全体としての振る舞いは r^{-1} に比例する。そこで、静電エネルギーの取り残しがないように、充分に大きな球面について面積分を行うことにすれば、上式はゼロに収斂する。

よって、静電エネルギーは式 (3.55) の第 2 項のみが残り、

$$U(\boldsymbol{r}) = \frac{\varepsilon_0}{2}\int \boldsymbol{E}^2(\boldsymbol{r})\mathrm{d}v = \frac{1}{2}\int \boldsymbol{E}(\boldsymbol{r})\cdot\boldsymbol{D}(\boldsymbol{r})\mathrm{d}v \tag{3.57}$$

と書ける。

以上、積分、微分の数式記号ばかりでむずかしそうに見えるが、電荷密度 $\rho(\boldsymbol{r})$ を電場 $\varepsilon_0\boldsymbol{E}(\boldsymbol{r}) = \boldsymbol{D}(\boldsymbol{r})$ 表示に、静電ポテンシャル $\phi(\boldsymbol{r})$ を電場 $\boldsymbol{E}(\boldsymbol{r})$ に変えたもので、日本語表示を英語表示に和文英訳したようなものである。順に論理構成を追いかければよい。数式だからこのように簡潔に書けるわけで、とても文章で表現できるものでない。数式の威力である。

さて、ここでは電荷が表示から消え、空間に広がる「場」の作用の結果として静電エネルギーが理解できる。「近接作用」の視点であり、静電エネルギーは電荷でなく、全空間に広がって蓄えられると考える。空間の各点に、単位体積当たり $\boldsymbol{E}(\boldsymbol{r})\cdot\boldsymbol{D}(\boldsymbol{r})/2$ の静電エネルギー (静電エネルギー密度 u) が分布していることになる。

$$u(\boldsymbol{r}) = \frac{1}{2}\boldsymbol{E}(\boldsymbol{r})\cdot\boldsymbol{D}(\boldsymbol{r}) = \frac{\varepsilon_0}{2}\boldsymbol{E}^2(\boldsymbol{r}) \tag{3.58}$$

式 (3.53) では $\rho(\boldsymbol{r})$ ならびに $\nabla\cdot\boldsymbol{D}(\boldsymbol{r})(=\varepsilon_0\nabla\cdot\boldsymbol{E}(\boldsymbol{r}))$ は、電荷が存在する局所的な領域でのみゼロでない値をもつ。したがって、体積積分が理論的に無限遠に拡がっても、実効的には電荷が分布する領域のみでの積分である。この様子が部分積分を実行することによって、式 (3.55) の右辺第 2 項では被積分関数から局所性が除去され、電荷分布のない空間ではあっても、電荷分布がつくりだす電場が及ぶ空間までもが積分の対象となった。小節「「場」の表裏」(p.5) に記したように、$\boldsymbol{D}$ を「電荷の場」として理解するわけである。

単に、式変換を追いかけるだけでなく、一つ一つその意味合いを考えるのはなかなか面白いものである。諸君らの健闘を期待する。

上で $\boldsymbol{E}(\boldsymbol{r})\cdot\boldsymbol{D}(\boldsymbol{r})/2$ が単位体積当たりの静電エネルギーであると記した。単位を見ることによって、それを確認しておこう。電場 $\boldsymbol{E}$ の単位は $\mathrm{N\cdot C^{-1}}$、電束密度 $\boldsymbol{D}$ は $\mathrm{C\cdot m^{-2}}$ であるので、$\boldsymbol{E}\cdot\boldsymbol{D}$ は $\mathrm{N\cdot m^{-2}} = (\mathrm{N\cdot m})\cdot\mathrm{m^{-3}} = \mathrm{J\cdot m^{-3}}$ (J : ジュール) であって、確かに体積当たりのエネルギーになっている。それを体積積分すればエネルギー、というのが式 (3.57) である。

3-2-4　球面上に電荷分布があるときの静電エネルギー（２）（例題 3-3）

ここでは式 (3.57) にもとづいて求める。

このとき、球内の電場 $\boldsymbol{E}(\boldsymbol{r})$ はゼロで、球外の電場 $\boldsymbol{E}(\boldsymbol{r})$ は球の中心 O に全電荷 Q があるときの電場に等しい（「球殻状に分布する電荷のつくる電場（例題 2-4）」p.49）。また、微小体積は球座標表示では $\mathrm{d}v = r^2 \mathrm{d}r \sin^2\theta \mathrm{d}\phi \mathrm{d}\theta$ である（球面上の微小面積は $\mathrm{d}S = r^2 \sin\theta \mathrm{d}\theta \mathrm{d}\phi$ (式 (2.40)) であるので、これに垂直方向に微小距離、すなわち、$\mathrm{d}r$ を掛けたものが微小体積 $\mathrm{d}v = \mathrm{d}S\mathrm{d}r$ である）。したがって、静電エネルギーは

$$
\begin{aligned}
U(\boldsymbol{r}) &= \frac{\varepsilon_0}{2}\int \boldsymbol{E}^2(\boldsymbol{r})\mathrm{d}v = \frac{\varepsilon_0}{2}\int \left(k_e \frac{Q}{r^2}\right)^2 r^2 \mathrm{d}r \sin\theta \mathrm{d}\phi \mathrm{d}\theta \\
&= \frac{\varepsilon_0}{2}\left(\frac{Q}{4\pi\varepsilon_0}\right)^2 \int_a^\infty \frac{1}{r^2}\mathrm{d}r \int_{-1}^{+1} \mathrm{d}\cos\theta \int_0^{2\pi} \mathrm{d}\phi \\
&= \frac{\varepsilon_0}{2}\left(\frac{Q}{4\pi\varepsilon_0}\right)^2 4\pi \left[-\frac{1}{r}\right]_a^\infty = \frac{Q^2}{8\pi\varepsilon_0 a}
\end{aligned}
\tag{3.59}
$$

である。ここでも p.72 で述べたように、θ についての積分は積分変数を $\cos\theta$ に変形し、その積分範囲を反転させ $-1(\theta = \pi) \sim +1(\theta = 0)$ としていることに注意。

全静電エネルギー $U(\boldsymbol{r})$ を電荷が蓄えると考えても、「場」が蓄えると考えても、結果にちがいはない。近接作用の立場からは後者をとる。

3-3　保存場の法則

3-3-1　保存場の法則（積分形）

クーロン力 $\boldsymbol{F}(\boldsymbol{r}) = q\boldsymbol{E}(\boldsymbol{r})$ の作用のもとで電荷 q を閉曲線 C に沿って一周させる仕事 W はゼロである、ことを式 (3.8) においてみた。

$$
W = -\oint_C \boldsymbol{F}(\boldsymbol{r}) \cdot \mathrm{d}\boldsymbol{r} = 0 \tag{3.8}
$$

これが「保存力」の定義であるといえる。

仮に、閉曲線 C に沿って一周するに要する仕事量がゼロでなく、正値 $(W > 0)$ をとれば、どうなるのか？

仕事はエネルギーと同じ次元をもつ。$W > 0$、すなわち、一周させるのに仕事が必要であるということは、エネルギーを費やさねばならないということ。こんどは同じ閉曲線 C であるが、電荷 q を逆の経路に沿って移動させると、仕事量が負値 $(W < 0)$

をとる。つまり、一周させるごとにエネルギーが生じることになる。

仕事量（エネルギー）を費やす、あるいは仕事量（エネルギー）を生じるのは、当然、電荷 q と電場 $\boldsymbol{E}(\boldsymbol{r})$ の構成する系からであって、一周する仕事量がゼロでないということは電場分布に変化をきたすことになる。たとえば、複数の点電荷が電場を形成しているとすれば、一周する前後においてそれらの互いの距離が、電荷の正負によって異なるが、狭まったり拡がったりするのである。それは、静電ポテンシャル $\phi(\boldsymbol{r})$ が変化するということであり、静電ポテンシャル・エネルギー $q\phi(\boldsymbol{r})$ が変化することでもある。

前章ならびに本章では静電場ということで、q 以外の電荷がつくる電場ならびにそれらの電荷分布は不動のものとした。したがって、この状況のもとでは、上に述べたような変化は起こらないのである。よって、$W \neq 0$ は、エネルギーの供給源がないにかかわらず、無からエネルギーを生じる永久機関がつくれることになり、不合理な結論に導く。

「保存力」が保存するものは、よって、エネルギーであるともいえる。

「保存場の法則」は

$$\oint_C \boldsymbol{E}(\boldsymbol{r}) \cdot \mathrm{d}\boldsymbol{r} = 0 \tag{3.9}$$

である。式 (3.9) は、式 (3.8) から単にゼロでない定数である電荷 q を除いただけで何ら大きな違いはない、のではない。物理的には、大きな違いがある。「力学」的には力がはたらくもとでの電荷 q の振る舞いに焦点を合わせるが、「電磁気学」では主に電磁「場」の振る舞いを扱うことをすでに記した。上式は、電荷 q から離れて、電場 $\boldsymbol{E}(\boldsymbol{r})$ の特性を記したものである。

電場ベクトル $\boldsymbol{E}(\boldsymbol{r})$ の閉曲線 C に沿う成分 $\boldsymbol{E}(\boldsymbol{r})\cdot\mathrm{d}\boldsymbol{r}$ を周回して足し合わせると、つねにゼロである。閉曲線 C は特別に指定されたものでなく、任意の形、大きさのものである。ゼロということは、電場ベクトル $\boldsymbol{E}(\boldsymbol{r})$ はどのような経路をとっても周回する成分をもたないということで、このため「保存場の法則」のことを**「渦なしの法則」**と呼んだりする。

3-3-2　保存場の法則（微分形）

「ガウスの法則」の微分形を導出した手法に習い、「保存場の法則」の微分形

$$\nabla \times \boldsymbol{E}(\boldsymbol{r}) = 0 \tag{3.60}$$

を導く。

ナブラとベクトルの**外積**を**回転** (rotation) とよぶことは小節「「マクスウェルの方程式」は暗号文？」(p.17) で述べた（$\nabla \times \boldsymbol{A}$ の展開式 (1.21) も示した）。したがって、「保存場の法則」（微分形）は、電場 $\boldsymbol{E}(\boldsymbol{r})$ は回転成分をもたないことをいう。前小節で「渦なしの法則」といったものである。

ここではまず、「回転」式 (1.21) を導いておく。

ナブラとベクトル $\boldsymbol{A}$ の間で各成分同士で外積をとる。

$$\nabla \times \boldsymbol{A} = \left(\boldsymbol{e}_x \frac{\partial}{\partial x} + \boldsymbol{e}_y \frac{\partial}{\partial y} + \boldsymbol{e}_z \frac{\partial}{\partial z} \right) \times (A_x \boldsymbol{e}_x + A_y \boldsymbol{e}_y + A_z \boldsymbol{e}_z) \tag{3.61}$$

上式は

$$\begin{aligned}\nabla \times \boldsymbol{A} = &\frac{\partial A_x}{\partial x}(\boldsymbol{e}_x \times \boldsymbol{e}_x) + \frac{\partial A_x}{\partial y}(\boldsymbol{e}_y \times \boldsymbol{e}_x) + \frac{\partial A_x}{\partial z}(\boldsymbol{e}_z \times \boldsymbol{e}_x) \\ &+ \frac{\partial A_y}{\partial x}(\boldsymbol{e}_x \times \boldsymbol{e}_y) + \frac{\partial A_y}{\partial y}(\boldsymbol{e}_y \times \boldsymbol{e}_y) + \frac{\partial A_y}{\partial z}(\boldsymbol{e}_z \times \boldsymbol{e}_y) \\ &+ \frac{\partial A_z}{\partial x}(\boldsymbol{e}_x \times \boldsymbol{e}_z) + \frac{\partial A_z}{\partial y}(\boldsymbol{e}_y \times \boldsymbol{e}_z) + \frac{\partial A_z}{\partial z}(\boldsymbol{e}_z \times \boldsymbol{e}_z)\end{aligned} \tag{3.62}$$

と展開できる。単位ベクトルは規格直交性（正規直交性）をもつので、それら同士の外積は右ネジの回転方向とその進む向きの循環性 $x \to y \to z \to x$ をもち、この循環性が狂うとネジは反対方向へ進むので外積は逆符号をもつ。すなわち、

$$\begin{aligned}&\boldsymbol{e}_x \times \boldsymbol{e}_y = \boldsymbol{e}_z\ , \qquad \boldsymbol{e}_y \times \boldsymbol{e}_z = \boldsymbol{e}_x\ , \qquad \boldsymbol{e}_z \times \boldsymbol{e}_x = \boldsymbol{e}_y \\ &\boldsymbol{e}_y \times \boldsymbol{e}_x = -\boldsymbol{e}_z\ , \quad \boldsymbol{e}_z \times \boldsymbol{e}_y = -\boldsymbol{e}_x\ , \quad \boldsymbol{e}_x \times \boldsymbol{e}_z = -\boldsymbol{e}_y\end{aligned} \tag{3.63}$$

であり、当然、自分自身との外積はゼロ ($\boldsymbol{e}_\alpha \times \boldsymbol{e}_\alpha = 0,\ \alpha = x, y, z$) である。このことから式 (1.21)

$$\nabla \times \boldsymbol{A} = \left(\frac{\partial A_z}{\partial y} - \frac{\partial A_y}{\partial z} \right) \boldsymbol{e}_x + \left(\frac{\partial A_x}{\partial z} - \frac{\partial A_z}{\partial x} \right) \boldsymbol{e}_y + \left(\frac{\partial A_y}{\partial x} - \frac{\partial A_x}{\partial y} \right) \boldsymbol{e}_z \tag{1.21}$$

を得る。以上が問 1-1 (p.18) の解答でもある。なお、$\boldsymbol{A}(\boldsymbol{r})$ と $\boldsymbol{A}(x, y, z)$ は同じものである。一方は変数をベクトル $\boldsymbol{r}$ で、他方は各成分変数で表記しただけである。

さて、本題に入る。

「ガウスの法則」のときは微小な直方体をとり、その表面にわたる電場の面積分を計算した。ここでは空間に閉曲線として微小な長方形 ABCD をとり、その辺に沿って周回し電場の線積分を求める。その結果はゼロであるというのが「保存場の法則」である。

「回転」については 1-4-3 小節 (a)「$\nabla \times \boldsymbol{H} = \boldsymbol{i}$: アンペールの法則」(p.21) ですで

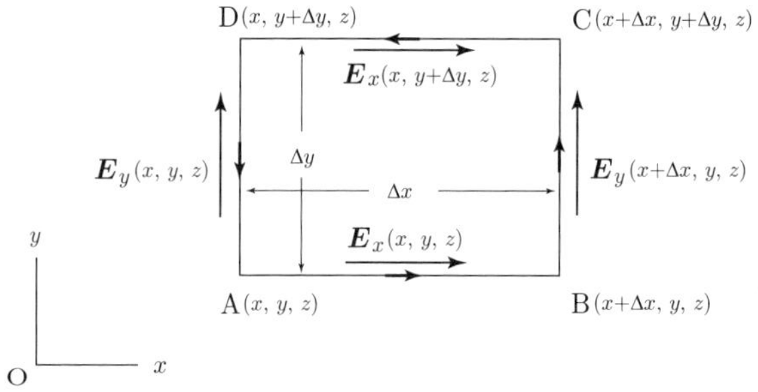

図 3.9　微小な長方形に沿っての電場の線積分

に説明した。以下はそれと変わるものではない。

（1）いま、微小な長方形 ABCD の面 $\Delta\boldsymbol{S}$ を図 3.9 に示すように、たとえば、$x-y$ 面上にとる。さらに、積分経路 A $\to$ B $\to$ C $\to$ D の方向に右ねじを回したときにねじの進む向きをこの面の法線ベクトル $\boldsymbol{n}$ の向きと決める。すなわち、この場合は z 軸の正の向き（$\boldsymbol{n}=\boldsymbol{e}_z,\ \Delta\boldsymbol{S}=\Delta S\boldsymbol{e}_z,\ \Delta S=\Delta x\Delta y$）である。

A 点の座標位置を (x,y,z) とし、長方形の各辺の長さを Δx、Δy と記す（長方形の中心を (x,y,z) としても結論に違いはない）。電場の成分 E_x, E_y がそれぞれの辺に沿って一定値をもつと見なされるほど、長方形は微小なものであるとすると、各辺に平行な電場成分は図 3.9 に記したものとなる。移動経路に沿って経路と電場の内積の和（この和を $\oint_{\Box}\boldsymbol{E}\cdot\mathrm{d}\boldsymbol{r}$ と表記しておく）を書き出すと

$$
\begin{aligned}
&\oint_{\Box}\boldsymbol{E}\cdot\mathrm{d}\boldsymbol{r}\\
&= E_x(x,y,z)\Delta x + E_y(x+\Delta x,y,z)\Delta y + E_x(x,y+\Delta y,z)(-\Delta x) + E_y(x,y,z)(-\Delta y)\\
&= \{E_y(x+\Delta x,y,z) - E_y(x,y,z)\}\Delta y - \{E_x(x,y+\Delta y,z) - E_x(x,y,z)\}\Delta x
\end{aligned}
\tag{3.64}
$$

となる。x から微小量 Δx だけ離れた地点の電場の y 成分 $E_y(x+\Delta x,y,z)$ は、

$$E_y(x+\Delta x,y,z) = E_y(x,y,z) + \frac{\partial E_y}{\partial x}\Delta x \tag{3.65}$$

と近似できる（図 3.10）。これは $\Delta x\to 0$ の極限における E_y の x 偏微分を考えれば分かる。

$$\frac{\partial E_y}{\partial x} = \lim_{\Delta x\to 0}\frac{E_y(x+\Delta x,y,z) - E_y(x,y,z)}{\Delta x} \tag{3.66}$$

電場 E_y が x,y,z の多変数関数のため、微分は偏微分になり、y,z の値は変化しない。

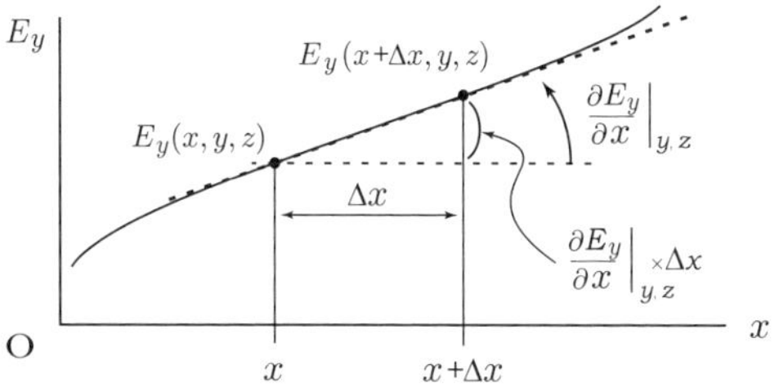

図 **3.10** Δx だけ離れた位置での E_y

$E_x(x, y+\Delta y, z)$ も同様にして

$$E_x(x, y+\Delta y, z) = E_x(x, y, z) + \frac{\partial E_x}{\partial y}\Delta y \tag{3.67}$$

と書け、これらを用いて式 (3.64) を書きなおすと、

$$\oint_{\square} \boldsymbol{E}\cdot \mathrm{d}\boldsymbol{r} = \frac{\partial E_y}{\partial x}\Delta x\Delta y - \frac{\partial E_x}{\partial y}\Delta y\Delta x = \left(\frac{\partial E_y}{\partial x} - \frac{\partial E_x}{\partial y}\right)\Delta S \tag{3.68}$$

となる。

（2）ここまでは、計算のしかたを明示するために、微小な長方形を $x-y$ 面上に特定した。つぎは、この制約を除く。すなわち、長方形の面 $\Delta\boldsymbol{S}$ が任意の方向に向いて、その法線ベクトル $\boldsymbol{n}$ が任意の方向をとる。

この任意の長方形を $x-y$ 面、$y-z$ 面、$z-x$ 面に投影し、その各々に（1）を適用して線積分を求め、それらの和として答えを得るのが簡単なようである。しかし、長方形を 3 面に投影しても、辺が軸に平行な（1）のような長方形を同時に 3 面すべてについては得られないことは少し考えれば分かる。これではせっかく（1）をやった甲斐がないように思える。

しかし、式 (3.68) の導出には微小な長方形を対象としたが、極限操作 $\lim_{\Delta S\to 0}$ を行うため、面の形が長方形、あるいは多角形、あるいは円形であろうと構わない。つまり、上記した考えのとおりに、$x-y$ 面、$y-z$ 面、$z-x$ 面に投影し、その各々の線積分の和を求めればよい。それは

$$\begin{aligned}
&\oint_{\square} \boldsymbol{E}\cdot \mathrm{d}\boldsymbol{r} \\
&\quad = \left(\frac{\partial E_z}{\partial y} - \frac{\partial E_y}{\partial z}\right)\Delta y\Delta z + \left(\frac{\partial E_x}{\partial z} - \frac{\partial E_z}{\partial x}\right)\Delta z\Delta x + \left(\frac{\partial E_y}{\partial x} - \frac{\partial E_x}{\partial y}\right)\Delta x\Delta y \\
&\quad = (\nabla\times\boldsymbol{E})_x\Delta\boldsymbol{S}_x + (\nabla\times\boldsymbol{E})_y\Delta\boldsymbol{S}_y + (\nabla\times\boldsymbol{E})_z\Delta\boldsymbol{S}_z \\
&\quad = (\nabla\times\boldsymbol{E})\cdot\Delta\boldsymbol{S}
\end{aligned} \tag{3.69}$$

となる。上式左辺がゼロということは、$\Delta S \neq 0$ であるので、「保存場の法則」(微分形)

$$\nabla \times \boldsymbol{E}(\boldsymbol{r}) = 0 \tag{3.60}$$

を得る。

極限操作を行うので投影した面の形は問題でないとする上の説明ではいまいち納得できないという学生は、つぎのように考えればよい。（1）の $x-y$ 面上の微小長方形を、オイラー角 (ϕ, θ, φ) だけ回転すれば 3 次元空間で任意の方向を向く長方形についての $\oint_{\square} \boldsymbol{E} \cdot \mathrm{d}\boldsymbol{r} = 0$ を得ることができ、それは式 (3.69) になることが分かる。忍耐力の要る計算だが、「力学」で修得したオイラー角の回転を用いてみるといい。実力試しである。

3-3-3　ストークスの定理

「ガウスの定理」(式 (2.82)) は、ベクトル $\boldsymbol{A}$ の面積分を $\nabla \cdot \boldsymbol{A}$ の体積積分と関係づけた。

$$\oint_S \boldsymbol{A}(\boldsymbol{r}) \cdot \mathrm{d}\boldsymbol{S} = \int_V \nabla \cdot \boldsymbol{A}(\boldsymbol{r})\, \mathrm{d}v \tag{2.82}$$

以下の「ストークスの定理」(Stokes's theorem) は、ベクトル $\boldsymbol{A}$ の線積分を $\nabla \times \boldsymbol{A}$ の面積分で表現する。この定理も「ガウスの定理」と同じく、対象となるベクトルは電場ベクトルに限ったものでなく、一般のベクトルでよい。よって、ベクトルに「保存場の法則」が成り立つ必要もない。

いま、ベクトル $\boldsymbol{A}(\boldsymbol{r})$ が分布する空間内に任意の閉曲線 C と、それを周縁とする 1 つの曲面 S を考える。曲面 S を微小な面 ΔS_i $(i = 1, \ldots, n)$ に細分化し、それぞれの面 ΔS_i の周縁 C_i に沿って線積分

$$\oint_{C_i} \boldsymbol{A}(\boldsymbol{r}) \cdot \mathrm{d}\boldsymbol{r} \tag{3.70}$$

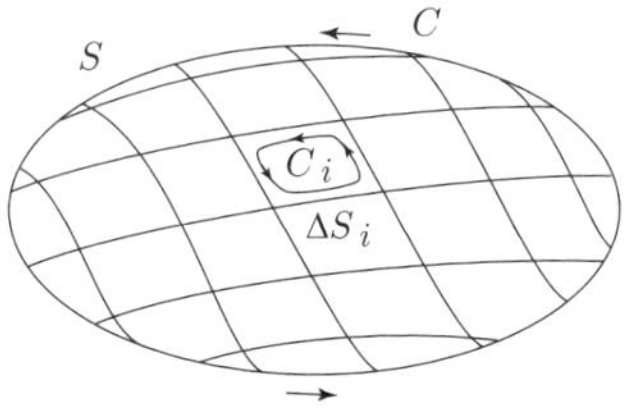

図 3.11　閉曲線 C と曲面 S

をつくる。隣り合う面同士の周縁は一部を共有するが、積分経路が逆になるために打ち消しあい、2 つの微小面の線積分の和はこれらの面を合わせて 1 つにした微小面の線積分に等しい。したがって、複数の微小面の線積分の和は、共有することのない経路に沿っての線積分の和に等しく、それは極限操作 $\lim_{\Delta S_i \to 0}$ によって閉曲線 C についての線積分に等しい。

$$\lim_{\Delta S_i \to 0} \sum_{i=1}^{n} \oint_{C_i} \boldsymbol{A}(\boldsymbol{r}) \cdot \mathrm{d}\boldsymbol{r} = \oint_{C} \boldsymbol{A}(\boldsymbol{r}) \cdot \mathrm{d}\boldsymbol{r} \tag{3.71}$$

である。

一方、微小な面 ΔS_i の周縁 C_i に沿う線積分は、前小節で求めた式 (3.69) の関係をもつ。式 (3.69) の導出には微小な長方形を対象としたが、面の形が長方形、あるいは多角形、あるいは円形であろうと極限操作 $\lim_{\Delta S \to 0}$ を行うため、形状には依存しない。そこで、式 (3.69) の長方形記号 □ を次式では閉曲線 C_i で記した。

$$\oint_{C_i} \boldsymbol{A}(\boldsymbol{r}) \cdot \mathrm{d}\boldsymbol{r} = (\nabla \times \boldsymbol{A}(\boldsymbol{r}))_i \cdot \Delta \boldsymbol{S}_i \tag{3.72}$$

したがって、複数の微小面の周縁 C_i に沿う線積分の和 (式 (3.71) の左辺) は

$$\begin{aligned} \lim_{\Delta S_i \to 0} \sum_{i=1}^{n} \oint_{C_i} \boldsymbol{A}(\boldsymbol{r}) \cdot \mathrm{d}\boldsymbol{r} &= \lim_{\Delta S_i \to 0} \sum_{i=1}^{n} (\nabla \times \boldsymbol{A}(\boldsymbol{r}))_i \cdot \Delta \boldsymbol{S}_i \\ &= \int_S \nabla \times \boldsymbol{A}(\boldsymbol{r}) \cdot \mathrm{d}\boldsymbol{S} \end{aligned} \tag{3.73}$$

と書ける。

式 (3.71) と式 (3.73) は同じものであるので、

$$\oint_{C} \boldsymbol{A}(\boldsymbol{r}) \cdot \mathrm{d}\boldsymbol{r} = \int_S \nabla \times \boldsymbol{A}(\boldsymbol{r}) \cdot \mathrm{d}\boldsymbol{S} \tag{3.74}$$

を得る。これが「**ストークスの定理**」である。

「ストークスの定理」は「ガウスの定理」を 1 次元落としたようなものである。両定理の積分はスカラー量をもたらすため、「ガウスの定理」では体積積分（$\mathrm{d}v$ はスカラー量）の被積分関数 $(\nabla \cdot \boldsymbol{A})$ はスカラー量であったが、「ストークスの定理」では次元が落ちるのにともない面積分（$\mathrm{d}\boldsymbol{S}$ はベクトル量）の被積分関数はベクトル量になる必要性から外積 $(\nabla \times \boldsymbol{A})$ に変化している。

3-3-4 回転の効果

具体的なベクトル分布を用いて「回転」の演算操作の効果をみる。

1 例として、ベクトル $\boldsymbol{A} = (x - y)\boldsymbol{e}_x + (x + y)\boldsymbol{e}_y + z\boldsymbol{e}_z$ の回転をとる。$\nabla \times \boldsymbol{A}$ の各偏微分成分を計算すると

$$\frac{\partial A_z}{\partial y} - \frac{\partial A_y}{\partial z} = 0\,, \quad \frac{\partial A_x}{\partial z} - \frac{\partial A_z}{\partial x} = 0\,, \quad \frac{\partial A_y}{\partial x} - \frac{\partial A_x}{\partial y} = 1 - (-1) = 2 \tag{3.75}$$

であって、

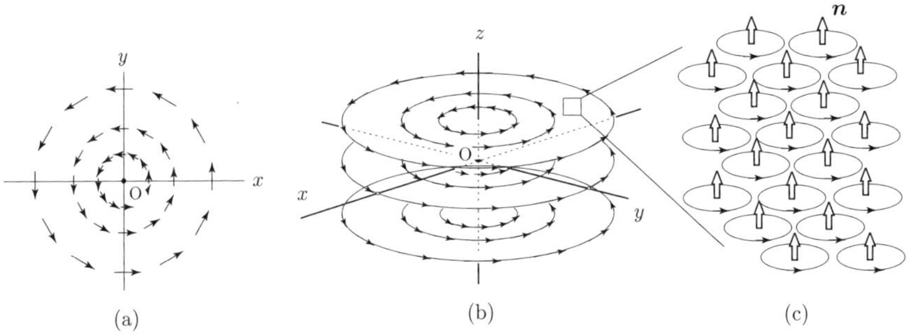

図 3.12　(a, b) A_2 の電場分布 と (c) その回転

$$\nabla \times \boldsymbol{A} = 2\boldsymbol{e}_z \tag{3.76}$$

を得る。

この分布は 2 つのベクトルで構成されている：$\boldsymbol{A} = \boldsymbol{A}_1 + \boldsymbol{A}_2$。

$$\boldsymbol{A}_1 = \quad x\boldsymbol{e}_x + y\boldsymbol{e}_y + z\boldsymbol{e}_z \tag{3.77}$$

$$\boldsymbol{A}_2 = -y\boldsymbol{e}_x + x\boldsymbol{e}_y \tag{3.78}$$

$\boldsymbol{A}_1$ は小節「発散の効果」(p.52) で登場した球対称で、原点 O からの距離に比例して大きくなり、$\boldsymbol{e}_r$ を向く針山のようなベクトル分布である（図 2.23）。$\boldsymbol{A}_2$ は図 3.12(a) に示すように、右まわり（$x \to y$ の方向へ右ねじを回すとねじの進む向きは z の正方向）の渦を巻き、その強さは z 軸からの距離に比例する。渦は円筒状であって、z 軸に沿っては変化がない。それぞれの回転は

$$\nabla \times \boldsymbol{A}_1 = 0\,, \qquad \nabla \times \boldsymbol{A}_2 = 2\boldsymbol{e}_z \tag{3.79}$$

である。球対称である $\boldsymbol{A}_1$ には回転成分がなく、$\boldsymbol{A}_2$ はあらゆる空間点で z 軸方向を向く一様な渦が存在するのである (図 3.12(c))。

ちなみに、このベクトルの発散は

$$\nabla \cdot \boldsymbol{A}_1 = 3\,, \quad \nabla \cdot \boldsymbol{A}_2 = 0 \quad \Rightarrow \quad \nabla \cdot \boldsymbol{A} = 3 \tag{3.80}$$

であって、$\boldsymbol{A}_2$ ベクトルにはどこにも生成点、あるいは吸収点はない。

このようにナブラを発散 $(\nabla \cdot \boldsymbol{A})$ あるいは回転 $(\nabla \times \boldsymbol{A})$ としてベクトルに演算することによって、ベクトルから発散あるいは回転のみを取り出すことができる。そして、「保存場の法則」は静電場 $\boldsymbol{E}$ には空間のどこをとっても回転成分がないという。

3-4　ポアソンの方程式とラプラスの方程式

ここまでくれば、複雑さに頭をかかえながらも、学生諸君もいつの間にか「場」を自然な対象として扱いなれてきたに違いない。

ここまでに、「クーロンの法則」にもとづき電場 $\boldsymbol{E}$ を定義し、その電場の満たす特性を「ガウスの法則」(式 (2.61): $\varepsilon_0 \nabla \cdot \boldsymbol{E}(\boldsymbol{r}) = \rho$) と「保存場の法則」(式 (3.60): $\nabla \times \boldsymbol{E}(\boldsymbol{r}) = 0$) として導き、さらに、電場は静電ポテンシャル ϕ の勾配 (式 (3.25): $\boldsymbol{E}(\boldsymbol{r}) = -\nabla\phi(\boldsymbol{r})$) として表記できることを示した。それはベクトル量 $\boldsymbol{E}$ に代わり、スカラー量 ϕ での議論は取り扱いを簡単化する。また、静電場の振る舞いを力 $(q\boldsymbol{E})$ を介して把握するのか、(静電) エネルギー $(q\phi)$ を介して把握するのか、物理学的視点の違いも提起することになる。

3-4-1　$\nabla \times \nabla\phi = 0$

「保存場の法則」を静電ポテンシャル $\phi(\boldsymbol{r})$ で書き換える。式 (3.25): $\boldsymbol{E} = -\nabla\phi$ を式 (3.60): $\nabla \times \boldsymbol{E} = 0$ に代入すると、左辺は

$$\begin{aligned}
\nabla \times \boldsymbol{E}(\boldsymbol{r}) &= -\nabla \times \nabla\phi(\boldsymbol{r}) \\
&= -\left(\boldsymbol{e}_x \frac{\partial}{\partial x} + \boldsymbol{e}_y \frac{\partial}{\partial y} + \boldsymbol{e}_z \frac{\partial}{\partial z}\right) \times \left(\boldsymbol{e}_x \frac{\partial}{\partial x} + \boldsymbol{e}_y \frac{\partial}{\partial y} + \boldsymbol{e}_z \frac{\partial}{\partial z}\right)\phi(\boldsymbol{r}) \\
&= -\left[\left(\frac{\partial^2}{\partial y \partial z} - \frac{\partial^2}{\partial z \partial y}\right)\boldsymbol{e}_x + \left(\frac{\partial^2}{\partial z \partial x} - \frac{\partial^2}{\partial x \partial z}\right)\boldsymbol{e}_y + \left(\frac{\partial^2}{\partial x \partial y} - \frac{\partial^2}{\partial y \partial x}\right)\boldsymbol{e}_z\right]\phi(\boldsymbol{r})
\end{aligned} \tag{3.81}$$

となる。連続な関数[4] $f(\boldsymbol{r})$ に関しては、複数階の偏微分においてはその順番を入れ替えても違いはない。たとえば、

$$\frac{\partial^2 f}{\partial x \partial y} = \frac{\partial^2 f}{\partial y \partial x} \tag{3.82}$$

である。静電ポテンシャル $\phi(\boldsymbol{r})$ は連続な関数であるので、上式は自動的にゼロとなる。

$$\nabla \times \nabla\phi(\boldsymbol{r}) = 0 \tag{3.83}$$

式 (3.25) を満たす静電ポテンシャル $\phi(\boldsymbol{r})$ は自動的に「保存場の法則」を満たしているわけだ。

---

[4] 本書で「連続な関数」という意味は、連続でなめらか（微分係数が連続）であることをいう。

問 3-2　ナブラの扱い方に慣れるため、式 (3.81) を導きだせ。

3-4-2　ポアソンの方程式

つぎは、「ガウスの法則」を静電ポテンシャル $\phi(\boldsymbol{r})$ で書き換える。式 (3.25) を式 (2.61) に代入する。

$$\nabla \cdot \boldsymbol{E}(\boldsymbol{r}) = -\nabla \cdot \nabla\phi(\boldsymbol{r}) = -\left(\frac{\partial^2}{\partial x^2} + \frac{\partial^2}{\partial y^2} + \frac{\partial^2}{\partial z^2}\right)\phi(\boldsymbol{r}) = \frac{\rho(\boldsymbol{r})}{\varepsilon_0}$$

$$\Rightarrow \quad \Delta\phi(\boldsymbol{r}) = -\frac{\rho(\boldsymbol{r})}{\varepsilon_0} \tag{3.84}$$

ここで、ナブラとナブラの内積 $\nabla \cdot \nabla$ を Δ と記して、ラプラシアン (Laplacian) とよぶ。

$$\Delta = \left(\frac{\partial^2}{\partial x^2} + \frac{\partial^2}{\partial y^2} + \frac{\partial^2}{\partial z^2}\right) \tag{3.85}$$

を演算する微分演算子である。式 (3.83) が静電ポテンシャル $\phi(\boldsymbol{r})$ が連続な関数であることを意味するだけであるのに対し、上式 (3.84) は $\phi(\boldsymbol{r})$ の具体的な振る舞いを明示する。この方程式を**ポアソンの方程式** (Poisson's equation) という。

電荷が存在しない真空中では、ポアソンの方程式は

$$\Delta\phi(\boldsymbol{r}) = 0 \tag{3.86}$$

となり、これを**ラプラスの方程式** (Laplace's equation) という。

静電ポテンシャル ϕ についてのポアソンの方程式とラプラスの方程式の関係は、電荷密度 ρ のある「ガウスの法則」と $\rho = 0$ の「ガウスの法則」の電場 $\boldsymbol{E}$ についての関係である。$\rho \neq 0$ の局所空間では電気力線が生成・消滅し ($\nabla \cdot \boldsymbol{E} = \rho/\varepsilon_0$)、そこから離れた電荷の存在しない空間領域では生成・消滅はない ($\nabla \cdot \boldsymbol{E} = 0$)。それらは電気力線量の局所での増減を電場の 1 階偏微分で表したもので、同じことを静電ポテンシャル ϕ で表せば 2 階の偏微分のポアソンの方程式とラプラスの方程式となったまでである。

問 3-3　ナブラの扱い方に慣れるため、式 (3.84) を導きだせ。

関数に連続性が保証されていると、微分方程式を介して隣接する局所空間での関数

の振る舞いを解析接続して知ることができ、それを繰り返すと、巨視的なスケールにわたる振る舞いが類推できる。静電ポテンシャルを空間に連続的に接続外挿してゆくためのルールを記したのが、ポアソンあるいはラプラスの方程式である。

◯ 自由落下の方程式とポアソンの方程式

ポアソンの方程式、あるいはラプラスの方程式を解いて、静電ポテンシャル $\phi(\boldsymbol{r})$ が得られる。それを式 (3.25) に代入すれば、電場 $\boldsymbol{E}(\boldsymbol{r})$ が求められるわけだ。ラプラスの方程式は 2 階の斉次（同次）線形微分方程式 (homogeneous differential equation) であり、ポアソンの方程式はそれに非斉次（非同次）項 $(-\rho(\boldsymbol{r})/\varepsilon_0)$ を含んだ非斉次線形微分方程式 (non-homogeneous linear differential equation) である。難しそうだと、敬遠する必要はない。すでに諸君は類する事例に出会っているのだから。

諸君がよく知る例を挙げよう。

「力学」での物体の自由落下運動である。簡単化して重力方向 (z 方向) の 1 次元で扱う。運動方程式は

$$m\frac{\mathrm{d}^2 z}{\mathrm{d}t^2} = mg \tag{3.87}$$

である。重力が作用しなければ、

$$m\frac{\mathrm{d}^2 z}{\mathrm{d}t^2} = 0 \tag{3.88}$$

である。後者は 2 階の斉次線形微分方程式で、前者は非斉次線形微分方程式である。それぞれが 3 次元空間のラプラスの方程式とポアソンの方程式に対応していることが分かるだろう（独立変数は落下運動では時間 t であり、電場については空間座標 x, y, z となっているなどは、ここではどうでもよい）。重力がはたらくときの運動方程式は

$$m\frac{\mathrm{d}^2 z}{\mathrm{d}t^2} = 0 + mg \tag{3.89}$$

であって、斉次の微分方程式と非斉次の微分方程式の和で構成されていると考えればよい。前者からは**一般解**を得、後者からは**特解**を得る。解は当然、一般解と特解の和である。一般解は式 (3.88) を 2 度積分して得られるが、2 つの積分定数 (C_1, C_0) が登場する。

$$\begin{aligned} \int \frac{\mathrm{d}^2 z}{\mathrm{d}t^2}\mathrm{d}t = \int \frac{\mathrm{d}v}{\mathrm{d}t}\mathrm{d}t = 0 \qquad &\Rightarrow \quad v(t) = C_1 \\ \int v(t)\mathrm{d}t = \int \frac{\mathrm{d}z}{\mathrm{d}t}\mathrm{d}t = \int \mathrm{d}z = C_1 \qquad &\Rightarrow \quad z(t) = C_1 t + C_0 \end{aligned} \tag{3.90}$$

これが一般解であり、積分定数 C_1, C_0 は力の作用のないときのあらゆる運動を表示する自由度である。それらは、具体的な運動の**初期条件**によって定まる。

一方、式 (3.87) の重力 mg は非斉次項であり、この方程式を満足するように特解を決める。たとえば、$z(t) = at^2 + bt + c$ とおいて、両辺が等しくなるように係数 a, b, c を求める。その結果は

$$z(t) = \frac{1}{2}gt^2 \tag{3.91}$$

である。b と c は不定であるが、一般解の C_1, C_0 が同じ役割を果たし、これらの不定さは吸収できる。したがって、特解には一般解のように自由度がない。

解は一般解と特解の和として

$$z(t) = \frac{1}{2}gt^2 + C_1 t + C_0 \tag{3.92}$$

を得る。これがよく知っている自由落下の運動方程式とその解であり、物理的には斉次微分方程式は等速直線運動を表し、非斉次微分方程式は等加速度運動を表している。自由落下運動は等速直線運動と等加速運動の重ね合わさった運動である。

同じような例としては、たとえば、ばねの強制振動があるが、省略するので拙著『自然は方程式で語る 力学読本』の 5-3 節を参照願う。

上の自由落下にならって、ラプラスの方程式とポアソンの方程式を考えればよい。電荷が分布するある空間領域内の電場を扱うとき、それにはポアソンの方程式 (3.84) が対応する。

$$\Delta\phi(\boldsymbol{r}) = -\frac{\rho(\boldsymbol{r})}{\varepsilon_0} \tag{3.84}$$

すなわち、その解は電荷が存在しない斉次線形微分方程式であるラプラスの方程式の一般解 $\phi_0(\boldsymbol{r})$ と、電荷が分布する非斉次線形微分方程式であるポアソンの方程式の解特 $\phi_S(\boldsymbol{r})$ が重ね合わさったもの $\phi(\boldsymbol{r}) = \phi_0(\boldsymbol{r}) + \phi_S(\boldsymbol{r})$ である。

$$\left.\begin{aligned} &\Delta\phi_0(\boldsymbol{r}) = 0 \\ &\Delta\phi_S(\boldsymbol{r}) = -\rho(\boldsymbol{r})/\varepsilon_0 \end{aligned}\right\} \quad \Rightarrow \quad \Delta\phi(\boldsymbol{r}) = \Delta\phi_0(\boldsymbol{r}) + \Delta\phi_S(\boldsymbol{r}) = 0 - \frac{\rho(\boldsymbol{r})}{\varepsilon_0} \tag{3.93}$$

上記したように、電荷密度 $\rho(\boldsymbol{r})$ の存在する局所空間から新たに電場（＝電気力線）が生じあるいは消える。隣接する局所空間の電場を方程式にもとづき解析接続するとき、この新たに生じるあるいは消える電場を考慮するのが、特解 $\phi_S(\boldsymbol{r})$ としてのポアソンの方程式である。一方、すでに存在する電場を隣接する空間に連続して接続する役割を果たすのが、一般解 $\phi_0(\boldsymbol{r})$ としてのラプラスの方程式である。

3-4-3　境界条件

落下運動では物体の空間位置の時間変化 $z(t)$ を追いかけた。そこでは、積分定数 C_1, C_0 は初期時間の運動条件によって定め、あらゆる可能な運動の中から具体的な状

態を特定した。しかしながら、われわれはいま時間的に変動しない静電場 $\boldsymbol{E}(\boldsymbol{r})$ を扱っている。すなわち、電場は時間変化しないので、初期条件 (initial condition) 自体が意味をなさない。それに代わり登場するのが、**境界条件** (boundary condition) である。

境界条件とは、考える空間領域の境界における静電ポテンシャル $\phi(\boldsymbol{r})$ の状態を指す。それが定まっていると、積分定数を特定することができる。境界に垂直な方向（法線ベクトルの方向 $\boldsymbol{n}$）の静電ポテンシャルの微分値 $(\partial\phi(\boldsymbol{r})/\partial n)$ が境界条件として与えられる場合もあり、あるいは両者が与えられる場合もある。

電荷分布からはるかに離れた無限遠 $(r \to \infty)$ では、静電ポテンシャルは充分減少しゼロと等価であるとして、$\phi(\infty) = 0$ が境界条件となる（静電ポテンシャルの基準を無限遠にとり、ゼロと定めたので）。

点電荷や線状、面状に分布して電荷密度が無限大となるところ以外では、静電ポテンシャル $\phi(\boldsymbol{r})$ は連続な関数である。よって、電荷密度の有無によって空間領域を分離して扱うとき、その境界において静電ポテンシャル $\phi(\boldsymbol{r})$ ならびにその微分 $(\partial\phi(\boldsymbol{r})/\partial n)$ の連続性から両領域の積分定数を関連づけられる。

問 3-4　点電荷 q のつくる静電ポテンシャル $\phi(\boldsymbol{r})$ (式 (3.13))

$$\phi(\boldsymbol{r}) = k_e \frac{q}{r} \tag{3.13}$$

はラプラスの方程式を満たすことを示せ。

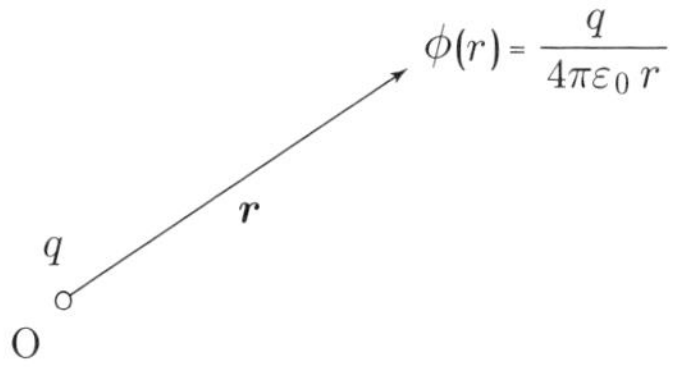

図 3.13　点電荷とラプラスの方程式

静電ポテンシャル $\phi(\boldsymbol{r})$ は点電荷 q に対して球対称である。すなわち、$\phi(\boldsymbol{r})$ は r のみの関数で、極角 θ ならびに方位角 φ[5] に依存しない $(\partial\phi/\partial\theta = 0,\ \partial\phi/\partial\varphi = 0)$。そこで、ラプラシアンの球座標表示を使うと簡単である。

---

[5] 静電ポテンシャルの $\phi(\boldsymbol{r})$ と区別するため方位角を φ と記す。

$$\Delta\phi = \frac{1}{r^2\sin\theta}\left[\sin\theta\frac{\partial}{\partial r}\left(r^2\frac{\partial\phi}{\partial r}\right) + \frac{\partial}{\partial\theta}\left(\sin\theta\frac{\partial\phi}{\partial\theta}\right) + \frac{1}{\sin\theta}\frac{\partial^2\phi}{\partial\varphi^2}\right] \tag{3.94}$$

また、直交座標表示を使っても行ってみよ。

問 3-5　半径 a の球内に電荷 Q が一様な密度で分布しているとき (図 3.14(a))、ポアソンの方程式とラプラスの方程式を解いて、その静電ポテンシャル $\phi(\boldsymbol{r})$ を求めよ。さらに、電場 $\boldsymbol{E}(\boldsymbol{r})$ を求めよ。

ここでも静電ポテンシャル $\phi(\boldsymbol{r})$ は球の中心に対して球対称である。球対称なスカラー関数 $\phi(\boldsymbol{r})$ に関しては球座標表示を用いると、$\partial\phi/\partial\theta = 0$, $\partial\phi/\partial\varphi = 0$ と式 (3.94) から

$$\Delta\phi = \frac{1}{r^2}\frac{\mathrm{d}}{\mathrm{d}r}\left(r^2\frac{\mathrm{d}\phi}{\mathrm{d}r}\right) = \frac{1}{r}\frac{\mathrm{d}^2}{\mathrm{d}r^2}\left(r\phi(r)\right) \tag{3.95}$$

と書ける。関数 $\phi(\boldsymbol{r})$ は 1 変数 r のみの関数となったので、偏微分 $\partial/\partial r$ の表示は $\mathrm{d}/\mathrm{d}r$ になった。あとは $r \leq a$ 領域と $r > a$ 領域で電荷密度 $\rho(\boldsymbol{r})$ を出し、ポアソン方程式あるいはラプラス方程式を解けばよい。

解：

$$\phi(\boldsymbol{r}) = \begin{cases} \frac{Q}{4\pi\varepsilon_0 r}\left[\frac{3}{2}\frac{r}{a} - \frac{1}{2}\left(\frac{r}{a}\right)^3\right] \\ \frac{Q}{4\pi\varepsilon_0 r} \end{cases}, \quad \boldsymbol{E}(\boldsymbol{r}) = \begin{cases} \frac{Q}{4\pi\varepsilon_0 r^2}\left(\frac{r}{a}\right)^3 & (r \leq a) \\ \frac{Q}{4\pi\varepsilon_0 r^2} & (r > a) \end{cases} \tag{3.96}$$

図 3.14(b) に静電ポテンシャル $\phi(r)$ と電場 $E(r)$ を示す。静電ポテンシャルは境界においても連続な関数である。

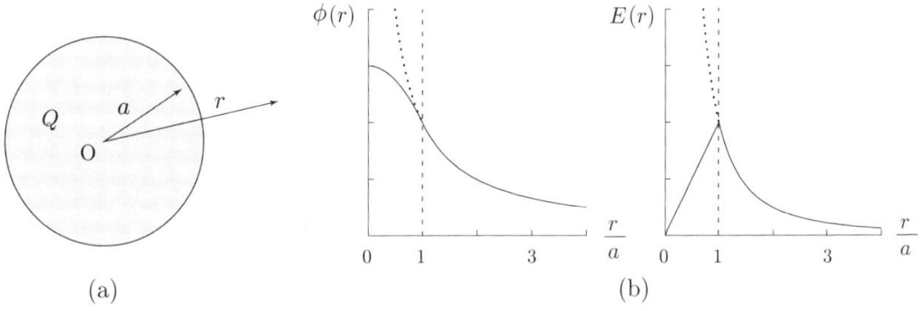

図 3.14　球内に一様分布する電荷とその静電ポテンシャル ϕ ならびに電場 $\boldsymbol{E}$

3-4-4　巾のある球殻に分布する電荷がつくる静電ポテンシャル（例題 3-4）

前問（問 3-5）の解法の代わりに、同様な計算課題を扱う。すなわち、電荷 Q が内径 a、外径 b の球殻を形成して一様な密度で分布するとき、その静電ポテンシャル $\phi(\boldsymbol{r})$ を求める（図 3.15）。電荷密度 ρ は

$$\rho = \frac{Q}{V} = \frac{3Q}{4\pi(b^3 - a^3)} \tag{3.97}$$

V は電荷が分布する体積である。

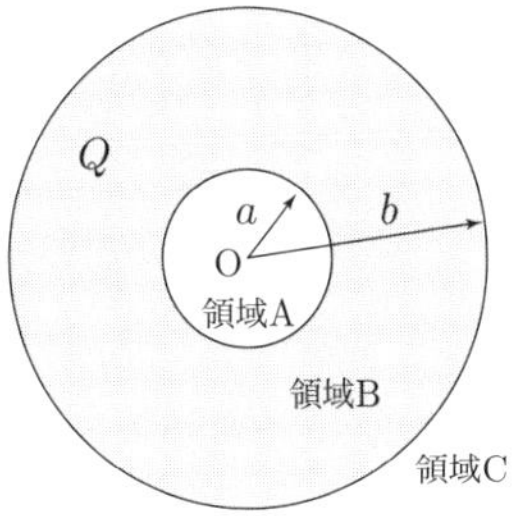

図 3.15　巾のある球殻に分布する電荷

ここでも電荷分布の球対称性から、静電ポテンシャル $\phi(\boldsymbol{r})$ も球対称、つまり、r のみの関数 $\phi(r)$ であることは分かる。

3 つの領域 $\mathrm{A}(r \le a)$, $\mathrm{B}(a < r \le b)$, $\mathrm{C}(r > b)$ を考えるとき、領域 B にはポアソンの方程式、A と C にはラプラスの方程式が対応するが、式 (3.95) からこれらの方程式は

$$\frac{1}{r}\frac{\mathrm{d}^2}{\mathrm{d}r^2}(r\phi(r)) = \begin{cases} 0 & (r \le a \text{ あるいは } r > b) \\ -\rho/\varepsilon_0 & (a < r \le b) \end{cases} \tag{3.98}$$

と書け、r について 2 回の積分を施すと（$\kappa = \rho/\varepsilon_0$ と記す）

$$\text{領域 A：}\quad \phi_{\mathrm{A}}(r) = c_1 + \frac{c_2}{r}, \quad \frac{\mathrm{d}\phi_{\mathrm{A}}}{\mathrm{d}r} = -\frac{c_2}{r^2} \tag{3.99}$$

$$\text{領域 B：}\quad \phi_{\mathrm{B}}(r) = -\frac{\kappa}{6}r^2 + c_3 + \frac{c_4}{r}, \quad \frac{\mathrm{d}\phi_{\mathrm{B}}}{\mathrm{d}r} = -\frac{\kappa}{3}r - \frac{c_4}{r^2} \tag{3.100}$$

$$\text{領域 C：}\quad \phi_{\mathrm{C}}(r) = c_5 + \frac{c_6}{r}, \quad \frac{\mathrm{d}\phi_{\mathrm{C}}}{\mathrm{d}r} = -\frac{c_6}{r^2} \tag{3.101}$$

を得る（領域を下付き添え字で示した）。ρ が定数 $(a < r < b)$ あるいはゼロ $(r \le a, r \ge b)$ であるので、計算は簡単である。微分方程式 $\mathrm{d}^2(r\phi)/\mathrm{d}r^2 = -\kappa r$ を r で積分すると $\mathrm{d}(r\phi)/\mathrm{d}r = -(\kappa/2)r^2 + d_0$(定数)、もう一度積分して $r\phi = -(\kappa/6)r^3 + d_0 r + d_1$(定数)、書き直すと $\phi = -(\kappa/6)r^2 + d_0 + d_1/r$ を得る。

積分定数 c_i が 6 つでてくるが、境界条件からそれらを定める。無限遠では静電ポテンシャルはゼロと考えられるので、$\phi_{\mathrm{C}}(r \to \infty) = 0$ から $c_5 = 0$。原点 $r = 0$ で静電ポテンシャルが無限大をとり連続性を損なわないように、ϕ_{A} では $c_2 = 0$。また、静電ポテンシャルが連続な関数であるためには、境界両側の ϕ とその勾配 $\mathrm{d}\phi/\mathrm{d}r$ が等しくなければならないので、

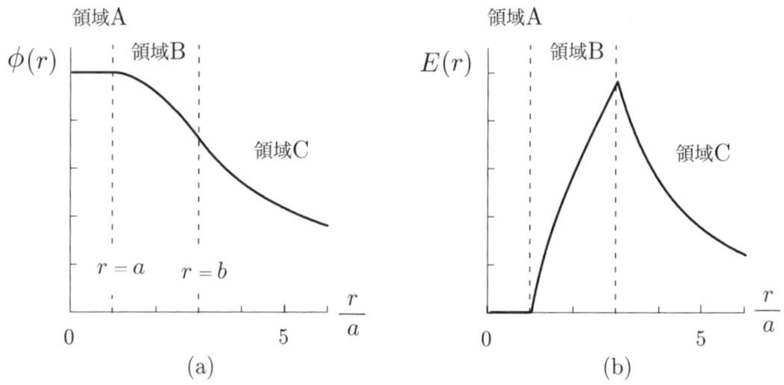

図 3.16　巾のある球殻 $(b=3a)$ に一様分布する電荷の (a) 静電ポテンシャル ϕ ならびに (b) 電場 $\boldsymbol{E}$

$$\text{A}-\text{B 境界}:\quad c_1=-\frac{\kappa}{6}a^2+c_3+\frac{c_4}{a}\,,\quad 0=-\frac{\kappa}{3}a-\frac{c_4}{a^2} \tag{3.102}$$

$$\text{B}-\text{C 境界}:\quad -\frac{\kappa}{6}b^2+c_3+\frac{c_4}{b}=\frac{c_6}{b}\,,\quad -\frac{\kappa}{3}b-\frac{c_4}{b^2}=-\frac{c_6}{b^2} \tag{3.103}$$

となる。4 つの未知数に 4 つの関係式が得られたので、それらを解いて c_1, c_3, c_4, c_6 を求めると、

$$c_1=\kappa\frac{b^2-a^2}{2},\quad c_2=0,\quad c_3=\kappa\frac{b^2}{2},\quad c_4=-\kappa\frac{a^3}{3},\quad c_5=0,\quad c_6=\kappa\frac{b^3-a^3}{3} \tag{3.104}$$

である。よって、静電ポテンシャル $\phi(r)$ は

$$\phi_{\text{A}}(r)=\kappa\frac{b^2-a^2}{2}\,,\quad \phi_{\text{B}}(r)=\frac{\kappa}{6}\left(3b^2-\frac{2a^3}{r}-r^2\right)\,,\quad \phi_{\text{C}}(r)=\kappa\frac{b^3-a^3}{3r} \tag{3.105}$$

であり、電場 $\boldsymbol{E}(r)$ は

$$\boldsymbol{E}_{\text{A}}(r)=0\,,\quad \boldsymbol{E}_{\text{B}}(r)=\frac{\kappa}{3}\left(r-\frac{a^3}{r^2}\right)\boldsymbol{e}_r\,,\quad \boldsymbol{E}_{\text{C}}(r)=\frac{\kappa}{3}\frac{b^3-a^3}{r^2}\boldsymbol{e}_r \tag{3.106}$$

である。図 3.16 に静電ポテンシャル $\phi(r)$ ならびに電場 $E(r)$ を示した。前者は連続な関数の振る舞いを示すが、後者は領域の境で滑らかでない。

3-4-5　電位の極値

前小節の例題の説明を続ける。

電荷が存在しない領域 A ならびに C では、静電ポテンシャル $\phi(\boldsymbol{r})$ が極値をもたないことは一目瞭然である。一般に、関数 $f(x)$ が極大値あるいは極小値をとる点 x では、その関数の 1 階微分 $(\mathrm{d}f/\mathrm{d}x)$ がゼロであり、2 階微分 $(\mathrm{d}^2 f/\mathrm{d}x^2)$ が負値あるいは正値をもつ [6)]。ラプラスの方程式 $(\Delta\phi(\boldsymbol{r}) = 0)$ は、静電ポテンシャル $\phi(\boldsymbol{r})$ の 2 階微分がゼロであることをいう。2 階微分がゼロでは極値を取り得ず、単調に増加あるいは減少する（一定値も含む)。よって、電荷が存在しない領域では、静電ポテンシャルは極値をもたない。

上の例題のように $\phi(\boldsymbol{r})$ が球対称であれば、ラプラスの方程式は式 (3.95) でみたように関数 $r\phi(r)$ を r で 2 階微分したものがゼロであり、1 階微分 $\mathrm{d}\phi/\mathrm{d}r$ がゼロであれば 2 階微分 $\mathrm{d}^2\phi/\mathrm{d}r^2 = 0$ である。

$$\begin{aligned}\Delta\phi(\boldsymbol{r}) = \frac{1}{r}\frac{\mathrm{d}^2}{\mathrm{d}r^2}(r\phi(r)) = \frac{2}{r}\frac{\mathrm{d}\phi(r)}{\mathrm{d}r} + \frac{\mathrm{d}^2\phi(r)}{\mathrm{d}r^2} = 0 \\ \Rightarrow \quad \frac{\mathrm{d}^2\phi(r)}{\mathrm{d}r^2} = 0 \qquad \text{if} \ \frac{\mathrm{d}\phi(r)}{\mathrm{d}r} = 0\end{aligned} \tag{3.108}$$

また、1 階微分が正値あるいは負値をもてば、2 階微分は逆に負値あるいは正値をもち単調な振る舞いをする。

領域 A の球内に電荷がなく、$r = a$ の球面にわたる境界で静電ポテンシャル $\phi(\boldsymbol{r})$ が一定値 $\phi_{\mathrm{A}}(a)$ をとるので、球内のあらゆる点で静電ポテンシャルは $\phi(\boldsymbol{r}) = \phi_{\mathrm{A}}(a)$ となる。なぜならば、電荷が存在しないので静電ポテンシャルは極値をとれず、単調増加あるいは減少することになるが、それは球面の静電ポテンシャル $\phi_{\mathrm{A}}(a)$=一定という境界条件と相容れない。それ故、球内では静電ポテンシャルの変化はない（図 3.16(a) の領域 A)。

領域 A の球内と領域 C の無限遠では、両者ともに電場はゼロ $(\boldsymbol{E}(\boldsymbol{r}) = 0)$ であるが、静電ポテンシャルは前者は $\phi_{\mathrm{A}} \neq 0$ 値をもつのに対し、後者はゼロである。電場は静電ポテンシャルの空間 1 階微分 $(\boldsymbol{E}(\boldsymbol{r}) = -\nabla\phi(\boldsymbol{r}))$ であり、静電ポテンシャルの定数項の情報が切り捨てられたためである。電場でみるか、静電ポテンシャルでみるかによって、静電場の振る舞いを力 $(q\boldsymbol{E}(\boldsymbol{r}))$ を介して把握するのか、静電エネルギー $(q\phi(\boldsymbol{r}))$ を介するのかの物理学的視点の違いを生む、とすでに記したものである。

無限遠 $r = \infty$ から電荷 q を図 3.16(b) のクーロン力 $\boldsymbol{F}(\boldsymbol{r}) = q\boldsymbol{E}(\boldsymbol{r})$ に逆らって領

---

6) これは関数をテイラー展開して考えれば理解できる。つまり、関数 $f(x)$ が $x = a$ ならびにその周辺において微分可能であるとすれば、$x = a$ 周辺の $f(x)$ はべき級数

$$f(x) = f(a) + \frac{\mathrm{d}f}{\mathrm{d}x}(x-a) + \frac{1}{2!}\frac{\mathrm{d}^2 f}{\mathrm{d}x^2}(x-a)^2 + \frac{1}{3!}\frac{\mathrm{d}^3 f}{\mathrm{d}x^3}(x-a)^3 + \ldots \tag{3.107}$$

と展開できる。3 次以上の高次項を無視し、$x = a$ で 1 階微分がゼロであれば、関数 $f(x) = f(a) + (1/2)\mathrm{d}^2 f/\mathrm{d}x^2|_{x=a}(x-a)^2$ は 2 次式の振る舞いを示し、2 階微分係数の正負で極大/極小が決まる。

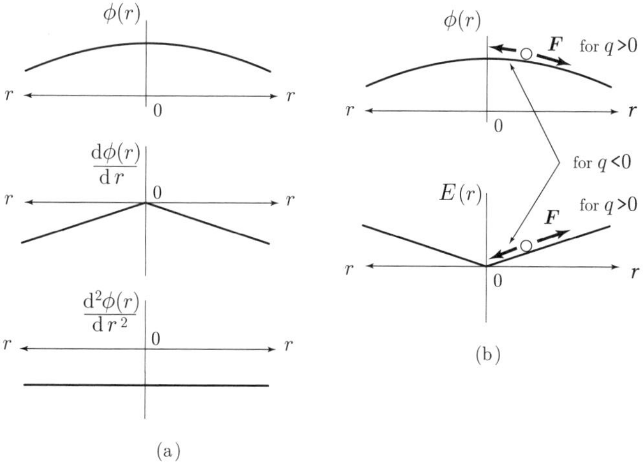

図 **3.17**　電荷 $(Q > 0)$ のある空間での点電荷 q の安定性。問 3-5 における $\phi(\boldsymbol{r} \approx 0)$ ならびにその 1 階、2 階微分、および $\boldsymbol{E}(\boldsymbol{r} \approx 0)$ の振る舞いを示した

域 A にまで移動させるとき、費やす仕事量が静電ポテンシャル・エネルギー $q\phi(\boldsymbol{r})$ であって、それは系に蓄えられるエネルギーとなる。同じゼロ電場ではあるが、領域 A ではゼロでない静電ポテンシャルがある。

一方、電場の視点は電荷 q についての安定性を教えてくれる。

電荷がある空間、たとえば、問 3-5 の領域 $r \le a$ で極値を考えると、1 階微分がゼロであるのは点 $r = 0$ で、この点ではポアソン方程式から 2 階微分は $\mathrm{d}^2\phi/\mathrm{d}r^2 = -\rho/\varepsilon_0$ の値をもち、$\phi(\boldsymbol{r})$ は極値をとり得る (図 3.17)。電荷 Q が正値をもつとき、2 階微分は負値をとり $\phi(\boldsymbol{r})$ は極大値をもち、$r = 0$ 周辺の電場 $\boldsymbol{E}(\boldsymbol{r}) = -\nabla\phi(\boldsymbol{r}) = -\mathrm{d}\phi(\boldsymbol{r})/\mathrm{d}r$ は単調増加する。そして、原点に正電荷 q をもちこんだとき、電荷が少しでも変位すると動径方向に正値の力がはたらき、変位を加速する。原点は不安定な極値ということになる。逆に q が負電荷であれば、変位に対して電荷を押し戻すように力がはたらき、原点は安定な極値である。Q が負値のときは、状況が反転することは分かるであろう。

問 3-6　電荷 Q_A が半径 a の球を、電荷 Q_B が内径 $b(> a)$、外径 c の球殻を形成してともに一様に分布するとき、静電ポテンシャル $\phi(\boldsymbol{r})$ ならびに電場 $\boldsymbol{E}(\boldsymbol{r})$ の分布を求めよ。ただし、球と球殻は中心を同じくする。

前問 (p.88) と例題 (p.89) を足した電荷配置になっている。力任せに解くこともそれほど面倒ではない問であるが、諸君は「重ね合わせの原理」が適用できることに気づいたか？　両者の解き方をして「重ね合わせの原理」が成り立っていることを具体的に示せ。複雑な状態に対してもうまく「重ね合わせの原理」を適用すれば，比較的簡単に解答を導けるということである。

第4章

導体と電場の物語

物質は電気的には電流を流す**導体** (conductor) と流さない**絶縁体** (insulator) に分けられる。本章では、導体の静電気的特性を学び、「ガウスの法則」の発展形を導体に適用する。

4-1　導体

導体の典型は金属である。金属を構成する原子が結合して固体になると、原子の最外殻の電子が束縛から離れて自由に動き回るようになる。この電子を自由電子 (free electron) あるいは伝導電子 (conduction electron) というが、これが電気伝導の担い手である[1)]。

4-1-1　導体の特性

静電場内での導体の基本的特性を挙げる。

(a) 電荷の移動

電気的に正負のバランスが保たれていて全体が中性である導体に、電荷を帯びた帯電体を近づける。帯電体（そのつくる電場を $\boldsymbol{E}$）のクーロン力のはたらきにより導体内の自由電子や正イオンが移動し、帯電体に近い導体部分に逆符号電荷が、遠い部分に同符号電荷が集まる。この現象を**静電誘導** (electrostatic

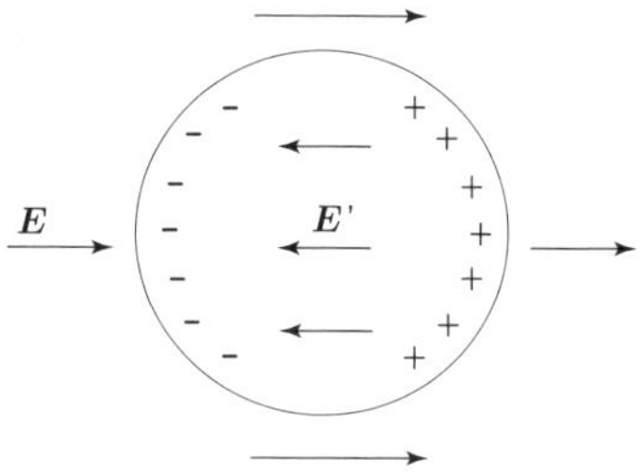

図 **4.1**　静電誘導

1) 電解質溶液では正負イオンが、半導体では電子あるいは正孔が、プラズマでは電子と正イオンが電気伝導を担う。

induction) という。

その結果、導体内の電荷分布が変わり、導体内部に新たな電場 $\boldsymbol{E}'$ が生じ、この電場が $\boldsymbol{E}+\boldsymbol{E}'=0$ となるまで電荷の移動はつづく。導体内部の電場 $\boldsymbol{E}_{内}(=\boldsymbol{E}+\boldsymbol{E}')$ はゼロとなる。静電誘導で生じた電荷を**誘起電荷** (induced charge) といい、一般に、大きく湾曲しているところに集まりやすい。導体内部の電場がゼロであるため、内部には電気力線はない。

導体表面に生じる誘起電荷はそのつくる電場の影響を、当然導体の外部にも及ぼす。

(b) 導体の電位

導体の内部では電場がゼロ ($\boldsymbol{E}_{内}=0$) であることから、式 (3.25) にもとづいて

$$\boldsymbol{E}(\boldsymbol{r})=-\nabla\phi(\boldsymbol{r}) \quad \Rightarrow \quad \phi_{内}(\boldsymbol{r})=一定 \tag{4.1}$$

導体内部の静電ポテンシャル（電位）は一定である。導体内では電位は等しいので導体は等電位体であり、その表面は等電位面である。

地球は近似的に導体とみなせる。(無限個の自由電子をもった) 大きな導体であって、無限遠にまで拡がった等電位体であると扱えるので、これを電位の基準にとる。

$$\phi(大地)=\phi(\infty)=0 \tag{4.2}$$

つまり、大地の電位をゼロとする。導体を電気的に大地につなぐことを「**接地**（アース）」(earth) するという。洗濯機などの電気機器の帯電や漏電による感電の防止に、機器のケースなどをアースすることは日常的に行う。接地には、接地板または接地電極とよばれる銅板や金属製導電管が地面に埋設されていて、これに電気的につながれた電線の一端がアース端子としてコンセントや配電盤にでているのでこれに接続する。接続することにより機器に貯まった電荷（自由電子）が大地に逃げ、あるいは正電荷が大地からの自由電子により中和し、大地と同電位になる（以降では、貯まった電荷の正負にかかわらず、電荷が大地へ逃げるという表現を使う）。

(c) 導体内の電荷

導体の内部には電荷はない。導体内部の電場がゼロ ($\boldsymbol{E}_{内}=0$) ということは、「ガウスの法則」から

$$\varepsilon_0\nabla\cdot\boldsymbol{E}_{内}(\boldsymbol{r})=\rho_{内}(\boldsymbol{r}) \qquad \Rightarrow \qquad \rho_{内}(\boldsymbol{r})=0 \tag{4.3}$$

内部の電荷密度がゼロ、すなわち、内部には電荷が存在しないことを意味する。

ここでいう電荷とは、静電場のもとで自由に移動できる電子やイオンを指す。導体を構成する原子は正電荷の原子核と負電荷をもつ電子で構成されているが、それらは

束縛された状態にあって移動できない。

(d)　導体表面近傍の電場

導体表面は等電位面であるので、表面に沿っての電位の勾配はない。下付きの $\|$, $\perp$ でもって、表面に平行なベクトル成分、ならびに垂直な成分を指すとすれば、表面に沿っての電位の勾配がないとは $\nabla\phi_{\|} = 0$ である。電位の勾配（に負符号をかけたもの）とは電場であるので

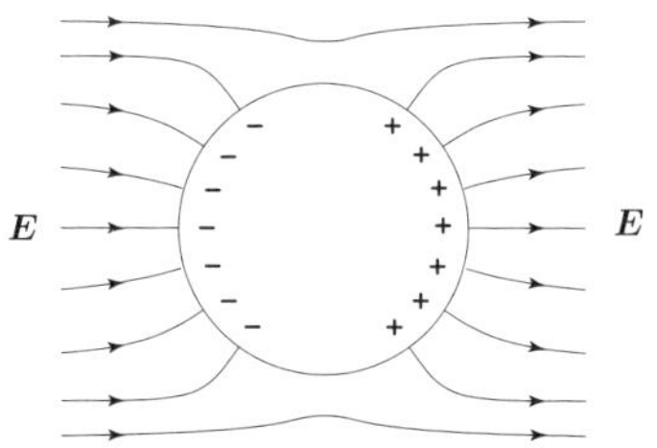

図 **4.2**　導体表面近傍の電場

$$
\begin{aligned}
\boldsymbol{E}(\boldsymbol{r}) &= -\nabla\phi(\boldsymbol{r}) \\
&: \quad E_{\|} = -\nabla\phi_{\|}\ , \\
&\qquad E_{\perp} = -\nabla\phi_{\perp} \\
&\Rightarrow \quad E_{\|} = 0 \ \ \& \ \ E_{\perp} \neq 0 \qquad (4.4)
\end{aligned}
$$

である。導体表面近傍では表面に沿う電場成分はなく、電場は表面に垂直なベクトル分布をする。

この表面電場を小節「クーロンの定理（例題 4-1）」(p.100) で求める。

(e)　導体内部の空洞の電場

導体で囲まれた空間の電場は、導体の外の電場の影響を受けない。これを**静電遮蔽** (electric shielding) という。電気装置を外部ノイズから遮蔽するために装置を金属で蔽うことを「シールドする」というが、それである。

図 4.3(a) のように、ある空間領域を導体で囲む。導体の外に電場があれば、静電誘導のため導体表面に電荷が集まり、導体内部の電場はゼロとなり、導体は等電位体となる。導体の内面は等電位面 ($\phi =$ 一定) であるため、この囲まれた空間（空洞）は導

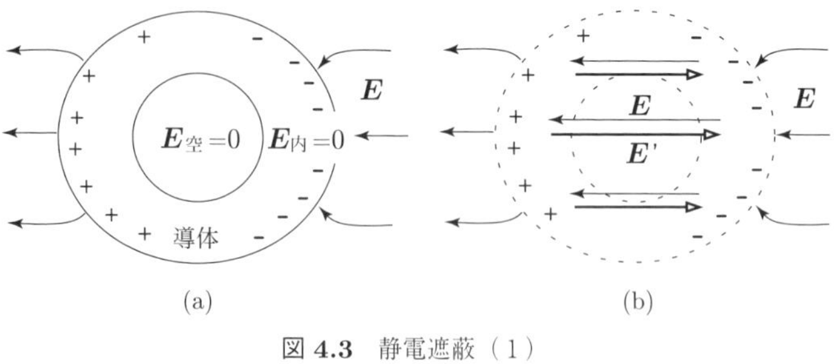

図 **4.3**　静電遮蔽（1）

体内面の電位に等しい一定の電位分布 ($\phi =$ 一定) をもち、電場 ($\boldsymbol{E} = -\nabla\phi$) はゼロである。

空洞内に電荷がなく、かつその空洞が一定電位の閉曲面で囲まれているとき、空洞内の電位は極値をもたず、あらゆる点で一定電位をもつことを小節「境界条件」(p.86) ならびに「電位の極値」(p.90) で学んだ。それである。このようにシールドすることにより、外部の電気的擾乱に影響されない空間領域を確保できる。このとき、導体内面には誘起電荷は形成されない。

電気的には図 4.3(b) のように、導体表面の誘起電荷を残し、導体を消去して考えればよい。導体表面の誘起電荷は外部からの電場 $\boldsymbol{E}$ を打ち消す電場 $\boldsymbol{E}'$ を生じる ($\boldsymbol{E}_{内} = \boldsymbol{E} + \boldsymbol{E}' = 0$) が、それは同時に空洞内の電場をもゼロにする。もし、導体内面に誘起電荷が生じると、それは空洞内に新たな電場 $\boldsymbol{E}''$ を生じ、空洞内の電場はゼロでなくなる ($\boldsymbol{E}_{空} = \boldsymbol{E} + \boldsymbol{E}' + \boldsymbol{E}'' \neq 0$)。

つぎに、導体の外でなく、空洞内に電荷 $+Q$ がある場合を考える。

図 4.4(a) のように静電誘導により導体内面に $-Q$ が、外面に $+Q$ が誘起される。導体内に閉曲面（図中の破線）をとると、その内部の全電荷はゼロ ($+Q + (-Q) = 0$) で「ガウスの法則」から閉曲面の位置での電場はゼロであり、したがって、導体内では電場はゼロで、電位は一定であることが分かる ($\boldsymbol{E}_{内} = 0,\ \phi_{内} =$ 一定)。一方、空洞内の電場 $\boldsymbol{E}_{空}$ ならびに電位 $\phi_{空}$ はゼロでなく、その分布は空洞内の電荷分布と導体内面の形状（内面の一定電位が境界条件）にもとづいて決まる。そして、導体の外表面には電荷 $+Q$ が誘起され、外部に電場が生じる。この電場は導体表面に垂直な成分をもち、充分に離れた遠方では導体中心に点電荷 $+Q$ があるときの電場分布を示す。空洞内部で電荷量が変化すれば、その変化が外部に伝達されるということであり、このままでは、外部空間に対しては、導体が空洞内部の電荷の影響をシールドするという静電遮蔽のはたらきをしていない。

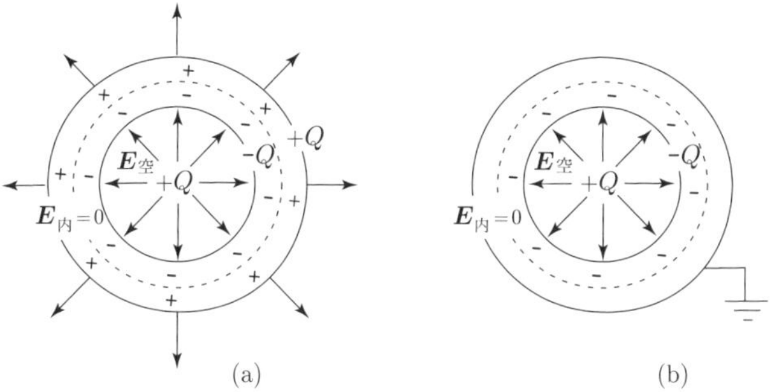

図 4.4　静電遮蔽（2）

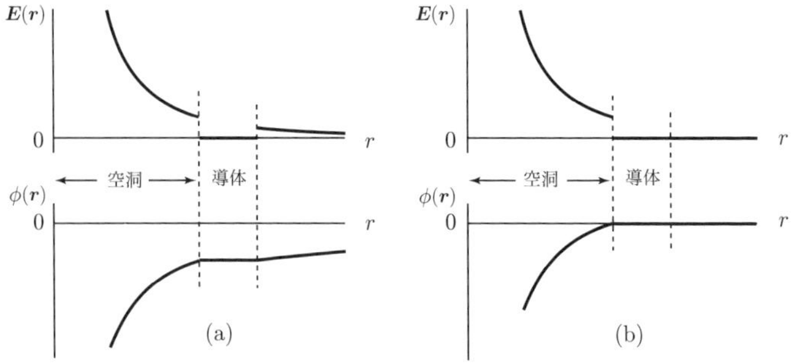

図 4.5　静電遮蔽（3） (a) 導体を接地しない場合と (b) 接地した場合の電場 $\boldsymbol{E}(\boldsymbol{r})$ と電位 $\phi(\boldsymbol{r})$ の分布

そこで静電遮蔽を行うには、導体をアースする。

導体の電位と大地の電位が等しくなる。図 4.4(a) の導体表面の電荷 $+Q$ は均(なら)されて、巨大な等電位体である大地へ移動し（逃げ)、外部に電場は形成されない。すなわち、空洞内の影響が遮蔽されるわけである。接地することによって、導体の内部と外部は電気的に独立な系となる。ただし、導体内面の誘起電荷 $-Q$ は中心にある電荷 $+Q$ に捕捉されてそのまま保持される。

アースしてもしなくとも導体内部の電場 $\boldsymbol{E}_{内}$ はゼロで違いがないようであるが、電位に違いが生じる。アースしないときは導体の電位は

$$\phi = \int_{導体}^{\infty} \boldsymbol{E} \cdot \mathrm{d}\boldsymbol{r} \quad \Rightarrow \quad \phi \neq 0 \tag{4.5}$$

であるが、アースすると導体の電位は大地の電位 (=無限遠の電位) に等しくなるので、

$$\phi = 0 \tag{4.6}$$

である。図 4.5 は球形の空洞の中心に電荷 $+Q$ があるとしたとき、(a) 導体を接地しない場合と (b) 接地した場合の電場 $\boldsymbol{E}(\boldsymbol{r})$ と電位 $\phi(\boldsymbol{r})$ の様子を示したものである。

導体がアースされていないと、帯電して大地との間にときには大きな電位をもつ。そのため、大地に立つ人が導体に触れると感電するショックを受けるわけである。アースされている限りは、帯電すること自体が起こらず、安全なのである。

図 4.3(a) でも事情は同じである。導体をアースすれば、導体ならびに空洞内の電位はゼロとなる。ただし、導体の外表面に誘起されている電荷は外部からの電場 $\boldsymbol{E}$ がある限り、消えることはない。

4-1-2 誘起電荷と接地

接地をすると、導体の電荷はすべて失くなると誤解しないように、少し記しておく。

静電誘導を引き起こす電荷あるいは電場があるかぎり、そのクーロン力によって誘起電荷は捕捉されつづけて、大地へ逃げることはない。誘起電荷は導体内部の電場をゼロとし、導体表面での電場分布 (電気力線) を表面に垂直にするために必要である。

図 4.4(b) では外部からの電場が存在しないため、外表面の誘起電荷は接地することによって流れ去るが、内表面の電荷が残る。一方、図 4.3 では導体が接地されても外部からの電場で捕捉されつづけ、誘起電荷は失くなることはない。

静電遮蔽についての接地の要点は、導体を巨大な電気容量 C をもつ大地とつなぎ、不動のゼロ電位に固定することにある。電気容量 C は本書ではすぐのちほど (p.120) に登場するが、少しだけ説明する。系に電荷 Q を与えると、系の電位 ϕ は電荷量 Q に比例して変化するが、その比例係数の逆数が電気容量 C である。

$$\phi = \frac{1}{C}Q \tag{4.7}$$

巨大な大地の電位 ϕ を少しでも変化させようとすれば、膨大な電荷 Q が必要となる。大地の電気を蓄える容量 C がものすごく大きいということである。だから、ちょっとやそっとの電荷量 Q ぐらいでは、大地の電位 ϕ は微動だにしない。よって、大地と電気的につながれた導体は大地の一部であるので、その電位も不動となる。導体で囲まれた空間はこのゼロ電位の壁に守られることとなる。

では、誘起電荷が存在しても電位はゼロとなっているのか？

ポイントは逆であって、誘起電荷が居座ってこそ、導体は大地と等電位の状態を保持できるのである。導体表面で電場分布が垂直になるように誘起電荷が分布する。そのことにより等電位面は電場 (電気力線) とは直交するので、これは導体表面が等電位面であることを意味する。次節で鏡像法について 2、3 の例題を挙げたが、そこでも導体は接地されている。そして、誘起電荷密度は一様ではなく、位置依存性をもち、それであってこそ、導体表面が大地と同電位になる。

このことに留意しながら、進んでほしい。

よく考える諸君はこんなことを発想するかもしれない。誘起電荷を保持する導体外の電場あるいは電荷がなくなれば、誘起電荷は摩擦電気のように大地へ流れてしまうのかと。この考えを展開すれば、導体を接地すれば導体の自由電子はすべて大地へ逃げてしまうことになると。

そうではなく、導体外の電場あるいは電荷がなくなれば、誘起電荷の配置は必要ではなくなり、自由電子は元の状態に戻るのである。導体が中性状態に戻るのである。

4-1-3　クーロンの定理（例題 4-1）

導体表面近傍の電場ベクトルは表面に垂直であること ($\boldsymbol{E} = E\boldsymbol{e}_\perp$) にもとづいて、表面電荷密度 σ をもつ導体表面の電場 $\boldsymbol{E}$ を求める。

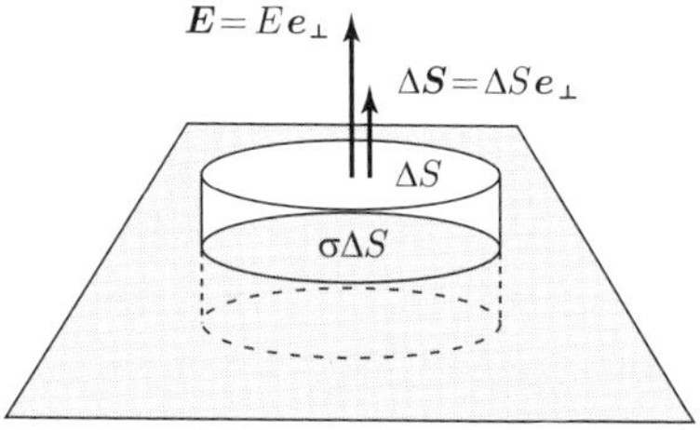

図 4.6　クーロンの定理

「ガウスの法則」を用いる。図 4.6 のように導体表面を含み、垂直に微小円柱（厚さが薄く、底の面積 ΔS）を考え、ガウスの法則を適用する。導体内部の電場はゼロ、導体外部の電場は円柱軸に平行なため、閉曲面（微小円柱面）にわたる電場ベクトルの面積分は、円柱の上底部分だけを考慮すればよく、それが円柱内の電荷を ε_0 で割ったもの ($\sigma\Delta S/\varepsilon_0$) に等しい。つまり、

$$\int \boldsymbol{E}(\boldsymbol{r}) \cdot \mathrm{d}\boldsymbol{S} = \int E\boldsymbol{e}_\perp \cdot \Delta S\boldsymbol{e}_\perp = E\Delta S$$
$$= \frac{\sigma}{\varepsilon_0}\Delta S \tag{4.8}$$

であって、$\boldsymbol{e}_\perp$ は表面に垂直な単位ベクトルを意味する。よって、電場は

$$\boldsymbol{E} = \frac{\sigma}{\varepsilon_0}\boldsymbol{e}_\perp \tag{4.9}$$

である。

この関係を「**クーロンの定理**」といい、以降頻繁（ひんぱん）に登場する。

図 4.6 では電場 $\boldsymbol{E} = E\boldsymbol{e}_\perp$ を導体から外向きとしたが、それは $\boldsymbol{e}_\perp$ は導体表面の法線ベクトルで導体の内から外へと定めるからである。負電荷が分布していれば $\boldsymbol{E} = -|E|\boldsymbol{e}_\perp$ で、電場ベクトルは内向き ($E < 0$) である。表面電荷密度 σ を求めるについて式 (4.9) を使うとき、常に電場の方向と電荷の符号に注意することが大切である。

4-2　導体と鏡像法

真空中に電荷分布 $\rho(\boldsymbol{r})$ があるとき (図 4.7(a))、そのつくる電場 $\boldsymbol{E}(\boldsymbol{r})$ は式 (2.16) から得られ、電位 $\phi(\boldsymbol{r})$ は式 (3.16) にもとづいて求められる。

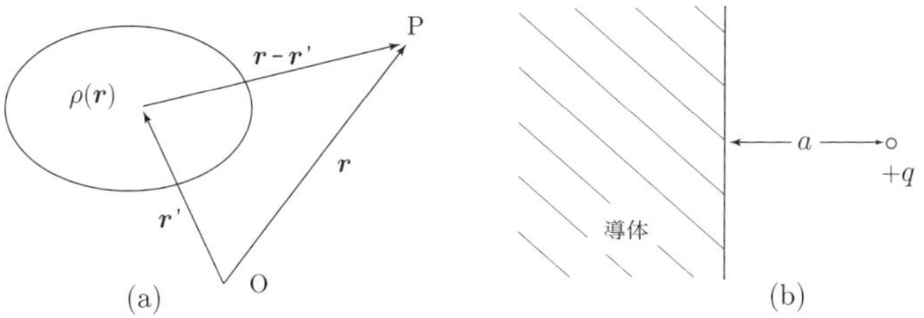

図 **4.7** 導体平板と点電荷

$$\boldsymbol{E}(\boldsymbol{r}) = k_e \int \frac{\rho(\boldsymbol{r}')}{r_{qr'}^{\ 2}}\ \boldsymbol{e}_{r_{qr'}}\,\mathrm{d}v' \tag{2.16}$$

$$\phi(\boldsymbol{r}) = k_e \int \frac{\rho(\boldsymbol{r}')}{r_{qr'}}\mathrm{d}v' \tag{3.16}$$

では、大変簡単に見える図 4.7(b) に示すような、点電荷 $+q$ と距離 a 離れた無限に広い（接地されたと同義である）導体平板があるとき、電場 $\boldsymbol{E}(\boldsymbol{r})$、電位 $\phi(\boldsymbol{r})$ ならびに導体表面への誘起電荷密度 $\sigma(\boldsymbol{r})$ の分布はどのようにして求めるか。

導体が存在すると状況は複雑になり、式 (2.16) ならびに式 (3.16) を当初から活用できない。それは外部の電荷 $+q$ が導体表面に誘起電荷を生じさせるが、この誘起電荷の分布が既知のものとして分からないためである。

そこで、境界条件を考慮してポアソンの方程式 (3.84) を解くことになるが、一般の場合は任意の導体の配置に対して方程式を解くのはむずかしい。

ここで、「**鏡像法** (method of images)」あるいは（**電気**）**映像法**とよぶ取り扱い方が活躍する。ただし、鏡像法はあらゆる場合に適用できるものではない。

4-2-1 導体と鏡像電荷

図 4.7(b) のように空間に電荷分布と導体があるとき、導体内部では電場はゼロ ($\boldsymbol{E}(\boldsymbol{r}) = 0$) で、その電位は一定 ($\phi(\boldsymbol{r}) =$ 一定) であることを前節で知った。

さらに、小節「導体表面近傍の電場」(p.96) でみたように導体表面は等電位面であって、故に導体表面の電場はつねに表面に対して垂直である。これがポアソンの方程式やラプラスの方程式に対する境界条件となる。

ここで、導体に代わりその役割を果たす電荷、**鏡像電荷**、を考える。すなわち、この鏡像電荷の分布と導体外部に既に存在する電荷とがつくる電荷系が境界条件（導体表面は等電位面で、電場は表面に垂直）を満たすならば、この鏡像電荷が導体に代わり得る。導体を視野から消し、代わりに鏡像電荷を配置すればよい。そうすれば、得られる系の電荷密度分布 $\rho(\boldsymbol{r})$ を式 (2.16)、式 (3.16) に用いて、導体外部の電場 $\boldsymbol{E}(\boldsymbol{r})$、電位 $\phi(\boldsymbol{r})$ を求めることができる (導体内部では $\boldsymbol{E}(\boldsymbol{r}) = 0$、$\phi(\boldsymbol{r}) =$ 一定 である)。この導体に代わる電荷を外部電荷の鏡像として得るので、これを「鏡像法」とよぶ。そして、得られる導体表面の電場 $\boldsymbol{E}$ から「クーロンの定理」($\boldsymbol{E} = \sigma/\varepsilon_0 \boldsymbol{e}_\perp$) を介して、導体表面の誘起電荷を知ることができる。

4-2-2　電位の一義性

「鏡像法」で求めた電位分布が本当の解であるためには、解が 2 つ以上存在しないことが必要条件である。これは境界条件を満足する「ポアソンの方程式」の解は 2 つ以上存在しないことと同義である。

いま、電荷分布 $\rho(\boldsymbol{r})$ の存在する空間でポアソンの方程式を満たし、境界条件として境界での電位が ϕ_0 である 2 つの解 $\phi_a(\boldsymbol{r})$ と $\phi_b(\boldsymbol{r})$ が存在すると考える。すなわち、$\phi_a(\boldsymbol{r})$, $\phi_b(\boldsymbol{r})$ は

$$\Delta\phi_a(\boldsymbol{r}) = -\frac{\rho(\boldsymbol{r})}{\varepsilon_0}\ , \qquad \Delta\phi_b(\boldsymbol{r}) = -\frac{\rho(\boldsymbol{r})}{\varepsilon_0} \tag{4.10}$$

ならびに

$$\phi_a(\boldsymbol{r})\Big|_{境界} = \phi_0\ , \quad \phi_b(\boldsymbol{r})\Big|_{境界} = \phi_0 \tag{4.11}$$

を満足する。

ここで両ポアソンの方程式の差をとると

$$\Delta\phi_a(\boldsymbol{r}) - \Delta\phi_b(\boldsymbol{r}) = 0 \quad \Rightarrow \quad \Delta\phi'(\boldsymbol{r}) = 0 \tag{4.12}$$

となる。$\phi'(\boldsymbol{r}) = \phi_a(\boldsymbol{r}) - \phi_b(\boldsymbol{r})$ である。解の差である $\phi'(\boldsymbol{r})$ はラプラスの方程式を満たす。すなわち、考えている空間領域では $\phi'(\boldsymbol{r})$ からみると（おかしな表現ではあるが)、電荷は存在しないことになる。また、境界条件から $\phi'(\boldsymbol{r})$ の境界値は

$$\phi'(\boldsymbol{r})\Big|_{境界} = \phi_a(\boldsymbol{r}) - \phi_b(\boldsymbol{r})\Big|_{境界} = 0 \tag{4.13}$$

となる。小節「電位の極値」(p.90) で学んだように、「ラプラスの方程式」の解である電位は極値を持たず、等電位面の境界で囲まれていれば、空間領域全体にわたり電位は（境界値と等しい）一定値をもつ。ここでは、$\phi'(\boldsymbol{r})$ が「ラプラスの方程式」の解であり、空間はゼロの電位で導体表面と無限遠で囲まれているので、$\phi'(\boldsymbol{r})$ は空間のあらゆる領域で

$$\phi'(\boldsymbol{r}) = 0 \quad \Rightarrow \quad \phi_a(\boldsymbol{r}) = \phi_b(\boldsymbol{r}) \tag{4.14}$$

を満たす。2 つの解が等しいということは異なる 2 つの解はなく、解は 1 つということ。故に、鏡像法により解が見つかれば、それが唯一の解である。

「鏡像法」の理解には、多くの問題を解いてみるのが最もよい。以下、2, 3 の例題を挙げる。

4-2-3　導体平板と点電荷のつくる電位（１）（例題 4-2）

図 4.7(b) に示した課題は多くの教科書が例題として採用するものである。

無限遠にまでひろがる導体平板とそこから距離 a のところに点電荷 $+q$ があるとき（図 4.8）、電位 $\phi(\boldsymbol{r})$ ならびに電場 $\boldsymbol{E}(\boldsymbol{r})$ の分布を求める。

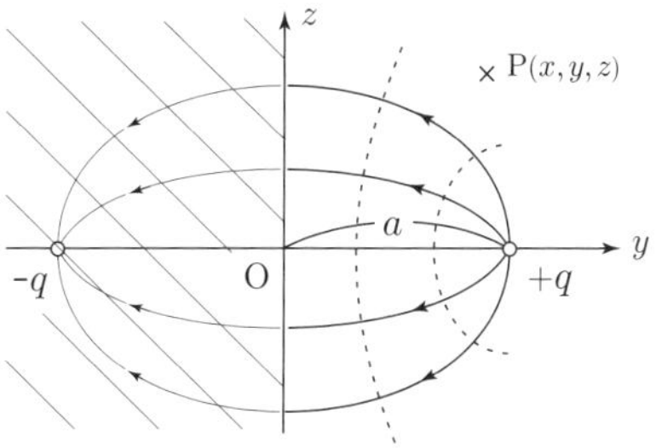

図 4.8　鏡像法（１）：導体平板と点電荷　（電気力線を実線で、等電位面を破線で示す）

(a)　鏡像電荷と等電位面

導体（斜線）表面から垂直に電荷 $+q$ を通る軸を y 軸、導体表面に x, z 軸をとる。このとき、電位ならびに電場は y 軸に対し軸対称であり、導体表面に誘起される電荷は原点 O を中心として導体表面上で円対称に分布することは対称性から分かる。導体内部では電位 $\phi =$ 一定 で電場 $\boldsymbol{E} = 0$ であるが、導体は無限遠にまで広がっているので、そこでは電荷 $+q$ の影響は減衰して $\phi =$ 一定 $= 0$ である。導体が無限遠にまでひろがるとは、接地することと同義である。また、導体表面に沿う電場成分は存在せず、垂直成分のみとなる。

以上は手を動かす以前に頭を動かして考えることである。

この導体の役割を電荷に置き換える。

そのために、$-q$ の電荷を $y = -a$ に、すなわち、導体表面に対して $+q$ と鏡像対称な位置に鏡像電荷を置いてみる。そうすると、導体表面は電位 $\phi = 0$ の等電位面を構成する。このことから、導体外部の電位は境界条件となる $\phi|_{y=0} = 0$ にはじまって、

「ポアソンの方程式」を満たしながら $+q$ 電荷 $(y=a, x=z=0)$ へと単調に増加してゆく。これが電位分布のようすである。

この $-q$ 電荷の置き換えが正しいか、電位を計算する。

電荷 $+q$ と $-q$ が任意の位置 $\mathrm{P}(x,y,z)$ につくる電位 $\phi(\boldsymbol{r})$ は

$$\phi(\boldsymbol{r}) = k_e q \left\{ \frac{1}{\sqrt{x^2+(y-a)^2+z^2}} - \frac{1}{\sqrt{x^2+(y+a)^2+z^2}} \right\} \tag{4.15}$$

であって、導体面上 $(y=0)$ では $\phi(\boldsymbol{r})|_{y=0}=0$ で、確かに電位=ゼロで一定となっている。

(b) 表面電場と誘起電荷分布

つぎに、導体表面の電場は面に垂直であることをみる。

電場 $\boldsymbol{E}$ と電位 ϕ の関係は式 (3.24) から

$$E_x = -\frac{\partial\phi(\boldsymbol{r})}{\partial x}\ ,\quad E_y = -\frac{\partial\phi(\boldsymbol{r})}{\partial y}\ ,\quad E_z = -\frac{\partial\phi(\boldsymbol{r})}{\partial z} \tag{3.24}$$

であって、導体表面に沿う成分は E_x と E_z であるが、$y=0$ での x の偏微分は $\phi(\boldsymbol{r})$(式 (4.15)) の 2 つの項が互いに打ち消しあい $\partial\phi/\partial x|_{y=0}=0$ となる。z の偏微分についても同様に $\partial\phi/\partial z|_{y=0}=0$ である。一方、$E_y(\boldsymbol{r})$ は

$$\begin{aligned} E_y(\boldsymbol{r}) &= -\frac{\partial\phi(\boldsymbol{r})}{\partial y} = -k_e q\frac{2a}{\{(x^2+z^2)+a^2\}^{3/2}} = -k_e q\frac{2a}{(R^2+a^2)^{3/2}} \\ &= -\frac{q}{2\pi\varepsilon_0}\frac{a}{(a^2+R^2)^{3/2}} \quad \left(= -\frac{q}{2\pi\varepsilon_0 a^2}\frac{1}{(1+\kappa^2)^{3/2}}\right) \end{aligned} \tag{4.16}$$

である。$R=\sqrt{x^2+z^2}$ は P 位置を導体表面に投影したときの原点 O からの距離である。確かに、電場 $\boldsymbol{E}$ は導体表面に垂直になっている。a を基準とし、$\kappa=R/a$ を横軸にとり、表面での電場 $E_y(R)|_{y=0}$ を図 4.9 に示した。

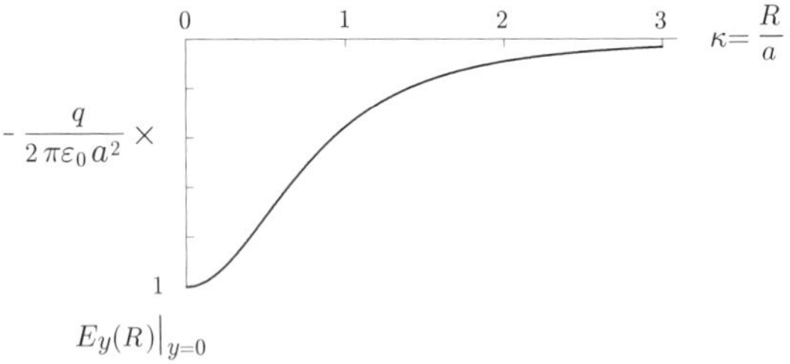

図 4.9　導体表面での電場 $E_y(R)\Big|_{y=0}\boldsymbol{e}_y$

この電場から、誘起電荷の面密度 $\sigma(R)$ は「クーロンの定理」(式 (4.9)) を用いて

$$\boldsymbol{E} = \frac{\sigma}{\varepsilon_0}\boldsymbol{e}_\perp \tag{4.9}$$

$$\sigma(R) = \varepsilon_0 E_y(R) = -\frac{q}{2\pi}\frac{a}{(a^2+R^2)^{3/2}} \tag{4.17}$$

と求まる。原点 O に対して円対称であるので、半径 R、巾 ΔR の円周内での誘起電荷量は $\sigma(R)2\pi R\Delta R$ であって、それを $R=0\to\infty$ にわたり積分すれば誘起電荷の総量 Q が得られる。

$$Q = \int_0^\infty \sigma(R)2\pi R\mathrm{d}R = -qa\int_0^\infty \frac{R}{(a^2+R^2)^{3/2}}\mathrm{d}R = -q \tag{4.18}$$

(積分は読者に任せる。たとえば、$R = a\tan\theta$ と変数変換 $(R\to\theta)$ せよ。)

導体表面に誘起される電荷量 Q は、ちょうど外部の点電荷 q と等しく符号が逆となる。

この誘起電荷 $Q(=-q)$ の役割を、$y=-a$ での鏡像電荷 $-q$ が果たすわけである。

(c) 電位分布と電場分布

鏡像位置に $-q$ の鏡像電荷を置けば、$+q$ の外部電荷に面して導体が存在するのと等価な電位、電場分布が得られる。電荷の正負が逆になる世界を仮想的に導体が占める空間につくるようなものであるが、導体内部は実際には等電位であり電場はゼロである。この仮想世界のつくる静電気的な効果は、導体の外部に対しては現実のものとなっている。

すでに読者は気づいたであろう。$+q$ と $-q$ の電荷で構成される系についてである。それは「電気双極子のつくる電場（例題 2-1）」(p.36) ならびに「電気双極子のつくる静電ポテンシャル（例題 3-1）」(p.67) で学んだ電気双極子である。いまの場合、電荷対の距離は $\ell = 2a$ であり、電気双極子モーメントは $\boldsymbol{p} = 2qa\boldsymbol{e}_z$ である。

よって、導体外部の電位 $\phi(\boldsymbol{r})$ ならびに電場分布 $\boldsymbol{E}(\boldsymbol{r})$ はすでに上記の 2 つの小節で計算されている。$r \gg a$ の充分遠方では電位は式 (3.29) であり、電場は式 (2.26) (ならびに式 (2.27)) である。

$$\phi(\boldsymbol{r}) = \frac{\boldsymbol{p}\cdot\boldsymbol{r}}{4\pi\varepsilon_0 r^3} \tag{3.29}$$

$$\boldsymbol{E}(\boldsymbol{r})\Big|_{r\gg\ell} = \frac{p}{4\pi\varepsilon_0 r^3}(2\cos\theta\boldsymbol{e}_r + \sin\theta\boldsymbol{e}_\theta)\quad\left(= -\frac{1}{4\pi\varepsilon_0 r^3}\left\{\boldsymbol{p} - \frac{3(\boldsymbol{p}\cdot\boldsymbol{r})\boldsymbol{r}}{r^2}\right\}\right) \tag{2.26}$$

(d) 外部電荷と導体の引力

電荷 $+q$ と距離 a 離れた導体の間にはクーロン力 F がはたらき、それは電荷 $+q$ と距離 $2a$ 離れた鏡像電荷 $-q$ との間にはたらくクーロン力と等しく、引力である。

$$F = -k_e \frac{q^2}{(2a)^2} \tag{4.19}$$

これは、電荷 $+q$ と導体表面の誘起電荷との間にはたらくクーロン力なのである。

図 4.10 に示すように、導体表面に微小面積 $\Delta S(= R\mathrm{d}\phi dR)$ をとり、その部分の誘起電荷 $\sigma\Delta S$ (σ は式 (4.17)) と電荷 $+q$ の間 (距離 $L = \sqrt{a^2 + R^2}$) のクーロン力 $\boldsymbol{\Delta F}$ を導体表面にわたって積分すれば $\boldsymbol{F}$ が求まる。ただし、クーロン力はベクトルであって、対称性から導体表面に平行な成分は打ち消しあうので、導体に垂直な y 成分 $\boldsymbol{\Delta F} \times \cos\theta$ ($\cos\theta = a/\sqrt{a^2 + R^2}$) だけを考慮すればよい。$\Delta S \to \mathrm{d}S$, $\Delta F \to \mathrm{d}F$ への極限操作を行って

$$\mathrm{d}F \;=\; k_e \frac{q(\sigma \mathrm{d}S)}{L^2} = -k_e q \left(\frac{qa}{2\pi L^3}\right) R\mathrm{d}R\mathrm{d}\phi \Big/ L^2 = -k_e \frac{q^2 a}{2\pi} \frac{R}{L^5} \mathrm{d}R\mathrm{d}\phi \tag{4.20}$$

$\cos\theta \mathrm{d}F$ を全表面について積分すれば

$$F = \int \cos\theta \mathrm{d}F = -k_e \frac{q^2 a}{2\pi} \int\!\!\int \frac{a}{L} \times \frac{R}{L^5} \mathrm{d}R\mathrm{d}\phi = -k_e q^2 a^2 \int_0^\infty \frac{R}{L^6}\, \mathrm{d}R \tag{4.21}$$

$L^2 = a^2 + R^2$ なので、$L\mathrm{d}L = R\mathrm{d}R$。上の積分は

$$F = -k_e q^2 a^2 \int_a^\infty L^{-5}\, \mathrm{d}L = -k_e \frac{q^2}{(2a)^2} \tag{4.22}$$

となり、式 (4.19) と一致する。

われわれは「場」の視点に立っているのだから、以上を電場 $\boldsymbol{E}$ を通してクーロン力を $\boldsymbol{F} = q\boldsymbol{E}$ の形で扱ってこそ首尾一貫性があるというものだ。すなわち、微小面積 $\mathrm{d}S$ の誘起電荷 $\sigma\mathrm{d}S$ が L だけ離れたところにつくる電場の大きさは $\mathrm{d}E = k_e\sigma\mathrm{d}S/L^2$ であって、式 (4.20) の第 1 式は $\mathrm{d}F = q\mathrm{d}E$ と表記されるべきである。しかしながら、あとは何ら式 (4.20)-(4.22) に変わるところはない。電荷 q にはたらく力は $\boldsymbol{F} = F\boldsymbol{e}_y = q\boldsymbol{E}$ であるので、このとき電荷 $+q$ に誘起された電荷が $+q$

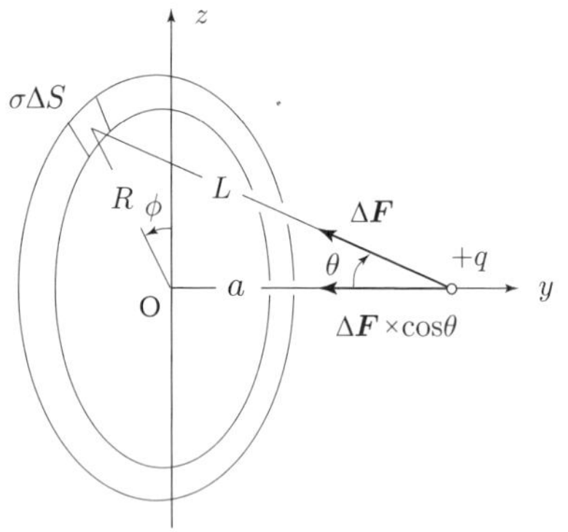

図 4.10　電荷 $+q$ と誘起電荷の間のクーロン力

の位置につくる電場 $\boldsymbol{E}(y = a; x = z = 0)$ は

$$\boldsymbol{E}(y = a; x = z = 0) = -k_e \frac{q}{(2a)^2} \boldsymbol{e}_y \tag{4.23}$$

である。

(e) 誘起電荷と立体角

ここでの電束線の分布は、導体のない真空中の点電荷 $+q$ から放射状に発散する電束線 (図 4.11(a)) と、導体に代わる鏡像電荷 $-q$ へ放射状に収斂する電束線 (図 4.11(b)) の「重ね合わせ」(図 4.11(c)) であるが、$+q$ からのすべての電束線は導体表面で終端するように誘起電荷密度 σ (式 (4.17)) が生じる。

この誘起電荷を立体角を通して評価する。

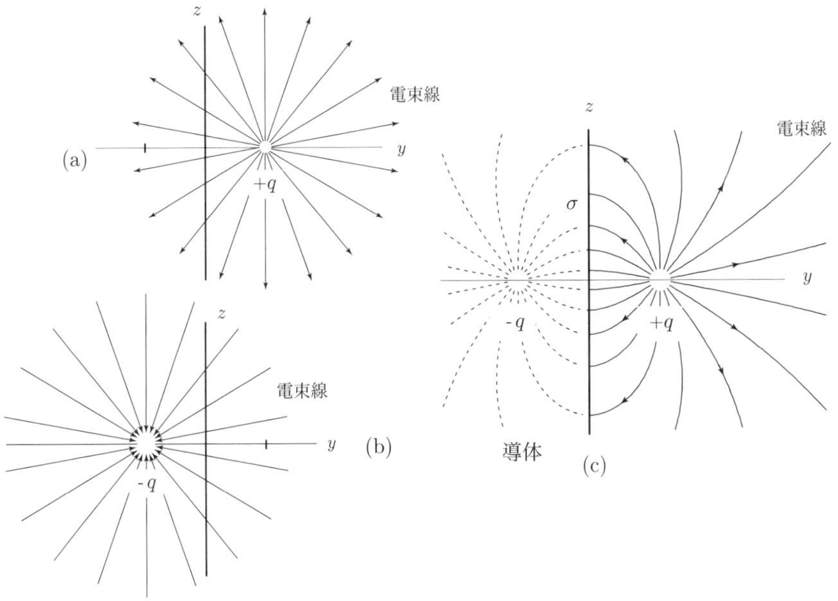

図 **4.11**　誘起電荷密度 σ と立体角 Ω

（1）2-3 節「ガウスの法則（積分形）」の p.43 -46 で学んだように、立体角の視点は電場 $\boldsymbol{E}$ の取り扱いを簡単にする。

導体のない真空中の単電荷 $+q$ からは等方に電場 $\boldsymbol{E}$（電気力線）が放射され、立体角 $\Delta\Omega$ には $(q/4\pi\varepsilon_0)\Delta\Omega$ だけの電気力線が、あるいは電束密度 $\boldsymbol{D}(= \varepsilon_0 \boldsymbol{E})$ で表現すると $(q/4\pi)\Delta\Omega$ だけの電束線が含まれる（話の流れから以下でも $\boldsymbol{E}$ で表示する）。これ

を全立体角 (4π) にわたり積分すると、全電束線は電荷量 $+q$ に等しいというのが「ガウスの法則」$\varepsilon_0 \int \boldsymbol{E}(\boldsymbol{r}) \cdot \mathrm{d}\boldsymbol{S} = \int (q/4\pi)\mathrm{d}\Omega = +q$ であった。

それは、導体のない真空中で図 4.12 に示すように $x-z$ 面上の微小面積 $\Delta\boldsymbol{S}$（このとき $\Delta\boldsymbol{S}$ の法線ベクトルは $-y$ 方向を向く）が単電荷 $+q$ に対して立体角 $\Delta\Omega$ を構成するならば、$\Delta\boldsymbol{S}$ を貫く電束量は

$$\varepsilon_0 \boldsymbol{E}(\boldsymbol{r}) \cdot \Delta\boldsymbol{S} = q\frac{\Delta\Omega}{4\pi} \qquad (4.24)$$

であり、単電荷 $+q$ は単位立体角当たり $q/4\pi$ に相当する電荷量を電束線として放射していることになる。これは単位面積当たりに相当する電荷量 σ_0 に換算すると

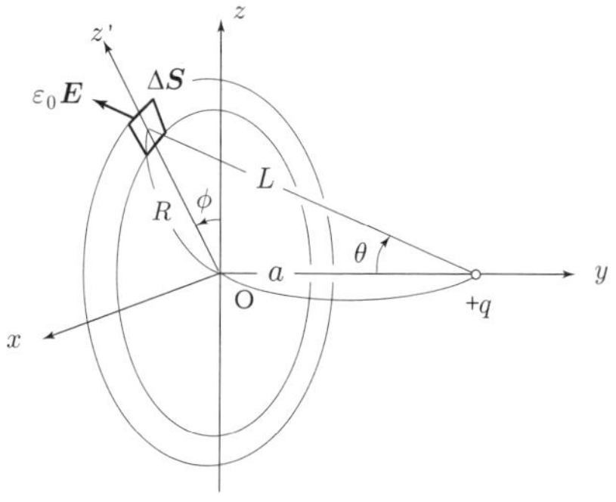

図 **4.12**　電荷 $+q$ と微小面積 $\Delta\boldsymbol{S}$

$$\sigma_0 = \frac{\varepsilon_0 \boldsymbol{E}(\boldsymbol{r}) \cdot \Delta\boldsymbol{S}}{\Delta S} = \frac{q}{4\pi}\frac{\Delta\Omega}{\Delta S} \quad \left(\frac{\mathrm{C}}{\mathrm{m}^2}\right) \qquad (4.25)$$

である。

（2）さて、$+q$ からの電束線が図 4.11(c) のように導体表面で終端し導体内部に侵入しないためには、σ_0 と同じ大きさで逆符号の電荷密度 σ_{+q} が導体表面に必要になる。このとき、導体表面の法線ベクトル $\boldsymbol{n}$ は導体の内から外（$+y$ 方向）へ向くので、$+q$ からの電束線 $\varepsilon_0 \boldsymbol{E}_{+q}$ と $\boldsymbol{n}$ は導体表面を境にして逆を向き、$\pi-\theta$ の角をなす。よって、

$$\begin{aligned}\sigma_{+q} &= \frac{\varepsilon_0 \boldsymbol{E}_{+q} \cdot \Delta\boldsymbol{S}}{\Delta S} = -\frac{q}{4\pi}\frac{\Delta\Omega}{\Delta S} = -\frac{q}{4\pi}\frac{\Delta S\cos\theta/L^2}{\Delta S} = -\frac{a}{4\pi L^3}q \\ &= \frac{1}{2}\sigma \end{aligned} \qquad (4.26)$$

を得る。ここで $\sigma(<0)$ は式 (4.17) の誘起電荷密度 $\sigma(R)$ であり、$\cos\theta = a/L$、$L = (a^2+R^2)^{1/2}$ である (図 4.12)。この電荷密度 σ_{+q} は必要な誘起電荷量 σ の半分でしかない。

$$\sigma(R) = \varepsilon_0 E_y(R) = -\frac{q}{2\pi}\frac{a}{(a^2+R^2)^{3/2}} \qquad (4.17)$$

つぎに、鏡像電荷 $-q$ が導体表面に投影する自身の電荷密度 σ_{-q} を式 (4.26) と同様に考えると

$$\sigma_{-q} = \frac{\varepsilon_0 \boldsymbol{E}_{-q} \cdot \Delta\boldsymbol{S}}{\Delta S} = -\frac{q}{4\pi}\frac{\Delta\Omega}{\Delta S} = -\frac{a}{4\pi L^3}q = \frac{1}{2}\sigma \qquad (4.27)$$

を得る。ここでも $-q$ からの電束線 $\varepsilon_0 \boldsymbol{E}_{-q}$ と導体表面の法線ベクトル $\boldsymbol{n}$ の向きが互いに逆の向きなので、σ_{-q} は負値をとる。そして、誘起電荷 $\sigma(R)$ の残りの半分を受けもち、全誘起電荷密度

$$\sigma = \sigma_{+q} + \sigma_{-q} \tag{4.28}$$

を得る。

（3）この σ は $+q$ から右半球へ発散して行った電束線 (図 4.11(a)) を図 4.11(c) にみるように左方向へ旋回させ、導体表面で終端させるとともに、$+q$ の左半球で角度をもって導体表面で終端していた電束線 (図 4.11(a)) をさらに強く引き込み、すべての電束線を導体表面に垂直 (図 4.11(c)) とする。

導体表面に対して外部電荷 $+q$ と鏡像電荷 $-q$ は面対称に位置するため、表面の左右における電束線の振る舞いもその向きだけが逆になるだけで全く対称である。しかし、誘起電荷密度 $\sigma(= \sigma_{+q} + \sigma_{-q})$ は鏡像電荷 $-q$ が導体表面へ転移したものであるため、導体内部には電荷がなくなり、よって電束線も存在せず、電場もゼロである。

（4）以上、立体角 $\Delta\Omega$ を使う利点があまり数式の形であらわに現れなかったが、外部電荷 $+q$ あるいは鏡像電荷 $-q$ が ΔS につくる誘起電荷量は

$$\varepsilon_0 \boldsymbol{E}_{\pm q} \cdot \Delta \boldsymbol{S} = -\frac{q}{4\pi}\Delta\Omega \tag{4.29}$$

であり、ΔS のつくる立体角 $\Delta\Omega$ に比例する。$\boldsymbol{E}_{\pm q}$ は外部電荷 $+q$ あるいは鏡像電荷 $-q$ が導体表面につくる電場を示す。

よって、導体表面の任意の面積に誘起される総電荷量は、その面積を立体角 Ω で表示することにより

$$\int \sigma \mathrm{d}S = -\frac{q}{4\pi}\int \mathrm{d}\Omega\Big|_{実} - \frac{q}{4\pi}\int \mathrm{d}\Omega\Big|_{鏡} \tag{4.30}$$

とシンプルに求めることができる。添字の「実」あるいは「鏡」は、それぞれ外部電荷あるいは鏡像電荷による寄与を示す。ただし、各積分項の正負符号は電荷の正負、ならびに電荷が導体の内にあるか外にあるか、すなわち、$\varepsilon_0 \boldsymbol{E} \cdot \Delta \boldsymbol{S}$ に依存して変化する。

つぎの例題は、複数の点電荷が導体の内部あるいは外部にあるのを扱うので、$\varepsilon_0 \boldsymbol{E} \cdot \Delta \boldsymbol{S}$ ならびに式 (4.30) を具体的に理解するに適すると考える。

4-2-4　導体平板と点電荷のつくる電位（2）（例題 4-3）

つぎに、図 4.13 に示すように、2 枚の半無限に広い導体平板が直交してつくる空間に、点電荷 $+q$ が置かれている状況を想定し、前例題同様に鏡像法にもとづき、電位、電場ならびに誘起電荷などを考える。

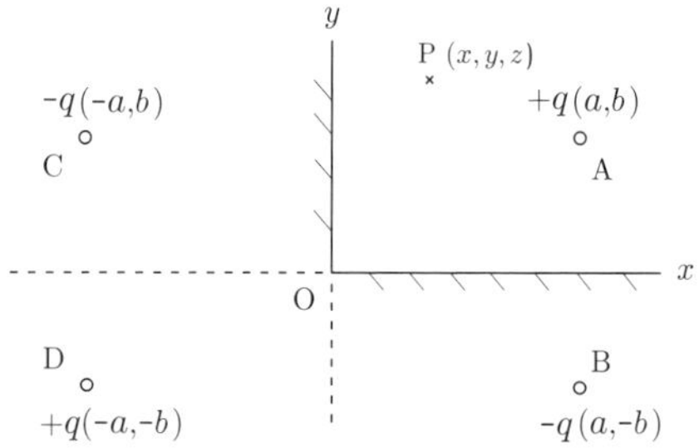

図 4.13　2 枚の導体平板と点電荷の系

導体平板が無限遠にひろがっているため、その電位はゼロである (接地したのと同じこと)。これが「境界条件」である。

導体平板に垂直で、外部電荷 $+q$(A)（位置 $(x, y, z) = (a, b, 0)$）を含む平面図が図 4.13 である（z 軸は紙面に垂直)。ただし、図中の P 点はこの平面上から離れており、座標は (x, y, z) である。

さて、$+q$ の鏡像電荷として導体表面に対称に電荷 $-q$ を第 4 象限と第 2 象限に 1 つずつ図示した (B, C)。電荷対 A-B、ならびに A-C がそれぞれ $x-z$ 面、$y-z$ 面の導体表面の電位をゼロとし、境界条件を満足するようにみえる。が、これらを重ね合わせた電位をみると、それぞれの表面は互いに他方の電荷対の寄与の影響で電位はゼロにならないし、さらに、これでは A 点に $+2q$ の電荷を要求していることになる。

このまずさを解消するために、第 3 象限に $+q$ の鏡像電荷 (D) が必要になる。すなわち、電荷対 A-B と電荷対 C-D は同じものであるが、その極性は逆になっているので電位分布は $y-z$ 面 $(x=0)$ を境に正負が反転している。よって、$y-z$ 面上では打ち消しあって電位はゼロとなる。また、電荷を A-C 対と B-D 対に組み合わせて考えると、$x-z$ 面 $(y=0)$ 上でも電位はゼロであることが分かる。したがって、外部電荷 $+q$ に対して、2 つの $-q$ と 1 つの $+q$ の鏡像電荷を配置することにより、「境界条件」を満たすことができる。

(a) 電位と電場の分布

P 点の電位 $\phi(\boldsymbol{r})$ は 4 つの点電荷の電位の和として

$$\phi(\boldsymbol{r}) = k_e q \left(\frac{1}{r_{\mathrm{PA}}} - \frac{1}{r_{\mathrm{PB}}} - \frac{1}{r_{\mathrm{PC}}} + \frac{1}{r_{\mathrm{PD}}} \right) \tag{4.31}$$

$$\left(r_{\mathrm{PA}} = \sqrt{(x-a)^2 + (y-b)^2 + z^2}\ ,\ r_{\mathrm{PB}}\ ,\ r_{\mathrm{PC}}\ ,\ r_{\mathrm{PD}}\text{は省略}\right)$$

であって、$r_{\mathrm{P}i}$ $(i = \mathrm{A, B, C, D})$ は P-i のあいだの距離である。

問 4-1　式 (4.31) から導体表面の電位がゼロであること、導体表面の電場が垂直であることを確認し、また誘起電荷密度を求めよ。

導出は諸君に任せ、電場に関する答えだけを記す。

$x-z$ 面上 $(y=0)$ の電場は

$$E_x(y=0) \;=\; E_z(y=0)=0\;,$$
$$E_y(y=0) \;=\; -\frac{bq}{2\pi\varepsilon_0}\left[\frac{1}{\{(x-a)^2+b^2+z^2\}^{3/2}}-\frac{1}{\{(x+a)^2+b^2+z^2\}^{3/2}}\right] \tag{4.32}$$

$y-z$ 面上 $(x=0)$ の電場は

$$E_x(x=0) \;=\; -\frac{aq}{2\pi\varepsilon_0}\left[\frac{1}{\{a^2+(y-b)^2+z^2\}^{3/2}}-\frac{1}{\{a^2+(y+b)^2+z^2\}^{3/2}}\right], \tag{4.33}$$

$$E_y(x=0) \;=\; E_z(x=0)=0$$

誘起電荷密度 σ は「クーロンの定理」から電場に ε_0 を掛けたものであるので、$x-z$ 面上 $(y=0)$ では $\sigma(y=0)=\varepsilon_0E_y(y=0)$、$y-z$ 面上 $(x=0)$ では $\sigma(x=0)=\varepsilon_0E_x(x=0)$ である。

(b) 誘起電荷量とその分布

さて、両導体表面に誘起される総電荷量を求めよう。

まず、力任せにやるが、積分公式を活用しよう。

$$\int\frac{1}{(x^2+c)^{3/2}}\mathrm{d}x \;=\; \frac{x}{c\sqrt{x^2+c}} \tag{4.34}$$

$$\int\frac{1}{x^2+c}\mathrm{d}x \;=\; \frac{1}{\sqrt{c}}\tan^{-1}\left(\frac{x}{\sqrt{c}}\right)\qquad @\; c>0 \tag{4.35}$$

$x-z$ 面上 $(y=0)$ の電荷 $Q(y=0)$ は誘起電荷密度 $\sigma(y=0)$ を $x=0\to\infty$、$z=-\infty\to\infty$ の領域で積分すればよいが、被積分関数は z に関して偶関数なので $z=0\to\infty$ の積分を 2 倍すればよい。まず、$E_y(y=0)$(式 (4.32)) の [　] 内の第 1 項を積分する。

$$\int_0^{+\infty} 2 \left[\int_0^{+\infty} \frac{1}{(c+z^2)^{3/2}} \mathrm{d}z\right] \mathrm{d}x \qquad (c=(x-a)^2+b^2)$$

$$= 2\int_0^{+\infty} \left[\frac{z}{c\sqrt{z^2+c}}\right]_0^{+\infty} \mathrm{d}x = 2\int_0^{+\infty} \frac{1}{c}\mathrm{d}x \tag{4.36}$$

$$= 2\int_{-a}^{+\infty} \frac{1}{\eta^2+b^2}\mathrm{d}\eta \qquad (\eta = x-a)$$

$$= 2\left[\frac{1}{b}\tan^{-1}\left(\frac{x}{b}\right)\right]_{-a}^{+\infty} = \frac{2}{b}\left\{\frac{\pi}{2}+\tan^{-1}\left(\frac{a}{b}\right)\right\} \tag{4.37}$$

式 (4.32) の [　] 内第 2 項についての積分は $a \to -a$ に置き換えて

$$-\frac{2}{b}\left\{\frac{\pi}{2}-\tan^{-1}\left(\frac{a}{b}\right)\right\} \tag{4.38}$$

を得る。$Q(y=0)$ は両者を足し合わせて $E_y(y=0)$ を求め、「クーロンの定理」から

$$Q(y=0) = -\frac{bq}{2\pi}\left\{\frac{4}{b}\tan^{-1}\left(\frac{a}{b}\right)\right\} = -\frac{2q}{\pi}\tan^{-1}\left(\frac{a}{b}\right) \tag{4.39}$$

となる。$Q(x=0)$ については $a \to b, b \to a$ に置き換えればよく、

$$Q(x=0) = -\frac{2q}{\pi}\tan^{-1}\left(\frac{b}{a}\right) \tag{4.40}$$

を得る。

$$\tan^{-1}\left(\frac{a}{b}\right)+\tan^{-1}\left(\frac{b}{a}\right) = \frac{\pi}{2} \tag{4.41}$$

であるので (図 4.14)、総電荷量 Q_{total} は

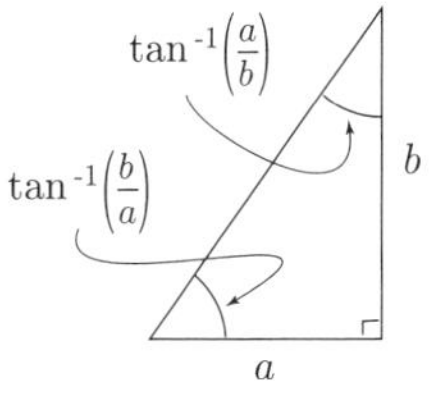

図 4.14　式 (4.41)

$$Q_{\mathrm{total}} = Q(x=0)+Q(y=0) = -\frac{2q}{\pi}\left(\frac{\pi}{2}\right) = -q \tag{4.42}$$

である。

式 (4.36) の被積分関数は z 積分後の誘起電荷密度の x 分布であり、$x-z$ 面上の x 分布は

$$Q(x, y=0) = -\frac{bq}{\pi}\left[\frac{1}{(x-a)^2+b^2}-\frac{1}{(x+a)^2+b^2}\right] \tag{4.43}$$

であって、$y-z$ 面上の y 分布は

$$Q(x=0, y) = -\frac{aq}{\pi}\left[\frac{1}{a^2+(y-b)^2}-\frac{1}{a^2+(y+b)^2}\right] \tag{4.44}$$

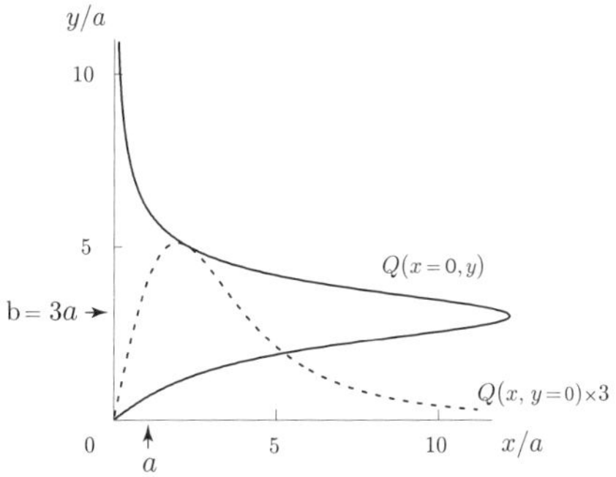

図 4.15　$b/a = 3$ のときの誘起電荷分布。$Q(x, y = 0)$ は破線、$Q(x = 0, y)$ は実線で図示した。ただし、前者の大きさは後者に対して 3 倍拡大してある

である。a を単位長さとして、両分布を図 4.15 に示す。

(c)　立体角と誘起電荷量

同じ問題を前例題でみたように、立体角を介して総誘起電荷 Q を求める。

$y - z$ 面上 $(x = 0)$ の誘起電荷量 $Q(x = 0)$ は、

$$Q(x = 0) = \frac{q}{4\pi}\left(-\int_{\mathrm{A}} \mathrm{d}\Omega + \int_{\mathrm{B}} \mathrm{d}\Omega - \int_{\mathrm{C}} \mathrm{d}\Omega + \int_{\mathrm{D}} \mathrm{d}\Omega\right) \tag{4.45}$$

上式右辺の括弧内の第 1 項は電荷 A からみた $y - z$ 面の立体角 Ω を求める積分である $(\mathrm{d}\Omega = \mathrm{d}\cos\theta \mathrm{d}\phi)$。極角 θ は $z = -\infty \to +\infty$ に対応して $\cos\theta = -1 \to +1$ と変化し、方位角 $\phi_{\mathrm{A}} = 0 \to \pi - h (h = \tan^{-1}(a/b))$ と変化するので、全立体角は $2(\pi - h)$ となる。$\phi_{\mathrm{B,C,D}}$ も同様に考えればよい（図 4.16）。

積分記号の前の符号を考えると、（導体表面の法線ベクトル $\boldsymbol{n}$ は内から外向きにとるので）第 1 項では外部電荷 $+q$ が導体の外にあるのでマイナス符号となり、第 3 項、第 4 項は負あるいは正の鏡像電荷が導体 $(y - z$ 面）内にあるので（$\boldsymbol{E} \cdot \boldsymbol{n}$ にもとづく）

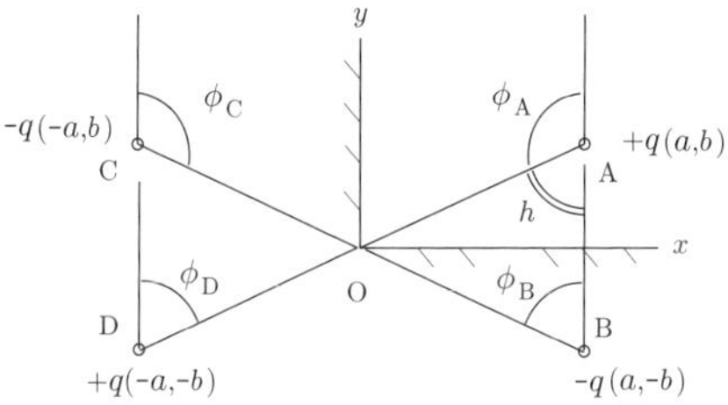

図 4.16　$Q(x = 0)$ を評価するときの立体角範囲

符号は鏡像電荷の符号のままとなる。一方、第 2 項は負の鏡像電荷が $y-z$ 面の外にあるので、正符号をとる。

したがって、式 (4.45) は

$$\begin{aligned} Q(x=0) &= \frac{q}{4\pi}\left\{-2(\pi-h)+2h-2(\pi-h)+2h\right\} = \frac{q}{4\pi}(-4\pi+8h) \\ &= -q\left\{1-\frac{2}{\pi}\tan^{-1}\left(\frac{a}{b}\right)\right\} \end{aligned} \tag{4.46}$$

となる。

$Q(y=0)$ も同様に求める。ただし、$h'=(\pi/2)-\tan^{-1}(b/a)$ であり、4 つの積分項の前の符号も式 (4.45) のときと同じように考えればよい。

$$\begin{aligned} Q(y=0) &= \frac{q}{4\pi}\left(-\int_{\mathrm{A}'}\mathrm{d}\Omega-\int_{\mathrm{B}'}\mathrm{d}\Omega+\int_{\mathrm{C}'}\mathrm{d}\Omega+\int_{\mathrm{D}'}\mathrm{d}\Omega\right) \\ &= \frac{q}{4\pi}\left\{-2(\pi-h')-2(\pi-h')+2h'+2h'\right\} = \frac{q}{4\pi}(-4\pi+8h') \\ &= -q\left\{1-\frac{2}{\pi}\tan^{-1}\left(\frac{b}{a}\right)\right\} \end{aligned} \tag{4.47}$$

以上から、総誘起電荷量は

$$\begin{aligned} Q_{\mathrm{total}} &= Q(x=0)+Q(y=0) = -2q+\frac{2q}{\pi}\left\{\tan^{-1}\left(\frac{a}{b}\right)+\tan^{-1}\left(\frac{b}{a}\right)\right\} \\ &= -2q+\frac{2q}{\pi}\frac{\pi}{2} = -q \end{aligned} \tag{4.48}$$

である。鏡像電荷が 3 つあっても、誘起電荷の総量は $-q$ である。

問 4-2　「誘起電荷量とその分布」と「立体角と誘起電荷量」において同じ $Q(x=0)$ を求めたはずが、前者では式 (4.40) となり、後者では式 (4.46) である。$Q(y=0)$ についても同様で、式 (4.39) と式 (4.47) となっている。これらは間違いでないことを示せ。

$$Q(x=0) = -\frac{2q}{\pi}\tan^{-1}\left(\frac{b}{a}\right) \tag{4.40}$$

$$Q(x=0) = -q\left\{1-\frac{2}{\pi}\tan^{-1}\left(\frac{a}{b}\right)\right\} \tag{4.46}$$

$$Q(y=0) = -\frac{2q}{\pi}\tan^{-1}\left(\frac{a}{b}\right)) \tag{4.39}$$

$$Q(y=0) = -q\left\{1-\frac{2}{\pi}\tan^{-1}\left(\frac{b}{a}\right)\right\} \tag{4.47}$$

問 4-3　上の例題の互いに直交する導体平板に、さらに直交する導体平

板 $x-y$ 面 $(z=0)$ が設けられ、その区分されたひとつの空間に点電荷 $+q$ が位置 $(x,y,z)=(a,b,c)$ にあるとする。

このときの電位分布 ϕ、導体表面の電場 $\boldsymbol{E}$、誘起電荷密度 σ ならびにその全量、そして電荷 $+q$ にはたらくクーロン力を求めよ。

4-2-5 球殻による静電遮蔽の場合（例題 4-4）

半径 a の接地された球殻を考える。その中心 O から ℓ $(\ell < a)$ の地点 P に点電荷 $+q$ を置いたとき (図 4.17)、その鏡像電荷 q' を求める。また、球殻内面の誘起電荷密度分布 σ を導く。

球殻が接地されているので球殻の電位はゼロであり、電場もゼロである。球殻外側表面には誘起電荷は生じず、したがって、球殻の外には電場もない。一方、球殻の内側表面に誘起電荷が生起し、その表面近傍の電場分布は表面に垂直である。計算にかかる前にこのように全体のようすを考えること。

（1）中心 O から球殻外の距離 L のところに鏡像電荷 q' をとり、球殻での電位が $\phi=0$ を満たすように q' ならびに L を求める。

球殻上の任意の点 Q の電位 ϕ は

$$\phi = k_e\left(\frac{q}{r_1}+\frac{q'}{r_2}\right) \tag{4.49}$$

であって、これがゼロということは

$$qr_2 = -q'r_1 \tag{4.50}$$

の関係が成り立つ。OQ と OP のなす角を θ とすると

$$r_1^2 = \ell^2 + a^2 - 2a\ell\cos\theta\,, \quad r_2^2 = L^2 + a^2 - 2aL\cos\theta \tag{4.51}$$

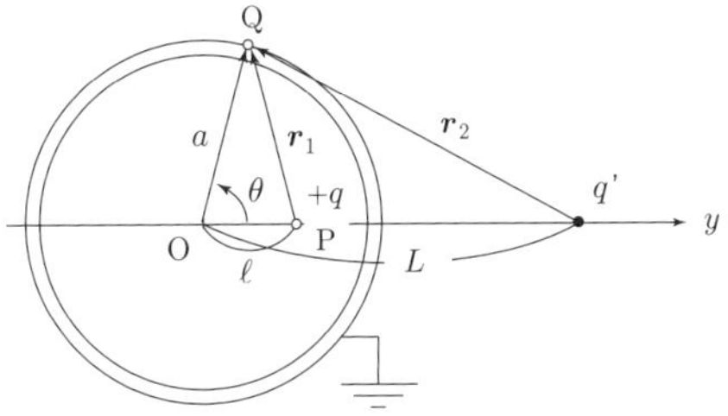

図 4.17 球殻内部の点電荷 q とその鏡像電荷 q' の系（1）

であるので、式 (4.50) の平方は

$$q^2(L^2 + a^2 - 2aL\cos\theta) = q'^2(\ell^2 + a^2 - 2a\ell\cos\theta)$$
$$\Rightarrow \quad (\ell^2 q'^2 - L^2 q^2) + a^2(q'^2 - q^2) = 2a(\ell q'^2 - Lq^2)\cos\theta \tag{4.52}$$

の関係にある。左辺が角 θ によらないので、球殻上のあらゆる点で（すなわち、θ に依存せず）この関係が成り立つためには、

$$\ell q'^2 - Lq^2 = 0 \quad \Rightarrow \quad q'^2 = \left(\frac{L}{\ell}\right) q^2 \tag{4.53}$$

であって、q' が定まる。式 (4.53) を式 (4.52) に代入すると、L はつぎの 2 次方程式の解である。

$$L^2 - \left(\ell + \frac{a^2}{\ell}\right) L + a^2 = 0 \tag{4.54}$$

解は

$$L = \frac{a^2}{\ell} \quad \text{または} \quad \ell \tag{4.55}$$

であって、$L = a^2/\ell$ が鏡像電荷の位置であり、その電荷 q' は

$$q' = -\left(\frac{a}{\ell}\right) q \tag{4.56}$$

である。このとき、r_1 と r_2 については式 (4.50) から

$$r_2 = \left(\frac{a}{\ell}\right) r_1 \tag{4.57}$$

の関係を得る。

（2）球殻内部の電場分布 $\boldsymbol{E}(\boldsymbol{r})$ を求める。

任意の点 R を球殻内部にとる。

R の位置ベクトルを $\boldsymbol{r}$, $\overrightarrow{q\mathrm{R}} = \tilde{\boldsymbol{r}}_1$, $\overrightarrow{q'\mathrm{R}} = \tilde{\boldsymbol{r}}_2$ と表記すれば、球座標を用いて r(動径)、

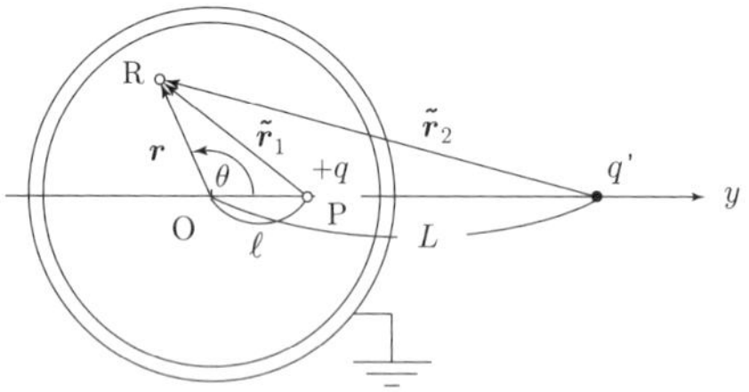

図 4.18　球殻内部の点電荷 q とその鏡像電荷 q' の系（2）

θ(極角)、 φ(方位角) で表示できる。電位 $\phi(\boldsymbol{r})$ は

$$\phi(\boldsymbol{r}) = k_e q \left(\frac{1}{\tilde{r}_1} - \frac{a}{\ell} \frac{1}{\tilde{r}_2} \right) \tag{4.58}$$

$$\tilde{r}_1 = (\ell^2 + r^2 - 2r\ell\cos\theta)^{1/2}, \quad \tilde{r}_2 = (L^2 + r^2 - 2rL\cos\theta)^{1/2}$$

であり、電場 $\boldsymbol{E}(\boldsymbol{r})$ は

$$\boldsymbol{E}(\boldsymbol{r}) = -\nabla\phi(\boldsymbol{r}) = -\boldsymbol{e}_r \frac{\partial\phi}{\partial r} - \boldsymbol{e}_\theta \frac{1}{r}\frac{\partial\phi}{\partial\theta} - \boldsymbol{e}_\varphi \frac{1}{r\sin\theta}\frac{\partial\phi}{\partial\varphi} \tag{4.59}$$

であり、電場の各成分は

$$E_r = -\frac{\partial\phi}{\partial r}, \quad E_\theta = -\frac{1}{r}\frac{\partial\phi}{\partial\theta}, \quad E_\varphi = -\frac{1}{r\sin\theta}\frac{\partial\phi}{\partial\varphi} \tag{4.60}$$

である。電位分布 ϕ は外部電荷 $+q$ と鏡像電荷 q' を結ぶ軸に関して対称であるので、方位角 φ に依存しない。したがって、$E_\varphi = 0$ であることが分かる。

式 (4.60) から $E_\theta(\boldsymbol{r})$ を計算すると、

$$E_\theta(\boldsymbol{r}) = k_e q \sin\theta \left\{ \frac{\ell}{\tilde{r}_1^3} - \left(\frac{a}{\ell}\right) \frac{L}{\tilde{r}_2^3} \right\} \tag{4.61}$$

を得る。球殻表面の $E_\theta(r = a)$ を求める。$r = a$ では、$L = a^2/\ell$(式 (4.55)) から $\tilde{r}_2|_{r=a} = r_2 = (a/\ell)r_1 = (a/\ell)\tilde{r}_1|_{r=a}$ の関係があり、

$$E_\theta(\boldsymbol{r})\Big|_{r=a} = k_e q \sin\theta \left\{ \frac{\ell}{r_1^3} - \left(\frac{a}{\ell}\right) \frac{(a^2/\ell)(\ell/a)^3}{r_1^3} \right\} = 0 \tag{4.62}$$

となる。したがって、球殻表面での電場は E_r 成分のみで表面に垂直である。$E_r(\boldsymbol{r})$ の大きさを求めると、

$$E_r(\boldsymbol{r}) = -k_e q \left\{ -\frac{r - \ell\cos\theta}{\tilde{r}_1^3} + \left(\frac{a}{\ell}\right) \frac{r - L\cos\theta}{\tilde{r}_2^3} \right\} \tag{4.63}$$

となり、球殻表面 $(r = a)$ では

$$E_r(\boldsymbol{r})\Big|_{r=a} = k_e q \left(\frac{a^2 - \ell^2}{a} \right) \frac{1}{r_1^3} \tag{4.64}$$

を得る。

表面の誘起電荷密度 σ は「クーロンの定理」から

$$\sigma(\boldsymbol{r})\Big|_{r=a} = -\varepsilon_0 E_r(a) = -\frac{q}{4\pi} \left(\frac{a^2 - \ell^2}{a} \right) \left(\ell^2 + a^2 - 2a\ell\cos\theta \right)^{-3/2} \tag{4.65}$$

である。式 (4.64) が示すように、球殻表面の電場は電荷 q と同符号である。$+q$ の正

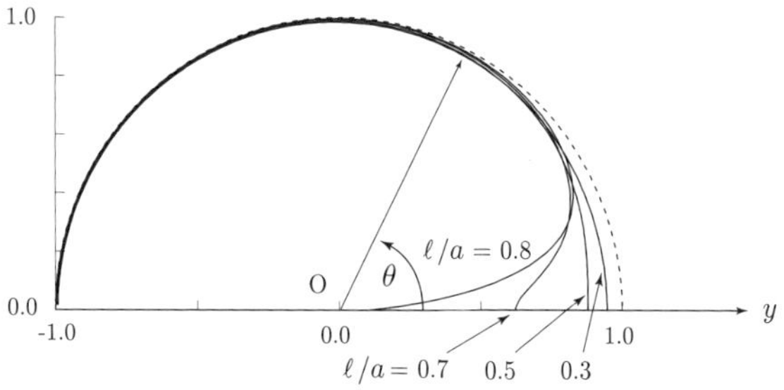

図 4.19　$\ell/a = 0.8, 0.7, 0.5, 0.3$ としたときの誘起電荷密度 $(-q/(4\pi a^2)$ で規格化した) 分布。破線は半径=1 の円（球殻の上半球）を示すとともに誘起電荷密度の基準（ゼロ）位置であり、誘起電荷密度の大きさは破線から中心 O への長さである

電荷であれば、電場は球殻に垂直で外を向く（内表面の法線ベクトル $\boldsymbol{n}$ の逆方向を向く)。よって、誘起電荷密度 σ は E_r と逆符号であるので、上式においてマイナス符号が付く事に注意（「クーロンの定理」p.100 を参照のこと)。誘起電荷密度分布の θ 依存性を図 4.19 に示す。

誘起電荷の総量 Q は σ を球殻の全面積にわたり積分して

$$
\begin{aligned}
Q &= \int \sigma\Big|_{r=a} \mathrm{d}S = -\frac{q}{4\pi}\left(\frac{a^2-\ell^2}{a}\right)\int\!\!\int \frac{1}{(\ell^2+a^2-2a\ell\cos\theta)^{3/2}}a^2\mathrm{d}\cos\theta\mathrm{d}\varphi \\
&= -q\frac{a(a^2-\ell^2)}{2}\int_{-1}^{+1}\frac{1}{(\ell^2+a^2-2a\ell\cos\theta)^{3/2}}\mathrm{d}\cos\theta \\
&= -q\frac{a(a^2-\ell^2)}{2}\left\{\frac{2}{a(a^2-\ell^2)}\right\} = -q
\end{aligned}
\tag{4.66}
$$

を得る。積分には式 (2.52) の積分公式を用いた。総誘起電荷量 Q は $-q$ である。

（3）誘起電荷密度の分布 σ を立体角の視点で計算する。

前例題同様に考えればいいのだが、違いは鏡像電荷の電束線が球殻を 2 度横切るため (図 4.20(a))、積分項の符号に一層注意がいることである。

導体表面の法線ベクトル $\boldsymbol{n}$ は中心 O に向かう内向きである。したがって、実電荷 $+q$ による誘起電荷密度 σ_q は式 (4.26) から

$$
\sigma_q = \frac{\varepsilon_0\boldsymbol{E}\cdot\Delta\boldsymbol{S}}{\Delta S} = -\frac{q}{4\pi}\frac{\Delta\Omega}{\Delta S} = -\frac{q}{4\pi}\frac{\Delta S\cos\Theta/r_1^2}{\Delta S} = -\frac{q}{4\pi r_1^2}\cos\Theta \tag{4.67}
$$

と得られる。ここで電束線 $\varepsilon_0\boldsymbol{E}$ と $\boldsymbol{n}$ のなす角を $\pi-\Theta$ (角 $\Theta = \angle \mathrm{OQ}q$) と記した (図 4.20(b))。同様にして、鏡像電荷 q'(負符号) による誘起電荷密度 $\sigma_{q'}$ は $\ell \to L,\ r_1 \to r_2$ に代えればよく

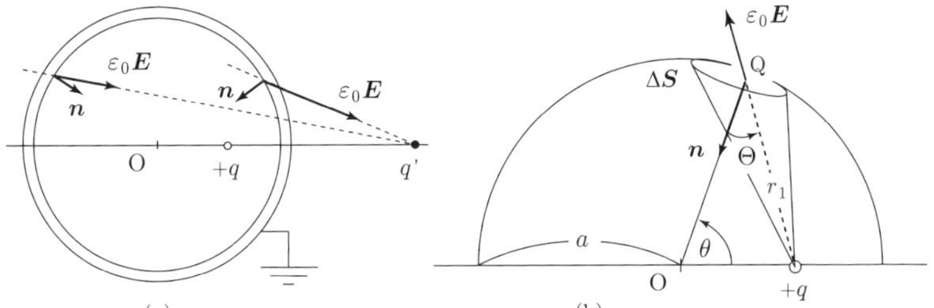

(a) (b)

図 4.20 電束線と導体表面の法線ベクトル

$$\sigma_{q'} = -\frac{q'}{4\pi r_2^2}\cos\Theta' \qquad (\theta \le \theta_0) \tag{4.68}$$

$$= +\frac{q'}{4\pi r_2^2}\cos\Theta' \qquad (\theta > \theta_0) \tag{4.69}$$

である。角 $\Theta' = \angle \mathrm{OQ}q'$ である。$\theta = \theta_0 (\cos\theta_0 = a/L)$ のとき、r_2 は球殻と接する。θ_0 を境に q' による誘起電荷の符号が上式のように反転する。σ_q ならびに $\sigma_{q'}$ を変数 θ で表示すると

$$\sigma_q = -\frac{q}{4\pi r_1^3}(a - \ell\cos\theta) \tag{4.70}$$

$$\sigma_{q'} = \mp\frac{a}{\ell}\frac{q}{4\pi r_2^3}(a - L\cos\theta) \qquad (L = a^2/\ell) \tag{4.71}$$

であり、誘起電荷密度 σ は $\sigma_q + \sigma_{q'}$ である。その総電荷量 Q は

$$Q = \int (\sigma_q + \sigma_{q'})\mathrm{d}S \tag{4.72}$$

$(\mathrm{d}S = a^2 \mathrm{d}\cos\theta \mathrm{d}\phi)$ であるが、もっと簡単に式 (4.30) から

$$\sigma_q \Delta S = -\frac{q}{4\pi}\Delta\Omega_q \ , \qquad \sigma_{q'}\Delta S = \mp\frac{q'}{4\pi}\Delta\Omega_{q'} \tag{4.73}$$

であるので（$\Delta\Omega_{q(')}$ は ΔS を電荷 $q(')$ から見込む立体角）

$$Q = -\int \frac{q}{4\pi}\mathrm{d}\Omega_q - \int \frac{q'}{4\pi}\mathrm{d}\Omega_{q'} + \int \frac{q'}{4\pi}\mathrm{d}\Omega_{q'}$$
$$= -q \tag{4.74}$$

となる。誘起電荷 q' が見込む立体角の積分範囲は第 2 項と第 3 項で打ち消しあう。

問 4-4 この例題における電荷 $+q$ にはたらくクーロン力を求めよ。積

分計算の実力養成のため、表面電荷密度 σ とのクーロン力を球面にわたり積分しても求めてみよ。

また、はたらくクーロン力を例題 4-1 (p.100) の導体平板の場合と比較・検討せよ。

4-3　電気容量とコンデンサー

本節では、複数の導体の系がつくる電位と電荷を扱う。

4-3-1　孤立した導体の電気容量

いま、半径 a の球殻状導体に電荷 Q が分布しているとき、球殻の電位（静電ポテンシャル）ϕ は

$$\phi = k_e \frac{Q}{a} \tag{4.75}$$

である。

「球面上に電荷分布があるときの静電エネルギー（1）（例題 3-2）」(p.71) で学んだように、微小電荷 $\mathrm{d}q$ を無限遠から球殻へ繰り返し運び込み、全電荷 Q とするに必要な仕事量 W、すなわち、静電ポテンシャル・エネルギー U は

$$U = \int_0^Q \phi \mathrm{d}q = \int_0^Q k_e \frac{q}{a} \mathrm{d}q = \frac{1}{2} Q\phi \tag{4.76}$$

である (式 (3.43), (3.44) 参照)。電位 ϕ は電荷量 Q に比例し、半径 a に反比例する。半径 a が大きいと、蓄積電荷量を増やしても電位の高まりは小さい。すなわち、必要な仕事量は小さくてすむ。あるいは、同じ仕事量でより多くの電荷を蓄えられる。

導体に電荷 Q を与えると、電荷は導体表面に分布し、導体の内部電場はゼロで、導体は等電位体となる。すなわち、導体は電位 ϕ をもつ。電荷を与えるための仕事 W をなしたからだ。

電位 ϕ と電荷 Q はつねに比例するので、その比例係数

$$C = \frac{Q}{\phi} \tag{4.77}$$

を**電気容量** (capacitance) といい (静電容量ともいう)、電荷の蓄えやすさを示す。電気容量は導体の形状に依存する。いまの場合、孤立した球殻状導体の電気容量は

$$C = \frac{a}{k_e} = 4\pi\varepsilon_0 a \tag{4.78}$$

である。

静電ポテンシャル・エネルギー U(式 (4.76)) を電気容量 C を用いて表すと

$$U = \frac{1}{2}Q\phi = \frac{1}{2}C\phi^2 = \frac{1}{2C}Q^2 \tag{4.79}$$

となる。

電気容量の単位は**ファラッド** (farad, F) である。電荷 Q の単位はクーロン (C)、電位 ϕ の単位はボルト (V) で、1 C の電荷を与えると 1 V の電位が得られるとき、その電気容量 C を 1 ファラッド (F) という。

$$\mathrm{F} = \frac{\mathrm{C}}{\mathrm{V}} = \frac{\mathrm{C}^2}{\mathrm{N}\cdot\mathrm{m}} \tag{4.80}$$

である。

球殻状導体に電荷 $Q = 1$(C) を与えたときに、導体の電位が $\phi = 1$(V) となる球殻半径 a は

$$C = 4\pi\varepsilon_0 a = \frac{Q}{\phi} = 1(\mathrm{F}) \quad \Rightarrow \quad a = 9 \times 10^6(\mathrm{km}) \tag{4.81}$$

となる。地球半径 (6,400 (km)) の 1,400 倍、太陽半径 (7×10^5 (km)) の 13 倍である！これはクーロン (C) の単位がもともと大き過ぎることによる。1 クーロンは、電荷の最小単位である電子や陽子電荷の 6×10^{18} 倍 (電子や陽子電荷の大きさは 1.6×10^{-19} (C)) である。このため、ファラッド (F) の単位も巨大な単位であるが、電気回路に使われる電気容量（以下の小節で扱うコンデンサーの電気容量）はマイクロファラッド (μF$= 10^{-6}$F)、ナノファラッド (nF$= 10^{-9}$F)、ピコファラッド (pF$= 10^{-12}$F) が実際的な単位として用いられる。

4-3-2 相対する導体の電気容量

2 つの導体を対置し、それぞれの導体に $+Q$ と $-Q$ の電荷を与える。両電荷は引き合い、安定して電荷を蓄えられる。このときの電気容量 C は、電荷 Q と 2 つの導体の電位の差 ($\Delta\phi = \phi_1 - \phi_2$、それを**電位差** (potential difference) とよぶ) の比として定義される。

$$C = \frac{Q}{\Delta\phi} = \frac{Q}{\phi_1 - \phi_2} \tag{4.82}$$

この導体の対を**コンデンサー** (condenser) 、あるいはキャパシター (capacitor) という。コンデンサーは電荷を蓄えることを目的とするが、また、直流電流を遮断し交流を通す機能をもつ。後者については、第 11 章で「変位電流」を学ぶまでお預けとする。

(a) 平行平板コンデンサー

（1）コンデンサーの原理を知るため、もっとも典型的な平行平板コンデンサーを扱う。

これは 2 枚の金属（導体）平板（面積 S）（電極の役割を果たす極板）を平行に、距離 d を空けて配置し (図 4.21(a))、それぞれの極板 (A, B) に電荷 $+Q$ と $-Q$ を与える。このとき、極板間の距離 d は辺の長さ ℓ よりも充分に小さく ($d \ll \ell$)、よって、極板の端での電場の乱れ（浸み出し）が無視できると考える。(図 4.21(b))。

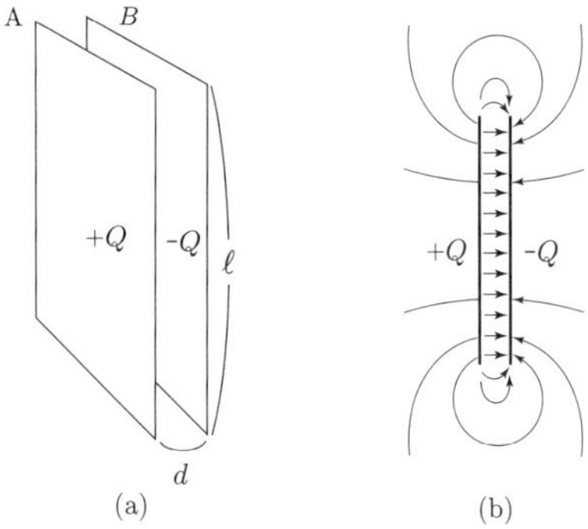

図 4.21　平行平板コンデンサー（1）

この 2 枚の極板がつくる電場は、それぞれの極板がつくる電場を重ね合わせたものであって、1 枚の極板の電場分布は極板の両側において対称であるが、極板 A と B では電荷符号が異なるため、電場ベクトルの方向が逆になる。このためコンデンサーの外側では電場は互いに打ち消し合い、内側（両極板間）でのみ電場が形成される。

1 枚の極板 A が孤立するとき、電荷 q を極板 A へ運び込むに必要な仕事量 W は

$$W = -\int_{\infty}^{\mathrm{A}} (q\boldsymbol{E}_{\mathrm{A}}) \cdot \mathrm{d}\boldsymbol{r} = q\int_{\mathrm{A}}^{\infty} \boldsymbol{E}_{\mathrm{A}} \cdot \mathrm{d}\boldsymbol{r} = q\phi_{\mathrm{A}} \tag{4.83}$$

である。$\boldsymbol{E}_{\mathrm{A(B)}}$ は孤立した極板 A(B) が電荷 $+Q(-Q)$ をもつときの電場分布を示す。

これに対し、コンデンサー ($d \ll \ell$) を形成するとその外部では $\boldsymbol{E}_{\mathrm{A}}(\boldsymbol{r}) \approx -\boldsymbol{E}_{\mathrm{B}}(\boldsymbol{r})$ であって、電場強度 $\boldsymbol{E}_{\mathrm{A}} + \boldsymbol{E}_{\mathrm{B}}$ は大きく減少する。一方、内部では異符号電荷分布の対称性から、$\boldsymbol{E}_{\mathrm{A}} = \boldsymbol{E}_{\mathrm{B}}$ である。そこで $\int_{\mathrm{A}}^{\infty} \boldsymbol{E}_{\mathrm{A}} \cdot \mathrm{d}\boldsymbol{r} \approx -\int_{\mathrm{B}}^{\infty} \boldsymbol{E}_{\mathrm{B}} \cdot \mathrm{d}\boldsymbol{r}$ であることを考えると、電荷 q を極板 A へ運び込むに必要な仕事量 W は

$$\begin{aligned} W &= -\int_{\infty}^{\mathrm{A}} \{q(\boldsymbol{E}_{\mathrm{A}} + \boldsymbol{E}_{\mathrm{B}})\} \cdot \mathrm{d}\boldsymbol{r} \\ &= q\int_{\mathrm{A}}^{\infty} \boldsymbol{E}_{\mathrm{A}} \cdot \mathrm{d}\boldsymbol{r} + q\left(\int_{\mathrm{A}}^{\mathrm{B}} \boldsymbol{E}_{\mathrm{B}} \cdot \mathrm{d}\boldsymbol{r} + \int_{\mathrm{B}}^{\infty} \boldsymbol{E}_{\mathrm{B}} \cdot \mathrm{d}\boldsymbol{r}\right) = q\int_{\mathrm{A}}^{\mathrm{B}} \boldsymbol{E}_{\mathrm{B}} \cdot \mathrm{d}\boldsymbol{r} \\ &= q\int_{\mathrm{A}}^{\mathrm{B}} \boldsymbol{E}_{\mathrm{A}} \cdot \mathrm{d}\boldsymbol{r} = q(\phi_{\mathrm{A}} - \phi_{\mathrm{B}}) = q\Delta\phi \end{aligned} \tag{4.84}$$

となる。すなわち、極板間の間隙 d を横切って、電荷を運ぶだけの仕事量のみが必要となるわけで、

$$\phi_{\mathrm{A}} - \phi_{\mathrm{B}} \ll \phi_{\mathrm{A}} \tag{4.85}$$

のため、孤立した導体に電荷を運ぶ場合と比べ、仕事量は大きく減少する。

どのような形状の電極であっても、電極間距離 d を小さくして、電極対を相対（あいたい）して設ければ、少ない仕事量 W で電荷 Q を蓄えられるわけである。これがコンデンサーの原理である。

さて、具体的に、電位差 $\Delta\phi$ を求める。

極板の端から電場の浸み出しがないとすれば、極板間の電場ベクトルは極板表面に垂直で、かつ極板全面にわたり一様な密度で分布する。また、コンデンサー外部では電場は打ち消し合い無視できる。これは $\pm Q$ の電荷をもつ極板対を対面で接近させたため、極板の外部表面にあった電荷までが引き合い、コンデンサーの内面に一様に集中したためといえる。

このとき極板の電荷密度は $\sigma = Q/S$ であって、そのつくる電場は「クーロンの定理」(p.100) から

$$E\boldsymbol{e}_z = \frac{\sigma}{\varepsilon_0}\boldsymbol{e}_z = \frac{Q}{\varepsilon_0 S}\boldsymbol{e}_z \tag{4.86}$$

であり、電位差は

$$\Delta\phi = \int_{\mathrm{A}}^{\mathrm{B}} \boldsymbol{E}\cdot \mathrm{d}\boldsymbol{r} = \frac{Q}{\varepsilon_0 S}\int_{\mathrm{A}}^{\mathrm{B}} \mathrm{d}z = \frac{Qd}{\varepsilon_0 S} \tag{4.87}$$

を得る（極板に垂直で A から B に向く方向を z 方向にとる）。よって、電気容量 C は

$$C = \frac{Q}{\Delta\phi} = \frac{\varepsilon_0 S}{d} \tag{4.88}$$

である。d が小さいほど、S が大きいほど、電気容量 C は大きくなる。

（2）通常、電極の一方を接地する (図 4.22)。

上の事情はずっと簡単に考えられる。

極板 B を接地すると、極板 B の電位は無限遠の電位と同じである。したがって、極板 A に電荷 $+Q$ を蓄えるには無限遠から $+Q$ を運ばなくとも、極板 B から運べばよい。そして、極板 B には $-Q$ が生じる（図 4.22）。

必要な仕事量 W はここでも式 (4.84) である。よって、あとは（1）と同じことである。

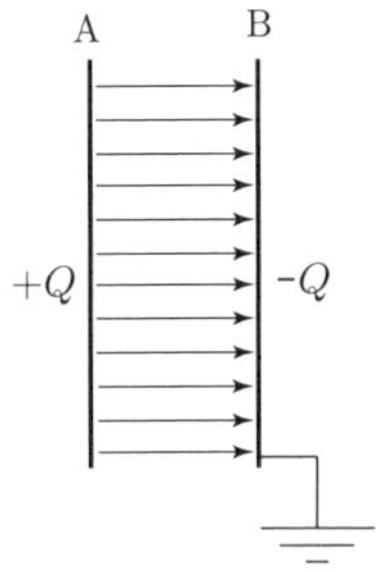

図 4.22　平行平板コンデンサー（2）

(b) 同心球のコンデンサー

図 4.23 に示すような、同心の球殻（半径 a と b、電荷 Q_a と Q_b）のあいだの電気容量を考える。

（1）はじめに電極を接地しないで考える。

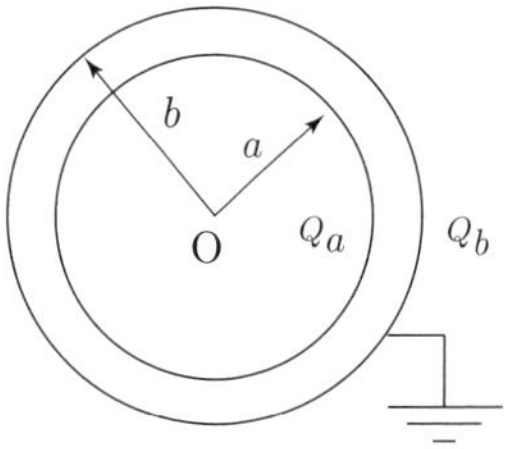

図 4.23　同心球のコンデンサー（1）

球殻対のつくる電場は、それぞれの球殻がつくる電場を重ね合わせたものである。半径 a の球殻のつくる電場 E_a は

$$
\begin{aligned}
E_a(r > a) &= k_e \frac{Q_a}{r^2} , \\
E_a(r = a) &= k_e \frac{Q_a}{a^2} , \\
E_a(r < a) &= 0
\end{aligned}
\tag{4.89}
$$

である。同様に、半径 b の球殻のつくる電場 E_b は

$$
\begin{aligned}
E_b(r > b) &= k_e \frac{Q_b}{r^2} , \\
E_b(r = b) &= k_e \frac{Q_b}{b^2} , \\
E_b(r < b) &= 0
\end{aligned}
\tag{4.90}
$$

である。球殻の球対称性から、電場ベクトルはすべて動径方向を向く ($\boldsymbol{e}_r$)。

これらを重ね合わせると、2 つの球殻のつくる電場 $\boldsymbol{E}$ は

$$
\begin{aligned}
\boldsymbol{E}(r > b) &= k_e \frac{Q_a + Q_b}{r^2} \boldsymbol{e}_r \ ; \quad \boldsymbol{E}(r = b) = k_e \frac{Q_a + Q_b}{b^2} \boldsymbol{e}_r \ ; \\
\boldsymbol{E}(b > r > a) &= k_e \frac{Q_a}{r^2} \boldsymbol{e}_r \ ; \quad \boldsymbol{E}(r = a) = k_e \frac{Q_b}{a^2} \boldsymbol{e}_r \ ; \quad \boldsymbol{E}(r < a) = 0
\end{aligned}
\tag{4.91}
$$

である。$r = b$ ならびに $r = a$ での電位は

$$
\phi(r = b) = -\int_{\infty}^{b} \boldsymbol{E} \cdot \mathrm{d}\boldsymbol{r} = \int_{b}^{\infty} k_e \frac{Q_a + Q_b}{r^2} \mathrm{d}r = k_e \frac{Q_a + Q_b}{b} \tag{4.92}
$$

$$
\phi(r = a) = -\int_{\infty}^{a} \boldsymbol{E} \cdot \mathrm{d}\boldsymbol{r} = \phi(r = b) - \int_{b}^{a} k_e \frac{Q_a}{r^2} \mathrm{d}r \tag{4.93}
$$

よって、電位差 $\Delta\phi$ は

$$
\begin{aligned}
\Delta\phi &= \phi(r = a) - \phi(r = b) = -\int_{b}^{a} k_e \frac{Q_a}{r^2} \mathrm{d}r \\
&= k_e Q_a \left(\frac{1}{a} - \frac{1}{b} \right) = k_e Q_a \frac{b - a}{ab}
\end{aligned}
\tag{4.94}
$$

を得る。最後の式から、電位差 $\Delta\phi$ は外球殻の電荷 Q_b には依存しないことが分かる。

しかし、電位 $\phi(r=a)$ ならびに $\phi(r=b)$ は両電荷 Q_a および Q_b に依存する。

$Q=Q_a=-Q_b$ とおくと、外球殻の電位は $\phi(r=b)=0$ である。平行平板コンデンサーでは外側の電場は近似的に打ち消されていたが、ここでは完全に打ち消され外側の電場はゼロであり、その結果、$r \geq b$ の領域ではどこでも電位がゼロになっている。

このコンデンサーの電気容量 C は

$$C=\frac{Q}{\Delta\phi}=\frac{ab}{b-a}\frac{1}{k_e}=4\pi\varepsilon_0\frac{ab}{b-a} \tag{4.95}$$

である。ここでも、電極間の間隙 $(b-a)$ が小さいほど、また球殻半径 a, b が大きいほど、電気容量 C は大きくなる。

（2）つぎに、外球殻を接地した状態で考える。

答えはすでに分かっているであろう。$Q_b=-Q_a$ であれば、（1）で扱ったように球殻の両者が接地されていなくとも、外球殻は電位 $\phi(r=b)=0$ である。接地したのと同じ。したがって、電気容量 C は（1）で求めたものである。

（3）では、内球殻が接地されている場合は (図 4.24(a))？

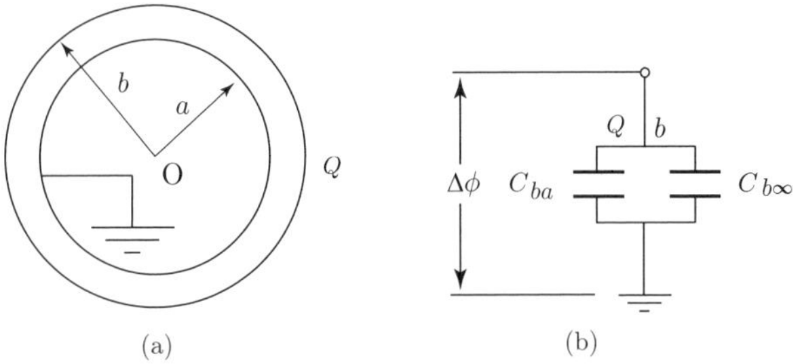

図 4.24 同心球のコンデンサー（2）

接地電極が外球殻から内球殻に代わるが、ここでも両球殻間 $a-b$ でコンデンサーを形成することには変わりがなく、またその電気容量 C_{ab} も式 (4.95) である。しかし、ここでは外球殻が外に向かって電位ゼロの無限遠との間にコンデンサーを形成する。それは孤立した半径 b の球殻の電気容量 $C_{b\infty}$ であって、式 (4.78) で a を b に置き換えたものである ($C_{b\infty}=4\pi\varepsilon_0 b$)。この構成を回路図を示すと図 4.24(b) であって、2 つのコンデンサーが並列接続になっている。よって、このときの合成電気容量 C は

$$C=C_{ba}+C_{b\infty}=4\pi\varepsilon_0\frac{ab}{b-a}+4\pi\varepsilon_0 b=4\pi\varepsilon_0\frac{b^2}{b-a} \tag{4.96}$$

である。つぎの小節「コンデンサーの接続」に合成電気容量 C の求め方を記した。

問 4-5　孤立した球殻に電荷を蓄える仕事量と、同心球コンデンサーのときに両球殻に電荷を蓄えるための仕事量を比較・議論せよ。

また、平行平板コンデンサーとの共通点、相違点を比較・議論せよ。

問 4-6　同軸円筒型コンデンサー (図 4.25(a)：内筒半径 a、外筒半径 b、長さ ℓ ($\ell \gg a$) で外筒を接地する) の電気容量を求めよ。答えは

$$C = 2\pi\varepsilon_0 \frac{\ell}{\log(b/a)} \tag{4.97}$$

である。

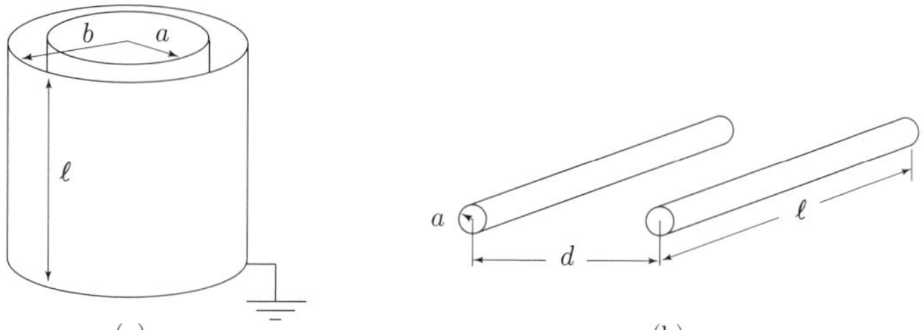

図 4.25　(a) 同軸円筒コンデンサー　と　(b) 平行導線コンデンサー

問 4-7　平行導線コンデンサー (図 4.25(b)：半径 a、間隔 d、長さ ℓ ($a \ll d,\ a \ll \ell$)) の電気容量を求めよ。答えは

$$C = \frac{\pi\varepsilon_0 \ell}{\log(b/a)} \tag{4.98}$$

である。

(c)　コンデンサーの接続

コンデンサーの電位差 $\Delta\phi$（電気回路の分野では記号 V を用いる）と電荷 Q と電気容量 C の間に

$$\Delta\phi\,(= V) = \frac{Q}{C} \tag{4.99}$$

の関係が成り立つ。抵抗 R については、電位差 $\Delta\phi$ と電流 I と抵抗 R の間にはオームの法則

表 **4.1** コンデンサーとオームの法則

コンデンサー			オームの法則	
Q	$(\mathrm{s \cdot A = C})$	$\Leftrightarrow$	I	$(\mathrm{C \cdot s^{-1} = A})$
$1/C$	$(\mathrm{V \cdot C^{-1}})$	$\Leftrightarrow$	R	$(\mathrm{V \cdot A^{-1}})$
$\Delta\phi(= V)$	(V)	$\Leftrightarrow$	$\Delta\phi\,(= V)$	(V)

電荷の単位のクーロン C と電気容量の C を混同しないように。
A は電流の単位のアンペアである。

$$\Delta\phi\,(= V) = IR \tag{4.100}$$

が成り立つ。電流に電荷、抵抗に電気容量の逆数が対応している (表 4.1)。

あらゆる電気回路には多くのコンデンサーが使われている。2 つ以上のコンデンサーが接続されるとき、それを 1 つの等価なコンデンサーの電気容量で置き換えられる。これを合成電気容量というが、それはコンデンサーの接続のし方による。

（1）並列接続

図 4.26(a) に示すように、2 つのコンデンサー (電気容量 C_1 と C_2) の端子同士をつないだものが並列接続である。端子 A, B 間に電位差 $\Delta\phi$ を与えると、それぞれのコンデンサーに蓄えられる電荷 Q_1、Q_2 は

$$Q_1 = C_1\phi_1\,, \qquad Q_2 = C_2\phi_2 \tag{4.101}$$

である。これを 1 つのコンデンサー (図 4.26(c)) で置き換えると、電位差が $\Delta\phi$ で、蓄えられる電荷量が $Q = Q_1 + Q_2$ であるので、その合成電気容量 C は

$$\left.\begin{aligned} Q &= C\Delta\phi \\ &= Q_1 + Q_2 = C_1\Delta\phi + C_2\Delta\phi = (C_1 + C_2)\Delta\phi \end{aligned}\right\}\quad C = C_1 + C_2 \tag{4.102}$$

となる。

n 個のコンデンサーが並列接続されたとき、その合成電気容量 C は

$$C = \sum_{i=1}^{n} C_i \tag{4.103}$$

であることは分かるであろう。

（2）直列接続

図 4.26(b) に直列接続を示す。それに電位差 $\Delta\phi$ を与えると、端子 A, B に電荷 $+Q$ と $-Q$ が生じる。2 つのコンデンサーが接続された (図中の D 点の) 電極同士の電位は等しく、静電誘導のため、一方（図では上のコンデンサー）には電荷 $-Q$、他方には $+Q$ が生じ、それぞれのコンデンサーは電位差 $\Delta\phi_1$、$\Delta\phi_2$ をもつことになる。この電

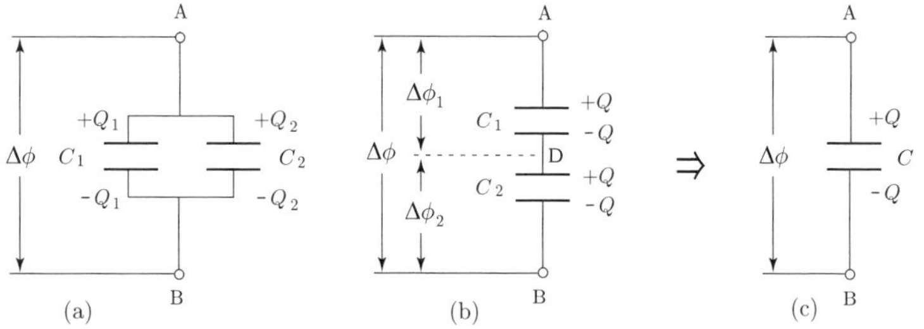

図 4.26　(a) 並列接続、(b) 直列接続と (c) 等価なコンデンサー

位差は

$$\Delta\phi_1 = \frac{Q}{C_1}\ , \qquad \Delta\phi_2 = \frac{Q}{C_2} \tag{4.104}$$

であって、その和は $\Delta\phi = \Delta\phi_1 + \Delta\phi_2$ である。すなわち、

$$\left.\begin{aligned}\Delta\phi &= \Delta\phi_1 + \Delta\phi_2 = \tfrac{Q}{C_1} + \tfrac{Q}{C_2} = \left(\tfrac{1}{C_1} + \tfrac{1}{C_2}\right) Q \\ &= Q/C\end{aligned}\right\}\ \frac{1}{C} = \frac{1}{C_1} + \frac{1}{C_2} \tag{4.105}$$

となる。

n 個のコンデンサーが直列接続されたとき、その合成電気容量 C は

$$\frac{1}{C} = \sum_{i=1}^{n} \frac{1}{C_i} \tag{4.106}$$

である。

コンデンサーを並列あるいは直列接続したときの合成電気容量の公式は、抵抗 R の場合と逆になっている。

$$\text{直列接続のとき：} R = \sum_{i=1}^{n} R_i, \qquad \text{並列接続のとき：} \frac{1}{R} = \sum_{i=1}^{n} \frac{1}{R_i} \tag{4.107}$$

その理由は、表 4.1 をみれば理解できる。コンデンサーの電気容量の逆数 $(1/C)$ が、電気的に抵抗 (R) に対応しているためである。$1/C$ でみれば、抵抗のときと同じである。

問 4-8　図 4.27 の回路（コンデンサーの電気容量はすべて C_0 とする）の合成電気容量 C を求めよ。

また、コンデンサーを抵抗で置き換えた図 4.28 の回路（抵抗はすべて R_0 とする）の抵抗 R を求めよ。

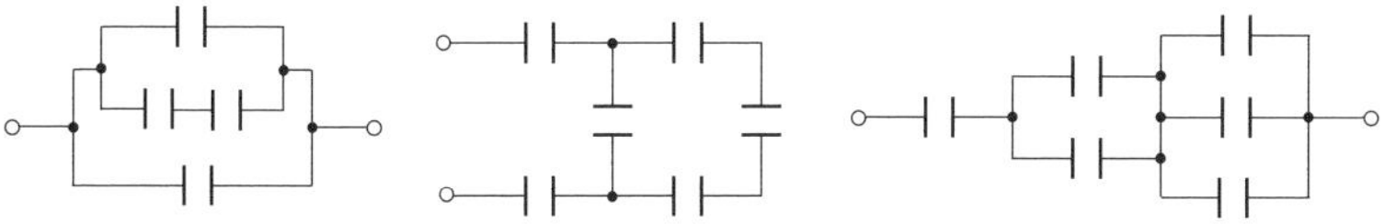

(a)　(b)　(c)

図 4.27

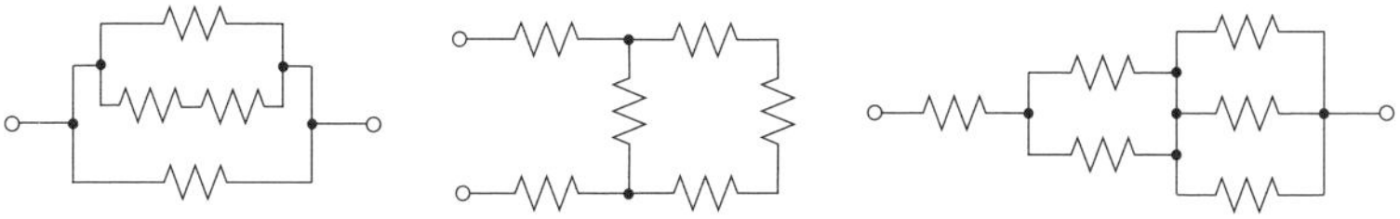

(a)　(b)　(c)

図 4.28

4-3-3　コンデンサーの静電ポテンシャル・エネルギー

式 (4.79) に孤立した導体の電気容量 C と静電ポテンシャル・エネルギー U を示した。相対した導体でコンデンサーを形成する 1 つの系では、その電気容量が C、電位差が $\Delta\phi$、電荷が Q であるので、その静電ポテンシャル・エネルギー U は

$$U = \frac{1}{2}Q\Delta\phi = \frac{1}{2}C\Delta\phi^2 = \frac{1}{2C}Q^2 \tag{4.108}$$

である。

ここでも複数のコンデンサーを接続し、その前後の静電ポテンシャル・エネルギーを考えてみるのも面白い。たとえば、2 つのコンデンサー (電気容量 $C_1,\ C_2$) をそれぞれ電位差 $\Delta\phi_1,\ \Delta\phi_2$ で電荷 $Q_1,\ Q_2$ だけ充電する。しかる後に、並列接続すると静電ポテンシャル・エネルギー U はどのようになるかを考える。

接続後の電気容量ならびに電位差をそれぞれ C と $\Delta\phi$ と記すと、接続後の電荷 Q は

$$\left.\begin{aligned} Q &= C\Delta\phi \\ &= Q_1 + Q_2 = C_1\Delta\phi_1 + C_2\Delta\phi_2 \end{aligned}\right\} \quad \Rightarrow \quad \Delta\phi = \frac{Q}{C} = \frac{C_1\phi_1 + C_2\phi_2}{C_1 + C_2} \tag{4.109}$$

である。コンデンサーの電気容量は電荷や電位差に依存せず、その形状による。また、並列接続によって全電荷量も変化しないため、これらのもとで変化するのは電位差ということになる。接続前後の静電ポテンシャル・エネルギーの変化は

$$\Delta U = \left(\frac{1}{2}C_1\Delta\phi_1^2 + \frac{1}{2}C_2\Delta\phi_2^2\right) - \frac{1}{2}C\Delta\phi^2 = \frac{1}{2}\frac{C_1C_2}{C_1 + C_2}(\Delta\phi_1 - \Delta\phi_2)^2 \tag{4.110}$$

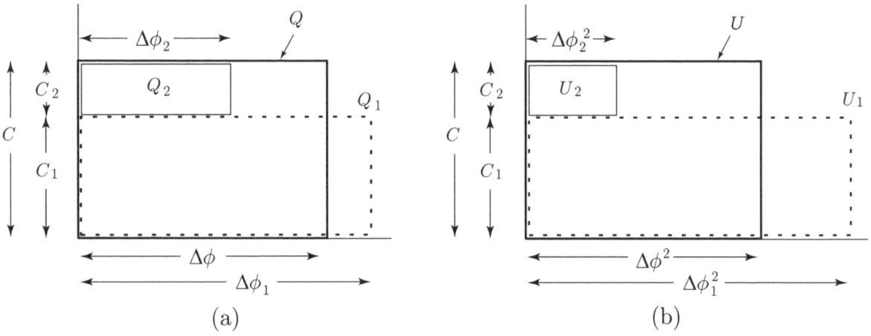

図 4.29　静電エネルギーの変化 (a) $Q = Q_1 + Q_2$, (B) $U \leq U_1 + U_2$

であって、右辺の値はつねに正値をとるので、これは接続によって失われる静電ポテンシャル・エネルギーである。このようすを図 4.29 に示す。

図 4.29(a) には、横軸に電位差、縦軸に電気容量をとった。コンデンサーに蓄えられた電荷量は長方形の面積の大きさに対応する。接続前の 2 つの長方形の面積が接続後の 1 つの長方形の面積に等しくなるように電位差 $\Delta\phi$ が変化する。これに対し静電ポテンシャル・エネルギーは電位差の 2 乗に比例するため、電荷量＝一定の制約のもとでは図 4.29(b)(横軸は電位差の 2 乗) にみるように、接続後の面積は接続前よりもつねに小さくなる（接続前後で面積が変わらない条件は $\Delta\phi_1 = \Delta\phi_2$ $(= \Delta\phi)$ である)。

問 4-9　2 つのコンデンサー（電気容量 C_1, C_2) を直列接続、あるいは並列接続して電位差 $\Delta\phi$ で充電する。それぞれのコンデンサーの静電ポテンシャル・エネルギー (U_1, U_2) の比率 $U_1 : U_2$ を求めよ。答えは

直列のとき、　$U_1 : U_2 = C_2 : C_1$

並列のとき、　$U_1 : U_2 = C_1 : C_2$

である。

第 5 章

誘電体と電束密度の物語

媒質を真空あるいは導体とするここまでは、電束密度 $\boldsymbol{D}(\boldsymbol{r})$ とは単に電場 $\boldsymbol{E}(\boldsymbol{r})$ に真空の誘電率 ε_0 を掛けたものとしてしか登場していない。その意味合いは多くの教科書では名前の通りに電束線の密度を表すものとの記述に終わっており、電場 $\boldsymbol{E}(\boldsymbol{r})$ に加えてわざわざ電束密度 $\boldsymbol{D}(\boldsymbol{r})$ という電気的な場を導入する必要性に疑問を感じている諸君もいるであろう。

電束密度 $\boldsymbol{D}(\boldsymbol{r})$ の重要性が前面に出てくるのが、誘電体を扱う個所である。そして同時に、電束密度 $\boldsymbol{D}(\boldsymbol{r})$ の意味合いの理解に諸君が戸惑うのも、また誘電体を学ぶ箇所であろう。

したがって、誘電体を扱う本章では、電束密度の果たす役割、意義に重点を置いて記した。

初等レベルで基礎をつかむために、誘電体は均質で、さらに以下で学ぶように分極 $\boldsymbol{P}(\boldsymbol{r})$ も電場 $\boldsymbol{E}(\boldsymbol{r})$ に比例するシンプルな状況設定にする。それでも、誘電体が登場するところでわけが分からなくなり、「電磁気学」をギブアップする学生さんが多い。確かに、誘電体は複雑に感じるであろう。

教科書を一所懸命に読み、考えたが、いまいち理解できず、本書を手にする学生さんを想定して、著者の誘電体と電束密度 $\boldsymbol{D}(\boldsymbol{r})$ についてのつかみ方を前面に出した。諸君の理解に役立つことを期待する。

5-1　誘電体

まず、通常の教科書同様に誘電体に関する基本事項から入る。

5-1-1　誘電体の特性

誘電体の電気的な特性を導体とくらべて、表 5.1 に示す。以下で説明を加える。

表 5.1　誘電体の特性

導体	誘電体
自由電子（伝導電子）の移動	束縛電子の変位
静電誘導	誘電分極
内部電場 $= 0$	内部電場 $\neq 0$
誘起電荷、真電荷 (true charge) ρ	分極電荷 (polarization charge)、束縛電荷 ρ_{P}
$\boldsymbol{D} = \varepsilon_0 \boldsymbol{E}$	$\boldsymbol{D}(= \varepsilon_0 \boldsymbol{E} + \boldsymbol{P}) = \varepsilon \boldsymbol{E}$

(a)　誘電分極と分極電荷

電場のはたらくもとにおいては、導体では（たとえば、金属では）自由電子が移動して導体内の電場を完全に打ち消した (図 5.1(a) 左)。しかし、絶縁体では電子は原子あるいは分子の正電荷がつくるクーロン場内に束縛されていて、その運動範囲はミクロな局所領域に限られるので、絶縁体を電場の中においても電荷が移動することはなく、正電荷と負電荷の存在領域が互いに逆方向に微小距離だけ変位することとなる (図 5.1(b) 左)。正負電荷が重なり「中性」であった原子あるいは分子が電気的に**分極** (polarization) するわけで、これが**誘電分極** (dielectric polarization) と呼ばれるものであり、誘電分極を起こすことから絶縁体を**誘電体** (dielectric) という。

分極は誘電体の組成に依存し、その大きさははたらく外部電場 $\boldsymbol{E}_0$ の強度にもよる。分極機構の理解には原子、分子の視点からの解析が必要であるが、われわれは原子、分子の微視的スケールで電場を扱っているわけではないので、分極を巨視的なスケールで均（なら）し、平均化した電気的な「場」として、その現象論的に現れる効果を学ぶ。

平均化するため、原子や分子構造やそれらの領域での急激な電場の変動は均され消える。そして、誘電体の特性は**分極電荷** (polarization charge) という巨視的な電気量

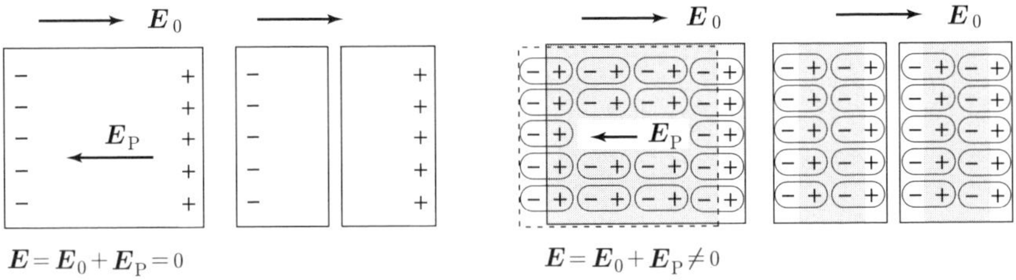

(a) 静電誘導と真電荷　　(b) 誘電分極と分極電荷

図 5.1　誘電体の分極

で表示される。

すでに記したが本書では、誘電体は均質であって、その分極は作用する電場に比例するもの、つまり、分極の強さは電場と線形の関係にあり（のちに式 (5.9) として記す)、その関係を破るほど電場は強くないと考える。

外部電場 $\boldsymbol{E}_0$ がはたらいていないときは、誘電体は巨視的スケールでは、その体積内に一様な体積密度で満たされた正電荷 $(+\rho_{\mathrm{P}})$ と、同じ一様な体積密度で満たされた負電荷 $(-\rho_{\mathrm{P}})$ が重ね合わさって存在する、電気的に「中性」の物質と見做せる。

分極現象は、誘電体に電場 $\boldsymbol{E}_0$ がはたらくことにより、この一様な正電荷分布と負電荷分布が相対的に微小距離 $\delta\boldsymbol{r}$ だけ変位したものである。その結果、図 5.1(b) の左図のように、その側面の一方に面密度 $+\sigma_{\mathrm{P}} = +\rho_{\mathrm{P}}|\delta\boldsymbol{r}|$ の正電荷が、他方に $-\sigma_{\mathrm{P}} = -\rho_{\mathrm{P}}|\delta\boldsymbol{r}|$ の負電荷が現れる。この ρ_{P} を**体積分極電荷密度** ($[\,\rho_{\mathrm{P}}\,] = \mathrm{C\cdot m^{-3}}$) といい、$\sigma_{\mathrm{P}}$ を**表面分極電荷密度** ($[\,\sigma_{\mathrm{P}}\,] = \mathrm{C\cdot m^{-2}}$) という[1)]。

(b) 真電荷と束縛電荷

誘電体の両側面に誘起される分極電荷 $\pm\sigma_{\mathrm{P}}$ は、誘電体内部では外部電場 $\boldsymbol{E}_0$ を打ち消す向きに電場 $\boldsymbol{E}_{\mathrm{P}}$ を形成するが、その強度は十分でなく部分的な打ち消しにとどまる。また、誘電体外部にも電場 $\boldsymbol{E}_{\mathrm{P}}$ を生じる。誘電体内外ともに、$\boldsymbol{E}_0$ に重ね合わさって電場 $\boldsymbol{E} = \boldsymbol{E}_0 + \boldsymbol{E}_{\mathrm{P}}$ をつくる。分極電荷がつくる電場 $\boldsymbol{E}_{\mathrm{P}}$ を分極電場と呼ぶ。

導体の静電誘導で誘起される電荷は図 5.1(a) 右に示したように、原理的には導体を切り分けて正電荷と負電荷をそれぞれ独立に分離して取り出すことができる。その意味でこれらの電荷を**真電荷**と呼ぶ。これに対して、分極電荷は束縛状態にあって（よって、**束縛電荷**と呼ばれ)、誘電体を切り分けてそれらの正あるいは負電荷を個別に取り出すことはできない。図 5.1(b) の右側に図示したように、磁石を分割して N 極あるいは S 極の磁荷を単独で取り出せないのに似ている。

(c) 外部電場 $\boldsymbol{E}_0$

本書でも多くの教科書でも「外部」電場ということばを用いるが、その意味内容を正確に捉えておかないで混同して受けとると、文脈の論理が違って混乱するばかりとなる。充分に注意を払って読み進めることが大切である。

通常、「外部」電場とは、電場の成因の視点から誘電体の分極による分極電荷 ρ_{P} 以外が、本章の議論対象では真電荷 ρ がつくる電場を指す。幾何学的に、誘電体の「外

---

1) 本書では、ρ ならびに σ 表示は体積電荷密度と面積電荷密度を指すが、「密度」を落して記すこともある。別に意味はなく、単に手間を省いているだけである。

部」にある真電荷からの電場を指すものと理解して間違いではないが、(5-5 節の問 5-4、問 5-5 のように）真電荷が誘電体内にあっても真電荷のつくる電場は誘電体に対しては「外部」電場である。真電荷が誘電体の外にあろうが内にあろうが問題でなく、分極電荷の電場でないということである（また、第 10 章で登場する「電磁誘導」による電場も「外部」電場である)。

多くの教科書では「外部」電場は $\boldsymbol{E}_0$ あるいは $\boldsymbol{E}_e$ と記され、分極電荷がつくる電場は $\boldsymbol{E}_\mathrm{P}$ あるいは $\boldsymbol{E}'$ で示される[2)]。本書では $\boldsymbol{E}_0$ と $\boldsymbol{E}_\mathrm{P}$ を用いるが、より明確にするため、文中の電場にはその記号をも付して記すように努める。

5-1-2　コンデンサーと誘電体のはたらき

分極電荷のはたらきを見るための典型例としてコンデンサーが使われるので、ここでもそれを扱っておく（真空中のコンデンサーは 4-3 節「電気容量とコンデンサー」p.120 で扱った)。

平行平板コンデンサー (間隙 d, 極板面積 S) を例にとり、電場内での誘電体の振る舞いをみる (いつものように極板の両端での電場の浸み出しは無視する)。

真空中の電極に $\pm Q_0$（面密度 $\sigma_0 = Q_0/S$）の電荷を与える (図 5.2(a)) と、電極間の電場 E_0 は「クーロンの定理」(p.100) を用いて

$$E_0 = \frac{\sigma_0}{\varepsilon_0} = \frac{Q_0}{\varepsilon_0 S} \tag{5.1}$$

と得られ、電極間の電位差は $\Delta\phi_0(= V_0) = E_0 d$ であって、コンデンサーの電気容量は

$$C_0 = \frac{Q_0}{\Delta\phi_0} = \frac{\varepsilon_0 S}{d} \tag{5.2}$$

である (図 5.2(a))。

電極の電荷 $\pm Q_0$ はそのままにして電極間に直方体の誘電体を挿入すると (図 5.2(b))、誘電体に分極が起こり、極板に面する両側面に分極電荷 $\pm Q_\mathrm{P}$ (面密度 $\sigma_\mathrm{P} = Q_\mathrm{P}/S$) が誘起される。誘電体内部にも分極は生じているが、電気的には正負の電荷が重なり合い「中性」である。

コンデンサーでは極板と誘電体は近接した構造になっているが、この間隙の電場についても後刻議論したいので図 5.2(b) ではそれらの領域を広く図示した。すなわち、誘電体の上側面に一様に分布する電荷 $-Q_\mathrm{P}$ は、その上下域で一様な電場 $\sigma_\mathrm{P}/(2\varepsilon_0)$ を

---

2)　第 4 章では導体の誘起電荷がつくる電場を $\boldsymbol{E}'$ と記した。本書では誘電体の分極電荷のつくる電場を $\boldsymbol{E}_\mathrm{P}$ と記すので、誘起電場と分極電場を混同しないはずである。なお、誘起電荷は真電荷であり、そのつくる電場は「外部」電場である。

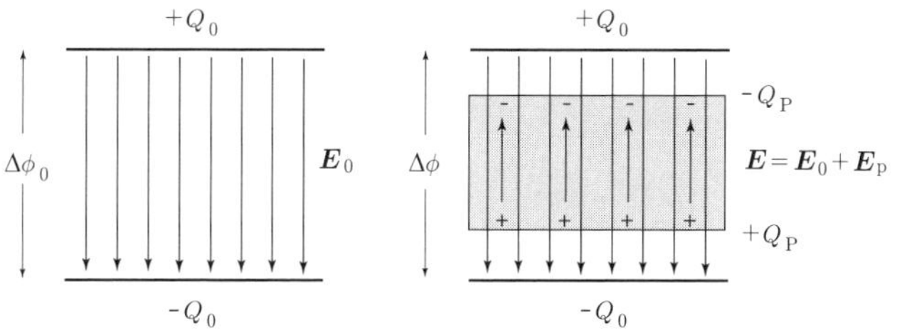

(a) 真空中、静電容量 C_0　(b) 誘電体挿入、静電容量 C

図 5.2 誘電体とコンデンサー

生じる。下側面でも同じように、その上下域で、ただし逆向きの一様な電場 $\sigma_{\mathrm{P}}/(2\varepsilon_0)$ を生じる。これらの電場は誘電体の外では大きさが等しく、向きが互いに反対のため、打ち消し合って消え、誘電体内部では向きが揃うため、$E_{\mathrm{P}} = -\sigma_{\mathrm{P}}/\varepsilon_0$ の一様な電場分布をつくる。よって、誘電体内部の電場 E

$$E = E_0 + E_{\mathrm{P}} = \frac{Q_0}{\varepsilon_0 S} - \frac{Q_{\mathrm{P}}}{\varepsilon_0 S} = \frac{1}{\varepsilon_0}(\sigma_0 - \sigma_{\mathrm{P}}) \tag{5.3}$$

は分極のため小さくなり $(E < E_0)$、その分だけ電位差は下がる $(\Delta\phi = (E_0 + E_{\mathrm{P}})d < \Delta\phi_0)$。一方、電極の与えられた電荷 Q_0 は誘電体の有無にかかわらず変化せず、あくまでも Q_0 であるので、誘電体を挿入したときの電気容量を C と記せば、$Q_0 = C_0\Delta\phi_0 = C\Delta\phi$ である。よって、電気容量 C は

$$C = \frac{Q_0}{\Delta\phi} = \frac{Q_0}{Ed} = \frac{\sigma_0 S}{(\sigma_0 - \sigma_{\mathrm{P}})d/\varepsilon_0} = C_0\frac{\sigma_0}{\sigma_0 - \sigma_{\mathrm{P}}} \tag{5.4}$$

となり、電極間が真空であるときの電気容量 C_0 よりも大きくなる $(C > C_0)$。なお、誘起される電荷 Q_{P} は誘起する電荷 Q_0 よりも大きくはならない $(\sigma_{\mathrm{P}} < \sigma_0)$。

このことから、同じ電位差 $\Delta\phi$ をコンデンサーの電極間に供給するとき、誘電体を挿入することによってより多くの電荷がコンデンサーに蓄積できることになる。この電気容量の比を**比誘電率** ε_r という。

$$C = \varepsilon_r C_0 \tag{5.5}$$

比誘電率 ε_r は誘電体の分極特性を表す定数であって、電場が伝わる媒質が誘電体であるとき、その誘電率 (permittivity)ε は真空の誘電率 ε_0 を単位とし、

$$\varepsilon = \varepsilon_r \varepsilon_0 \tag{5.6}$$

である。前節「電気容量とコンデンサー」(p. 120) でみたように、電極間が真空であるコンデンサーの電気容量 C_0 にはつねに ε_0 がかかっているのと同じように、誘電体

表 5.2　比誘電率 ε_r

物質	比誘電率 ε_r	条件
チタン酸バリウム	$\sim 5{,}000$	27 °C
水	80.4	20 °C
雲母	8.5	20-100 °C, 50-10^6 Hz
石英ガラス	3.8	20-150 °C, 50-10^8 Hz
乾燥空気	1.00054	20 °C

比誘電率 ε_r は温度や電位差の周波数（交流時）に依存する。

を挿入したコンデンサーの電気容量 C には $\varepsilon(=\varepsilon_r\varepsilon_0)$ が掛かることになる。

表 5.2 にいくつかの物質の比誘電率を載せた。

問 5-1　コンデンサーに誘電体を挿入したときの電気容量 C を、上では電極に一定の電荷 Q_0 を与えて考えた。こんどは、コンデンサーを定電圧電源（$\Delta\phi(=V)=$ 一定）に接続し、一定の電位差 $\Delta\phi$ を与えて、電気容量 C を導け。

5-1-3　分極 $\boldsymbol{P}$

上でみた分極を定式化する。

前々小節で記したように電場のはたらくもとでは、誘電体の一様に分布する正負の体積分極電荷密度 $\pm\rho_{\mathrm{P}}$ が相対的に $\delta\boldsymbol{r}$ だけ変位する。

この変位ベクトル $\delta\boldsymbol{r}$ は負電荷を基準に、正電荷の変位、と考える。相対的な基準であるので、正電荷を基準にして負電荷が $-\delta\boldsymbol{r}$ だけ変位するとしても、あるいは正電荷と負電荷がそれぞれ $\delta\boldsymbol{r}/2$ と $-\delta\boldsymbol{r}/2$ だけ変位するとしてもよい。変位 $\delta\boldsymbol{r}$ を負電荷から正電荷へととるのは、分極の効果を電気双極子モーメント $\boldsymbol{p}$ が生じたものと見做すに合致した取り扱いである。「電気双極子のつくる電場（例題 2-1）」(p.36) で定めたように距離 ℓ だけ離れた $+q$ と $-q$ の電荷対の電気双極子モーメントは、$-q$ から $+q$ へと向かうベクトル $\boldsymbol{p}=q\boldsymbol{\ell}$ で表示したのを思い出すとよい。

誘電体全体にわたり単位体積当たりの電荷 $\pm\rho_{\mathrm{P}}$ が $\delta\boldsymbol{r}$ だけ変位するので、誘起される単位体積当たりの電気双極子モーメントは

$$\boldsymbol{P}(\boldsymbol{r})=\rho_{\mathrm{P}}\delta\boldsymbol{r} \tag{5.7}$$

であり、$\boldsymbol{P}(\boldsymbol{r})$ は**誘電分極の強さ**あるいは**分極**の定式表示である。ρ_{P} ならびに $\delta \boldsymbol{r}$ は、非均質な誘電体物質や電場が一様でないときは場所 $\boldsymbol{r}$ の関数となる。

この分極の次元（単位）は体積当たりの電荷量 ρ_{P} と変位 δr の積であって、

$$[\,\boldsymbol{P}\,] = \left(\frac{\mathrm{C}}{\mathrm{m}^3}\right) \cdot \mathrm{m} = \frac{\mathrm{C}}{\mathrm{m}^2} \tag{5.8}$$

である。変位方向に垂直な単位面積を通って、正分極電荷が移動した量であって (図 5.3)、電束密度や表面分極電荷密度と同じ次元（単位）をもつ。

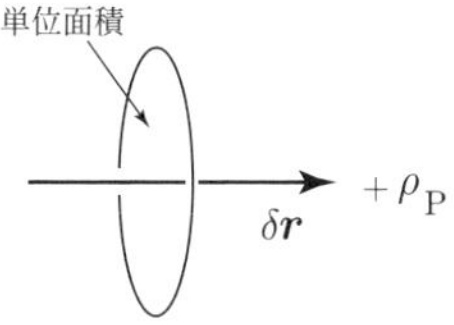

図 **5.3** 分極の単位

(a) 電気感受率 χ_e

図 5.2 で見るように、誘起された表面分極電荷 σ_{P} は分極電場 $\boldsymbol{E}_{\mathrm{P}}$ をつくり、電場を $\boldsymbol{E} = \boldsymbol{E}_0 + \boldsymbol{E}_{\mathrm{P}}$ とする。分極 $\boldsymbol{P}$ は $\boldsymbol{E}_0$ でなく、$\boldsymbol{E}_0 + \boldsymbol{E}_{\mathrm{P}}$ に比例する。

$$\boldsymbol{P} = \chi_e \varepsilon_0 \boldsymbol{E} \tag{5.9}$$

であり、χ_e をその誘電体の**電気感受率** (electric susceptibility) [3] あるいは**分極率** (polarizability) といい、無次元の量であって、誘電体により固有の値をもち、$\chi_e > 0$ である。上式を見れば分かるように、誘電体にかかる電束密度 $\varepsilon_0 \boldsymbol{E}$ を単位にしたとき、χ_e は分極 $\boldsymbol{P}$ の大きさを示す。

チタン酸バリウムのように χ_e が非常に大きい（3,000-5,000）と分極も異常に大きくなるように思えるが、それは $\varepsilon_0 E_0$ を超えることはできず、そこでは逆に電場 E が非常に小さくなっている。式 (5.8) で記したように、分極 $\boldsymbol{P}$ は変位方向に垂直な単位面積を通って正分極電荷が移動した量であるので、図 5.2 のコンデンサーの場合は $P = Q_{\mathrm{P}}/S$ と書け、$E = (Q_0 - Q_{\mathrm{P}})/\varepsilon_0 S$(式 (5.3)) であるので、式 (5.9) の関係は

$$Q_{\mathrm{P}} = \frac{\chi_e}{1+\chi_e} Q_0 \qquad \to \qquad \sigma_{\mathrm{P}} = \frac{\chi_e}{1+\chi_e} \sigma_0 \tag{5.11}$$

となる。χ_e が充分に大きいと分極電荷量は $Q_{\mathrm{P}} \simeq Q_0$ となり、$\boldsymbol{E}_0$ と $\boldsymbol{E}_{\mathrm{P}}$ の電場の向きは逆だが、大きさがほぼ等しくなって、$\boldsymbol{E} \simeq 0$ となる。一方、χ_e が小さい（空気では 0.00059）と分極は少なく、よって、$\boldsymbol{E} \simeq \boldsymbol{E}_0$ である。

---

[3] 教科書によっては式 (5.9) を

$$\boldsymbol{P} = \chi_e \boldsymbol{E} \tag{5.10}$$

と定義し、電気感受率を本書での $\varepsilon_0 \chi_e$ とする。このとき、電気感受率は無次元ではなく ε_0 と同じ次元をもつことに注意。

(b) 分極 $\boldsymbol{P}$ と分極電荷 ρ_{P}, σ_{P}

分極ベクトル $\boldsymbol{P}$（分極電荷の変位）は誘電体全体にわたり分布しており、側面の負分極電荷から始まり、側面の正分極電荷で終わる。

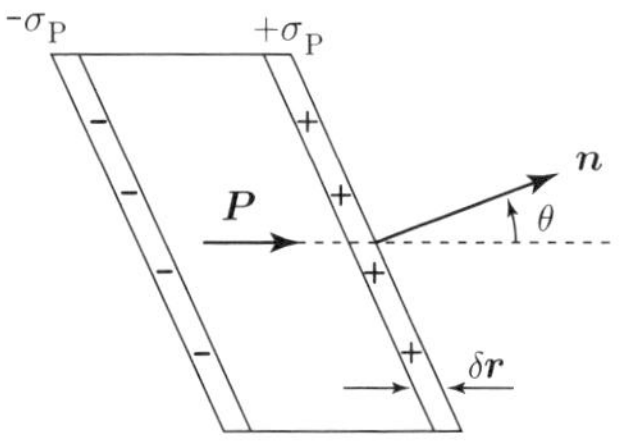

図 **5.4**　表面分極電荷密度 σ_{P}

誘電体内あるいは側面の任意の微小面積 $\Delta\boldsymbol{S}(=\Delta S\boldsymbol{n}$, $\boldsymbol{n}$は$\Delta\boldsymbol{S}$の法線ベクトル) から変位により浸み出す分極電荷量（ΔS を通過する分極ベクトル $\boldsymbol{P}$）は

$$\Delta Q_{\mathrm{P}} = \boldsymbol{P}\cdot\Delta\boldsymbol{S} \tag{5.12}$$

であって、表面分極電荷密度 σ_{P} は

$$\sigma_{\mathrm{P}} = \frac{\Delta Q_{\mathrm{P}}}{\Delta S} = \boldsymbol{P}\cdot\boldsymbol{n} = P\cos\theta \tag{5.13}$$

である。θ は $\boldsymbol{P}$ と $\boldsymbol{n}$ のなす角である。

前小節や上図のように分極 $\boldsymbol{P}$ が一様なときは、誘電体内は電気的に「中性」($\rho_{\mathrm{P}}=0$) で分極電荷は側面にのみ現れる。しかし、内部での電場 $\boldsymbol{E}$ が一様でないときは、分極 $\boldsymbol{P}$ も電場と同様に変化する。このとき、誘電体内に任意の閉曲面 S を考えると (図 5.5)、これを通して浸み出す分極電荷量 Q_{P} は式 (5.12) を閉曲面 $\boldsymbol{S}$ にわたり総和（面積分）をとれば求められ、

$$Q_{\mathrm{P}} = \oint_S \boldsymbol{P}\cdot\mathrm{d}\boldsymbol{S} \tag{5.14}$$

である。

閉曲面 S から電荷 Q_{P} が浸み出すということは、その分だけの電荷量が閉曲面内から供給されるわけであり、それは電荷の保存則から同じ量の負電荷 $-Q_{\mathrm{P}}$ が閉曲面内に取り残されることになる。この $-Q_{\mathrm{P}}$ は閉曲面内の分極電荷密度 ρ_{P} を体積積分することにより

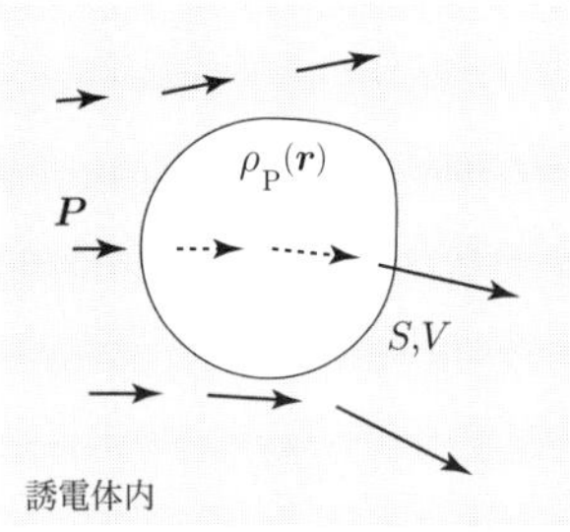

図 **5.5**　非一様な分極 $\boldsymbol{P}$ と体積分極電荷密度 ρ_{P}

$$-Q_{\mathrm{P}} = \int_V \rho_{\mathrm{P}}(\boldsymbol{r})\mathrm{d}v \tag{5.15}$$

と求められる（ρ_{P} は常に正値をもつものでないことに留意)。V は閉曲面内の体積である。上 2 式から分極 $\boldsymbol{P}$ と分極電荷密度 ρ_{P} は

$$\oint_S \boldsymbol{P} \cdot \mathrm{d}\boldsymbol{S} = -\int_V \rho_{\mathrm{P}} \mathrm{d}v \tag{5.16}$$

の関係をもつ。これに「ガウスの定理」(式 (2.82)) を用いて

$$\oint_S \boldsymbol{A}(\boldsymbol{r}) \cdot \mathrm{d}\boldsymbol{S} = \int_V \nabla \cdot \boldsymbol{A}(\boldsymbol{r})\ \mathrm{d}v \tag{2.82}$$

式 (5.16) を微分形に書き直すと

$$\nabla \cdot \boldsymbol{P} = -\rho_{\mathrm{P}} \tag{5.17}$$

を得る。すなわち、分極 $\boldsymbol{P}$ の分布に発散があると、その位置に分極電荷密度 $\rho_{\mathrm{P}} \neq 0$ が存在するということである。逆に、誘電体内の分極電荷密度がゼロ（=「中性」）であっても、電荷の変位がない ($\boldsymbol{P} = 0$) ということではない。一様な変位あるいは発散をゼロとする変位は存在し得る ($\nabla \cdot \boldsymbol{P} = 0, \mathrm{but}\ \boldsymbol{P} \neq 0$)。問 1-2 (p.21) と問 2-8 (p.56) で扱った点電荷のつくる r の逆 2 乗で変化する電場ベクトルが 1 例となる。それは原点以外では、発散はゼロであるが、電場はゼロでない ($\nabla \cdot \boldsymbol{E} = 0, \mathrm{but}\ \boldsymbol{E} \neq 0$) のと類似する。分極 $\boldsymbol{P}$ の発生点のはじめは誘電体側面の負の分極電荷であり、逆側面の正の分極電荷で吸収され、終わる。

5-1-4 分極と電気双極子モーメント

分極 $\boldsymbol{P}$ は前小節で記したように単位体積当たりの電気双極子モーメントといえる ($[\ \boldsymbol{P}\ ] = (\mathrm{C} \cdot \mathrm{m}) \cdot \mathrm{m}^{-3}$, $[\ \boldsymbol{p} = q\boldsymbol{\ell}$(電気双極子モーメント) $] = \mathrm{C} \cdot \mathrm{m}$)。

$$\boldsymbol{P}(\boldsymbol{r}) = \rho_{\mathrm{P}} \delta \boldsymbol{r} \tag{5.7}$$

(上式の $\delta \boldsymbol{r}$ は電荷の変位であって、以下の距離 $\boldsymbol{r}$ と混同しないように)。

誘電分極によりこの電気双極子モーメントが誘電体にわたり分布するわけであり、誘電体表面でその終端が表面分極電荷密度 $\pm\sigma_{\mathrm{P}}$ として現れる。

いま、分極の向きに z 軸をとり、z 軸に沿って誘電体を貫く微小な断面積 S の棒状の円筒を考え (両底面 A、B は誘電体表面に相当する)、この誘電体棒が周囲につくる電位 $\phi(\boldsymbol{r})$ を求める (図 5.6)。電場は $\boldsymbol{E}(\boldsymbol{r}) = -\nabla\phi(\boldsymbol{r})$ から得られる。

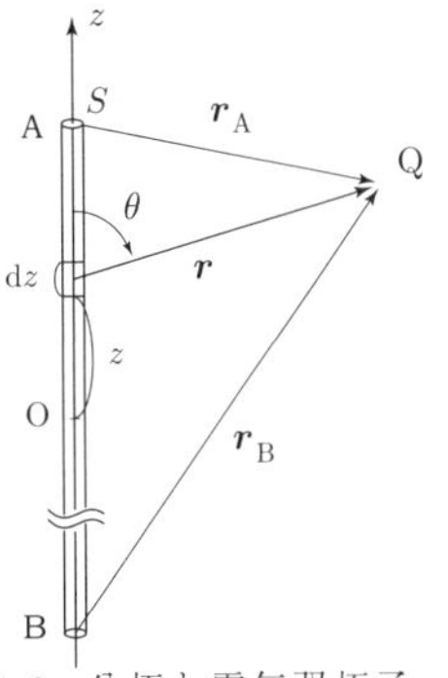

図 5.6 分極と電気双極子モーメント

微小な電気双極子モーメント $\mathrm{d}\boldsymbol{p}$ が棒状に並んでつくる電位 ϕ は、$\mathrm{d}\boldsymbol{p}$ のつくる電位 $\mathrm{d}\phi$ を棒に沿って足し合

せれば (積分すれば) 得られる。しかも、電気双極子モーメント $\boldsymbol{p} = q\boldsymbol{\ell}$ のつくる電位 $\phi(\boldsymbol{r})$ はすでに「電気双極子のつくる静電ポテンシャル（例題 3-1)」(p.67) で求めた。

$$\phi(\boldsymbol{r}) = \frac{\boldsymbol{p}\cdot\boldsymbol{r}}{4\pi\varepsilon_0 r^3} \qquad (3.29)$$

そこで、棒の中心を原点 O とし、棒上の z 位置にある微小な長さ dz の電気双極子モーメント d$\boldsymbol{p}$ ($q = PS,\ \boldsymbol{\ell} = \mathrm{d}\boldsymbol{z}$) から任意の点 Q への距離を $\boldsymbol{r}$、A, B からの距離を $\boldsymbol{r}_\mathrm{A}, \boldsymbol{r}_\mathrm{B}$ と記し (図 5.6)、電気双極子モーメント d$\boldsymbol{p}$ のつくる電位 dϕ を書き出すと、

$$\mathrm{d}\phi(\boldsymbol{r}) = \frac{\mathrm{d}\boldsymbol{p}\cdot\boldsymbol{r}}{4\pi\varepsilon_0 r^3} = \frac{(PS\mathrm{d}\boldsymbol{z})\cdot\boldsymbol{r}}{4\pi\varepsilon_0 r^3} = \frac{PS\mathrm{d}z\cos\theta}{4\pi\varepsilon_0 r^2} \qquad (5.18)$$

であって、θ は z 軸と $\boldsymbol{r}$ のなす角である。$\mathrm{d}z\cos\theta = -\mathrm{d}r$ [4] とおき、dϕ を $r = r_\mathrm{B}$ から r_A まで積分して ϕ を得る。

$$\phi = \int_{r_\mathrm{B}}^{r_\mathrm{A}} \mathrm{d}\phi = \frac{PS}{4\pi\varepsilon_0}\left(\frac{1}{r_\mathrm{A}} - \frac{1}{r_\mathrm{B}}\right) \qquad (5.19)$$

これは棒の両端に表面分極電荷 $\pm PS$ があるときの電位に等しい。すなわち、電荷 $\pm PS$ が距離 A − B 離れた 1 つの電気双極子がつくる電位であり、電荷 $\pm PS$ は表面分極電荷密度で表すと $\pm\sigma_\mathrm{P} S$ である。

棒の内部の分極電荷 $\pm\rho_\mathrm{P}$ は、外部の電場ならびに電位の形成には何ら寄与していない。これは、内部の分極電荷 $\pm\rho_\mathrm{P}$ は均され、電気的には「中性」であることによる。

一様な誘電体の分極とは、このような微小な断面積をもつ棒状誘電体の集積物からなるものと考えればよく、それらの電場の重ね合わせが誘電体のつくる分極電場 $\boldsymbol{E}_\mathrm{P}$ である。

5-2　電場と電束密度

5-2-1　誘電体と電場 $\boldsymbol{E}$

(a) 電場 $\boldsymbol{E}$ と電荷密度 ρ

さて、誘電体での電場 $\boldsymbol{E}(\boldsymbol{r})$ を書きだそう。

---

4) dz の微小増加は r を $\mathrm{d}r = -\mathrm{d}z\cos\theta$ だけ微小減少する。余弦定理から $(r-\mathrm{d}r)^2 = r^2 + (\mathrm{d}z)^2 + 2r\mathrm{d}z\cos\theta$ なので、この式を展開し 2 次の微小量を無視すれば、$-\mathrm{d}r = \mathrm{d}z\cos\theta$ を得る。

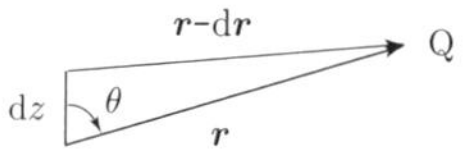

まず、真電荷 $\rho(\boldsymbol{r})$ が生ずる外部電場 $\boldsymbol{E}_0(\boldsymbol{r})$ がある。つぎに、この電場 $\boldsymbol{E}_0$ の影響下で誘電体に分極が起こり、分極電荷 $\rho_{\mathrm{P}}(\boldsymbol{r})$ が現れる。分極電荷は束縛電荷ではあるが、電荷であることに変わりなく、電場をつくる。この電場を $\boldsymbol{E}_{\mathrm{P}}(\boldsymbol{r})$ と記す。

電場の視点から見れば、誘電体の効果は分極電荷 $\rho_{\mathrm{P}}(\boldsymbol{r})$ で置き替えられ、誘電体を取り除くことができる。

そうすると、誘電体内外の静電場 $\boldsymbol{E}(\boldsymbol{r})$ は真電荷 $\rho(\boldsymbol{r})$ と分極電荷 $\rho_{\mathrm{P}}(\boldsymbol{r})$ のつくる真空中の電場の重ね合わせとして得られ、$\boldsymbol{E}(\boldsymbol{r}) = \boldsymbol{E}_0(\boldsymbol{r}) + \boldsymbol{E}_{\mathrm{P}}(\boldsymbol{r})$ である。電荷分布のつくる電場はすでに式 (2.16) として学んでおり、

$$\boldsymbol{E}(\boldsymbol{r}) = \boldsymbol{E}_0(\boldsymbol{r}) + \boldsymbol{E}_{\mathrm{P}}(\boldsymbol{r}) = \frac{1}{4\pi\varepsilon_0}\int \frac{\{\rho(\boldsymbol{r}') + \rho_{\mathrm{P}}(\boldsymbol{r}')\}(\boldsymbol{r}-\boldsymbol{r}')}{|\boldsymbol{r}-\boldsymbol{r}'|^3}\mathrm{d}v' \tag{5.20}$$

である。

(b) 電場 $\boldsymbol{E}$ の法則

このとき、静電場 $\boldsymbol{E}(\boldsymbol{r})$ についての「ガウスの法則」は

$$\nabla \cdot \boldsymbol{E} = \frac{1}{\varepsilon_0}(\rho + \rho_{\mathrm{P}}) \tag{5.21}$$

であり、真電荷 ρ あるいは分極電荷 ρ_{P} の存在するところで電場の生成や吸収が生じる。上式を積分表示すると

$$\oint_S \boldsymbol{E} \cdot \mathrm{d}\boldsymbol{S} = \frac{1}{\varepsilon_0}\int_V (\rho + \rho_{\mathrm{P}})\mathrm{d}v \tag{5.22}$$

であって、空間に任意の閉曲面 S（体積 V）をとると、S を貫く電気力線の総数はその内部に含まれる真電荷と分極電荷の和に $1/\varepsilon_0$ を掛けたものに等しい。

「ガウスの法則」は、真電荷あるいは分極電荷だけにおいてもそれぞれに成り立つ。

さらに、静電場の「保存場の法則」は、3-3 節 (式 (3.60)) で学んだように

$$\nabla \times \boldsymbol{E}(\boldsymbol{r}) = 0 \tag{3.60}$$

あるいは積分表記する (式 (3.9)) と電場 $\boldsymbol{E}$ の閉曲線 C に沿っての線積分は

$$\oint_C \boldsymbol{E}(\boldsymbol{r}) \cdot \mathrm{d}\boldsymbol{r} = 0 \tag{3.9}$$

である。ここでの $\boldsymbol{E}(\boldsymbol{r})$ は ρ と ρ_{P} のつくる電場 (式 (5.20)) であるが、$\boldsymbol{E}_0(\boldsymbol{r})$ あるいは $\boldsymbol{E}_{\mathrm{P}}(\boldsymbol{r})$ だけにおいても「保存場の法則」は成り立つ。

そして、電場がゼロである無限遠を基準とする静電ポテンシャル $\phi(\boldsymbol{r})$

$$\phi(\boldsymbol{r}) = -\int_{\infty}^{r} \boldsymbol{E}(\boldsymbol{r}') \cdot \mathrm{d}\boldsymbol{r}' \tag{3.12}$$

が定義できる。逆に、静電ポテンシャル $\phi(\boldsymbol{r})$ が分かれば、その勾配として

$$\boldsymbol{E}(\boldsymbol{r}) = -\nabla\phi(\boldsymbol{r}) \tag{3.25}$$

電場 $\boldsymbol{E}(\boldsymbol{r})$ を知ることができる。静電ポテンシャル $\phi(\boldsymbol{r})$ はポアソンの方程式

$$\Delta\phi = -\frac{\rho + \rho_{\mathrm{P}}}{\varepsilon_0} \tag{5.23}$$

を解いて求められる。その際の真空と誘電体の境界条件についてはのちほど記す。

これらの事事柄はすでに第 3 章で学んだものの誘電体版である。

5-2-2　誘電体と電束密度 $\boldsymbol{D}$

真空中での電束密度は $\boldsymbol{D} = \varepsilon_0 \boldsymbol{E}$ として定義した（2-2-4 小節「電気力線と電束線」p.39）。誘電体中の電束密度 $\boldsymbol{D}$ は、通常以下のようにして定義拡張する。

(a)　電束密度 $\boldsymbol{D}$ の定義

外部電場 $\boldsymbol{E}_0$ の中に誘電体が存在するとき、電場は $\boldsymbol{E} = \boldsymbol{E}_0 + \boldsymbol{E}_{\mathrm{P}}$ であり、われわれが測定できるのは電場 $\boldsymbol{E}$(式 (5.20)) であって、$\boldsymbol{E}_0$ と $\boldsymbol{E}_{\mathrm{P}}$ を別々に分離し、測定できるわけでない。

したがって、外部電場 $\boldsymbol{E}_0$ と分極電場 $\boldsymbol{E}_{\mathrm{P}}$ の寄与を区別し、場ならびに電荷の分布を理解するには、電場 $\boldsymbol{E}$ の他に独立に情報を供給するもうひとつの場 が必要となる。それは、電場 $\boldsymbol{E}$ によって誘導される分極に関連するものよりも、真電荷 ρ から直接求められる場を採用するのが合理的である。それがここで導入する電束密度 $\boldsymbol{D}$ である。

そこで、式 (5.21) ならびに式 (5.22) の電場に ε_0 を掛け、電束密度の次元をもつ変数に換算しておくと

$$\varepsilon_0 \nabla \cdot \boldsymbol{E} = \rho + \rho_{\mathrm{P}} \tag{5.24}$$

$$\varepsilon_0 \oint_S \boldsymbol{E} \cdot \mathrm{d}\boldsymbol{S} = \int_V (\rho + \rho_{\mathrm{P}}) \mathrm{d}v \tag{5.25}$$

である。また、すでに見たように分極電荷 ρ_{P} と分極 $\boldsymbol{P}$ の間にはつぎの関係が成り立つ。

$$\nabla \cdot \boldsymbol{P} = -\rho_{\mathrm{P}} \tag{5.17}$$

$$\oint_S \boldsymbol{P} \cdot \mathrm{d}\boldsymbol{S} = -\int_V \rho_{\mathrm{P}} \mathrm{d}v \tag{5.16}$$

ここで単独に測定することのできない分極電荷 ρ_{P} を電場 $\boldsymbol{E}$ ならびに分極 $\boldsymbol{P}$ の関係式から消去し、場と電荷の等式の形にまとめると

$$\nabla \cdot (\varepsilon_0 \boldsymbol{E} + \boldsymbol{P}) = \rho \tag{5.26}$$

$$\oint_S (\varepsilon_0 \boldsymbol{E} + \boldsymbol{P}) \cdot \mathrm{d}\boldsymbol{S} = \int_V \rho \, \mathrm{d}v \tag{5.27}$$

となる。そこで

$$\boldsymbol{D} = \varepsilon_0 \boldsymbol{E} + \boldsymbol{P} \tag{5.28}$$

を 電束密度 $\boldsymbol{D}$ と再定義する。式 (5.26) ならびに式 (5.27) を $\boldsymbol{D}$ で表記すると、

$$\nabla \cdot \boldsymbol{D} = \rho \tag{5.29}$$

$$\oint_S \boldsymbol{D} \cdot \mathrm{d}\boldsymbol{S} = \int_V \rho \, \mathrm{d}v \tag{5.30}$$

である。これらは電束密度 $\boldsymbol{D}$ についての、微分形と積分形の「ガウスの法則」であり、電束密度 $\boldsymbol{D}$ は真電荷分布 $\rho(\boldsymbol{r})$ から

$$\boldsymbol{D}(\boldsymbol{r}) = \frac{1}{4\pi} \int \frac{\rho(\boldsymbol{r}')(\boldsymbol{r} - \boldsymbol{r}')}{|\boldsymbol{r} - \boldsymbol{r}'|^3} \mathrm{d}v' \tag{5.31}$$

と求まる。

誘電体が存在しないときは分極 $\boldsymbol{P}$ も分極電場 $\boldsymbol{E}_{\mathrm{P}}$ もないので、電場は $\boldsymbol{E} = \boldsymbol{E}_0$、電束密度は $\boldsymbol{D} = \varepsilon_0 \boldsymbol{E}_0$ であって、真空での電束密度の定義 (式 (2.33): $\boldsymbol{D}(\boldsymbol{r}) = \varepsilon_0 \boldsymbol{E}(\boldsymbol{r})$) を満足する。

(b)　電束密度 $\boldsymbol{D}$ についての疑問

$\boldsymbol{D}$ の定義式 (5.28) から、電束密度 $\boldsymbol{D}$ は分極 $\boldsymbol{P}$ のはたらきも含むと考えるか？　それでは、本小節のはじめに述べた「真電荷 ρ から直接求められる場として電束密度 $\boldsymbol{D}$ を採用する」という当初の論理と矛盾しないか？　あるいは、式 (5.29) ならびに式 (5.30) では、「電束密度 $\boldsymbol{D}$ は真電荷 ρ から直接求められる場」であるとする当初の目論(もくろ)み通りになっているようだ。が、こんどは逆に分極電荷の寄与がない、と心配になっていないか？

これらの疑問が電束密度 $\boldsymbol{D}$ の解釈を混乱させる。

これらの疑問に答える以前に、必要な事柄をまず先に学ぶことにする。

5-2-3　誘電率 ε

分極 $\boldsymbol{P}$ は電場 $\boldsymbol{E}$ に比例する。

$$\boldsymbol{P} = \chi_e \varepsilon_0 \boldsymbol{E} \tag{5.9}$$

したがって、電束密度 $\boldsymbol{D}$ も電場 $\boldsymbol{E}$ も分極 $\boldsymbol{P}$ も同じ方向を向く。式 (5.9) を式 (5.28) に代入すると

$$\boldsymbol{D} = (1 + \chi_e)\varepsilon_0 \boldsymbol{E} \tag{5.32}$$

であり ($\chi_e (> 0)$ は電気感受率)、誘電体の誘電率 ε を

$$\varepsilon = (1 + \chi_e)\varepsilon_0 \tag{5.33}$$

と定義すると、

$$\boldsymbol{D} = \varepsilon \boldsymbol{E} \tag{5.34}$$

と書ける。真空における電束密度と電場の関係

$$\boldsymbol{D} = \varepsilon_0 \boldsymbol{E} \tag{5.35}$$

と同じ形式になった。違いは ε_0 が ε に変わっただけである。ε は真空の誘電率 ε_0 と同じ次元（単位）

$$[\varepsilon] = \frac{\mathrm{C}^2}{\mathrm{N} \cdot \mathrm{m}^2} \tag{5.36}$$

をもち、$\varepsilon > \varepsilon_0 > 0$ の正値をとる。ε_0 も ε も電場 $\boldsymbol{E}$ と電束密度 $\boldsymbol{D}$ の間の換算係数で次元をもつスカラー量である。比誘電率 ε_r ならびに電気感受率 χ_e と

$$\frac{\varepsilon}{\varepsilon_0} = \varepsilon_r = 1 + \chi_e \tag{5.37}$$

の関係にある。

誘電率 ε あるいは電気感受率 χ_e は誘電体により固有の数値を示す (表 5.2 に比誘電率 ε_r を示す)。電束密度 $\boldsymbol{D}(\boldsymbol{r})$ は真電荷分布 $\rho(\boldsymbol{r})$ から式 (5.31) で求められ、それを誘電率 ε あるいは ε_0 で割れば誘電体内あるいは外の電場 $\boldsymbol{E}(\boldsymbol{r})$ が得られる。分極電荷 ρ_{P} や分極 $\boldsymbol{P}$ に代わり、誘電率 ε を知ることにより、誘電体内の電場 $\boldsymbol{E}$ を得ることができる。

5-2-4 境界条件

誘電体での電場 $\boldsymbol{E}$、電束密度 $\boldsymbol{D}$ は、真電荷 ρ、分極電荷 ρ_{P} からつぎのように定まる。

$$\boldsymbol{E}(\boldsymbol{r}) = \frac{1}{4\pi\varepsilon_0}\int \frac{\{\rho(\boldsymbol{r}') + \rho_{\mathrm{P}}(\boldsymbol{r}')\}(\boldsymbol{r}-\boldsymbol{r}')}{|\boldsymbol{r}-\boldsymbol{r}'|^3}\mathrm{d}v' \qquad (5.20)$$

$$\boldsymbol{D}(\boldsymbol{r}) = \frac{1}{4\pi}\int \frac{\rho(\boldsymbol{r}')(\boldsymbol{r}-\boldsymbol{r}')}{|\boldsymbol{r}-\boldsymbol{r}'|^3}\mathrm{d}v' \qquad (5.31)$$

あるいは、静電ポテンシャル ϕ についてのポアソンの方程式 (5.23) から $\boldsymbol{E} = -\nabla\phi$ ならびに $\boldsymbol{D} = \boldsymbol{E}/\varepsilon$ を介して、

$$\Delta\phi(\boldsymbol{r})\left(= -\frac{\rho(\boldsymbol{r}) + \rho_{\mathrm{P}}(\boldsymbol{r})}{\varepsilon_0}\right) = -\frac{\rho(\boldsymbol{r})}{\varepsilon} \qquad (5.38)$$

求められる。

このとき、電場 $\boldsymbol{E}$ ならびに電束密度 $\boldsymbol{D}$ は境界条件を満たさねばならない。それをみる。

一様な誘電体 (誘電率 ε) が境界面をもって真空あるいは他の誘電体に面していると考える (図 5.7)。媒質 1（真空ないし他の誘電体、誘電率 ε_1）から $\boldsymbol{D}_1$ ないし $\boldsymbol{E}_1$ が、境界面の法線方向（$\boldsymbol{n}_1$）から θ_1 の角で入射し、媒質 2（誘電率 $\varepsilon_2, \varepsilon_2 > \varepsilon_1$ とする）へ $\boldsymbol{D}_2$ ないし $\boldsymbol{E}_2$ として出射（$\boldsymbol{n}_2$ から θ_2 の角）するものとする。

境界面に真電荷 ρ がないとし、境界面を挟む円柱 (図 5.7(a)) を考え、電束密度 $\boldsymbol{D}$ についての「ガウスの法則」(式 (5.30)) を適用する。

$$\oint_S \boldsymbol{D}\cdot\mathrm{d}\boldsymbol{S} = \oint_V \rho\mathrm{d}v = 0 \qquad (5.39)$$

円柱の高さは、その側面を貫く電束数が無視できるほど薄いものとする。そうすると、「ガウスの法則」は上底面を下から上へと貫く電束数と下底面を上から下へ貫く電束数

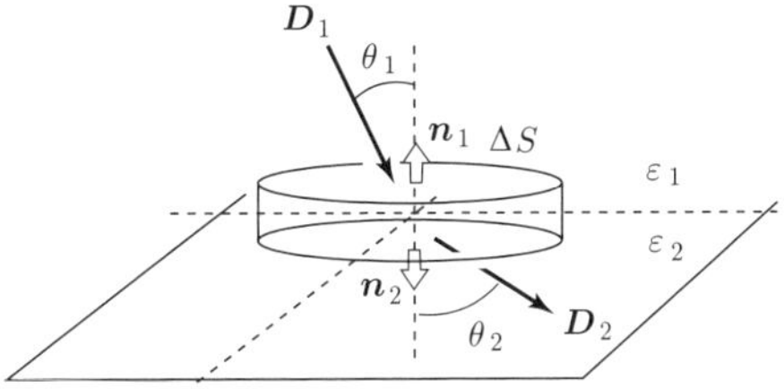

(a) 境界での電束密度

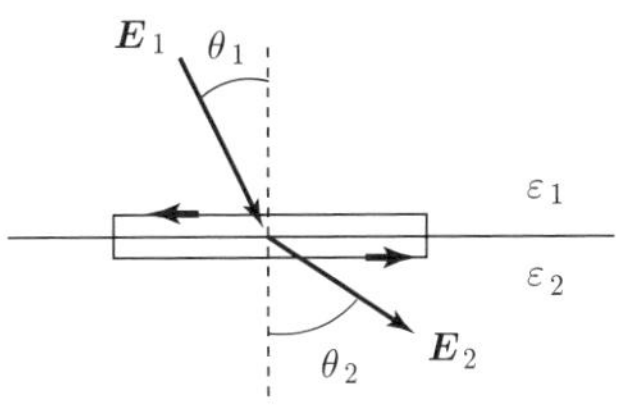

(b) 境界での電場

図 5.7 誘電体の境界条件

が等しい

$$\boldsymbol{D}_1 \cdot \boldsymbol{n}_1 = \boldsymbol{D}_2 \cdot \boldsymbol{n}_2 \quad \rightarrow \quad D_1 \cos\theta_1 = D_2 \cos\theta_2 \ (\boldsymbol{D}_{1\perp} = \boldsymbol{D}_{2\perp}) \tag{5.40}$$

ことを教える。すなわち、電束密度 $\boldsymbol{D}$ の境界面に対する垂直成分は、境界面を挟んで連続である。この関係を電場 $\boldsymbol{E}$ に焼き直すと、$\varepsilon_1 < \varepsilon_2$ のため

$$\varepsilon_1 E_1 \cos\theta_1 = \varepsilon_2 E_2 \cos\theta \quad \rightarrow \quad E_1 \cos\theta_1 > E_2 \cos\theta_2 \ (\boldsymbol{E}_{1\perp} > \boldsymbol{E}_{2\perp}) \tag{5.41}$$

であって、電場の垂直成分は境界面を挟んで不連続で、誘電率の小さい媒質の方が大きな垂直成分をもつ。

つぎに、図 5.7(b) のように電束線を含み境界面に直交する長方形を考え、電場について「保存場の法則」(式 (3.9)) を適用する。

$$\oint_C \boldsymbol{E}(\boldsymbol{r}) \cdot \mathrm{d}\boldsymbol{r} = 0 \tag{3.9}$$

このとき、境界面に垂直な経路はその寄与が無視できるほど短いとする。そうすると、電場の境界面に平行な成分に関して

$$E_1 \sin\theta_1 = E_2 \sin\theta_2 \ (\boldsymbol{E}_{1\parallel} = \boldsymbol{E}_{2\parallel}) \tag{5.42}$$

の関係を得る。これを電束密度 $\boldsymbol{D}$ に焼き直すと、

$$\varepsilon_1 E_1 \sin\theta_1 < \varepsilon_2 E_2 \sin\theta_2 \quad \rightarrow \quad \boldsymbol{D}_{1\parallel} < \boldsymbol{D}_{2\parallel} \tag{5.43}$$

であって、誘電率の小さい媒質の方が小さい平行成分をもつ。

以上をまとめると、

$$\boldsymbol{D}_{1\perp} = \boldsymbol{D}_{2\perp} \quad \& \quad \boldsymbol{D}_{1\parallel} < \boldsymbol{D}_{2\parallel} \qquad (\varepsilon_1 < \varepsilon_2) \tag{5.44}$$

$$\boldsymbol{E}_{1\perp} > \boldsymbol{E}_{2\perp} \quad \& \quad \boldsymbol{E}_{1\parallel} = \boldsymbol{E}_{2\parallel} \qquad (\varepsilon_1 < \varepsilon_2) \tag{5.45}$$

であって、この関係を図示したのが図 5.8 である。真空から誘電体への電束線 $\boldsymbol{D}$ は分極 $\boldsymbol{P}$ のため、境界面で増加する。一方、電気力線 $\boldsymbol{E}$ は表面分極電荷 σ_{P} に一部が吸収されて、境界面で減少する。分極 $\boldsymbol{P}$ の効果を反映したのが誘電率 ε であって、真空側の電場 $\boldsymbol{E}_1$ を $\varepsilon_1(=\varepsilon_0)$ 倍し、誘電体側を ε_2 倍すると、図 5.8(b)→(a) へ移るのは気づいたであろう。

以上が、特に、式 (5.40) ならびに式 (5.42) が、誘電体が存在するときの電場 $\boldsymbol{E}$ ならびに電束密度 $\boldsymbol{D}$ の振る舞いを決める境界条件となる。

式 (5.40) ならびに式 (5.42) から

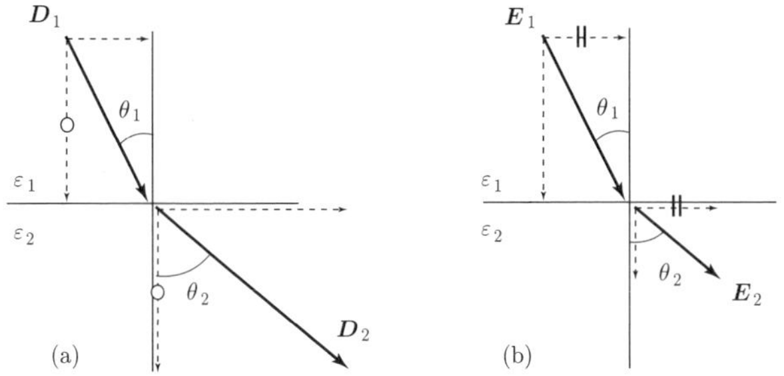

図 5.8 境界面での (a) 電束密度 $\boldsymbol{D}$ と (b) 電場 $\boldsymbol{E}$

$$\frac{\tan\theta_1}{\tan\theta_2} = \frac{\varepsilon_1}{\varepsilon_2} \tag{5.46}$$

の関係が得られる。これは、誘電率が異なる一様な物質間の境界面における電場 $\boldsymbol{E}$（電気力線）ならびに電束密度 $\boldsymbol{D}$（電束線）の**屈折の法則** と呼ばれる。屈折角 θ は誘電率の大きい誘電体で増加すると覚えればよい。

境界面に真電荷 ρ があるときは、電束密度 $\boldsymbol{D}$ についての式 (5.40) は

$$D_2\cos\theta_2 = D_1\cos\theta_1 + \rho \quad (\boldsymbol{D}_{2\perp} = \boldsymbol{D}_{1\perp} + \rho) \tag{5.47}$$

となるが、電場については式 (5.42) の関係は保持される。

5-2-5 誘電体中の電場 $\boldsymbol{E}$ と電束密度 $\boldsymbol{D}$ の測定

誘電体中の電場 $\boldsymbol{E}$ ならびに電束密度 $\boldsymbol{D}$ は、その測定の観点からつぎのように説明される。すなわち、測定できる物理量は根本的には力 $\boldsymbol{F}$ の形をとり、電気力については測定プローブである点電荷 q にはたらく力 $\boldsymbol{F} = q\boldsymbol{E}$ であって、これから得られる情報は「潜在的な力の場」としての電場 $\boldsymbol{E}$ である。

まず、電場 $\boldsymbol{E}$ である。

均質な誘電体中に電場の方向に沿って小さな径の細長い穴をつくり (図 5.9(a))、その中の真空中の電場 $\boldsymbol{E}_1$ を測定すれば、電場についての境界条件、式 (5.45)：$\boldsymbol{E}_{1\parallel} = \boldsymbol{E}_{2\parallel}$ から、それが誘電体内の電場 $\boldsymbol{E}_2$ である。ただし、穴の軸上の両側面に生じる表面分極電荷 $\pm\sigma_{\mathrm{P}}$ の影響を無視できるだけ小さくするために、穴の径は充分小さくする。

つぎに、電束密度 $\boldsymbol{D}$ である。

電場に垂直な方向に薄い厚みの平板状の隙間をつくり (図 5.9(b))、その真空中の電場 $\boldsymbol{E}_1$ を測定する。それに ε_0 を掛けたものは真空中の電束密度 ($\boldsymbol{D}_1 = \varepsilon_0\boldsymbol{E}_1$) であり、

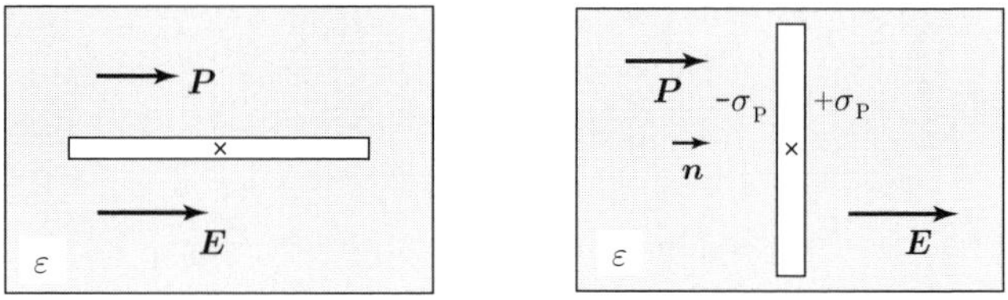

(a) 電場の測定　　(b) 電束密度の測定

図 5.9　誘電体中の電場と電束密度

電束密度についての境界条件、式 (5.44)：$\boldsymbol{D}_{1\perp} = \boldsymbol{D}_{2\perp}$ から、それが誘電体中の電束密度 $\boldsymbol{D}_2$ でもある。ここで、隙間の側面に表面分極電荷密度 σ_P が現れることに注意。しかし、それは真電荷でないため、境界面に垂直な電束密度の連続性に影響は与えない。

同じことを以下のように考えることもできる。

隙間を設ける前の誘電体中の電場 $\boldsymbol{E}_2$ と分極 $\boldsymbol{P}$ と電束密度 $\boldsymbol{D}_2$ の関係は定義により $\boldsymbol{D}_2 = \varepsilon_0 \boldsymbol{E}_2 + \boldsymbol{P}$ であり、隙間を空けたときの真空中では分極が生じないので $\boldsymbol{D}_1 = \varepsilon_0 \boldsymbol{E}_1$ である。この $\boldsymbol{D}_1$ を以下のように追いかけると、$\varepsilon_0 \boldsymbol{E}_2$ と等価であることが分かる。

すなわち、隙間をつくることによって、その両側面に新たに表面分極電荷密度 $\sigma_P = \boldsymbol{P} \cdot \boldsymbol{n}$ が生じるので、それがつくる電場 $\boldsymbol{E}_{in}$ は

$$\boldsymbol{E}_{in} = -\frac{\sigma_P}{\varepsilon_0}\boldsymbol{n} \qquad (\boldsymbol{D}_{in} = \varepsilon_0 \boldsymbol{E}_{in} = -\sigma_P \boldsymbol{n}) \tag{5.48}$$

であり、分極 $\boldsymbol{P}$ とは反対を向く。隙間の電束密度 $\boldsymbol{D}_{in}$ を分極 $\boldsymbol{P} = \sigma_P \cdot \boldsymbol{n}$ で書き表せば、

$$\boldsymbol{D}_{in} = -\boldsymbol{P} \qquad (\boldsymbol{E}_{in} = -\frac{\boldsymbol{P}}{\varepsilon_0}) \tag{5.49}$$

である。真空中の電束密度 $\boldsymbol{D}_1$ は磁性体内の電束密度 $\boldsymbol{D}_2$ に表面分極電荷密度 σ_P のつくる電束密度 $\boldsymbol{D}_{in}$ を加えたものであるので、

$$\boldsymbol{D}_1 = \boldsymbol{D}_2 + \boldsymbol{D}_{in} = \boldsymbol{D}_2 - \boldsymbol{P} = \varepsilon_0 \boldsymbol{E}_2 \tag{5.50}$$

となる。$\boldsymbol{D}_1 = \varepsilon_0 \boldsymbol{E}_1$ であるので、測定した電場 $\boldsymbol{E}_1$ は誘電体の電場 $\boldsymbol{E}_2$ に等しいことが分かる。

なお、隙間を設けることによっては電束密度は $\boldsymbol{D}_2 \to \boldsymbol{D}_2 + \boldsymbol{D}_{in}$ に変化するが、電場 $\boldsymbol{E}$ は変化しない。

5-3 いくつかの具体例

以上、電場 $\boldsymbol{E}$、分極 $\boldsymbol{P}$、電束密度 $\boldsymbol{D}$ について記したが、それでもいまいち納得できないと感じている読者もいるであろう。もっともよいのは、問題を解くことだ。諸君が確信できないと感じる事柄に答えてくれるであろう例題を以下にいくつかあげる。

「コンデンサーと誘電体のはたらき」(p.134) でみた平行平板コンデンサーが誘電体の理解に大変シンプルでよい。が、逆にそれが誤解、混乱を招く一因にもなるようだ。

図 5.2 に示したように、極板に面した誘電体の両側面にそれぞれ電荷 $-Q_{\mathrm{P}}(=\sigma_{\mathrm{P}}S)$ あるいは $+Q_{\mathrm{P}}$ が一様に誘起され、これらのつくる電場は極板と誘電体の間の空間では互いに打ち消しあうため、その領域の電場は極板にある真電荷 $\pm Q_0(\sigma_0 S)$ のつくる電場 $\boldsymbol{E}_0$ となる。このため、誘電体の外の電場は つねに 真電荷のみによってつくられるものと誤解される。

また、誘電体内の電場は $\boldsymbol{E}_0(=\sigma_0/\varepsilon_0)+\boldsymbol{E}_{\mathrm{P}}(=-\sigma_{\mathrm{P}}/\varepsilon_0)$ であるが、分極 $\boldsymbol{P}(P=\sigma_{\mathrm{P}})$ が $\varepsilon_0\boldsymbol{E}_{\mathrm{P}}$ 成分を打ち消して、電束密度 $\boldsymbol{D}$ は誘電体の外の真空中の電束密度 $\varepsilon_0\boldsymbol{E}_0$ と等しくなる。これが関係式 $\nabla\cdot\boldsymbol{D}=\rho$ を表しており、電束密度 $\boldsymbol{D}$ の分布は つねに 誘電体が存在しないときの電束密度の分布と同じであると誤解する。

以下の例題を理解すれば、これらの間違った解釈も氷解するであろう。

5-3-1 一様な電場内での誘電体板（例題 5-1）

一様な外部電場 $\boldsymbol{E}_0$ のもとに、電場の向きから傾いて無限に広い誘電体（誘電率 ε）の板が存在する場合を考える (図 5.10)。電気力線を含む平面をとり、図のように誘電体表面に垂直に x 方向、平行に y 方向を定め、入射角と屈折角をそれぞれ θ と ϕ と記す。

(a) 真空側の電場

このとき、誘電体の両表面に一様な表面分極電荷 $\pm\sigma_{\mathrm{P}}$ が誘導され、そのつくる電場は誘電体外では打ち消しあってゼロとなり、誘電体内では足しあって、

$$\boldsymbol{E}_{\mathrm{P}}=-\frac{\sigma_{\mathrm{P}}}{\varepsilon_0}\boldsymbol{e}_x \tag{5.51}$$

となることは平行平板コンデンサーのところ (p.134) ですでにみた。したがって、真空側の電場 $\boldsymbol{E}$ は誘電体の影響を受けずに、もとのままの電場 $(\boldsymbol{E}=)\boldsymbol{E}_0$ である。

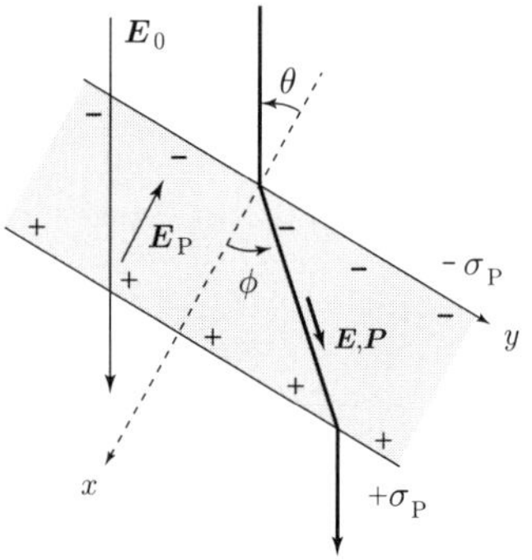

図 **5.10**　一様な電場内での誘電体板

(b) 誘電体内の電場

電場 $\boldsymbol{E}_{\rm P}$ は対称性から、$-x$ 方向を向く (図 5.10)。外部電場 $\boldsymbol{E}_0$ と同じ向きでないことに注意。このことから誘電体内の電場 $\boldsymbol{E}$ は

$$\boldsymbol{E} = \boldsymbol{E}_0 + \boldsymbol{E}_{\rm P} \tag{5.52}$$

であって、入射角 θ よりも大きな屈折角 ϕ をもつことが分かる。表面分極電荷 $\sigma_{\rm P}$ は

$$\sigma_{\rm P} = \boldsymbol{P}\cdot\boldsymbol{n} = \varepsilon_0\chi_e\boldsymbol{E}\cdot\boldsymbol{n} = \varepsilon_0\chi_e E\cos\phi \tag{5.53}$$

であるので、電場 $\boldsymbol{E}$(式 (5.52)) は

$$\boldsymbol{E} = E\cos\phi\boldsymbol{e}_x + E\sin\phi\boldsymbol{e}_y \tag{5.54}$$

$$= \boldsymbol{E}_0 - \frac{\sigma_{\rm P}}{\varepsilon_0}\boldsymbol{e}_x = (E_0\cos\theta - \chi_e E\cos\phi)\boldsymbol{e}_x + E_0\sin\theta\boldsymbol{e}_y \tag{5.55}$$

である。これを成分ごとに展開し、

$$x\ \text{方向：}\quad E_0\cos\theta = \chi_e E\cos\phi + E\cos\phi \tag{5.56}$$

$$y\ \text{方向：}\quad E_0\sin\theta = E\sin\phi \tag{5.57}$$

2 つの関係式から、電場の大きさ E と屈折角 ϕ は

$$E = E_0\sqrt{\sin^2\theta + \left(\frac{\varepsilon_0}{\varepsilon}\right)^2\cos^2\theta} \tag{5.58}$$

$$\tan\phi = (1+\chi_e)\tan\theta = \frac{\varepsilon}{\varepsilon_0}\tan\theta \tag{5.59}$$

と求まる。式 (5.59) は電場の「屈折の法則」(式 (5.46)) である。

なお、式 (5.57) は電場についての境界条件 ($\boldsymbol{E}_{0\parallel} = \boldsymbol{E}_{\parallel}$: 式 (5.45)) であり、また、式

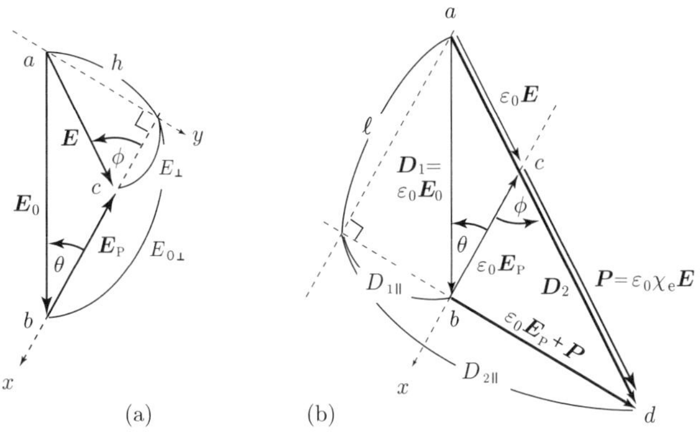

図 5.11　(a) 電場と (b) 電束密度

(5.56) の両辺に ε_0 を掛けたものは電束密度についての境界条件 ($\boldsymbol{D}_{0\perp} = \boldsymbol{D}_{\perp}$：式 (5.44)) になっている。

分極の影響が誘電体外に現れず、分極電場 $\boldsymbol{E}_{\mathrm{P}}$ は誘電体内だけで、かつ、表面 (y 軸) に垂直 ($-x$ 軸) なので、幾何学的に容易に電場、分極、電束密度の様子をつかむことができる (図 5.11)。

電場 $\boldsymbol{E} = \boldsymbol{E}_0 + \boldsymbol{E}_{\mathrm{P}}$ は誘電体表面に沿って高さ $h(= |\boldsymbol{E}_{0\parallel}| = E_0 \sin\theta)$ の三角形 Δabc を構成する (図 5.11(a))。$\boldsymbol{E}_0$ と $\boldsymbol{E}$ の境界面に沿っての成分が等しく ($\boldsymbol{E}_{0\parallel} = \boldsymbol{E}_{\parallel} = h$)、また、境界面に垂直な成分は $\boldsymbol{E}_{0\perp} > \boldsymbol{E}_{\perp}$ である。この電場についての境界条件は $\boldsymbol{E}_{\mathrm{P}}$ が境界面に垂直であることから自動的に満たされる。

この三角形の各辺を ε_0 倍すれば、電束密度の世界を描くことができる (図 5.11(b))。分極 $\boldsymbol{P}$ は $\boldsymbol{E}$ に比例するため、$\varepsilon_0\boldsymbol{E}$ の延長線上 ($\overrightarrow{cd}$) にあり、両者を足し合わせたものが誘電体内の電束密度 $\boldsymbol{D} = \varepsilon_0\boldsymbol{E} + \boldsymbol{P}$ である。この $\boldsymbol{D}(\overrightarrow{ad})$ の大きさは、電束密度についての境界条件 ($\boldsymbol{D}_{1\perp} = \boldsymbol{D}_{2\perp}$, $\boldsymbol{D}_{1\parallel} < \boldsymbol{D}_{2\parallel}$) を満たすように決まる。すなわち、$d$ 点は辺 bd を誘電体表面と平行にする。

(c)　分極電束密度 $\boldsymbol{D}_{\mathrm{P}}$

誘電体内の電束密度 $\boldsymbol{D}$ は $\varepsilon_0\boldsymbol{E}_0 + \varepsilon_0\boldsymbol{E}_{\mathrm{P}} + \boldsymbol{P}$ $(= \overrightarrow{ab} + \overrightarrow{bc} + \overrightarrow{cd})$ である。分極電荷による成分 $\boldsymbol{D}_{\mathrm{P}} = \varepsilon_0\boldsymbol{E}_{\mathrm{P}} + \boldsymbol{P}$ を本書では**分極電束密度** (その電束線を分極電束線) とよぶことにし、その振る舞いをみる。

$\varepsilon_0\boldsymbol{E}_{\mathrm{P}}$ は表面分極電荷 $+\sigma_{\mathrm{P}}$(b 点) で始まり $-\sigma_{\mathrm{P}}$(c 点) で終わる。$\boldsymbol{P}$ も表面分極電荷 $-\sigma_{\mathrm{P}}$(c 点) で始まり、終点は $+\sigma_{\mathrm{P}}$(d 点) である。同じ強さの表面分極電荷が関連しているのにかかわらず、$\varepsilon_0\boldsymbol{E}_{\mathrm{P}}$ ベクトルは短く、$\boldsymbol{P}$ ベクトルが長いのは、分極 $\boldsymbol{P}$ が x 軸

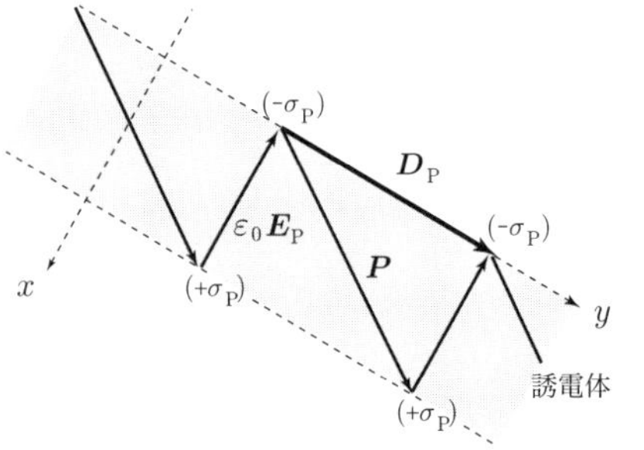

図 **5.12**　$\boldsymbol{D}_{\mathrm{P}}$

に対して角 ϕ をもつためで、$\sigma_{\mathrm{P}} = \boldsymbol{P}\cdot\boldsymbol{n} = P\cos\phi$ の $\cos\phi(<1)$ の分だけ補償する必要があるからだ。

$\varepsilon_0\boldsymbol{E}_{\mathrm{P}}$ と $\boldsymbol{P}$ の大きさの違いを無視すれば、この分極電束線は図 5.12 に示すように、増減せず、連続してつながる 1 つの流れを構成する。したがって、$\boldsymbol{D}_{\mathrm{P}}$ については分極電荷 $\pm\sigma_{\mathrm{P}}$ の存在を頭から消し考えても問題はない。$\boldsymbol{D}_{\mathrm{P}}$ は誘電体表面で反射され、誘電体内に閉じ込められている。

全体としての分極電束密度 $\boldsymbol{D}_{\mathrm{P}}$ は 2 つのベクトルの和 $\varepsilon_0\boldsymbol{E}_{\mathrm{P}}+\boldsymbol{P}$ であり、それは誘電体表面に平行である。$\varepsilon_0\boldsymbol{E}_{\mathrm{P}}$ は $\boldsymbol{P}$ の x 成分で打ち消されるため、$\boldsymbol{D}_{\mathrm{P}}$ は分極 $\boldsymbol{P}$ の y 成分のみで決まり、その大きさは一定値をもつ（図 5.12）。よって、$\boldsymbol{D}_{\mathrm{P}}$ には生成も吸収もない。$\nabla\cdot\boldsymbol{D}_{\mathrm{P}} = 0$ である。

したがって、電束密度 $\boldsymbol{D} = \varepsilon_0\boldsymbol{E}_0 + \boldsymbol{D}_{\mathrm{P}}$ の発散 $\nabla\cdot\boldsymbol{D}$ は、外部電場 $\boldsymbol{E}_0$ をつくる真電荷 ρ のみで決まる $(\nabla\cdot\boldsymbol{D} = \varepsilon_0\nabla\cdot\boldsymbol{E}_0 + \nabla\cdot\boldsymbol{D}_{\mathrm{P}} = \rho)$ ことになる。

(d)　誘電率 ε の効き方

誘電率 ε の大きさが電束線の入射角 θ と屈折角 ϕ の関係 (式 (5.59))

$$\phi = \tan^{-1}\left(\frac{\varepsilon}{\varepsilon_0}\tan\theta\right) \tag{5.60}$$

をどのように変化させるか、また電束密度 $\boldsymbol{D}$ を構成する分極 $\boldsymbol{P}$ の比率

$$\boldsymbol{P} = \frac{\varepsilon-\varepsilon_0}{\varepsilon}\boldsymbol{D} \quad \Rightarrow \quad \frac{|\boldsymbol{P}|}{|\boldsymbol{D}|} = \frac{\varepsilon-\varepsilon_0}{\varepsilon} \tag{5.61}$$

をどう変化させるかを、図 5.13(a) と (b) に示した。図示することによって、数式以上のものを察するであろう。

誘電率 ε が少し大きくなると、小さな入射角 θ でも屈折角 ϕ は急激に $\pi/2$ に近づき、分極 $\boldsymbol{P}$ が電束密度 $\boldsymbol{D}$ の大半を占めるようになる。式 (5.61) は単に定義式 $\boldsymbol{D} = \varepsilon_0\boldsymbol{E}+\boldsymbol{P}$

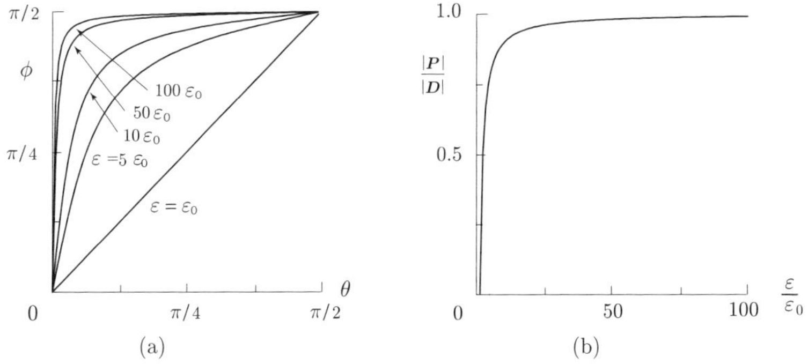

図 **5.13** (a)θ vs. ϕ と (b)$|\boldsymbol{P}|/|\boldsymbol{D}|$

と、分極と電場の関係式 $\boldsymbol{P} = \varepsilon_0 \chi_e \boldsymbol{E}$ にもとづくもので、特定の対象に関するものでなく、一般的なものである。

5-3-2 半無限の誘電体板と点電荷（例題 5-2）

半無限に広がる誘電体（誘電率 ε）の水平な表面から距離 a のところに点電荷 q があるときの電場 $\boldsymbol{E}$ ならびに電束密度 $\boldsymbol{D}$ を求める (図 5.14(a))。

「導体平板と点電荷のつくる電位（例題 4-2）」(p.103) の誘電体版である。違いは境界条件の違いとして表れる。導体ではその表面で電場が垂直であるのに対し、誘電体では電場の水平（垂直）成分は表面を挟んで連続（不連続）であり、電束密度の垂直（水平）成分は表面を挟んで連続（不連続）である。半無限ということで、誘電体のもう一方の表面は無限遠にあり、そこでの表面分極電荷の影響を無視し得ると考える。

幾何学的な配置は z 軸対称であって、表面電荷 $-\sigma_{\mathrm{P}}$ は原点 O を中心に円対称に拡

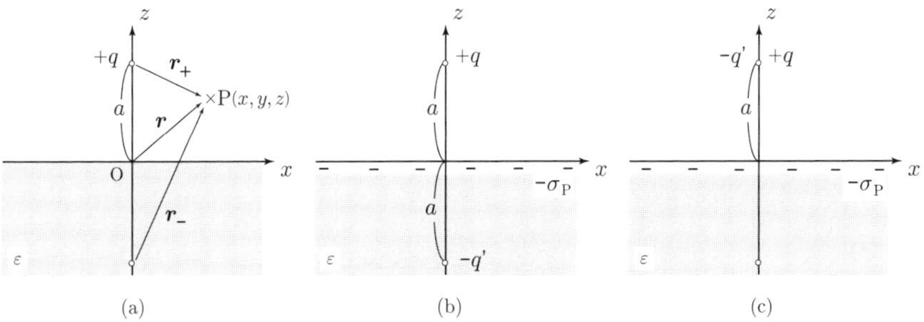

図 **5.14** 半無限の誘電体板と点電荷

がる（σ_P は一様でなく原点からの距離による）。導体の場合と同じように、$-\sigma_P$ がつくる電場を鏡像電荷に果たさせる鏡像法が使える。鏡像電荷 $-q'$ を $z=-a$ に設け、境界条件を満たす $-q'$ を求める。「自由落下の方程式とポアソンの方程式」(p.85) ならびに「電位の一義性」(p.102) で議論したように、解をどのように求めようとそれが見つかれば、それが唯一の解である。

(a) 鏡像電荷

真空中の電場 ($\boldsymbol{E}_1$ と記す) は $+q(z=a)$ と $-q'(z=-a)$ がつくり (図 5.14(b))、任意の位置 P の電場は $q'=\alpha q,\ k_e=1/4\pi\varepsilon_0$ と記せば、

$$\begin{aligned}\boldsymbol{E}_1(\boldsymbol{r}) &= \boldsymbol{E}_{+q}+\boldsymbol{E}_{-q'}=k_e\frac{q}{r_+^3}(\boldsymbol{r}-a\boldsymbol{e}_z)+k_e\frac{-q'}{r_-^3}(\boldsymbol{r}+a\boldsymbol{e}_z)\\ &= k_e q\left\{\left(\frac{1}{r_+^3}-\frac{\alpha}{r_-^3}\right)(x\boldsymbol{e}_x+y\boldsymbol{e}_y)+\left(\frac{z-a}{r_+^3}-\frac{\alpha(z+a)}{r_-^3}\right)\boldsymbol{e}_z\right\}\end{aligned} \tag{5.62}$$

であって、$r_+=\sqrt{x^2+y^2+(z-a)^2},\ r_-=\sqrt{x^2+y^2+(z+a)^2}$ である。

一方、誘電体中の電場 ($\boldsymbol{E}_2$) は $+q$ と $-\sigma_P$ のつくる電場の和である。$-\sigma_P$ のつくる電場は、表面に対する対称性から $-q'$ を $z=+a$ に置くことによってつくれる。それと実電荷 $+q$ の電場を重ね合わせると (図 5.14(c))、

$$\boldsymbol{E}_2(\boldsymbol{r})=k_e\frac{q-q'}{r_+^3}(\boldsymbol{r}-a\boldsymbol{e}_z)=k_e q\frac{1-\alpha}{r_+^3}\{x\boldsymbol{e}_x+y\boldsymbol{e}_y+(z-a)\boldsymbol{e}_z\} \tag{5.63}$$

を得る。

(b) 境界条件

境界条件から鏡像電荷 $q'=-\alpha q$ を決めるのであるが、表面に平行な電場成分は α の決定には役立たない。ちなみに、平行成分は

$$\boldsymbol{E}_1(z=0)_\parallel=k_e q\frac{1-\alpha}{r_0^3}(x\boldsymbol{e}_x+y\boldsymbol{e}_y)=\boldsymbol{E}_2(z=0)_\parallel \tag{5.64}$$

である ($r_0=\sqrt{x^2+y^2+a^2}$)。そこで、電束密度に関する境界条件 ($\boldsymbol{D}_1(z=0)_\perp=\boldsymbol{D}_2(z=0)_\perp$) を使うと、

$$\begin{aligned}\varepsilon_0\boldsymbol{E}_1(z=0)_\perp=\varepsilon\boldsymbol{E}_2(z=0)_\perp \quad &\rightarrow \quad \varepsilon_0(1+\alpha)=\varepsilon(1-\alpha)\\ &\Rightarrow \quad \alpha=\frac{\varepsilon-\varepsilon_0}{\varepsilon+\varepsilon_0}\end{aligned} \tag{5.65}$$

を得る。$0<\alpha<1$ で、鏡像電荷 $-q'$ は実電荷 q 以上の大きさにはならない。式 (5.65) の α を式 (5.62) ならびに式 (5.63) に代入することにより電場 $\boldsymbol{E}_{1,2}(\boldsymbol{r})$ が、さらには

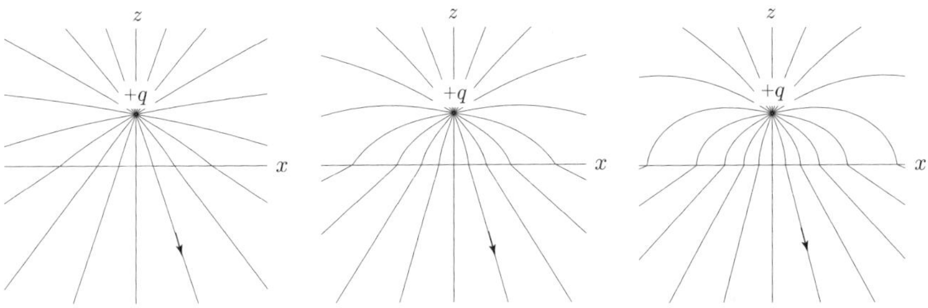

(a) α=0.1 (ε =1.2ε_0)　(b) α=0.5 (ε =3ε_0)　(c) α=0.9 (ε =19ε_0)

図 5.15　電束線と誘電率

誘電率を掛けることにより電束密度 $\boldsymbol{D}_1 = \varepsilon_0 \boldsymbol{E}_1$, $\boldsymbol{D}_2 = \varepsilon \boldsymbol{E}_2$ が得られる。図 5.15 に $x-z$ 面での電束線 $\boldsymbol{D}(\boldsymbol{r})$ のようすを載せる。

(c) 「$\nabla \cdot \boldsymbol{D} = \rho$」は真電荷 ρ のみがあるときの電束密度分布と同じではない！

図 5.15 を見ると、誘電率 ε が増加するにともない、真空側の電束線 $\boldsymbol{D}_1$ は誘電体表面に対して垂直に近づく。他方、誘電体内の電束線 $\boldsymbol{D}_2$ は式 (5.63) を見れば分かるように、点電荷位置からの放射状分布であるが、ε の増加につれて z 軸方向へと寄り集まり、その密度が増加する。$\alpha = 0.1$(図 5.15(a)) では分極の影響が顕わに見出せないので、それを誘電体が存在しないときの電束線（あるいは電気力線）の分布と見做そう。

そうすると、図 5.15(b) や (c) に誘電体の効果が見いだせる。誘電体が存在するときの「電束密度についてのガウスの法則」$\nabla \cdot \boldsymbol{D} = \rho$ は、真空中に真電荷 ρ のみがあるときの電束密度分布 (図 5.15(a)) と同じものと考えてはいけない、ことがよく分かるであろう。

表面分極電荷 $-\sigma_{\mathrm{P}}$ は、誘電体表面の法線ベクトルが $\boldsymbol{n} = \boldsymbol{e}_z$ であるので、

$$-\sigma_{\mathrm{P}} = \boldsymbol{P} \cdot \boldsymbol{n} = \varepsilon_0 \chi_e \boldsymbol{E}_2(z=0) \cdot \boldsymbol{n} = -\frac{q'}{2\pi} \frac{a}{r_0^3} \tag{5.66}$$

となる。

問 5-2　式 (5.66) を導け。

さらに、表面にわたる分極電荷密度 σ_{P} の積分は鏡像電荷 $-q'$ となることを示せ。

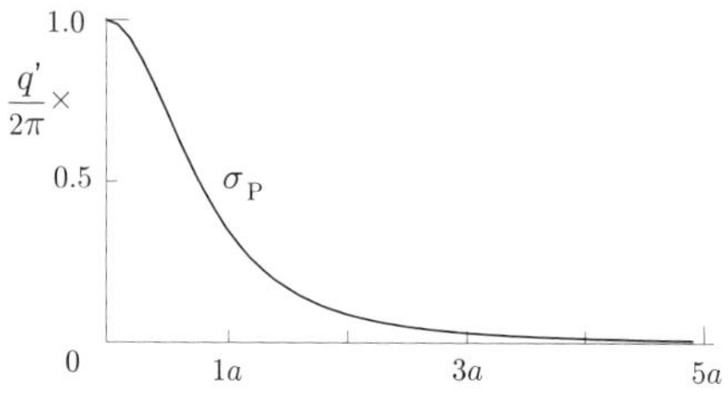

図 **5.16**　分極表面電荷 σ_P の分布

(d) $\nabla\cdot\boldsymbol{D}_P=0$ と $\nabla\cdot\boldsymbol{D}=\rho$

ここでの電場 $\boldsymbol{E}=\boldsymbol{E}_0+\boldsymbol{E}_P$ ならびに電束密度 $\boldsymbol{D}=\varepsilon_0\boldsymbol{E}+\boldsymbol{P}$ のベクトル構成は、図 5.11 を参考に読者諸君が解析してみること。難しくはない。

分極電束線 $\boldsymbol{D}_P=\varepsilon_0\boldsymbol{E}_P+\boldsymbol{P}$ は、$\varepsilon_0\boldsymbol{E}_P$ が誘電体のある半球の無限遠からやってきて表面分極電荷 $-\sigma_P$ で吸収される、そこから $\boldsymbol{P}$ が $\varepsilon_0\boldsymbol{E}_P$ を打ち消しながら同じ道を無限遠へと逆流する。$\boldsymbol{D}$ に対する $\boldsymbol{P}$ の割合は図 5.13(b) に示した通りで、誘電率 ε がある程度大きいと分極 $\boldsymbol{P}$ が電束密度 $\boldsymbol{D}$ の大半を占める。

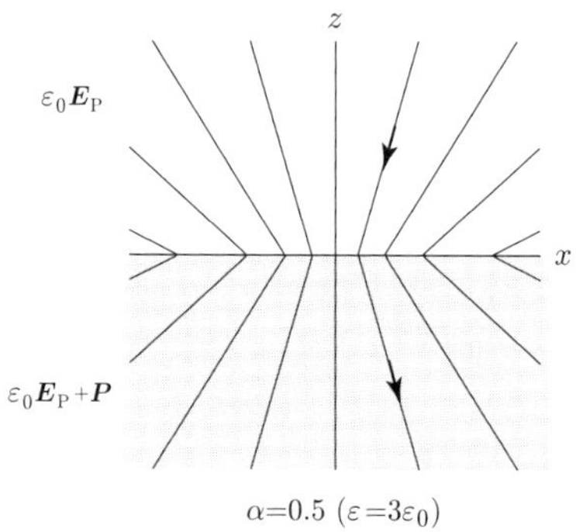

図 **5.17**　分極電束線 $\boldsymbol{D}_P$

一方、真空側の電束線には、$\boldsymbol{E}_0$ とともに $\boldsymbol{E}_P$ の寄与がはたらく。後者の分極電束線は真空側の半球の無限遠からはじまり、$-\sigma_P$ に吸収される。

以上のことから、分極電束線 $\boldsymbol{D}_P$ は真空側の無限遠からやってきて、誘電体表面で折り返され、誘電体側の無限遠へと遠ざかる（図 5.17）。このとき、誘電体表面を含め分極電束線 $\boldsymbol{D}_P$ は増減せず滞りなくつながるため、どこにおいても分極電荷 ρ_P の存在を必要としない。つまり、

$$\nabla\cdot\boldsymbol{D}_P=0 \tag{5.67}$$

である。電束密度にはたらく電荷は、したがって、真電荷 ρ のみとなり、これが電束密度 $\boldsymbol{D}$ は真電荷 ρ によるという「ガウスの法則」$\nabla\cdot\boldsymbol{D}=\rho$ である。

5-3-3 一様な電場内での誘電体球（例題 5-3）

一様な外部電場 $\boldsymbol{E}_0 = E_0\boldsymbol{e}_x$ 中に誘電体球 (半径 a) を置く。その内外の電場 $\boldsymbol{E}$ ならびに電束密度 $\boldsymbol{D}$ を求める（図 5.18)。

分極 $\boldsymbol{P}$ は球の原点 O を通る $y-z$ 面に対して反対称で、かつ x 軸を中心に軸対称である。そこで、誘電体球の内部の分極 ($\boldsymbol{P} = \rho_\mathrm{P}\delta\boldsymbol{x}$, $\delta\boldsymbol{x} = \delta x\boldsymbol{e}_x$) は一様であると仮定する。そのもとで、分極は一様な分極電荷 $+\rho_\mathrm{P}$ で満たされた球が、一様な分極電荷 $-\rho_\mathrm{P}$ で満たされた球に対して、微小距離 $\delta\boldsymbol{x}$ だけずれた状態として扱える。

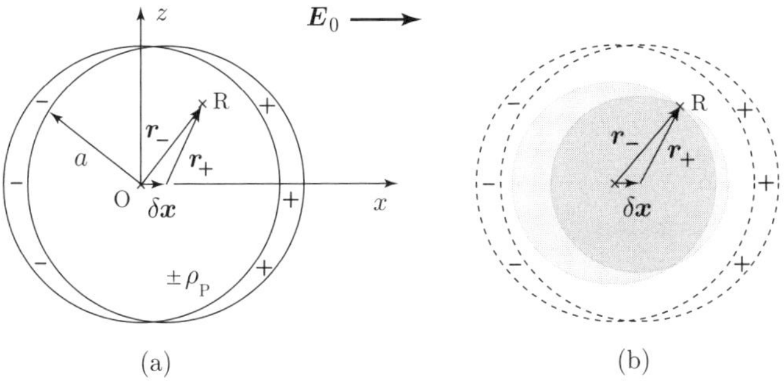

図 **5.18** 一様な電場内での誘電体球

(a) 球内の電場

負電荷球の中心を原点 O にとり、$\boldsymbol{r}_-(r_- < a)$ だけ離れた誘電体内の任意の点 R に分極電荷がつくる電場 $\boldsymbol{E}_\mathrm{P}(\boldsymbol{r})$ を求める。点 R はまた正電荷球の中心 ($\delta\boldsymbol{x}$) からは距離 $\boldsymbol{r}_+(= \boldsymbol{r}_- - \delta\boldsymbol{x})$ にある。半径 $r_\pm$ の球内の正ならびに負電荷量はそれぞれ $q_\pm = \pm(4\pi r_\pm^3/3)\rho_\mathrm{P}$ であって、R の電場は原点 O にある点電荷 q_- と $\delta\boldsymbol{x}$ 離れた点電荷 q_+ のつくる電場を足し合わせたもので

$$\begin{aligned}\boldsymbol{E}_\mathrm{P} = \boldsymbol{E}_\mathrm{P}^+ + \boldsymbol{E}_\mathrm{P}^- &= \frac{q_+}{4\pi\varepsilon_0}\frac{\boldsymbol{r}_+}{r_+^3} + \frac{q_-}{4\pi\varepsilon_0}\frac{\boldsymbol{r}_-}{r_-^3} \\ &= \frac{\rho_\mathrm{P}}{3\varepsilon_0}(\boldsymbol{r}_+ - \boldsymbol{r}_-) = \frac{-\rho_\mathrm{P}\delta\boldsymbol{x}}{3\varepsilon_0} = \frac{-\boldsymbol{P}}{3\varepsilon_0} \qquad (5.68)\end{aligned}$$

である。(説明するまでもないが、半径 $r_\pm$ の外にある正ならびに負電荷はそれぞれ電場 $\boldsymbol{E}_\mathrm{P}^+, \boldsymbol{E}_\mathrm{P}^-$ に寄与しない。) これに外部電場 $\boldsymbol{E}_0$ を足し合わせると、誘電体内の電場 $\boldsymbol{E}_2$ は

$$\boldsymbol{E}_2 = \boldsymbol{E}_0 + \boldsymbol{E}_\mathrm{P} = E_0\boldsymbol{e}_x - \frac{P}{3\varepsilon_0}\boldsymbol{e}_x \qquad (5.69)$$

となり、さらに分極 $\boldsymbol{P}$ が電場 $\boldsymbol{E}_2$ に比例する (式 (5.9))

$$\boldsymbol{P} = \chi_e \varepsilon_0 \boldsymbol{E}_2 = (\varepsilon - \varepsilon_0)\boldsymbol{E}_2 \tag{5.70}$$

ことから、式 (5.70) を式 (5.69) に代入することにより、

$$\boldsymbol{E}_2 = \frac{3\varepsilon_0}{\varepsilon + 2\varepsilon_0}\boldsymbol{E}_0 \tag{5.71}$$

を得る。すなわち、$\boldsymbol{E}_2$ は $\boldsymbol{E}_0$ と同一方向に一定の大きさをもち、分極 $\boldsymbol{P}$ が一様という仮定が正しかったことが分かる。なお、式 (5.71) から $\boldsymbol{E}_2 < \boldsymbol{E}_0$ である。分極 $\boldsymbol{P}$ を外部電場 $\boldsymbol{E}_0$ で表示すると

$$\boldsymbol{P}(= \rho_{\mathrm{P}}\delta\boldsymbol{x}) = (\varepsilon - \varepsilon_0)\boldsymbol{E}_2 = \frac{3\varepsilon_0(\varepsilon - \varepsilon_0)}{\varepsilon + 2\varepsilon_0}\boldsymbol{E}_0 \tag{5.72}$$

となる。

(b) 球外の電場

誘電体外の電場 $\boldsymbol{E}_1$ も同じように求めればよい。

誘電体球の正ならびに負電荷量の大きさは等しい ($\pm q = \pm(4\pi a^3/3)\rho_{\mathrm{P}}$) ので、$\pm q$ の電荷が距離 $\delta\boldsymbol{x}$ 離れた電気双極子モーメント ($\boldsymbol{p}$)

$$\boldsymbol{p} = q\delta\boldsymbol{x} = \frac{4\pi a^3}{3}\rho_{\mathrm{P}}\delta\boldsymbol{x} = 4\pi a^3\frac{\varepsilon_0(\varepsilon - \varepsilon_0)}{\varepsilon + 2\varepsilon_0}\boldsymbol{E}_0 \tag{5.73}$$

がつくる電場として分極電荷 ρ_{P} の寄与が得られる。電気双極子が充分離れたところ ($r \gg \delta x$) につくる電場は、すでに「電気双極子のつくる電場（例題 2-1）」(p.36) で学んでおり、

$$\boldsymbol{E}(\boldsymbol{r})\Big|_{r\gg\ell} = \frac{p}{4\pi\varepsilon_0 r^3}(3\cos\theta\boldsymbol{e}_r - \boldsymbol{e}_x) \tag{2.24}$$

であり、その球座標あるいは直交座標での成分表示はそれぞれ式 (2.28)、式 (2.30) にまとめた。

分極は原子、分子のミクロなスケールの現象であり、上記の条件 $r \gg \delta x$ は充分に満たされていると考えてよい。この電気双極子モーメントの電場に外部電場 $\boldsymbol{E}_0$ を重ね合わせて、誘電体外の電場 $\boldsymbol{E}_1$ を得る。

$$\boldsymbol{E}_1 = \left\{\frac{\varepsilon - \varepsilon_0}{\varepsilon + 2\varepsilon_0}\left(\frac{a}{r}\right)^3(3\cos\theta\boldsymbol{e}_r - \boldsymbol{e}_x)\,E_0\right\} + E_0\boldsymbol{e}_x \tag{5.74}$$

(ここで θ, ϕ は球座標表示の極角と方位角であって、電気力線の誘電体への入射角と屈折角でない。) 上式第 1 項の括弧内の $(3\cos\theta\boldsymbol{e}_r - \boldsymbol{e}_x)$ は通常 $(2\cos\theta\boldsymbol{e}_r + \sin\theta\boldsymbol{e}_\theta)$ と表

示される。外部磁場 $\boldsymbol{E}_0\boldsymbol{e}_x$ と同一方向を向く成分の大きさを示したくて、球座標と直交座標の混合になった。

問 5-3 誘電体表面 $(r = a)$ において電束密度の垂直成分（動径方向 $\boldsymbol{e}_r$）は連続であり、電場 $\boldsymbol{E}$ の水平成分（$\boldsymbol{e}_r$ に垂直な方向）が連続になっていること

$$\boldsymbol{D}_1(a)_\perp = \varepsilon_0\boldsymbol{E}_1(a)_\perp = \varepsilon\boldsymbol{E}_2(a)_\perp = \boldsymbol{D}_2(a)_\perp \tag{5.75}$$

$$\boldsymbol{E}_1(a)_\parallel = \boldsymbol{E}_2(a)_\parallel \tag{5.76}$$

を確かめよ。

(c) 誘電率 ε の効き方

図 5.19 に $\varepsilon = 2\varepsilon_0$ ならびに $20\varepsilon_0$ のときの電束密度 $\boldsymbol{D}_1 = \varepsilon_0\boldsymbol{E}_1$, $\boldsymbol{D}_2 = \varepsilon\boldsymbol{E}_2$ の様子 (中心を通る $x - z$ 面 $(\phi = 0)$) を載せる。

誘電率 $\varepsilon = \varepsilon_0$ ならば、式 (5.74), 式 (5.71) から当然

$$\boldsymbol{E}_1 = \boldsymbol{E}_0 \; ; \qquad \boldsymbol{E}_2 = \boldsymbol{E}_0 \tag{5.77}$$

となる。一方、誘電率 $\varepsilon \gg \varepsilon_0$ ならば、

$$\boldsymbol{E}_1 \simeq \left\{ \left(\frac{a}{r}\right)^3 (3\cos\theta\boldsymbol{e}_r - \boldsymbol{e}_x)\, E_0 \right\} + E_0\boldsymbol{e}_x \; ; \qquad \boldsymbol{E}_2 \simeq 0 \tag{5.78}$$

であり、大きな誘電率の誘電体内では電場 $\boldsymbol{E}_2$ はゼロに近づくが、電束密度 $\boldsymbol{D}_2$ は逆に最大値

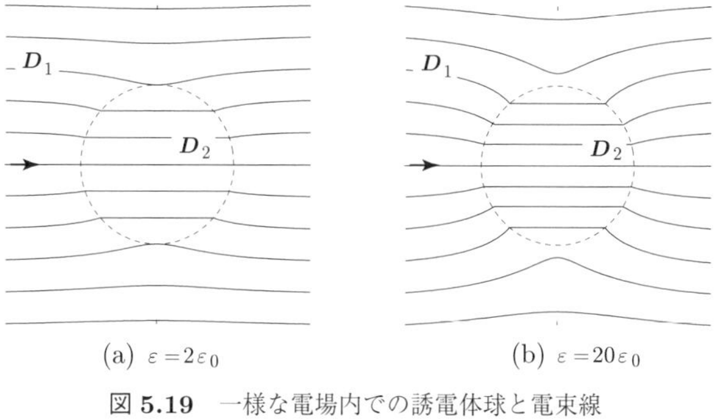

図 **5.19** 一様な電場内での誘電体球と電束線

$$\boldsymbol{D}_2 \simeq 3\varepsilon_0 \boldsymbol{E}_0 \tag{5.79}$$

をもつようになる。$\boldsymbol{D}_2 = \varepsilon_0 \boldsymbol{E}_2 + \boldsymbol{P}$ からこのことは分極 $\boldsymbol{P}$ によることはすでに図 5.13(b) で知った。式 (5.72) から、分極 $\boldsymbol{P}$ は $\varepsilon \gg \varepsilon_0$ のとき最大値 $\boldsymbol{P}_{\max}$

$$\boldsymbol{P} \simeq \boldsymbol{P}_{\max} = 3\varepsilon_0 \boldsymbol{E}_0 \tag{5.80}$$

をもつ。

誘電率 $\varepsilon \gg \varepsilon_0$ のとき、表面分極電荷 σ_{P} が最大となる。それは誘電体外からの電気力線はほとんどすべてこの $-\sigma_{\mathrm{P}}$ に吸収され (図 5.20(a))、生き残り内部へ浸透するものがなくなるからである。そして、吸収した電気力線を反対の側面から $+\sigma_{\mathrm{P}}$ が再度吐き出す。これを電束線でみると誘電体内の状況は大きく異なり、分極が大きな値をもち、電束密度を最大にする (図 5.20(b))。

図では電気力線や電束線をそれらの連続性にもとづいて示しているので、それらの強度を図上の線密度として表すのがむずかしい。そこで図 5.21 に E ならびに D の大きさをプロットした。球の中心を貫く x 軸に沿っての大きさである。ただし、$\boldsymbol{E}$ と $\boldsymbol{D}$ は次元 (単位) が異なるので、同一図上にプロットしたが直接両者の大きさが比べられないことに注意。図 5.19 と対比させながら読むとよい。境界面 $x = \pm a$ においての不連続性は、$\boldsymbol{E}$ ならびに $\boldsymbol{D}$ の境界条件から理解できる。

ここで注目すべきは、図 5.21(b) である。電場 $\boldsymbol{E}$ は誘電体内ではほとんど消滅しているが、電束密度 $\boldsymbol{D}$ は逆に最大値をとっている。$\varepsilon \gg \varepsilon_0$ のとき、導体と同じように電場 $\boldsymbol{E}_1$ は誘電体球の表面に垂直であり、$\boldsymbol{E}_2$ はほとんどゼロとなる。しかし、$\boldsymbol{D}_2 = \varepsilon \boldsymbol{E}_2$ は上で述べたようにゼロでない。分極の効果で溢れている。**これが誘電体であり、電束密度である。**これに関してはまたのちほど論じる。

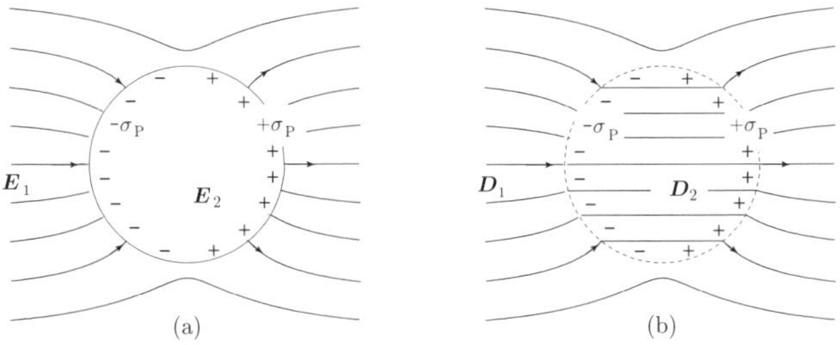

図 5.20　$\varepsilon \gg \varepsilon_0$ のときの分極電荷 σ_{P} と (a) 電気力線、(b) 電束線

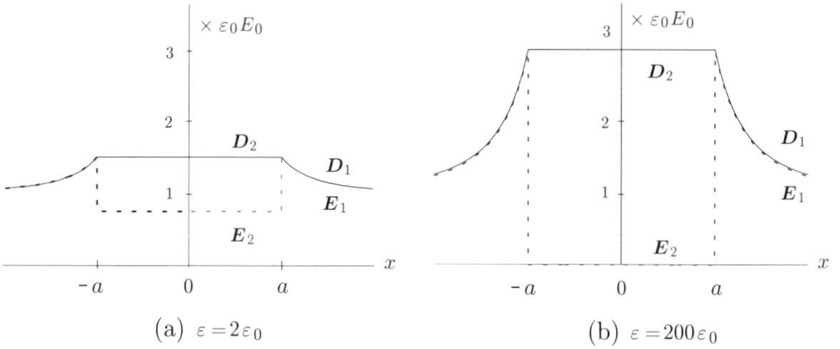

図 **5.21** x 軸上の E と D

(d) $\nabla \cdot \boldsymbol{D}_\mathrm{P} = 0$ と $\nabla \cdot \boldsymbol{D} = \rho$

前の 2 つの例題と同じように分極電束線 $\boldsymbol{D}_\mathrm{P}$ を図 5.22 に示す。ここでも表面分極電荷 $\pm\sigma_\mathrm{P}$ を考えることを必須とせず、$\boldsymbol{D}_\mathrm{P}$ 電束線は誘電体内外で増減せず、周回する。したがって、

$$\nabla \cdot \boldsymbol{D}_\mathrm{P} = 0 \tag{5.81}$$

であって、電束密度 $\boldsymbol{D}$ の「ガウスの法則」は真電荷 ρ のみによる ($\nabla \cdot \boldsymbol{D} = \rho$)。

式 (5.71) ならびに式 (5.74) を見て分かるように、分極電束線 $\boldsymbol{D}_\mathrm{P}$ の強度は誘電率 ε に依存はしても、その分布図 (図 5.22) は ε によらない。しかしながら、これに真電荷 ρ による電束密度 $\varepsilon_0 \boldsymbol{E}_0$ を加えた $\boldsymbol{D}$ 電束線の分布様式は、図 5.19 に示したように誘電率に依存して変化する。

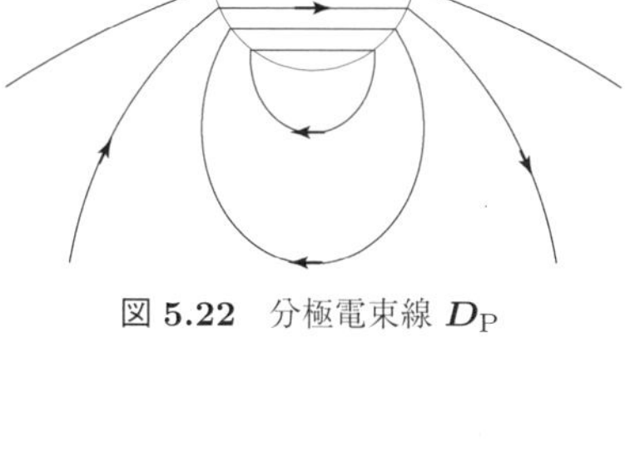

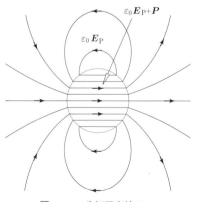

図 **5.22** 分極電束線 $\boldsymbol{D}_\mathrm{P}$

5-4　分極と電束密度、こういうことだ！

前節の例題から、電束密度 $\boldsymbol{D}$ についての諸君の疑問もほとんどは解決したと思うが、いかがであろうか？　ここで、整理しておく。

5-4-1　真空、導体、誘電体と電場 $\boldsymbol{E}$、電束密度 $\boldsymbol{D}$

本書の至るところで、電場 $\boldsymbol{E}$ とは「潜在的な電気力の場」である、と繰り返した。それは近接作用の観点で、電荷間の力のはたらきを表現したものである。

「電荷の場」の電束密度 $\boldsymbol{D}$ を真空、導体、誘電体の場合について、まとめておく。

(a) 真空での電束密度 $\boldsymbol{D}$

導体も誘電体もない真空中の電場 $\boldsymbol{E}$ と電束密度 $\boldsymbol{D}$ を考える。

$$\oint_S \boldsymbol{E}\cdot \mathrm{d}\boldsymbol{S} = \frac{1}{\varepsilon_0}\int_V \rho \,\mathrm{d}v \quad ; \qquad \nabla\cdot\boldsymbol{E} = \frac{\rho}{\varepsilon_0} \tag{5.82}$$

$$\oint_S \boldsymbol{D}\cdot \mathrm{d}\boldsymbol{S} = \int_V \rho \,\mathrm{d}v \quad ; \qquad \nabla\cdot\boldsymbol{D} = \rho \tag{5.83}$$

電場 $\boldsymbol{E}$ から換算係数 ε_0 を除いたものが、真空中の電束密度 $\boldsymbol{D} = \varepsilon_0\boldsymbol{E}$ である。点電荷 q の電場 $\boldsymbol{E}$ で記すと、

$$\boldsymbol{D} = \varepsilon_0\boldsymbol{E} = \frac{q}{4\pi r^2}\boldsymbol{e}_r \tag{5.84}$$

であって、ε_0 を掛けて（付け足して）いるが、実は除いている。$\boldsymbol{D}$ は電場 $\boldsymbol{E}$ に換算する前の生(なま)の形であって、電荷を「場」として表現したもの、「**電荷の場**」と捉える。(次元を考えれば「電荷 (面) 密度の場」であるが、重点は「電荷」にあるので密度は省略)。

この「電荷の場」を視覚的に表したのが「電束線」で（電気「力」線に対して、「電荷」線とよぶ方がいいかもしれないが)、その面密度 (電束線に垂直な単位面積を横切る電束線の数)、すなわち、線束 (flux) が「電束**密度**」$\boldsymbol{D}$ である。

次元は $[\boldsymbol{D}] = \mathrm{C\cdot m^{-2}}$ である。電場 $[\boldsymbol{E}] = \mathrm{N\cdot C}$ と比べ換算係数の分だけ次元が異なり、係数分だけ大きさも異なるが、電気力線と全く同じ空間分布を示す。

しかし、誘電体が登場すると、その分極 $\boldsymbol{P}$ が電束密度 $\boldsymbol{D}$ に電場 $\boldsymbol{E}$ と異なる役割を付加する。

(b) 導体が存在するときの電束密度 $\boldsymbol{D}$

誘電体の前に導体の特性をみておく。

① 導体内部の電場は $\boldsymbol{E}=0$ で、また、内部には電荷は存在し得ない。② 導体表面には誘起電荷 σ が誘起され、導体が等電位体 (表面は等電位面) であるため、電場 $\boldsymbol{E}$ は表面に垂直な分布となる。③ 導体外の電場 $\boldsymbol{E}$ 分布は、外部電場 $\boldsymbol{E}_0$ と誘起電場 $\boldsymbol{E}_\sigma$ の和 ($\boldsymbol{E}=\boldsymbol{E}_0+\boldsymbol{E}_\sigma$) であり、電束密度は $\boldsymbol{D}=\varepsilon_0\boldsymbol{E}$ である。

ここでは、誘電体の分極電荷密度 ρ_{P} と分極電場 $\boldsymbol{E}_{\mathrm{P}}$ に代わり、誘起電荷密度 ρ_σ と誘起電場 $\boldsymbol{E}_\sigma$ が登場する。④「ガウスの法則」も

$$\oint_S \boldsymbol{E}\cdot \mathrm{d}\boldsymbol{S}=\frac{1}{\varepsilon_0}\int_V(\rho+\rho_\sigma)\mathrm{d}v \quad ; \qquad \nabla\cdot\boldsymbol{E}=\frac{1}{\varepsilon_0}(\rho+\rho_\sigma) \tag{5.85}$$

$$\oint_S \boldsymbol{D}\cdot \mathrm{d}\boldsymbol{S}=\int_V(\rho+\rho_\sigma)\mathrm{d}v \quad ; \qquad \nabla\cdot\boldsymbol{D}=\rho+\rho_\sigma \tag{5.86}$$

である。誘起電荷も自由電子なので、右辺の電荷 $\rho+\rho_\sigma$ は両者とも真電荷であって、電束密度 $\boldsymbol{D}$ は真電荷のみによるという誘電体での議論が適用できる。

しかし、ここでは電束密度 $\boldsymbol{D}=\varepsilon_0\boldsymbol{E}$ は電場 $\boldsymbol{E}$ 以上の情報を持たない。導体内部では分極も電場も存在しないからである。

(c) 誘電体が存在するときの電束密度 $\boldsymbol{D}$

導体に対比して誘電体では、

① 分極 $\boldsymbol{P}$ が起こり、表面分極電荷 σ_{P} を生じるが、外部電荷を部分的に打ち消すのみで、誘電体内の電場は $\boldsymbol{E}\neq 0$ である。また、誘電体が一様でなければ、内部に体積分極電荷 ρ_{P} が存在し得る。② 誘電体表面には表面分極電荷 σ_{P} が存在する。境界面においては、電場 $\boldsymbol{E}$ は境界に平行に、電束密度 $\boldsymbol{D}$ は垂直に連続する ($\boldsymbol{E}_{1\parallel}=\boldsymbol{E}_{2\parallel}$, $\boldsymbol{D}_{1\perp}=\boldsymbol{D}_{2\perp}$)。③ 誘電体の内外の電場は $\boldsymbol{E}=\boldsymbol{E}_0+\boldsymbol{E}_{\mathrm{P}}$ である。誘電体外の電束密度は $\boldsymbol{D}=\varepsilon_0\boldsymbol{E}$ であるが、内部では分極 $\boldsymbol{P}$ を加味する必要から $\boldsymbol{D}=\varepsilon_0\boldsymbol{E}+\boldsymbol{P}$ である。内部の電束密度 $\boldsymbol{D}$ は誘電体特有の分極 $\boldsymbol{P}$ の効果を含み、電場 $\boldsymbol{E}$ と異なる情報を持つ。

④ 誘電体の「ガウスの法則」は

$$\oint_S \boldsymbol{E}\cdot \mathrm{d}\boldsymbol{S}=\frac{1}{\varepsilon_0}\int_V(\rho+\rho_{\mathrm{P}})\mathrm{d}v \, ; \qquad \nabla\cdot\boldsymbol{E}=\frac{1}{\varepsilon_0}(\rho+\rho_{\mathrm{P}}) \tag{5.25}$$

$$\oint_S \boldsymbol{D}\cdot \mathrm{d}\boldsymbol{S}=\int_V\rho\,\mathrm{d}v \, ; \qquad \nabla\cdot\boldsymbol{D}=\rho \tag{5.30}$$

である。分極 $\boldsymbol{P}$ が電場 $\boldsymbol{E}$ に比例する ($\boldsymbol{P}=\varepsilon_0\chi_e\boldsymbol{E}$) ので、電束密度を書き換えると $\boldsymbol{D}=\varepsilon_0\boldsymbol{E}+\boldsymbol{P}=\varepsilon_0(1+\chi_e)\boldsymbol{E}=\varepsilon\boldsymbol{E}$ であって、ε は誘電体の誘電率である。誘電体では式 (5.30) は

$$\oint_S \boldsymbol{D}\cdot \mathrm{d}\boldsymbol{S} = \varepsilon \oint_S \boldsymbol{E}\cdot \mathrm{d}\boldsymbol{S} = \int_V \rho \mathrm{d}v\ ; \qquad \nabla\cdot\boldsymbol{D} = \varepsilon\nabla\cdot\boldsymbol{E} = \rho \tag{5.87}$$

である。

繰り返すが、真空でも誘電体でも電場、すなわち、「潜在的な電気力の場」は真電荷 ρ と分極電荷 ρ_{P} の寄与でつくられた $\boldsymbol{E}$ であるが、「電荷の場」の電束密度 $\boldsymbol{D}$ は真空領域では $\varepsilon_0\boldsymbol{E}$、誘電体では $\varepsilon\boldsymbol{E}(=\varepsilon_0\boldsymbol{E}+\boldsymbol{P})$ である。

5-4-2　電束密度 $\boldsymbol{D}$ 理解のポイント

さて、再々度の繰返しを承知で記す。

電束密度 $\boldsymbol{D}$ を理解するには、以下の 2 つの事柄 (a) と (b) を区別して把握する必要がある。

(a)　$\boldsymbol{D}=\varepsilon_0\boldsymbol{E}+\boldsymbol{P}$ をどう読むか

このことについては前節の例題で詳細に述べたので、すでに理解できたであろう。

電束密度 $\boldsymbol{D}$ は $\varepsilon_0\boldsymbol{E}$ と $\boldsymbol{P}$ の和であり、真電荷 ρ のつくる $\varepsilon_0\boldsymbol{E}_0$ と分極による $\boldsymbol{D}_{\mathrm{P}}=\varepsilon_0\boldsymbol{E}_{\mathrm{P}}+\boldsymbol{P}$ の和である。

分極電束線 $\boldsymbol{D}_{\mathrm{P}}$ は $\varepsilon_0\boldsymbol{E}_{\mathrm{P}}$ と $\boldsymbol{P}$ が一続きの電束線を構成し、その電束線は増減なく、閉じたループを形成する。この $\boldsymbol{D}_{\mathrm{P}}$ は、例題 5-1 では誘電体の中を一方の無限遠から他方の無限遠へと誘電体表面に平行に走り (図 5.12)、例題 5-2 では真空側の無限遠からはじまり、誘電体表面で折り返され誘電体側の無限遠へと遠去ってゆき (図 5.17)、例題 5-3 では真空空間と誘電体の両領域を跨いで閉ループをつくる (図 5.22)。このことは表面分極電荷 σ_{P} ならびに体積分極電荷 ρ_{P} の存在を、境界条件を満たす限りにおいて実効的に消去し得る。

つまり、$\boldsymbol{D}$ は 2 つの「流れ」から構成される。

外部電場がつくる電束線 $\varepsilon_0\boldsymbol{E}_0$ は、正の真電荷から生じ負の真電荷で終わるが、それは負から正電荷へ還流するルートはなく、閉ループを形成しない。そのため、任意の閉曲面 $\boldsymbol{S}$ にわたる電束線 $\varepsilon_0\boldsymbol{E}_0$ の面積分はその囲まれた空間内での真電荷 ρ の体積積分となり、それを微分形で表現すれば、電束線 $\varepsilon_0\boldsymbol{E}_0$ の発散は真電荷 ρ があるところでゼロでない生成あるいは吸収をもつ。

一方の $\boldsymbol{D}_{\mathrm{P}}$ は上記したように閉ループをつくり、任意の閉曲面 $\boldsymbol{S}$ にわたるその面積分はつねにゼロであり、また、その発散もつねにゼロとなる。

以上のことを数式化したのが、電束密度 $\boldsymbol{D}$ の「ガウスの法則」(式 (5.29) ならびに式 (5.30)) であって、そこには真電荷 ρ のみで分極電荷 ρ_{P} はない。

かといって、繰り返すが、電束密度 $\boldsymbol{D}$ の「ガウスの法則」は真電荷 ρ のみを含むので、誘電体がなく真空中に ρ のみが存在するときの電束密度 $\boldsymbol{D} = \varepsilon_0 \boldsymbol{E}_0$ と同じ分布をする「場」である、と考えてはいけない。

これは前節の例題の複数の電束線図をみれば、一目瞭然であろう。

(b)　「発散」の意味を正しく理解する

電束密度の発散があるところに、電荷の分布がある。前節の例題で示したように、分極電束線 $\boldsymbol{D}_\mathrm{P}$ は増減することなく、閉じたループをつくる。それが $\nabla \cdot \boldsymbol{D}_\mathrm{P} = 0$ である。分極電荷 ρ_P は $\boldsymbol{D}_\mathrm{P}$ の発散を生じないのであった。それは、$\boldsymbol{E}_\mathrm{P}$ についての「ガウスの法則」($\varepsilon_0 \nabla \cdot \boldsymbol{E}_\mathrm{P} = \rho_\mathrm{P}$) と、分極 $\boldsymbol{P}$ と分極電荷 ρ_P の関係式 ($\nabla \cdot \boldsymbol{P} = -\rho_\mathrm{P}$) から

$$\nabla \cdot \boldsymbol{D}_\mathrm{P} = \varepsilon_0 \nabla \cdot \boldsymbol{E}_\mathrm{P} + \nabla \cdot \boldsymbol{P} = \rho_\mathrm{P}(\boldsymbol{r}) - \rho_\mathrm{P}(\boldsymbol{r}) = 0 \tag{5.88}$$

として導かれる [5)]。

一方、$\varepsilon_0 \boldsymbol{E}_0$ は真電荷のあるところで発散をもつ。

$$\nabla \cdot \varepsilon_0 \boldsymbol{E}_0 = \rho \tag{5.89}$$

つまり、$\nabla \cdot \boldsymbol{D} = \rho$ とは

$$\nabla \cdot \boldsymbol{D} = \varepsilon_0 \nabla \cdot \boldsymbol{E}_0 + \nabla \cdot \boldsymbol{D}_\mathrm{P} = \rho + 0 = \rho \tag{5.90}$$

のことである。感心するほどの $\boldsymbol{D}$ のうまい定義式 (5.28) のつくり方が、真電荷 ρ のみを導くのである。

電荷の存在を浮き上がらせるのは、「電荷の場」に発散を演算することによってである。「場」の強さが変化するから発散があるのではないし、発散がゼロだから「場」までがゼロであるのではない。たとえば、点電荷のつくる電場は r の逆 2 乗の形で変化するが、発散は原点だけにあり、それ以外のところでは発散はゼロである。問 1-2 (p.21) ならびに問 2-8 (p.56) を再度振り返り、思い出そう。

なお、電束密度 $\boldsymbol{D}$ を**電気変位** (electric displacement) ともよぶ。それはここまでの「電荷の変位」と表現してきた意味を考えれば理解できよう。

(c)　この説明がもっともいいか！

上記の電束密度 $\boldsymbol{D}$ の振る舞いをもっと図式的に提示する。

誘電体の外部にある真電荷 ρ から生じた電束線 $\boldsymbol{D}$ は、その一部が誘電体表面の負の分極電荷 $-\rho_\mathrm{P}$ に吸収される。その吸収されたと同じ量の電束線がその分極電荷 $-\rho_\mathrm{P}$

---

5) 厳密にいえば、上式 (5.88) の表示には問題があるだろう。なぜなら、誘電体の外では分極 $\boldsymbol{P}$ の定義のし様がないためである。しかしながら、誘電体の外では分極電荷も存在しないので、$\nabla \cdot \boldsymbol{D}_\mathrm{P} = 0$ は成り立つ。数学的な厳密さよりも、物理的、概念的な理解に焦点を合わせた。

から誘電体内に放出され、誘電体の他の側面の正の分極電荷 ρ_{P} に達し、そこで吸収される。そして、吸収されたと同じ量の電束線 $\boldsymbol{D}$ がその分極電荷 ρ_{P} から誘電体の外へ放出される。これが $\boldsymbol{D}=\varepsilon_0\boldsymbol{E}+\boldsymbol{P}$ で定義された電束線である。

言葉を替えて言えば、$\boldsymbol{D}=\varepsilon_0\boldsymbol{E}+\boldsymbol{P}$ で定義されたこの電束密度 $\boldsymbol{D}$ が境界面における電束密度の垂直成分の連続性を保証するのである。

これが電束密度 $\boldsymbol{D}$ が真電荷 ρ のみによるということである。そして、電束線に増減がないということは、境界条件が満たされているのである。

電束線が「負の」分極電荷 $-\rho_{\mathrm{P}}$ から「放出」され、また「正」の分極電荷 ρ_{P} で「吸収」されるとは、表面分極電荷と分極の電束線の和 $(\varepsilon_0\boldsymbol{E}_{\mathrm{P}}+\boldsymbol{P})$ の結果であって、例題 5-1～ 例題 5-3 で詳しく論述した事項である。ここでは繰り返さない。

5-4-3　分極 $\boldsymbol{P}$ と近接作用

(a)　分極

物質は電子の負電荷と原子核の正電荷が引き合い、あるいは負イオンが正イオンと引き合い、電気的な引力で束縛された安定な「中性」の状態にある。外部電場はこれらの正負電荷にはたらき、両電荷を引き離す。この 2 つの力がつり合った状態が、分極である。このような状態をマクロに均(なら)すと正負電荷が一様に分布し、誘電体内は「中性」となる。しかし、「中性」ではあっても、各点の負電荷は $\delta\boldsymbol{r}$ だけ離れた各点の正電荷と対(つい)の緊張状態を保持している。電場が強くなれば、変位が大きくなり、分極が大きくなる。「中性」であっても、電場のはたらきの受け手である電荷が存在し、それらには力がはたらいている。電場 $\boldsymbol{E}$ をつくりださないが、「電荷の場」は存在する。

これが分極 $\boldsymbol{P}$ の「場」である。電場 $\boldsymbol{E}$ のはたらきにより正負電荷 $\pm\rho_{\mathrm{P}}$ が力のモーメントを受け、$\boldsymbol{E}$ に沿って揃い、分極する。当初の正負電荷の重ね合わさった状態から、電場により正電荷が $\delta\boldsymbol{r}$ だけ変位したとし、分極を $\boldsymbol{P}=\rho_{\mathrm{P}}\delta\boldsymbol{r};\ \nabla\cdot\boldsymbol{P}=-\rho_{\mathrm{P}}$ と定式化する。分極の次元 (単位) は $[\ \boldsymbol{P}\ ]=\mathrm{C}\cdot\mathrm{m}^{-2}$ で、単位面積当たりの変位した電荷量である。

$\boldsymbol{P}$ は誘電体内部の全領域に分布するが、それが側面に顔を出したのが表面分極電荷 $\pm\sigma_{\mathrm{P}}$ である。$\pm\sigma_{\mathrm{P}}$ は分極電場として「潜在的な力の場」の役割を果すが、内部には $\boldsymbol{P}$ が上記したように「力の場」ではなく、「電荷の場」として存在を示す。分極した正負電荷は微小な電気双極子モーメントであり、これらの無数の集合体が誘電体である。これをみたのが、小節「分極と電気双極子モーメント」 (p.139) であった。

(b) 近接作用

誘電体の外に電荷 $+q$ があれば、$+q$ 側の誘電体表面に電荷 $-\sigma_\mathrm{P}$ が誘起され、この電荷と対である $+\rho_\mathrm{P}$ が $+q$ からの斥力のため $\delta\boldsymbol{r}$ 離れて生じる。この $+\rho_\mathrm{P}$ が隣りの対の正電荷 $+\rho_\mathrm{P}$ を同じように $\delta\boldsymbol{r}$ だけ押しやり、その結果 $-\rho_\mathrm{P}$ だけの電荷が残り、正負対は分極する。この繰り返しがつづき、反対側の表面は $+q$ で終わる。そこでは $+\sigma_\mathrm{P}$ が表面電荷として現れ、$+q$ の役割を果す。

このように電荷 $+q$ の存在が、順次分極という現象を介して、誘電体を伝わって遠方にまで及ぶ、と考えるのが近接作用である。電荷の存在が、すなわち、「電荷の場」が、伝達する方向に垂直な単位面積当たりの電荷量 ($\mathrm{C\cdot m^{-2}}$) の次元 (単位) をもつのは頷（うなず）けるであろう。

媒質 (誘電体) による電気の伝えやすさの程度が誘起される分極電荷量 ρ_P の大きさであって、電気感受率 χ_e で評価されるものである。

真空には媒質となる物質 (誘電体) が存在しないので、電気作用が伝わらないということになりそうだが、ファラデー、マクスウェルの電磁気学創成の時代では真空はエーテルという媒質で満たされた空間とされ、すべての物質はエーテルの中にあると考えられた。この視点からみると、電束密度 $\boldsymbol{D} = \varepsilon_0\boldsymbol{E}_0 + \boldsymbol{D}_\mathrm{P}$ の第 1 項がエーテル媒質、第 2 項が誘電体媒質の分極にもとづく「電荷の場」にあたる。今日ではエーテルの存在は否定されているが、現代の素粒子物理学では真空は単なる無の空間ではなく、エーテル以上に内容豊富な物理を含む媒質であることが知られている。そして、真空も分極するのである。しかし、それは本書の守備範囲ではないので、真空は誘電率 ε_0、透磁率 μ_0 の空間とする。

5-5　いくつかの練習問題

読者諸君が実際に手を動かし、頭をはたらかせて理解するために、以下にいくつかの問を挙げたので、解いてほしい。

問 5-4　空間の半分を占める誘電体 (誘電率 ε) の表面から距離 a の内部の 1 点 P に真電荷 $+q$ がある。このときの誘電体内外の電場 $\boldsymbol{E}$、電束密度 $\boldsymbol{D}$ ならびに分極 $\boldsymbol{P}$ を鏡像法を用いて求めよ。また、電気力線ならびに電束線、分極電束線の分布の様子を示せ。

「半無限の誘電体板と点電荷（例題 5-2）」(p.153) を参考にすればよい。

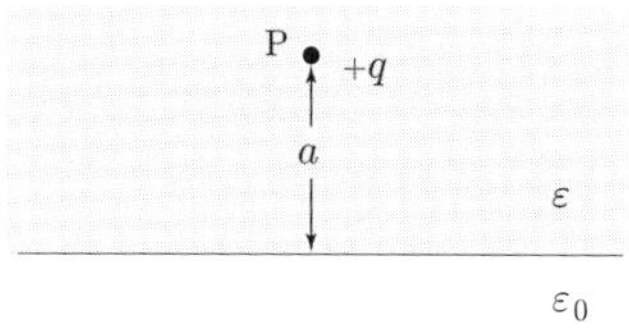

図 **5.23**　誘電体と真電荷と鏡像法（1）

問 5-5　半径 a で誘電率 ε の誘電体球がある。その中心に点電荷 $+q$ が置かれたときの電場 $\boldsymbol{E}$、電束密度 $\boldsymbol{D}$ ならびに分極 $\boldsymbol{P}$ を求めよ。電気力線ならびに電束線、分極電束線の分布の様子を示せ。

要点に番号を付して挙げる。

① 状況は中心に対して球対称なので、すべての電場、分極、電束密度も球対称であって、動径 $(\boldsymbol{r})$ 成分のみをもち、また、それらは r のみの関数である。

② 真電荷 $+q$ のつくる外部電場 $\boldsymbol{E}_0$ が誘電体球に分極を生じる。その結果、球表面に表面分極電荷 $+\sigma_{\mathrm{P}}$($-\sigma_{\mathrm{P}}$ でないことに注意）が現れる。

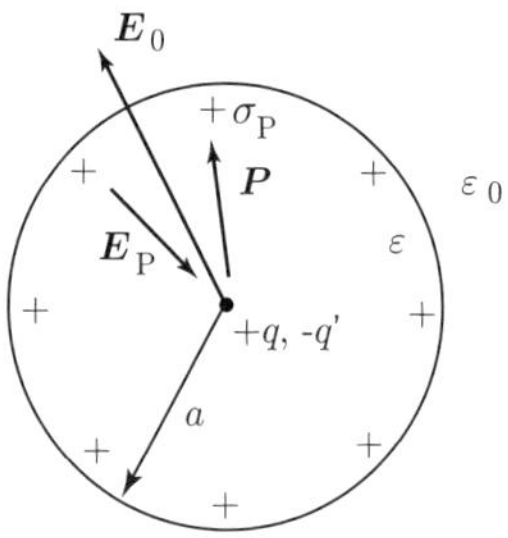

図 **5.24**　誘電体と真電荷と鏡像法（2）

分極 $\boldsymbol{P}$ は負電荷 $-\rho_{\mathrm{P}}$ を内側に、正電荷 $+\rho_{\mathrm{P}}$ を外側にして、内側ほど体積電荷密度は大きい。外部電場が存在しないとき誘電体は中性であったので、誘電分極後の正負分極電荷の総量はゼロでなければならず、表面電荷密度の総量 $(4\pi a^2)\sigma_{\mathrm{P}}$ と等しい負分極電荷 $-q'$ が中心にできると考える。

これらが分極電場 $\boldsymbol{E}_{\mathrm{P}}$ ならびに分極 $\boldsymbol{P}$ をつくる (図 5.24)。

$$\boldsymbol{E}_0 = \frac{+q}{4\pi\varepsilon_0 r^2}\boldsymbol{e}_r\ , \qquad \boldsymbol{E}_{\mathrm{P}} = \frac{-q'}{4\pi\varepsilon_0 r^2}\boldsymbol{e}_r \tag{5.91}$$

$$\sigma_{\mathrm{P}} = \boldsymbol{P}\cdot\boldsymbol{e}_r = \varepsilon_0\chi_e\boldsymbol{E}\cdot\boldsymbol{e}_r = (\varepsilon-\varepsilon_0)\frac{+q-q'}{4\pi\varepsilon_0 a^2} \tag{5.92}$$

以上のことから、

$$-q' = -\frac{\varepsilon - \varepsilon_0}{\varepsilon} q \quad , \quad \sigma_{\mathrm{P}} = \frac{\varepsilon - \varepsilon_0}{4\pi\varepsilon a^2} q \tag{5.93}$$

$$\boldsymbol{E}(= \boldsymbol{E}_0 + \boldsymbol{E}_{\mathrm{P}}) = \frac{+q}{4\pi\varepsilon r^2}\boldsymbol{e}_r \ \ (r \leq a) \quad , \quad \boldsymbol{E}(= \boldsymbol{E}_0) = \frac{+q}{4\pi\varepsilon_0 r^2}\boldsymbol{e}_r \ \ (r > a)$$

$$\boldsymbol{P} = (\varepsilon - \varepsilon_0)\frac{+q}{4\pi\varepsilon r^2}\boldsymbol{e}_r \ \ (r \leq a) \quad , \quad \boldsymbol{P} = 0 \ \ (r > a)$$

$$\boldsymbol{D}(= \varepsilon_0\boldsymbol{E} + \boldsymbol{P}) = \frac{+q}{4\pi r^2}\boldsymbol{e}_r \ \ (r \leq a) \quad , \quad \boldsymbol{D}(= \varepsilon_0\boldsymbol{E}) = \frac{+q}{4\pi r^2}\boldsymbol{e}_r \ \ (r \leq a)$$

③ 電気力線は誘電体外とくらべて、誘電体内では分極電場 $\boldsymbol{E}_{\mathrm{P}}$ の分だけ減少する。一方、分極電束線 $\boldsymbol{D}_{\mathrm{P}}$ は $\varepsilon_0\boldsymbol{E}_{\mathrm{P}}$ が表面から中心へと、$\boldsymbol{P}$ は中心から表面へと流れ、打ち消しあってゼロである。外部電場 $\boldsymbol{E}_0$, 分極電場 $\boldsymbol{E}_{\mathrm{P}}$, 分極 $\boldsymbol{P}$, 電束密度 $\boldsymbol{D}$ のすべてが r の逆 2 乗則の振る舞いをする。

④ 誘電体球が無限に広がり、空間が誘電体で満たされている $(a \to \infty)$ とすれば、表面分極電荷が存在せず、電場、電束密度、分極に変化はない。すなわち、点電荷 $+q$ が真空中で示す電場や電束密度とくらべると、誘電体中では誘電率が $\varepsilon_0 \to \varepsilon$ に置き換わっただけである。

それは分極効果が真電荷の電荷を部分的に打ち消し、一種の遮蔽効果となる。

問 5-6 誘電率 ε の一様な誘電体内に充分な距離 ℓ を隔てて、半径 a の小さな球形の空洞が 2 つ (A, B) ある $(\ell \gg a)$。空洞 A の中心に $+q$ の点電荷を置いたときの電場 $\boldsymbol{E}$ ならびに電束密度 $\boldsymbol{D}$ の分布を求めよ。

さらに、空洞 B の中心に $-q$ の点電荷を置いたとき、$-q$ の受けるクーロン力を求めよ。

点電荷 $+q$ を座標原点にとる。

$+q$ の外部電場 $\boldsymbol{E}_0$ が誘電分極により空洞球 A の表面に分極電荷 $-\sigma_{\mathrm{P}}$ を生じ、誘電体内には分極電場 $\boldsymbol{E}_{\mathrm{P}}$ と分極 $\boldsymbol{P}$ ができる。このとき空洞球 B を別にすれば、状況は球対称なため電場 $\boldsymbol{E}$ も電束密度 $\boldsymbol{D}$ も球対称であり、動径 $(\boldsymbol{r})$ 成分のみをもつ。

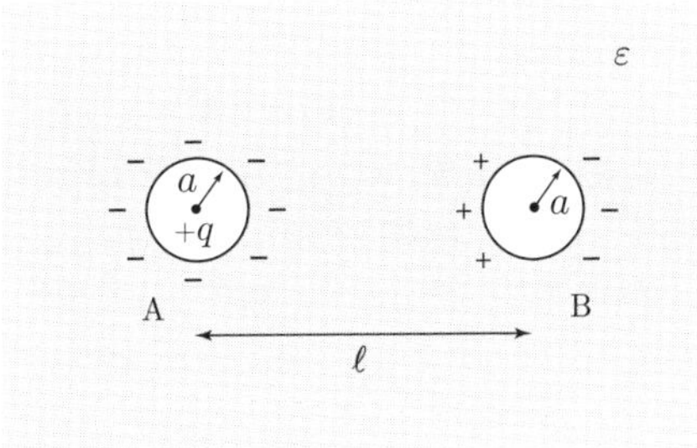

図 **5.25** 誘電体と真電荷と鏡像法（3）

① 表面分極電荷 $-\sigma_{\mathrm{P}}$ も球対称であるので、原点に $-q'$ の鏡像電荷をおいて考える。空洞球 A 内外の電場 $\boldsymbol{E}$ は

$$\begin{aligned} \boldsymbol{E}_{\rm in} &= \boldsymbol{E}_0 \\ &= k_e \frac{q}{r^2}\boldsymbol{e}_r \ (@r \le a); \\ \boldsymbol{E}_{\rm out} &= \boldsymbol{E}_0 + \boldsymbol{E}_{\rm P} \\ &= k_e \frac{q-q'}{r^2}\boldsymbol{e}_r \ (@r > a) \end{aligned} \tag{5.94}$$

であり、$q' = 4\pi a^2 \sigma_{\rm P}$, $-\sigma_{\rm P} = \boldsymbol{P}\cdot\boldsymbol{n} = -\varepsilon_0\chi_e \boldsymbol{E}\cdot\boldsymbol{e}_r = -(\varepsilon-\varepsilon_0)E_{\rm out}$ である。

② 電束密度の「ガウスの法則」($\boldsymbol{D}_{\rm in}(r=a) = \boldsymbol{D}_{\rm out}(r=a)$) を用いると鏡像電荷 $-q'$ が求まり、分極電荷 $-\sigma_{\rm P}$ も得られる。

$$-q' = -\frac{\varepsilon-\varepsilon_0}{\varepsilon}q\,, \qquad -\sigma_{\rm P} = -\frac{\varepsilon-\varepsilon_0}{4\pi\varepsilon a^2}q \tag{5.95}$$

である。

③ 分極電束線 $\boldsymbol{D}_{\rm P}$ は無限遠から動径経路をやってきて、空洞球の表面で反射し、折り返して同じ経路を無限遠に帰る。$\boldsymbol{D}_{\rm P} = 0$ である。$\boldsymbol{D} = \varepsilon_0\boldsymbol{E}_0 + \boldsymbol{D}_{\rm P}$ のため、真電荷 $+q$ がつくる電束線のみが残る。一方、電気力線 $\boldsymbol{E}$ は誘電体内外で異なる。空洞球 A の表面は実質的に等ポテンシャル面になっているため、分極電荷 $-\sigma_{\rm P}$ が球内に分極電荷をつくれない。

④ 空洞球 B は充分離れているので、$r = \ell$ だけ離れた誘電体内の電場 $\boldsymbol{E}_{\rm out}$ は近似的に一様であると扱える。「一様な電場内での誘電体球（例題 5-3）」(p.157) では真空中に誘電体球を置いたが、それを真空と誘電体を置きかえれば ($\varepsilon_0 \leftrightarrow \varepsilon$)、ここでの空洞球 B 内での電場 $\boldsymbol{E}_{\rm B}$ が得られる。

$$\boldsymbol{E}_{\rm B} = \frac{3\varepsilon}{\varepsilon_0 + 2\varepsilon}\boldsymbol{E}_{\rm out}(\ell)\ ; \qquad \boldsymbol{E}_{\rm out}(\ell) = \frac{1}{4\pi\varepsilon}\frac{q}{\ell^2}\boldsymbol{e}_\ell \tag{5.96}$$

$\boldsymbol{e}_\ell = \boldsymbol{\ell}/\ell$ である。

⑤ 電荷 $+q$ が自分がつくる両空洞球面に現れる分極電荷から受けるクーロン力を考える。③で述べたように A の表面電荷 $-\sigma_{\rm P}$ は球対称なため、$+q$ は力を受けない。B には正および負の表面電荷が現れるが、これらは充分に遠方にあるのでその寄与は $\boldsymbol{E}_{\rm out}(\ell)$ と比べて充分に小さいので無視できる (④と同様に $\varepsilon_0 \leftrightarrow \varepsilon$ の置き換えをすれば、B の表面電荷 $\pm\sigma_{\rm P}$ が A につくる電場は式 (5.74) から $2\{(\varepsilon-\varepsilon_0)/(\varepsilon_0+2\varepsilon)\}(a/\ell)^3\boldsymbol{E}_{\rm out}(\ell)$ と得られる)。結局、電荷 $+q$ は分極電荷の影響は受けない。

⑥ つぎに、空洞球 B に電荷 $-q$ を置く。上で見た論理で、$-q$ は自分のつくる分極電荷からは力を受けないので、$+q$ からの電場のみを考えればよく、その受けるクーロン力 $\boldsymbol{F}$ は

$$\boldsymbol{F} = -q\boldsymbol{E}_{\rm B} = -\frac{3}{4\pi(\varepsilon_0+2\varepsilon)}\frac{q^2}{\ell^2}\boldsymbol{e}_\ell \tag{5.97}$$

となる。

問 5-7　誘電率 ε の無限に広い誘電体板を考える。一方の表面に一様な面密度で真電荷 σ が分布するとき、誘電体内外の電場 $\boldsymbol{E}$、電束密度 $\boldsymbol{D}$ ならびに分極 $\boldsymbol{P}$ を求めよ。また、電気力線ならびに電束線、分極電束線の分布の様子を示せ。

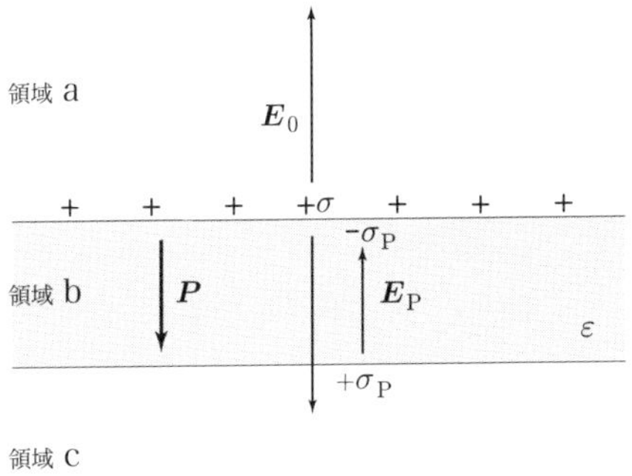

図 5.26　一様な真電荷が表面に分布する誘電体板

真電荷 σ が外部電場 $\boldsymbol{E}_0$ をつくり、誘電体 (領域 b) に分極を引き起こし、表面分極電荷密度 $\pm\sigma_\mathrm{P}$ が分極電場 $\boldsymbol{E}_\mathrm{P}$ を生じ、電場は $\boldsymbol{E} = \boldsymbol{E}_0 + \boldsymbol{E}_\mathrm{P}$ である。電束密度 $\boldsymbol{D}$ にはさらに分極 $\boldsymbol{P}$ の寄与があり、それを含めて $\boldsymbol{D} = \varepsilon_0\boldsymbol{E} + \boldsymbol{P}$ を考えればよい。

対象の対称性から、電場ならびに電束密度、さらに分極は表面に平行な成分をもたない。

表面分極電荷 $\sigma_\mathrm{P} = \boldsymbol{P}\cdot\boldsymbol{n}$ と分極 $\boldsymbol{P} = \varepsilon_0\chi_e\boldsymbol{E}$ は電場 $\boldsymbol{E}$ とつながり、電場 $\boldsymbol{E}$ は真電荷密度 σ とつながるので、誘電率と真電荷ですべての量が表示できる。

電束密度 $\boldsymbol{D}(= \varepsilon_0\boldsymbol{E}_0 + \boldsymbol{D}_\mathrm{P})$、さらには、電気力線と電束線については前節で述べた論理を真似て構築してみよ。

問 5-8　平行平板コンデンサーの電極間を誘電率 ε_1、ε_2、厚さ d_1、d_2 の誘電体で満たす。電極間に電位 $V(= \Delta\phi)$ を与えたときの電場 $\boldsymbol{E}$、電束密度 $\boldsymbol{D}$、分極 $\boldsymbol{P}$ を書き出し、電気力線、電束線の振る舞いを理解せよ。また、電極間の任意の点の電位 $V(z)$ を求めよ。

さらに、誘電体を除き、それに代わり導体箔を境界面に置き、それに電荷 σ をもたせることにより同じ役割を果たさせることができる。σ を求めよ。

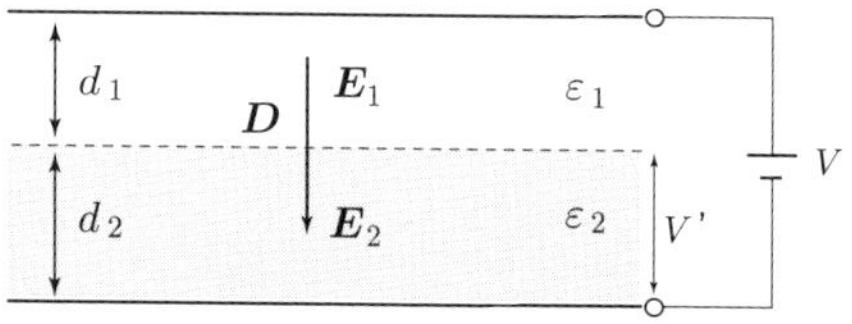

図 5.27　2 つの誘電体層をもつ平行平板コンデンサー

電圧 V により外部電場として電極間に電場 $\boldsymbol{E}_0$ ができる。そして、誘電分極 によってそれぞれの誘電体表面に表面分極電荷密度 $\sigma_{\mathrm{P}i}$ $(i=1,2)$ が現れる。

まず、分極電場 $\boldsymbol{E}_{\mathrm{P}i}$、分極 $\boldsymbol{P}_i$、電束密度 $\boldsymbol{D}_i$ を書き出してみよ。①分極電束線 $\boldsymbol{D}_{\mathrm{P}i}$ がそれぞれの誘電体で閉ループを構成すること、②誘電体の境界面の束縛電荷 $\sigma_{\mathrm{P}i}$ は電束線の視点からはその存在が必要不可欠でないこと、③ここでは $\boldsymbol{D}_{\mathrm{P}i}=0$ となることを確認せよ。電束密度 $\boldsymbol{D}$ は真電荷のみによること、ここでは特に、$\boldsymbol{D}=\varepsilon_0\boldsymbol{E}_0$ となることを理解できたか？

また、分極電場に関しては、④$\sigma_{\mathrm{P}1}$ と $\sigma_{\mathrm{P}2}$ は等しくなく、境界面の分極電荷 $\sigma_{\mathrm{P}1}-\sigma_{\mathrm{P}2}$ が分極電荷 $\boldsymbol{E}_{\mathrm{P}i}$ の違いをうまく説明すること、を考える。⑤電場 $\boldsymbol{E}$ は電束密度 $\boldsymbol{D}$ と異なり真電荷と束縛電荷により定められる。電場 E_1, E_2 を外部電場 E_0 と $\sigma_{\mathrm{P}i}$ で書き表せ。

つぎに、上の電気量を誘電率 ε_i、厚さ d_i、電位 V を用いて求める。

電束密度の「ガウスの法則」から $D_1=D_2=D$ を使って、⑥電位差 V^i、電場 E^i、電束密度 D の関係を求め、D を V, ε_i, d_i で書き表せ (下左式)。⑦z 位置の関数として電位 $V(z)$ を求めよ。⑧$\sigma=\sigma_{\mathrm{P}1}-\sigma_{\mathrm{P}2}$ を求めればよい (下右式)。

$$D=\frac{\varepsilon_1\varepsilon_2}{\varepsilon_1 d_2+\varepsilon_2 d_1}V\ , \qquad \sigma=\frac{\varepsilon_0(\varepsilon_2-\varepsilon_1)}{\varepsilon_1 d_2+\varepsilon_2 d_1}V$$

第II部
静磁場の物語

第 6 章

電流と電気回路の物語

第 1 章の小節「磁場のみなもとは磁荷から電流へ」(p.9) で述べたように、静磁場をつくる基本要素は磁石あるいは磁荷ではなく、電荷の流れである電流である、という立場を本書ではとる。本章では、まず定常な電流の基本的振る舞いを学び、次章の定常電流のつくる静磁場へつなぐ。

6-1　電流

6-1-1　電流と磁場

物質は磁場中に置かれると磁性をもつ。この意味で物質を**磁性体**とよぶ。その身近な代表は鉄である。磁性（第 8 章で扱う）は物質を構成する原子核ならびに電子の運動によるもので、原子核のまわりの電子の軌道運動のように電荷をもつ物体の環状運動は磁気双極子モーメントとよぶ磁石と同様な磁場をつくる[1)]。

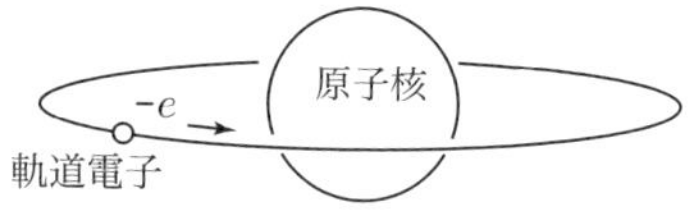

図 **6.1**　電子の運動と電流

環状運動でなくとも**電荷の流れ**、すなわち、**電流** (electric current) は磁場をつくる。静電場は電荷の存在にもとづいたが、磁場の成因はこの電流であって、定常な電流は静磁場をつくる。

6-1-2　電流と電流密度

電流とは電荷の流れであり、一般に電荷の担い手は電子であるが、陽子であったり、イオンなどでもあり得る。これらの自由な電荷の移動による電流を**伝導電流** (conduction

1) さらに、原子核ならびに電子自体は自転に相当するスピンとよばれる角運動量をもち、それにともなうスピン磁気モーメントをもつ。それらは量子力学で学ぶ。

current) という。ここでは、導体（導線）に流れる電荷を想定して電流について議論するので、電荷の担い手は電子（自由電子）と考えてよい。

なお、電流は必ずしも導体を必要とするわけでもない。つまり、真空中を電荷が流れて (運動して) いても、ここで定義する電流や電流密度はそのまま適用できる。しかしながら、通常、電流を議論するときは、それは一般に電気回路の「導線に流れる」ものを想定している（「導線に流れる」という言葉については第 7 章の p.189 で言及する)。

電流の方向とは、正電荷の流れる方向をいうので、自由電子は電流の方向とは逆方向に流れているわけだ。

静電場 $\boldsymbol{E}$ があると静電誘導の現象が起こり、導体中の自由電子は電位の高い方に移動する（4-1 節「導体」p.94)。このとき、電荷の移動は短時間で終わり、導体内の電位は一定となる。ここで、外部から自由電子の供給と流出が継続的に行われれば、電荷の流れが持続する。たとえば、電池を接続して導体の両端に一定の電位差 $\Delta\phi$(電圧 V) をかけ閉回路を形成すると、導体中の電位は一定とならず電位の勾配 (電場 $\boldsymbol{E}$) をもち、つねに自由電子が供給、流出され続け、(自由電子が閉回路を環流し) 継続的な電荷の流れが生じる。

電場 $\boldsymbol{E}$ が電子にクーロン力 $\boldsymbol{F} = -e\boldsymbol{E}$ を及ぼし電荷の流れをつくるのであって、この電流を生じる力を**起電力** (electromotive force) という。

いま、単位体積当たり n 個の数密度をもつ電子（電荷 $-e,\ e > 0$）が速度 $\boldsymbol{v}$ で定常的に導体内を流れているとすると (図 6.2)、微小時間 $\mathrm{d}t$ に、流れに対して垂直な微小面積 $\mathrm{d}S$ を通過する電荷量 $\mathrm{d}Q$ は

$$\mathrm{d}Q = n(-e)v\ \mathrm{d}t\mathrm{d}S \tag{6.1}$$

である。単位時間に単位面積を通過する電荷量を**電流密度** (current density) $\boldsymbol{i}$ といい、

$$\boldsymbol{i} = -ne\boldsymbol{v} \quad \left([\ \boldsymbol{i}\ ] = \frac{\mathrm{C}}{\mathrm{s}\cdot\mathrm{m}^2} = \frac{\mathrm{A}}{\mathrm{m}^2} \right) \tag{6.2}$$

である ($[\ n\ ] = \mathrm{m}^{-3}$)。

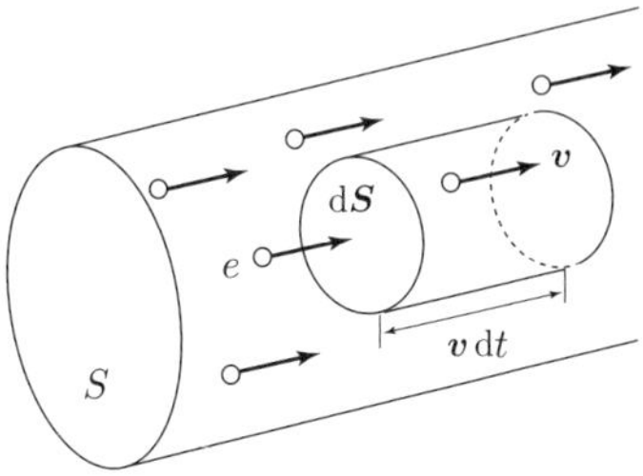

図 **6.2** 電流と電流密度

導線ではその長さ方向に垂直な向きには電位差が生じていず、導線に垂直な断面積 S にわたり電流密度 $\boldsymbol{i}$ は一様に分布し、かつ直交する ($\boldsymbol{i} \perp \boldsymbol{S}$) と考えてよい。したがって、導線に流れる電流の大きさ I は

$$I = \int_S \boldsymbol{i} \cdot \mathrm{d}\boldsymbol{S} = \boldsymbol{i} \cdot \boldsymbol{S} = -nevS \qquad \left([\,I\,] = \frac{\mathrm{A}}{\mathrm{m}^2} \cdot \mathrm{m}^2 = \mathrm{A} \right) \tag{6.3}$$

である。

流れは方向性をもつベクトル量であり、電子が負電荷をもつため電流密度 $\boldsymbol{i}$ の方向は電子の運動方向 $\boldsymbol{v}$ と逆向きとなる。導線と電池で閉回路をつくると、電池の＋極から－極へと導線に電流が流れるわけであるが、電荷の担い手である電子は実は－極から＋極へと流れているのである (図 6.3)。

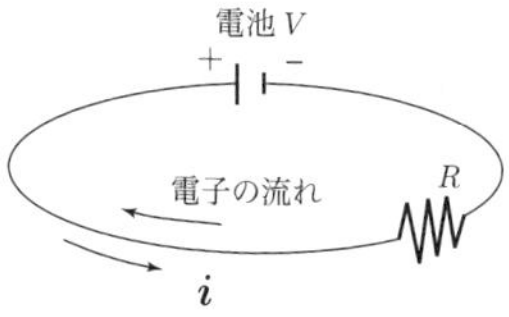

図 6.3　電荷の流れと電流

6-1-3　電荷の保存則と定常電流

(a)　電荷の保存則

電流の流れている導体を考える。一般性をもたすため、電流密度の大きさも方向も場所ごとに変化しているとする ($\boldsymbol{i} = \boldsymbol{i}(\boldsymbol{r})$)。

導体内に任意の閉曲面 $\boldsymbol{S}$ をとり (図 6.4)、電流が閉曲面 $\boldsymbol{S}$ を通って内から外へと流出したとすれば、その流出した電荷量の分だけ閉曲面内にある電荷量 Q が減少することになる。

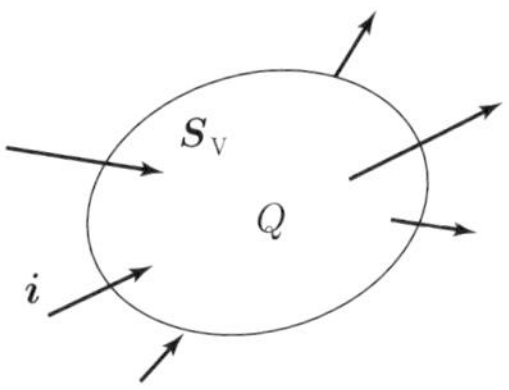

図 6.4　電荷の保存

流出入する単位時間当たりの電荷量は、閉曲面 $\boldsymbol{S}$ にわたって電流密度 $\boldsymbol{i}$ を面積分することによって得られる（次式の左辺）。一方、閉曲面内の電荷量 Q はその電荷密度分布 ρ を閉曲面に囲まれた領域 V にわたり体積積分して求められ、その時間微分 $-\mathrm{d}Q/\mathrm{d}t$ が電荷量 Q の単位時間当たりの変化量である（次式の右辺）。すなわち、

$$\oint_S \boldsymbol{i} \cdot \mathrm{d}\boldsymbol{S} = \left(-\frac{\mathrm{d}Q}{\mathrm{d}t} = \right) - \frac{\mathrm{d}}{\mathrm{d}t} \int_V \rho \; \mathrm{d}v \tag{6.4}$$

である。右辺の負符号は、閉曲面からの流出量の増加は領域 V 内の電荷量の減少に相当することを示す。閉曲面 $\boldsymbol{S}$ の法線ベクトル $\boldsymbol{n}$ は内から外向きにとってある。

上式左辺の面積分を体積積分に変換できることに、すでに読者も気づいているであろう。「ガウスの定理」である (式 (2.82))。

$$\oint_S \boldsymbol{A}(\boldsymbol{r}) \cdot \mathrm{d}\boldsymbol{S} = \int_V \nabla \cdot \boldsymbol{A}(\boldsymbol{r}) \; \mathrm{d}v \tag{2.82}$$

関数 $\boldsymbol{A}(\boldsymbol{r})$ は任意のベクトル関数であって、特に、電場あるいは電流密度に限定されたものでないことを思いだせ。

体積 V が時間変化しないとすれば、時間微分は積分内に取り込め、式 (6.4) は

$$\int_V \nabla \cdot \boldsymbol{i} \, \mathrm{d}v = -\int_V \frac{\partial \rho}{\partial t} \, \mathrm{d}v \tag{6.5}$$

となる。この関係が任意の体積 V について成り立つということは、被積分関数同士が等しいということ

$$\nabla \cdot \boldsymbol{i} = -\frac{\partial \rho}{\partial t} \tag{6.6}$$

を意味する。式 (6.4) が**電荷の保存則** (law of charge conservation) の積分形であるのに対し、式 (6.6) はその微分形である。

つぎに電流密度 $\boldsymbol{i}$ が時間的に変化しない定常電流について、電荷の保存則を書きだす。

電流密度 $\boldsymbol{i}$ が時間変化しない ($\mathrm{d}\boldsymbol{i}/\mathrm{d}t = 0$) とは、電荷分布 ρ も時間変化せず ($\mathrm{d}\rho/\mathrm{d}t = 0$)、どこかで電荷が生じたり消えたりすることがないということである。式 (6.4) は

$$\oint_S \boldsymbol{i} \cdot \mathrm{d}\boldsymbol{S} = 0 \tag{6.7}$$

となり、定常電流では閉曲面 $\boldsymbol{S}$ を通過して流出入する電流量は釣り合っていて、領域 V 内の電荷量にも変化がない。式 (6.6) は

$$\nabla \cdot \boldsymbol{i} = 0 \tag{6.8}$$

となり、導体内で電流密度が生じたり、消えたりすることがないことを示す。

回路を解析するとき、当たり前にみえるこの電荷の保存則はキルヒホッフの第 1 法則という便利なルールを提供してくれる（6-3-2 小節「キルヒホッフの法則」p.183）。

(b) 電流の単位

本書で用いる国際単位系 (SI 単位系) では、電流の単位として**アンペア** (ampere) ($[I]$ = A) を導入する。これは 1m 離した 2 本の平行導線に同じ向きに等しい大きさの電流 I を流したときに、導線の間に引力がはたらくが、その力が導線 1m 長当たりに 2×10^{-7} N となるときの電流 I を 1 アンペア (A) と定義するものである (図 6.5)。(電流が流れる導線間の力については 7-1-1 小節「平行電流の法則」p.187 で議論する。)

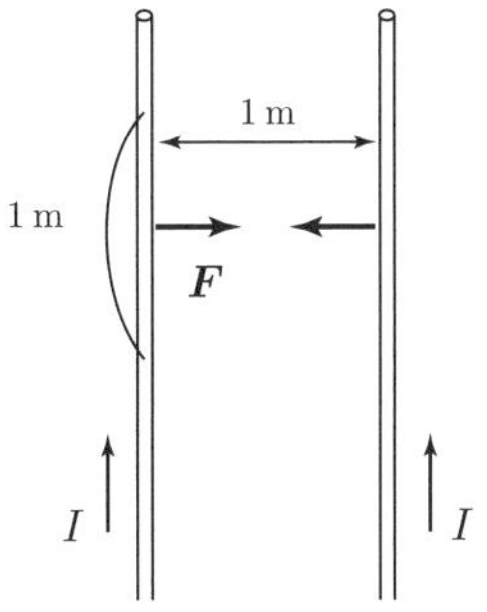

図 6.5　アンペアの定義

電荷の単位クーロン (C) はこの電流単位の定義から、1 アンペアの電流が単位時間 (秒) に運ぶ電荷量として定められたものである。

$$1\ \mathrm{C} = 1\ \mathrm{A} \cdot \mathrm{s} \tag{6.9}$$

したがって、電流単位をクーロンで表示すると

$$[\ I\ ] = \mathrm{A} = \frac{\mathrm{C}}{\mathrm{s}} \tag{6.10}$$

である。

電子の電荷は $e = 1.6 \times 10^{-19}$ (C) であるので、1C の電荷は 6.3×10^{18} 個の電子に相当する。よって、導線に 1A の電流が流れているとは、毎秒ほぼ 600 京個の電子が導線の断面を横切って流れていることを意味する。

電流密度 $\boldsymbol{i}$ は単位面積 (m^2) を通過する電流量であって、その単位は

$$[\ \boldsymbol{i}\ ] = \frac{\mathrm{A}}{\mathrm{m}^2} \quad \left(= \frac{\mathrm{C}}{\mathrm{s} \cdot \mathrm{m}^2} \right) \tag{6.11}$$

である。

アンペア (A) は唯一の電磁気的な基本単位である。

電位 (V：ボルト)、電気容量 (F：ファラッド)、磁束密度 (T：テスラ) などの電磁気の単位は組立単位であって、長さ (m)、質量 (kg)、時間 (s) とアンペア (A) の 4 つの基本単位の代数的な乗除によって組み立てられる。上記した電荷の単位であるクーロン (C) は C=A ·s となる組立単位である。

単位系については 1-3-4 小節「いつも次元 (単位) をつかめ」(p.15) を参照。

6-2　オームの法則

6-2-1　$\boldsymbol{i} = \sigma \boldsymbol{E}$

読者はすでに、電気回路にともない

$$V = RI \tag{6.12}$$

の形でオームの法則を学んでいる。V は電圧であって、これまでは静電ポテンシャルあるいは電位とよび、ϕ で記していた電磁気量であるが、電気回路分野の慣例に従い、電圧 V と表記する。R は回路の抵抗値である。すなわち、導体の両端に電圧（電位差）V を印加すると、電位の高い方 a から低い方 b へと電流 I が流れる。その比例係数の逆数が抵抗 R ($I = (1/R) \times V$) であり、電流の流れにくさを示す。

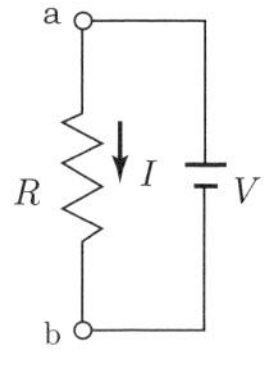

図 6.6　オームの法則

閉回路をつくる導体に定常電流（直流電流）が流れるとは、導体内部に（電圧によっ

表 6.1　電気伝導率 σ $(\Omega^{-1}\cdot\mathrm{m}^{-1})$　(温度 20°C)

物質	電気伝導率	物質	電気伝導率
銅	6.0×10^{7}	ガラス	$10^{-10}\sim10^{-14}$
金	4.5×10^{7}	雲母	$10^{-13}\sim10^{-16}$
鉄	1.0×10^{7}	乾燥空気	$(3\sim8)\times10^{-15}$
海水	5.0	磁器	3×10^{-15}
紙	$10^{-4}\sim10^{-10}$	石英ガラス §	1.3×10^{-18}
純水	4×10^{-6}	テフロン	$10^{-23}\sim10^{-25}$

§ 溶融石英 (fused quartz)

て生じる）静電場 $\boldsymbol{E}$ が存在することである。自由電子がクーロン力 $\boldsymbol{F}=(-e)\boldsymbol{E}$ によって＋極（電位の高い側）へ引き付けられ、電荷の流れとなるのが電流 I である。極度に強い電場でなければ、一般に電流密度 $\boldsymbol{i}$ は静電場 $\boldsymbol{E}$ に比例する。

$$\boldsymbol{i}=\sigma\boldsymbol{E} \tag{6.13}$$

σ は電流の流れやすさを示し、**電気伝導率** (electric conductivity) という。その逆数 $\rho=1/\sigma$ を**抵抗率** (resistivity) という。σ は導体固有の値をもつが、温度などの物理的な状況により変わる。

(a)　$V=RI$

式 (6.13) のオームの法則から、式 (6.12) を導く。

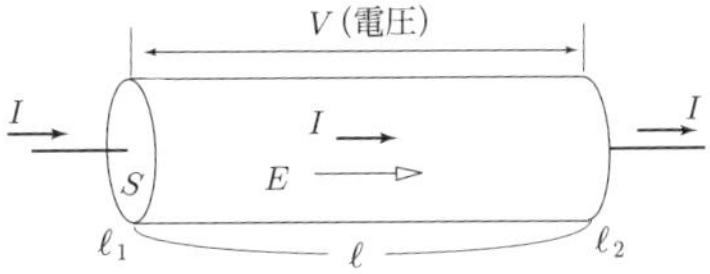

図 6.7　オームの法則

いま、閉回路の一部を構成する長さ ℓ、断面積 S の一様な導体（抵抗率 ρ）を考え、この両端に電圧 V が、したがって、導線に沿って電場 $\boldsymbol{E}$ がかかっているとする（図 6.7）。

電場 $\boldsymbol{E}$ は導線の軸に沿って平行に、かつ断面にわたって一様に分布するので $(\boldsymbol{E}\parallel\boldsymbol{\ell})$、導線の両端 $(\ell_1,\ell_2;\ \ell=\ell_2-\ell_1)$ の電圧（電位差）V は式 (3.11) から

$$V=-\int_{\ell_2}^{\ell_1}\boldsymbol{E}\cdot\mathrm{d}\boldsymbol{\ell}=-E(\ell_1-\ell_2)=E\ell \quad\Rightarrow\quad E=\frac{V}{\ell} \tag{6.14}$$

である[2)]。また、電流密度の大きさ i は単位断面積当たりの電流であるのだから、

2) 第 I 部では経路に沿っての線積分を表記するに際し積分変数に $\mathrm{d}\boldsymbol{r}$ を使ったが、これ以降は経路に沿っての積分であることを明示するために、経路の変分を $\mathrm{d}\boldsymbol{\ell}(=\mathrm{d}\boldsymbol{r})$ で示す。特に、電流経路に沿っての線積分

$$i = \frac{I}{S} \tag{6.15}$$

これらを式 (6.13) に代入すると

$$i = \sigma E \quad \Rightarrow \quad \frac{I}{S} = \frac{1}{\rho}\frac{V}{\ell} \quad \Rightarrow \quad V = I\left(\rho\frac{\ell}{S}\right) \tag{6.16}$$

を得る。電流密度ベクトル $\boldsymbol{i}$ と電場ベクトル $\boldsymbol{E}$ が同じ方向を向くので、上式はスカラー量で表記した。抵抗 R は

$$R \equiv \rho\frac{\ell}{S} \tag{6.17}$$

であって、式 (6.16) の右式は式 (6.12) のオームの法則 $V = IR$ となる。抵抗 R は導体固有の抵抗率 ρ と導線の幾何学的形状 (ℓ, S) の積で形成され、導線の長さに比例し、断面積に反比例する。

(b) $V,\ E,\ R,\ \sigma,\ \rho$ の単位

電圧 V は前章までは静電ポテンシャル ϕ あるいは電位とよんでいたものであり、その単位は諸君が日常使うボルト V (volt) であって、これは組立単位である。電位 ϕ は電場 $\boldsymbol{E}$ の線積分として定義されたので (式 (3.11))、電圧 V の次元は電場に長さを掛けたもの

$$\mathrm{V} = [\ E\ ]\cdot\mathrm{m} = \frac{\mathrm{N}\cdot\mathrm{m}}{\mathrm{C}} = \frac{\mathrm{J}}{\mathrm{C}} \tag{6.18}$$

であって、単位電荷当たりの仕事量 $(\mathrm{J}\cdot\mathrm{C}^{-1})$ に相当する。上式の両辺に単位電荷 (1C) を掛けてみれば分かるだろう。また、逆に、電場 $\boldsymbol{E}$ の単位を電圧単位 V で考えるのが便利な場合がある。

$$[\ E\ ] = \frac{\mathrm{V}}{\mathrm{m}} \tag{6.19}$$

である。

抵抗 R の単位はオーム Ω であり、それは電圧を電流で割ったもの

$$[\ R\ ] = \Omega = \frac{\mathrm{V}}{\mathrm{A}} \tag{6.20}$$

であり、電気伝導率 σ ならびに抵抗率 ρ の単位は

$$[\ \sigma\ ] = \frac{1}{\Omega\cdot\mathrm{m}}\,, \qquad [\ \rho\ ] = \Omega\cdot\mathrm{m} \tag{6.21}$$

である。

や電流素片について $\mathrm{d}\boldsymbol{\ell}$ を用いる。

6-2-2 オームの法則の物理

オームの法則 $\boldsymbol{i} = \sigma \boldsymbol{E}$ の物理を簡単に眺める。

導体はそれを構成する原子や分子と、それらの束縛を逃れた軌道電子で形成されていると考えてよい。前者は電子を失い正イオンとなり、金属固体の格子を形作る。後者は自由電子となり、導体内を電場に引かれ電荷の流れをつくりだす。

ちなみに、金属の銅は 1 cm^3 当たり、ほぼ 8×10^{22} 個の銅原子を含む。外殻 (s 軌道) に 1 つだけある軌道電子が自由電子として振る舞うと考えると、それは原子と同じ数だけある。

これらの自由電子は電場がなければ、不規則な熱運動をし、正イオンと衝突を繰り返して、平均すれば特定の方向へ移動することはなく、電荷の流れを生じない。しかし、電場 $\boldsymbol{E}$ がかかると正イオンとの衝突と衝突の間にクーロン力を受け、加速され、平均としては電場 $\boldsymbol{E}$ の向きに電荷の流れが生じる。電流が流れるわけである。電子の運動方程式は

$$m_e \frac{\mathrm{d}\boldsymbol{v}}{\mathrm{d}t} = -e\boldsymbol{E} \qquad (e > 0) \tag{6.22}$$

と書け、電子は電場と逆の向きへ加速される。速度 $\boldsymbol{v}$ は時間に比例して増加し、

$$\boldsymbol{v}(t) = \frac{(-e)\boldsymbol{E}}{m_e} t \tag{6.23}$$

電子は電場から運動エネルギーを得る。電子が得た運動エネルギーは衝突により正イオンへ移行し、金属格子の熱振動エネルギーに変わる。このため、電流が流れると導線が熱をもつ。この熱が**ジュール熱**である。

抵抗 R に定常電流 I が流れるとき、時間 $\mathrm{d}t$ に生じるジュール熱 $\mathrm{d}Q$ を考える ($[\mathrm{d}Q] = \mathrm{J} = \mathrm{W} \cdot \mathrm{s}$)。すなわち、図 6.7 において ℓ_1 の断面を通って $I\mathrm{d}t$ ($[I\mathrm{d}t] = \mathrm{A} \cdot \mathrm{s} = \mathrm{C}$) だけの電荷が流れ込み、$\ell_2$ の断面から $I\mathrm{d}t$ だけの電荷が流れ出るとき、電荷 $I\mathrm{d}t$ が電場 $\boldsymbol{E}$ からなされた仕事量 $\mathrm{d}Q$ は、電荷に式 (6.14) の電位差 V を掛けたもので

$$\mathrm{d}Q = -\int_{\ell_1}^{\ell_2} (I\mathrm{d}t) E \mathrm{d}\ell = (I\mathrm{d}t) V \tag{6.24}$$

である。この受けとった仕事量が電子の運動エネルギーとなり、それがさらに衝突によって導線の熱へと変わる。したがって、抵抗 R の導線に単位時間当たりに発生する熱量 W は電流の 2 乗と抵抗に比例する ($[W] = \mathrm{W} = \mathrm{J} \cdot \mathrm{s}^{-1}$)。

$$W = \frac{\mathrm{d}Q}{\mathrm{d}t} = VI = RI^2 \tag{6.25}$$

この単位時間になされる仕事量のことを**仕事率** (power) といい、**電力**ともいう。電力

の単位はワット (W) で

$$\mathrm{W} = \frac{\mathrm{J}}{\mathrm{s}} = \mathrm{V}\cdot\mathrm{A} = \Omega\cdot\mathrm{A}^2 = \frac{\mathrm{V}^2}{\Omega} \tag{6.26}$$

である。熱量の W と単位の W を混同しないように。

ところで、電子が正イオンとの衝突を繰り返す時間間隔は一定でなく、熱運動などの乱雑さのためバラツキがある。そこで、電子は衝突ごとに電場から得た速度 $\boldsymbol{v}$ を完全に失うものと想定し、衝突からつぎの衝突までに電子が自由に直進運動できる時間の平均値を τ (**平均自由時間** (mean free time)) とすれば、速度は時間に比例して変化するので電子の平均速度 (ドリフト速度) $\boldsymbol{v}_{\mathrm{d}}(=<\boldsymbol{v}>)$ は

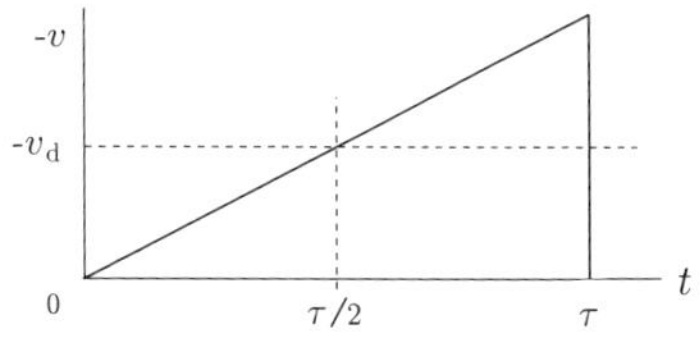

図 6.8　電子の平均速度

$$\boldsymbol{v}_{\mathrm{d}} = \frac{\int_0^\tau \boldsymbol{v}\mathrm{d}t}{\int_0^\tau \mathrm{d}t} = \frac{(-e)\boldsymbol{E}}{m_e}\frac{\int t\mathrm{d}t}{\int \mathrm{d}t} = \frac{(-e)\boldsymbol{E}}{m_e}\left(\frac{\tau}{2}\right) = \frac{(-e)\tau}{2m_e}\boldsymbol{E} \tag{6.27}$$

である。速度 $\boldsymbol{v}$ は時間 t に比例するので、その平均値は単に 2 で割ったものである (図 6.8)。

比較的弱い電場 $\boldsymbol{E}$ のもとでは、このように荷電粒子の平均移動速度 $\boldsymbol{v}_{\mathrm{d}}$ は $\boldsymbol{E}$ に比例し、その比例係数を**移動度** μ (mobility) という。

$$\boldsymbol{v}_{\mathrm{d}} = -\mu\boldsymbol{E} \qquad \left(\mu = \frac{e\tau}{2m_e}\right) \tag{6.28}$$

電流密度 $\boldsymbol{i}$ は単位時間に単位断面積を通過する電荷量 (式 (6.2): $\boldsymbol{i} = -ne\boldsymbol{v}$) で、ここで求めた平均移動速度 $\boldsymbol{v}_{\mathrm{d}}$ を電子の移動速度 $\boldsymbol{v}$ として用いるのは合理的である。そうすると、式 (6.2)、(6.13)、(6.28) から電気伝導率 σ と移動度 μ の間に

$$\sigma = ne\mu \tag{6.29}$$

の関係があることが分かる。電流の流れやすさは、導体の単位体積当たりの電子の数密度 n と電子の移動度 μ の積で決まる。

6-3　電気回路

6-3-1　起電力と非保存力

起電力とは回路に電流を流す力であるが、この力は静電的なクーロン力 ($\boldsymbol{F} = q\boldsymbol{E}$) だけでは生じない。電池などの化学的な力、発電機などの機械的なエネルギーにもと

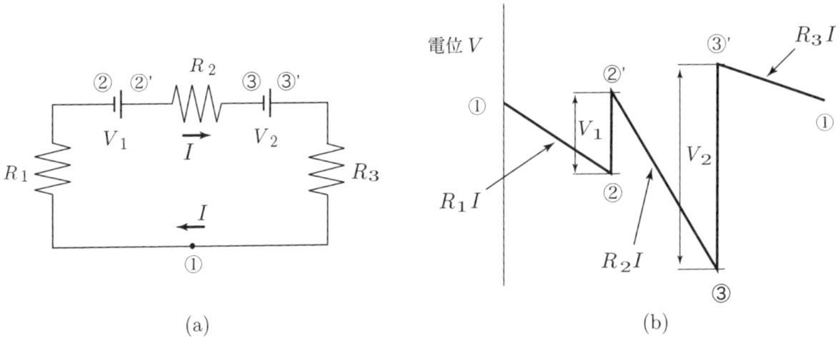

図 6.9 閉回路と電位

づく力、あるいは熱や光の起電力などがある。のちほど学ぶ電磁誘導による起電力も電荷の流れをつくるが、これらはクーロン力のような保存力[3)]ではない。

図 6.9(b) には (a) に示した閉回路に沿っての電位 V の変化を示した。それぞれの抵抗においてはオームの法則にしたがって電位の減少 $V = R_i I$ $(i = 1, 2, 3)$ が起こるが、これらを補償するのが起電力であって、周回後の電位は同一点である周回前の電位と等しくなるように電流値が決まる。各抵抗 (一般的には電気素子) での電位の減少を**電圧降下** (voltage drop) という。したがって、閉回路においては全起電力と全電圧降下が等しく、それを満たすように電流が決まる。ここでは、$I(R_1 + R_2 + R_3) = V_1 + V_2$ である。

図では点①を電位の基準にとったが、この基準電位よりも低い電位に減少することに抵抗を感じる諸君がいるかもしれない。そうであれば、電位（静電ポテンシャル）はあくまでも相対的な物理量であるので、基準を、たとえば③に、移して考えればよい。

6-3-2 キルヒホッフの法則とホイートストン・ブリッジ

電気回路において求める機能をつくりだすには、回路素子が直列あるいは並列接続だけでなく、それらに還元できない複雑な構成をとる。このとき、回路解析に威力を発揮するのが「キルヒホッフの法則」 (Kirchhoff laws) である。

これを図 6.10 のブリッジ回路 (bridge circuit: 2 つの並列経路を橋渡しした形の回路) を例に取りながらみる。

---

3) 保存力、保存場は第 3 章で学んだのを思い出してほしい。保存場では力学的エネルギーが保存し、保存力が物体を移動させる仕事は移動の経路によらず、始点 A と終点 B の位置にのみ依存した。

電荷の保存則 (式 (6.8)) から、回路の分岐点 (node) において入ってくる方の電流をプラス、出ていく方の電流をマイナスとして電流の和をとると、ゼロである。

$$\sum_i I_i = 0 \tag{6.30}$$

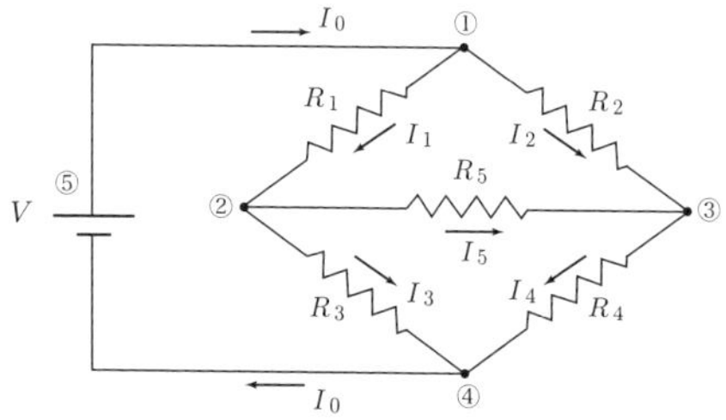

図 6.10　ブリッジ回路

これを**キルヒホッフの第 1 法則**という。分岐点①-④について、これらを書き出すと

$$\begin{aligned} I_0 - I_1 - I_2 &= 0 \\ I_1 - I_3 - I_5 &= 0 \\ I_2 - I_4 + I_5 &= 0 \\ I_3 + I_4 - I_0 &= 0 \end{aligned} \tag{6.31}$$

となる。説明の必要はないであろう。

前小節で、閉回路では全起電力と全電圧降下は等しいことをすでに知った。このことは回路系の中の任意の閉回路で成り立ち、そこでは電圧降下の和は起電力の和に等しい。

$$\sum_i R_i I_i = \sum_j V_j \tag{6.32}$$

これを**キルヒホッフの第 2 法則**という。閉回路をとったとき、その経路を回る方向と同じ向きに電流が流れると抵抗には電圧降下が起こるが、電流が逆の向きに流れると電圧降下は負値をもつと定める。閉回路①②③①, ②④③②, ⑤①②④⑤ では

$$\begin{aligned} R_1I_1 + R_5I_5 - R_2I_2 &= 0 \\ R_3I_3 - R_4I_4 - R_5I_5 &= 0 \\ R_1I_1 + R_3I_3 &= V \end{aligned} \tag{6.33}$$

となる。閉回路はこのほかにも①②④③①, ⑤①②③④⑤ などが構成できる。多くの分岐点や閉回路が構成できるが、それらはすべて独立なものでない。そのことを考慮して、未知数の数だけ連立する方程式を選べば回路の解析ができる。

式 (6.31) から電流 I_0, I_1, I_5 を残し、I_2, I_3, I_4 を消去すると、式 (6.33) は

$$
\begin{aligned}
R_1 I_1 + R_5 I_5 - R_2(I_0 - I_1) &= 0 \\
R_3(I_1 - I_5) - R_4(I_0 - I_1 + I_5) - R_5 I_5 &= 0 \\
R_1 I_1 + R_3(I_1 - I_5) &= V
\end{aligned}
\tag{6.34}
$$

となる。

あるいは、図 6.11 に示したように閉回路ごとに対応した環流する電流を設けてもよい。そうすると、第 2 法則は

$$
\begin{aligned}
R_1(I_0' + I_1') + R_5(I_1' - I_2') + R_2 I_1' &= 0 \\
R_3(I_0' + I_2') + R_4 I_2' - R_5(I_1' - I_2') &= 0 \\
R_1(I_0' + I_1') + R_3(I_0' + I_2') &= V
\end{aligned}
\tag{6.35}
$$

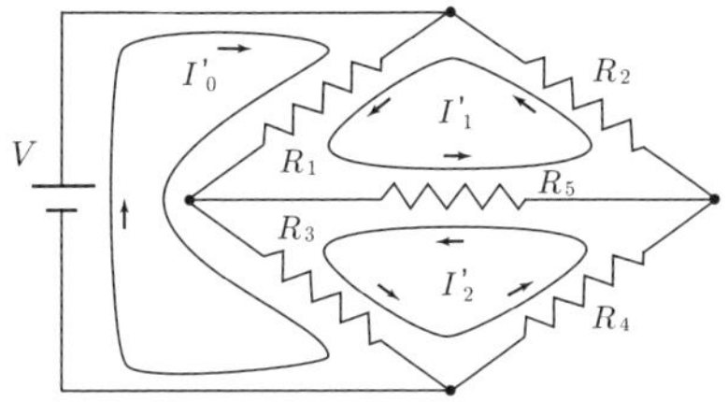

図 6.11 ブリッジ回路 (2)

と書ける。

状況により計算のしやすいもの、あるいは自分に適したものを採用すればよい。

連立方程式 (6.34)、あるいは式 (6.35) を解けばよい。ちなみに、電流 I_1 と I_5 だけであるが、書き下せば、

$$
I_1 = I_0' + I_1' = \frac{R_5(R_2+R_4) + R_2(R_3+R_4)}{R_5(R_1+R_3)(R_2+R_4) + R_1R_3(R_2+R_4) + R_2R_4(R_1+R_3)} \tag{6.36}
$$

$$
I_5 = I_1' - I_2' = \frac{R_2R_3 - R_1R_4}{R_5(R_1+R_3)(R_2+R_4) + R_1R_3(R_2+R_4) + R_2R_4(R_1+R_3)} \tag{6.37}
$$

である。

図 6.12 のブリッジ回路を**ホイートストン・ブリッジ** (Wheatstone bridge) といい、抵抗値の測定に用いられる (Ⓖは検流計で、R_2 は可変抵抗を示す)。

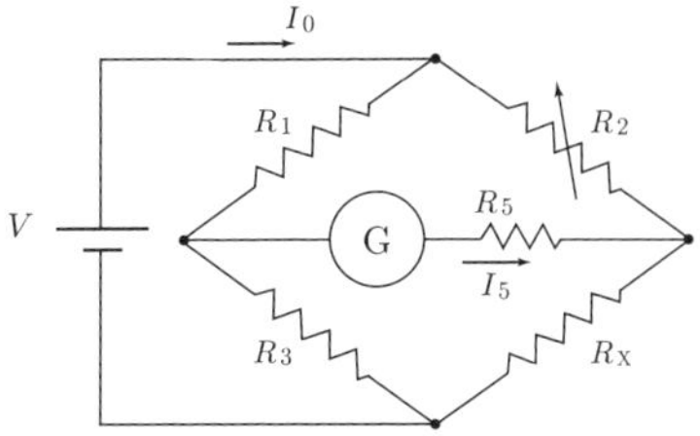

図 6.12 ホイートストン・ブリッジ

抵抗値が不明な抵抗 R_X を 4 つの抵抗 R_i $(i = 1, \ldots 4)$ の 1 つ (ここでは $R_4 = R_X$) とすると、R_2 を調整することにより $I_5 = 0$ にできる。それは 4 つの抵抗間に

$$
R_2 R_3 = R_1 R_4 \tag{6.38}
$$

の関係が成り立つ場合であることが式 (6.37) から分かる。すなわち、

$$R_X = R_2\left(\frac{R_3}{R_1}\right) \tag{6.39}$$

と求まる。

R_3/R_1 は比例辺とよばれ、R_1, R_3 の抵抗値を知る必要はなく、比が正確に分かればよい。広範囲の測定 ($0.1 \sim 10^6\ \Omega$) ができるように、比例辺は切り替えによりその比を 1 桁ずつ換えられ、一方 R_2 は細かいステップで抵抗値が調整できる構造をもつ。

問 6-1　式 (6.38) の関係は方程式を解かずとも、論理的に考えれば得られる結論である。自身で示せ。

また、このときの全抵抗 $R\ (= V/I_0)$ は

$$R = \frac{R_1R_2}{R_1+R_2}(1+\alpha)\,, \qquad \alpha = \frac{R_3}{R_1} = \frac{R_X}{R_2} \tag{6.40}$$

であることを導け。

問 6-2　図 6.13 の電流 I_0, I_2, I_5 を求めるための連立方程式を書き出せ。

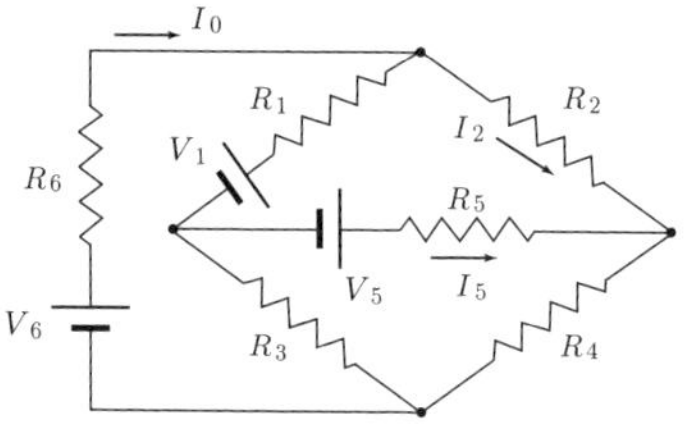

図 6.13

方程式を解くのは大変煩雑である。少なくとも、それを解く手順を示せ。

第 7 章

電流素片と磁場の物語

本章では、定常電流のつくる静磁場についての法則を学ぶ。静電場のときと同様に、磁気力を「因数分解」することで、潜在的な磁気力の場として $\boldsymbol{B}$ が導入される。

7-1　電流間の磁気力

7-1-1　平行電流の法則

静磁場を生じるのは磁荷でなく、電荷の定常な流れ、すなわち、定常電流であるとすでに第 1 章および前章で述べた。電荷が静電場と静磁場の共通する担い手とするこの立場は、電場と磁場の一貫した扱いを可能とする。

このとき、電荷のクーロンの法則に対応するものは何か？　それは電流間にはたらく力の法則である。その前に、1 本の電流が磁場をつくることを示した先駆的実験について触れておこう。

1820 年、エールステッド (Hans Christian Ørsted, 1777-1851) は、導線に電流が流れたときに近くにある方位磁針が動くことに気づいた。しかも、磁針は電流の流れに沿う方向でなく、磁針を含む電流に垂直な平面内で方位角方向を指し、電流の方向を逆にすれば磁針の示す方向も反転した。磁針が動くのは力（磁気力）によるものであり、それは磁場がうみだしたものである。電流（電荷の流れ）が磁気作用（磁場）をつくりだすことの発見である (エールステッドの実験)。

これを契機としてその年の内にいくつかの重要な実験が行われ、電場と磁場が一体となった電磁気学の確立へと急速に進展する。その重要なものの一つが以下で学ぶ法則である。

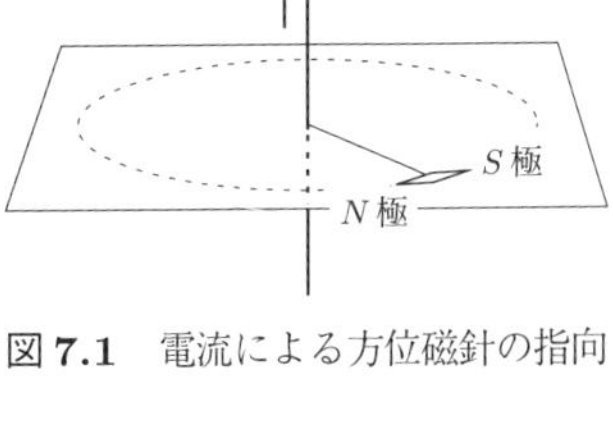

図 7.1　電流による方位磁針の指向

フランスの物理学者アンペール (André-Marie Ampère, 1775-1836) は、充分に長い 2 本の平行な直線状の導線 1, 2 にそれぞれ電流 I_1, I_2 を流し、導

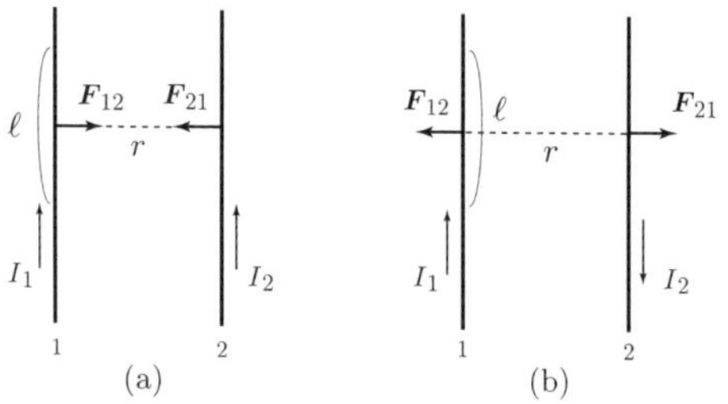

図 7.2　電流間にはたらく力

線間にはたらく磁気力の法則を見出した (図 7.2)。それが

$$F_{12} = -F_{21} = a_m \frac{I_1 I_2}{r} \ell \tag{7.1}$$

である。なお、電流には向きに応じて符号をつけることとし、I_1 と I_2 が同じ向きなら同符号（++ または −−）、逆向きなら異符号（+−）とする。[1]この式には通称がないようなので、ここでは「**平行電流の法則**」と呼ぶことにする。

導線 1 の長さ ℓ の部分が、導線 2 全体から受ける力 F_{12} は、2 本の導線がつくる平面内で導線に垂直な方向を向き (図 7.2)、両電流の大きさの積と導線の長さ ℓ にそれぞれ比例し、導線間の距離 r に反比例する大きさをもつ。導線 2 の長さ ℓ の部分も同様に、F_{12} と等しい大きさの力 F_{21} を受けるがその向きは F_{12} の逆方向である。導線間に作用・反作用の法則が成り立っているわけだ ($F_{21} = -F_{12}$)。電荷のクーロン力では同符号電荷は反発し合い、異符号電荷は引きあったが、電流間の磁気力では平行な同じ向きの電流間には引力が、逆向きの電流間には斥力がはたらく。

a_m は次元をもつ比例係数であり、

$$a_m = \frac{\mu_0}{2\pi} = 2 \times 10^{-7}\ (\mathrm{N \cdot A^{-2}}) \tag{7.2}$$

であって、μ_0 は**真空の透磁率**といい磁気力の強さを表す。近接作用の表現を使えば、磁気力が媒質である真空中を伝播する割合を表すもので

$$\mu_0 = 4\pi \times 10^{-7}\ (\mathrm{N \cdot A^{-2}}) \tag{7.3}$$

である。

[1] 電流には流れる向きがあるため、本質的にはベクトル量である。ここでは 1 次元方向しか考えていないため符号によって向きを示した。

7-1-2 「導線に流れる」という表現についてのコメント

小節「基本的な電場のかたちと磁場のかたち」の p.12 と、小節「電流と電流密度」の p.175 において、ありふれた「導線に流れる」という表現について言及すると記した。その意味をここに述べる。

導線を流れる電流（連続した電子の流れ）と、導線がなく、剥き出しの連続した電子の流れは異なることを指摘しておく。両者とも定常電流ではあるが、前者の電流が流れる導線は全体としては電気的に中性である。したがって、周囲には電場 $\boldsymbol{E}$ は生じない。一方、後者では例題 2-3 で登場した軸対称な電場 $\boldsymbol{E}$ が生じる。これらの電気作用に加え、ここで扱う運動する電流の磁気作用が同等に両者に生じるわけである。

前者では導線を電流が流れるので、伝導電子と導線を構成する正イオンの電気作用が打ち消し合い、磁気作用のみが現れ、「平行電流の法則」が得られたわけである。後者の場合は電気作用の打ち消し合いはない。

また、これに対しエールステッドの実験は磁針を検出器としたので、導線を流れる電流の替わりに仮に剥き出しの連続した電荷の流れを使ったとしても磁気作用のみを検出できたわけだ。

無意識に、電流は磁場（のみ）をつくると短絡的に考えてしまうが、その裏には電気作用を打ち消す導体の存在があることを忘れてしまう。

本書の範囲を超えるのでこれ以上は論じないが、運動する座標系から電流の電気、磁気作用を考えるのは大変面白く、かつ楽しめる課題である。ちなみに、図 7.2(a) を電流とともに移動する座標系で眺めることを考えてみよ。両伝導電子の流れは止まり、両者の間には電気的な斥力がはたらく。それだけでは座標系によって法則が変化してしまう！はて？

7-1-3 潜在的な磁気力の場 B

「クーロンの法則」から「因数分解」によって電場 $\boldsymbol{E}$ を定義したように ($\boldsymbol{E} = \boldsymbol{F}/q$)、「平行電流の法則」にもとづいて磁場を定めよう。

「クーロンの法則」は点電荷間の相互作用（電気力）を扱うものであって、電場 $\boldsymbol{E}(\boldsymbol{r})$ ははじめから点電荷を中心とした距離（空間）の関数として得られた。ところが、「平行電流の法則」は（原理的には）無限長の導線 2 を流れる電流が、無限長導線 1 の任意の長さ ℓ に及ぼす力を示したもので、相互作用の基本要素（電流）は、点電荷と異なり、長さの次元をともなう。さらには、電荷は方向性をもたないスカラー量であるのに対し、電流は流れの向きをもつベクトル量である。

これらの事情を考慮して、「平行電流の法則」から磁場を定義する。

幸いにも、電流間にはたらく力は対称性を示す。すなわち、作用する力は導線 1 のどの部分をとっても変わらないし、長さ ℓ の大きさを変えても作用する力はその ℓ に比例して変化するのみで、長さ ℓ をことさらに特定する必要はない。このことは導線 2 が充分な長さをもつ（原理的には無限長である）ことによって保証されている。

そこで、点電荷に対応して、導線 1 の**電流素片** $I_1 \mathrm{d}\ell$ を考える。すなわち、磁気相互作用（磁気力）の基本要素を「電流素片」とする。次元 (単位) は

$$[\, I \mathrm{d}\ell \,] = \mathrm{A} \cdot \mathrm{m} \tag{7.4}$$

である。

この電流素片にはたらく力 F_{12} は、「平行電流の法則」を導線 1 と導線 2 の要素に「因数分解」すると、

$$F_{12} = (I_1 \mathrm{d}\ell) \cdot \left(\frac{\mu_0}{2\pi} \frac{I_2}{r} \right) \tag{7.5}$$

であり、第 1 要素の $I_1 \mathrm{d}\ell$ は「クーロンの法則」($\boldsymbol{F}_e = q'\boldsymbol{E}$) の点電荷 (q') に、第 2 要素の $\mu_0 I_2/2\pi r$ は電場 $\boldsymbol{E}$ に対応する。この導線 2 のつくる「**潜在的な磁気力の場**」は

$$B(r) = \frac{\mu_0 I_2}{2\pi r} \tag{7.6}$$

となる。この表式だとややわかりにくいが、F や I が実際には向きをもつベクトル量である[2)]のに対応して、B もベクトル量となる（その向きについては次頁で記す)。なので、以下では太字で表そう。

$\boldsymbol{B}$ の次元 (単位) は

$$[\, \boldsymbol{B} \,] = \frac{\mathrm{N}}{\mathrm{A} \cdot \mathrm{m}} \tag{7.7}$$

である。「潜在的な力の場」の次元 (単位) は力の次元 (単位) を基本要素の次元 (単位) で割ったものであって、電気力の場は $[\boldsymbol{E}] = \mathrm{N} \cdot \mathrm{C}^{-1}$ であり、磁気力の場は $[\boldsymbol{B}] = \mathrm{N} \cdot (\mathrm{A} \cdot \mathrm{m})^{-1}$ である。

$\boldsymbol{B}(r)$ は、式 (7.6) が示すように導線を軸とした軸対称性を示し、その大きさは導線からの垂直距離 r に反比例する。この $\boldsymbol{B}(r)$ を**磁束密度** (magnetic flux density) という。電場 $\boldsymbol{E}$ の分布を電気力線が表すように、磁束密度 $\boldsymbol{B}$ の分布を表す力線を**磁束線** (lines of magnetic flux) という。「平行電流の法則」から定めた磁束密度 B を、「クーロンの法則」から定義した電場 $\boldsymbol{E}$ と比べれば、

---

2) 本書では主に電流素片 $I\mathrm{d}\boldsymbol{\ell}$ の観点から電流を扱うので、電流のベクトル性は電流の流れる経路素片のベクトル $\mathrm{d}\boldsymbol{\ell}$ が表す。それ以外の電流素片を考慮する必要のないところでは、電流を $\boldsymbol{I}$ と記す。

$$F_{12} = (I_1 \mathrm{d}\ell)B(r) \quad \Leftrightarrow \quad \boldsymbol{F} = q\boldsymbol{E}(\boldsymbol{r}) \tag{7.8}$$

静磁場と静電場の間で B と E が対応する。

また、磁束密度 $\boldsymbol{B}$ を真空の透磁率 μ_0 で割ったもの、つまり、$\boldsymbol{B}$ から μ_0 を除いた「場」

$$\boldsymbol{H} = \frac{\boldsymbol{B}}{\mu_0} \qquad \left([\,\boldsymbol{H}\,] = \frac{\mathrm{A \cdot m}}{\mathrm{m^2}} \right) \tag{7.9}$$

を**磁場** (magnetic field)（磁力線）あるいは磁界とよび、静電場の電束密度 $\boldsymbol{D}$ に対応する。$\boldsymbol{D}$ が「電荷の場」であったように、$\boldsymbol{H}$ は「**電流** (素片) **の場**」である。それは次元 (単位) が単位面積当たりの基本要素 (電流素片) となっていることから分かるであろう。(なぜ、$\boldsymbol{B} \leftrightarrow \boldsymbol{D}$, $\boldsymbol{H} \leftrightarrow \boldsymbol{E}$ の対応関係ではないのかは後に論ずる。)

○ 場の呼称

「潜在的な力の場」を一方では電場 $\boldsymbol{E}$ とよび、他方では磁束密度 $\boldsymbol{B}$ とよぶのはバランス感覚に欠けるきらいがあるので、混乱が生じない限りにおいて本書では $\boldsymbol{B}$ を磁場ともよぶことにする。本書では必ず $\boldsymbol{B}$ あるいは $\boldsymbol{H}$ と記号を付して記しているので、混同は起こらないと考える。

基本要素を「電流素片」とするか、後述の「磁荷」とするかによって、前者では $\boldsymbol{B}$ が「潜在的な磁気力の場」で、$\boldsymbol{H}$ が「電流 (素片) の場」になり、後者では $\boldsymbol{H}$ が「潜在的な磁気力の場」で、$\boldsymbol{B}$ が「磁荷の場」になり、入れ子になるが、これに関しては以降で詳しく議論する。

本章では真空中の磁場を扱うので、電場の場合同様に、主に「潜在的な磁気力の場」である $\boldsymbol{B}$ のみで記述に足る。よって、しばらくは磁場 $\boldsymbol{B}$ と記す。

平行電流の間ではたらく力 $\boldsymbol{F}$ と電流 $\boldsymbol{I}$ は直交する。また、エールステッドが見出したように、導線に流れる電流のつくる磁場[3] は導線に垂直な平面内で、動径方向 $\boldsymbol{e}_r$ でなく、方位角方向 $\boldsymbol{e}_\phi$ を向く (図 7.1 ならびに図 1.3、図 1.5)。式 (7.8) の力、電流素片、磁場のこれら 3 者のベクトルは互いに直交するということである。そこで、ベクト

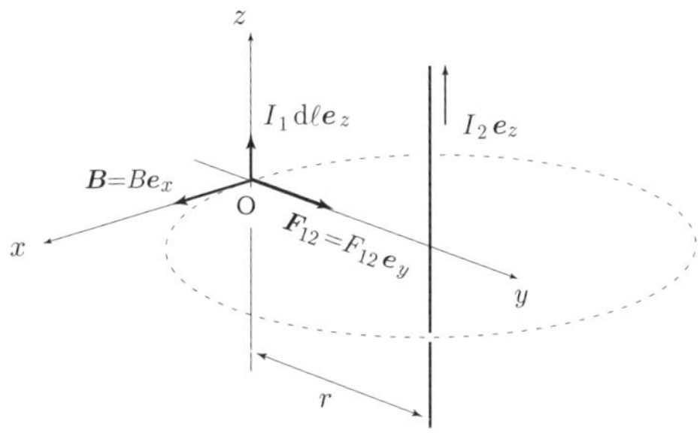

図 7.3 電流、磁場、力のベクトル

[3] エールステッドが見出した磁針にはたらく磁場と磁束密度 $\boldsymbol{B}$ との関係を 7-6-4 小節 (b)「磁場 $\boldsymbol{B}$ と磁荷 q_m の間にはたらく力」に論じた。

ル積（外積）を構成し式 (7.5) を表記すると、

$$\boldsymbol{F}_{12} = (I_1 \mathrm{d}\boldsymbol{\ell}) \times \boldsymbol{B} \tag{7.10}$$

と書ける。いま、図 7.3 にみるように O を原点に直交する x, y, z 軸をとり、図示したように各ベクトルを単位ベクトル $\boldsymbol{e}_{x,y,z}$ を使って表示すると、確かに式 (7.10) となることが分かるだろう[4]。

式 (7.10) を一般化すると、磁場 $\boldsymbol{B}$ の中で定常電流の電流素片 $I\mathrm{d}\boldsymbol{\ell}$ にはたらく力 $\boldsymbol{F}$ は、

$$\boldsymbol{F} = (I \mathrm{d}\boldsymbol{\ell}) \times \boldsymbol{B} \tag{7.11}$$

と表せる。この力を**アンペールの力**という。

> このベクトル積の覚え方は諸君が高校で「**フレミングの左手の法則**」(Fleming's left-hand rule) として学んだものである。磁束密度 $\boldsymbol{B}$ の中で電流 $\boldsymbol{I}$ が受ける力 $\boldsymbol{F}(= \boldsymbol{I} \times \boldsymbol{B})$ は、左手の親指、人差し指、中指を互いに直交するように組み立てたとき、電流 $\boldsymbol{I}$ は中指で、磁束密度 $\boldsymbol{B}$ は人差し指で、そして磁気力 $\boldsymbol{F}$ は親指で示される方向を形作るとして覚えたのである。脚注に記したように右手系でのベクトル積を理解すれば、そのような丸覚えは不要である。

7-1-4　ローレンツ力

「アンペールの力」を電流を構成する電子にはたらく力として取り扱う。

電流 I は単位時間当たりに導線の断面積 S を流れる電荷量であり、それは電流密度 $\boldsymbol{i} = -en\boldsymbol{v}$ に断面積 S をかけたものである (式 (6.3):　$I = -nevS$) ので、式 (7.10) は

$$\boldsymbol{F}_{12} = (-en\boldsymbol{v}S\mathrm{d}\ell) \times \boldsymbol{B} = nS\mathrm{d}\ell\,(-e\boldsymbol{v} \times \boldsymbol{B}) \tag{7.12}$$

と書ける。n は単位体積当たりの電子（電荷 $-e$、速度 $\boldsymbol{v}$）の数密度である。電子は導線に沿って流れ、$\boldsymbol{v}$ と $\mathrm{d}\boldsymbol{\ell}$ は平行であるので、上式では線素片 $\mathrm{d}\boldsymbol{\ell}$ の向きを速度ベクトル $\boldsymbol{v}$ の向きで表した。すでに記したことであるが、マイナス符号は電子の負電荷によるものであって、このため電流の方向と電子の流れの方向は逆になる。

上式から分かるように、導線が受ける力 $\boldsymbol{F}_{12}$ とは、線素片長 $\mathrm{d}\ell$ の導線内にある電子 (その数$=nS\mathrm{d}\ell$) が受ける力である。よって、磁場 $\boldsymbol{B}$ の空間内を速度 $\boldsymbol{v}$ で運動する

---

[4] われわれが用いる右手直交系とは、x 軸から y 軸方向へ右ネジを回すとき、ネジの進む向きを z 軸方向にとる座標系である。$\boldsymbol{e}_{x,y,z}$ をそれぞれ x, y, z 軸の単位ベクトルとすれば、$\boldsymbol{e}_x \times \boldsymbol{e}_y = \boldsymbol{e}_z$, $\boldsymbol{e}_y \times \boldsymbol{e}_z = \boldsymbol{e}_x$, $\boldsymbol{e}_z \times \boldsymbol{e}_x = \boldsymbol{e}_y$ である。

1 つの電子が受ける力 $\boldsymbol{F}$ は、上式において $nS\mathrm{d}\ell = 1$ として

$$\boldsymbol{F} = -e\boldsymbol{v} \times \boldsymbol{B} \quad \Rightarrow \quad \boldsymbol{F} = q\boldsymbol{v} \times \boldsymbol{B} \tag{7.13}$$

となる。右式では電子に限定することなく、任意の（大きさならびに符号の）電荷 q をもつ粒子について表記した。

荷電粒子は電場が存在すると $\boldsymbol{F} = q\boldsymbol{E}$ の力を受ける、ことはすでに学んだ。したがって、磁場 $\boldsymbol{B}$ ならびに電場 $\boldsymbol{E}$ が作用する空間内を運動する荷電粒子（電荷 q）の受ける力 $\boldsymbol{F}$ は

$$\boldsymbol{F} = q(\boldsymbol{E} + \boldsymbol{v} \times \boldsymbol{B}) \tag{7.14}$$

となる (式 (1.7) としてすでに登場)。この力を**ローレンツ力** (Lorentz force) という [5]。

このことから、荷電粒子の質量を m と記せば、電場 $\boldsymbol{E}$ と磁場 $\boldsymbol{B}$ のもとでのその運動はニュートンの運動方程式 を解くことによって知ることができる。

$$m\frac{\mathrm{d}^2\boldsymbol{r}}{\mathrm{d}t^2} \, (= m\ddot{\boldsymbol{r}}) = q(\boldsymbol{E} + \boldsymbol{v} \times \boldsymbol{B}) \tag{7.15}$$

以下では、時間微分は関数にドット $\dot{}$ を付けて表記するニュートンの略記法を使う。

(a)　サイクロトロン運動とラーモア半径

質量 m、電荷 q の荷電粒子が速度 $\boldsymbol{v}$ をもって、一様な磁場 $\boldsymbol{B}$ 内へ入射したときの運動を考える。

いま、粒子は磁場に垂直 ($\boldsymbol{v} \perp \boldsymbol{B}$) に入射するとする。

はたらく力 $\boldsymbol{F}$ の方向は $\boldsymbol{v}$ から $\boldsymbol{B}$ 方向へ右ネジを回すとそのネジが進む向きであり (図 7.4)、つねに速度方向に平行な成分をもたないので、粒子の速さは変化しない (向きは変わる)。速さが一定であれば、力の大きさ $F = qvB$

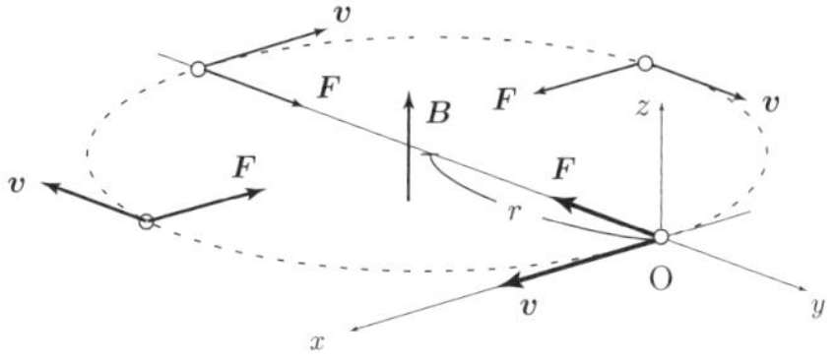

図 7.4　サイクロトロン運動とラーモア半径

---

[5] ローレンツ (Hendrik Antoon Lorentz, 1853-1928) はオランダの物理学者であり、「放射現象におよぼす磁気の影響の研究」により 1902 年度ノーベル物理学賞を受賞。英字表記では間違いようはないが、日本人には混同を来たすよく似た名前の偉大な科学者がいる。ローレンス (Ludwig Valentin Lorenz, 1829-1891) 電磁気学などで用いるベクトルポテンシャル、スカラーポテンシャルを導入し、また、光の屈折率と物質を構成する分子あるいは原子の分極率との関係式であるローレンツ−ローレンスの式 (Lorentz-Lorenz formula) を提唱するなど多くの業績がある。ローレンス (Ernest Orlando Lawrence, 1901-1958) 「サイクロトロンの開発とそれによる人工放射性元素の研究」により 1939 年度ノーベル物理学賞を受賞。ローレンス・バークレー研究所、ローレンス・リバーモア研究所などは彼の名を冠したものである。

も変化しない。これは磁場に垂直な 2 次元平面内での、一定の向心力がはたらく円運動であることが推測できる。

図 7.4 のように磁場に平行に z 軸 ($\boldsymbol{B} = B\boldsymbol{e}_z$)、入射粒子を含む磁場に垂直な面を $x-y$ 面とし、粒子が x 軸に沿って入射すると考える (初速度 $\boldsymbol{v}_0 = v_0\boldsymbol{e}_x$)。入射位置 O を原点としよう (初期の位置 $\boldsymbol{r}_0 = 0$)。

このときの運動方程式は、直交座標系 $O(x, y, z)$ で成分展開すると

$$\begin{cases} m\dot{v}_x = q(\boldsymbol{v} \times \boldsymbol{B})_x = \quad qv_yB & \rightarrow \qquad \dot{v}_x = \quad \omega v_y \\ m\dot{v}_y = q(\boldsymbol{v} \times \boldsymbol{B})_y = -qv_xB & \rightarrow \qquad \dot{v}_y = -\omega v_x \\ m\dot{v}_z = q(\boldsymbol{v} \times \boldsymbol{B})_z = 0 & \rightarrow \qquad \dot{v}_z = 0 \end{cases} \tag{7.16}$$

と書ける。ここで、$\omega = qB/m$ である。初期条件を考慮すると第 3 式から $v_z =$ 一定 $= 0$ を得る。すなわち、運動は $z = 0$ の $x-y$ 面上に限られる。第 1,2 式は速度の x, y 成分が入れ子になっているが、第 1 式を時間微分して $\dot{v}_y$ に第 2 式を代入すれば、角振動数 (angular frequency) ω の単振動の運動方程式

$$\ddot{v}_x = -\omega^2 v_x \tag{7.17}$$

を得る[6)]。その一般解は

$$v_x = A\sin(\omega t + \alpha) \tag{7.18}$$

であり、A と α は振幅と初期位相であり初期条件で決まる。v_y に関しては第 1 式 $v_y = \dot{v}_x/\omega$ を計算すればよく、その一般解は

$$v_y = A\cos(\omega t + \alpha) \tag{7.19}$$

となる。初期条件から $A = v_0, \alpha = \pi/2$ である。さらに、粒子の x, y 位置は速度を時間積分すればよく、

$$x = \frac{v_0}{\omega}\sin\omega t\ ; \qquad y = \frac{v_0}{\omega}(\cos\omega t - 1) \tag{7.20}$$

を得る。これは

$$v^2 = v_x^2 + v_y^2 = (v_0\cos\omega t)^2 + (-v_0\sin\omega t)^2 = v_0^2 \qquad \Rightarrow \qquad v = v_0 \tag{7.21}$$

粒子速度 v は入射速度 v_0 を維持したまま変化しないで、

---

6) 「力学」で単振動を学んだので、忘れた学生は力学の教科書をみよ。『自然は方程式で語る 力学読本』では第 5 章「ばねの運動は語る」(p.98) を参照のこと。

$$x^2 + \left(y + \frac{v_0}{\omega}\right)^2 = \left(\frac{v_0}{\omega}\right)^2 \qquad \Rightarrow \qquad r = \sqrt{x^2 + y^2} = \frac{v_0}{\omega} = \frac{mv}{qB} \tag{7.22}$$

r を半径とする円軌道を描くことを示す。

角振動数 $\omega = qB/m$ を**サイクロトロン角振動数**といい、ω は速度 v によらない特性をもつ [7]。この円軌道の曲率半径 r を**ラーモア半径** (Larmor radius) といい、この等速円運動を**サイクロトロン運動** (cyclotron motion) とよぶ。電荷の符号によって円運動の回転方向は変化する。

(b) 円電流の受ける力

一様な磁場 $\boldsymbol{B}$ の中で、磁場に垂直な軸のまわりに自由に回転できる半径 a の円電流回路を考える。磁場を y 軸の向きに、円電流 I の回転軸を x 軸にとる。まず、円電流回路のつくる平面は $x-y$ 面にあるとする。

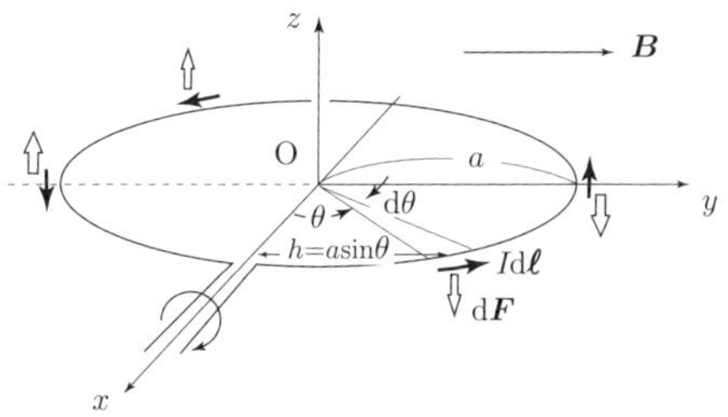

図 **7.5** 磁場 $\boldsymbol{B}$ 中の円電流

電流素片 $I\mathrm{d}\boldsymbol{\ell}$ にはたらく力 $\mathrm{d}\boldsymbol{F}$ は、式 (7.10) に従って

$$\begin{aligned}\mathrm{d}\boldsymbol{F} &= (I\mathrm{d}\boldsymbol{\ell}) \times \boldsymbol{B} \\ &= Ia\mathrm{d}\theta \boldsymbol{e}_\theta \times B\boldsymbol{e}_y \\ &= -IaB\sin\theta \mathrm{d}\theta \boldsymbol{e}_z \end{aligned} \tag{7.23}$$

である。ここで $\boldsymbol{e}_\theta$ は θ 方向の単位ベクトルで、$\boldsymbol{e}_\theta = -\sin\theta\boldsymbol{e}_x + \cos\theta\boldsymbol{e}_y$ である。力 $\mathrm{d}\boldsymbol{F}$(白矢印) は z 方向を向くが、その大きさは円周に沿って変化し、総和はゼロである。すなわち、回路系の重心ならびに軸には力が作用せず、系が移動することはない。しかしながら、x 軸に対称に位置する電流素片には力が逆方向にはたらくので、力のモーメント $\mathrm{d}\boldsymbol{N}$ が生じ、系を x 軸のまわりに回転させる偶力がはたらく。電流素片の x 軸からの距離は $\boldsymbol{h} = a\sin\theta\boldsymbol{e}_y$ であるので、その力のモーメント $\boldsymbol{N}$ は

$$\begin{aligned}\boldsymbol{N} &= \int \mathrm{d}\boldsymbol{N} = \int \boldsymbol{h} \times \mathrm{d}\boldsymbol{F} \\ &= \int (a\sin\theta\boldsymbol{e}_y) \times (-IaB\sin\theta\mathrm{d}\theta\boldsymbol{e}_z) = -Ia^2B\boldsymbol{e}_x \int_0^{2\pi} \sin^2\theta\mathrm{d}\theta \\ &= -Ia^2\pi B\boldsymbol{e}_x \end{aligned} \tag{7.24}$$

---

[7] ただし、粒子が高速 $(v \sim c)$ になると質量 m は静止質量 m_0 ではなく、相対論的効果を考慮した $m = m_0/\sqrt{1-(v/c)^2}$ となる。

である[8)]。回路系の面積は $S = \pi a^2$ であるので、力のモーメントの大きさは $N = ISB$ であって、その方向は $-x$ 軸を向く。

円電流回路が力のモーメントのため回転し、回路面の法線ベクトル $\boldsymbol{n}$ が z 軸に対して角 ϕ をもつとき、$\boldsymbol{n} = -\sin\phi\boldsymbol{e}_y + \cos\phi\boldsymbol{e}_z$ であるので力のモーメント $\boldsymbol{N}$ は

$$\begin{aligned}\boldsymbol{N} &= -ISB\cos\phi\boldsymbol{e}_x \\ &= (IS\boldsymbol{n}) \times \boldsymbol{B} = \boldsymbol{p}_m \times \boldsymbol{B}\end{aligned} \tag{7.25}$$

と書ける。$\boldsymbol{p}_m = IS$ を円電流の**磁気モーメント** (magnetic moment) とよぶ。その中心軸上につくる磁場ならびに $r \gg a$ での磁場分布 $\boldsymbol{B}(\boldsymbol{r})$ を、それぞれ小節「円電流が中心軸上につくる磁場 $\boldsymbol{B}$」(p.200) と「円電流のつくる磁気モーメント」(p.202) で議論する。次元 (単位) は $[\boldsymbol{p}_m] = \mathrm{A \cdot m^2}$ であり、$[\boldsymbol{N}] = \mathrm{N \cdot m}$ である。

$\phi = \pi/2,\ 3\pi/2$、すなわち、円電流面が磁場 $\boldsymbol{B}$ に垂直であれば、偶力ははたらかない。そうでなければ偶力がはたらくが、その方向は角 ϕ による (図 7.6)。そして、最終的には $\boldsymbol{B} \parallel \boldsymbol{n}$ の平行な配置に落ち着く。

角 ϕ に応じて電流の向きを反転させて、力のモーメントがつねに同じ向きにはたらくようにしたものがモーターである。

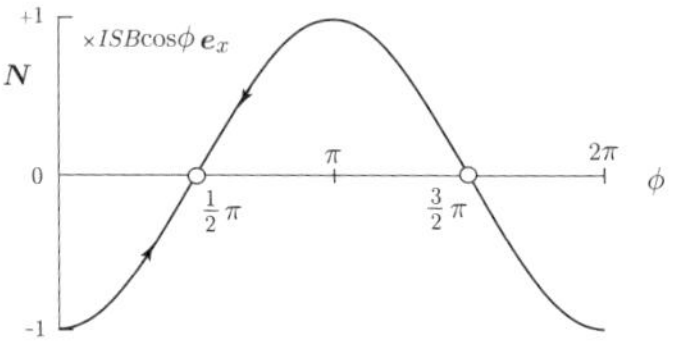

図 7.6　偶力のモーメント　vs　ϕ

7-2　ビオ・サバールの法則

7-2-1　電流素片 $Id\boldsymbol{\ell}$ のつくる磁場 $\boldsymbol{B}$

電流はつねに長い直線状を形作るわけでなく、一般には複雑な経路をとる。よって、電流がつくる磁場を知るためには直線電流のつくる磁場 $\boldsymbol{B}$ ではなく、電流素片のつくる磁場 $\boldsymbol{B}$ の法則が必要である。

ビオ (Jean Baptiste Biot, 1774-1862) とサバール (Félix Savart, 1791-1841) は、定常電流 I の電流素片 $I\mathrm{d}\boldsymbol{\ell}$ が距離 $\boldsymbol{r}$ だけ離れた任意の点 P につくる磁場 $\mathrm{d}\boldsymbol{B}$ を測定によって見出した。それは

$$\mathrm{d}\boldsymbol{B}(\boldsymbol{r}) = k_m \frac{I\mathrm{d}\boldsymbol{\ell}}{r^2} \times \boldsymbol{e}_r \tag{7.26}$$

8) $\sin^2\theta$ の不定積分は $-(\sin 2\theta)/4 + \theta/2$。

$k_m = \mu_0/4\pi$ であって、**ビオ・サバールの法則** (Biot-Savart's law) とよぶ。× はベクトル積（外積）を意味し、$\boldsymbol{e}_r$ は電流素片 $I\mathrm{d}\boldsymbol{\ell}$ から点 P へ向く動径方向の単位ベクトルである。電流素片 $I\mathrm{d}\boldsymbol{\ell}$ と点 P を紙面上にとれば、磁場 $\mathrm{d}\boldsymbol{B}$ は紙面の手前から向こう側へ向く ($I\mathrm{d}\boldsymbol{\ell} \times \boldsymbol{r}$)。

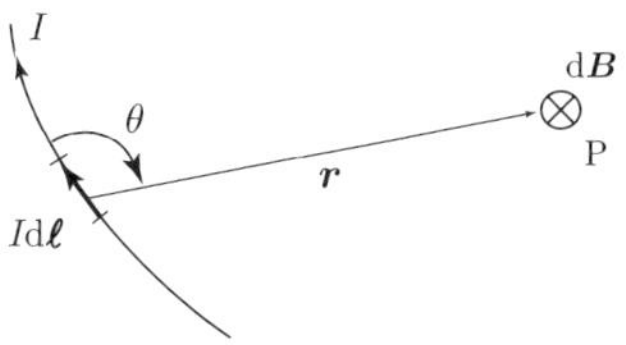

図 7.7　電流素片 $I\mathrm{d}\boldsymbol{\ell}$ のつくる磁場 $\mathrm{d}\boldsymbol{B}$

電流素片 $\mathrm{d}\boldsymbol{\ell}$ と距離ベクトル $\boldsymbol{r}$ のなす角を θ と記せば、磁場の大きさは

$$\mathrm{d}B(\boldsymbol{r}) = k_m \frac{I\mathrm{d}\ell}{r^2} \sin\theta \tag{7.27}$$

である。

小節「ローレンツ力」(p.192) で導いたと同様に、電流をそれを構成する電子の流れとして眺める。電流素片は $I\mathrm{d}\boldsymbol{\ell} = -e(nS\mathrm{d}\ell)\boldsymbol{v}$ であり ($\boldsymbol{\ell} \parallel \boldsymbol{v}$)、$nS\mathrm{d}\ell$ は電流素片内の電子の数である。1 つの電子が速度 $\boldsymbol{v}$ で運動しているとき、$-e\boldsymbol{v}$ はその電流素片に相当する。そして、運動する 1 つの電子が距離 $\boldsymbol{r}$ のところにつくる磁場 $\boldsymbol{B}(\boldsymbol{r})$ は、「ビオ・サバールの法則」(式 (7.26)) を書き直すと

$$\boldsymbol{B}(\boldsymbol{r}) = k_m \frac{q\boldsymbol{v} \times \boldsymbol{e}_r}{r^2} \tag{7.28}$$

となる。ここで、一般性をもたして電子 (電荷 $= -e$) に代わり、電荷 q の 1 粒子がつくる磁場 $\boldsymbol{B}$ として表示した。

○ ビオとサバールの実験原理

少し考えると分かるが、電流素片 $I\mathrm{d}\boldsymbol{\ell}$ のみからの磁場を実際につくりだすのは何らかの巧みな考案が要る。ビオ・サバールの大変巧妙な実験原理が永田一清著『電磁気学』に記されている。面白いアプローチであるので、記しておこう。

図 7.8 はセットアップの原理図である。

同一平面内に太線で示すように導線 C′B″B′A′ を配置し電流 I を流すことによって、素片 B″B′ に流れる電流が点 P につくる磁場を測定するのである。充分に長い折れ曲がった導線 ABC の

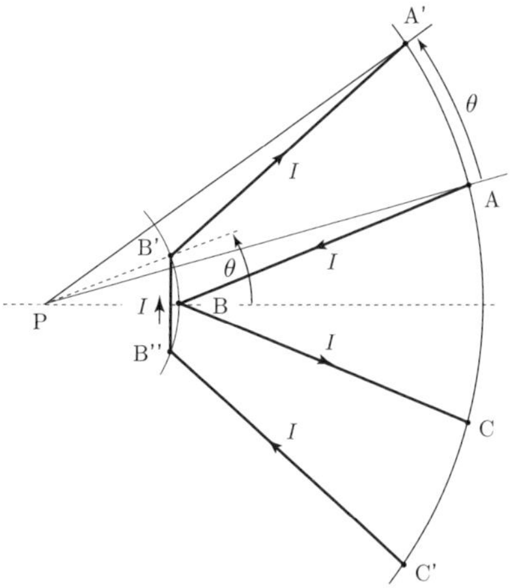

図 7.8　ビオ・サバールの実験

対称軸上に点 P をとる。B′A′ は P を中心に BA をある角 θ だけ回転してできる配置のものとする。そうすると、点 P は導線 BA ならびに B′A′ に対してまったく同じ幾何学的位置にあるため、両導線に同じ電流 I が流れればその寄与する磁場強度は同一であって、電流の流れが図 7.8 のように逆向きであれば磁場は打ち消し合う。対称軸の下半分に関しても、導線 B″C′ と BC の間で打ち消し合いが起こる。その結果、線素 B″B′ の電流がつくる磁場のみが点 P に現れることになる。

なかなかのアイデアでないか。

問 7-1　図 7.8 で破線で示した対称軸上の磁場分布は上記した配置法で測定できる。では、点 P が対称軸から外れ、線素 B′B″ に対して垂直でない位置の磁場分布はどのように測定したのであろうか？　読者ならどうするか？　考えてみよ。

つぎに、点 P の磁場測定の検出器は何を使ったのであろうか？　との問いが浮ぶ。多分、方位磁針であったと著者は推測する。

では、磁針をどのように用い、磁場強度ならびにその方向を如何に測定したのか？考えてみよう。

7-2-2　電流回路のつくる磁場 $\boldsymbol{B}$

「ビオ・サバールの法則」(式 (7.26)) で磁場分布 $\mathrm{d}\boldsymbol{B}$ が与えられれば、任意の形状で流れる電流のつくる磁場分布は、重ね合わせの原理によって求められる。電流を経路に沿う電流素片が重ね合わさったものと考えればよく、磁場 $\boldsymbol{B}$ はそれらの微小磁場 $\mathrm{d}\boldsymbol{B}$ の総和となる。

たとえば、図 7.9 のような電流閉回路 C ならば、任意の空間位置 P 点の磁場 $\boldsymbol{B}(\boldsymbol{r})$ は $\mathrm{d}\boldsymbol{B}$ を C に沿って線積分すればよく、

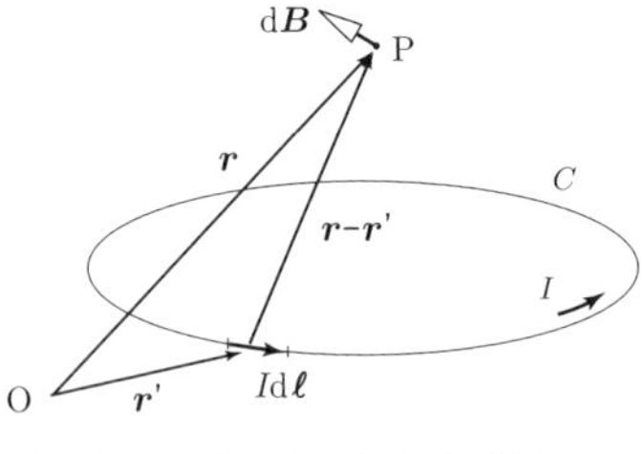

図 **7.9**　電流閉回路 C と磁場 $\boldsymbol{B}$

$$\boldsymbol{B}(\boldsymbol{r}) = k_m I \oint_C \frac{\mathrm{d}\boldsymbol{\ell}}{|\boldsymbol{r}-\boldsymbol{r}'|^2} \times \frac{\boldsymbol{r}-\boldsymbol{r}'}{|\boldsymbol{r}-\boldsymbol{r}'|} \tag{7.29}$$

となる。$\boldsymbol{r}$ は点 P の位置ベクトル、$\boldsymbol{r}'$ は電流素片の位置ベクトルで、積分は $\boldsymbol{r}'$ について行う。対象とする積分経路は必ず閉じている必要はなく、それに応じた経路の積分を行えばよい。(回路としては、閉じていないと電流は流れないが。)

$$\boldsymbol{B}(\boldsymbol{r}) = k_m I \int_{\boldsymbol{r}'_\mathrm{A}}^{\boldsymbol{r}'_\mathrm{B}} \frac{\mathrm{d}\boldsymbol{\ell}}{|\boldsymbol{r}-\boldsymbol{r}'|^2} \times \frac{\boldsymbol{r}-\boldsymbol{r}'}{|\boldsymbol{r}-\boldsymbol{r}'|} \tag{7.30}$$

であって、$\boldsymbol{r}'_\mathrm{A}, \boldsymbol{r}'_\mathrm{B}$ は対象とする電流経路の始点と終点である。

以下で、2, 3 の具体的な電流経路がつくる磁場 $\boldsymbol{B}$ の分布を計算してみよう。

(a) 直線電流のつくる磁場 $\boldsymbol{B}$

z 軸を電流 I に沿ってとり、点 P から z 軸に垂線を下ろし、その交点を原点 O として、OP の距離を r と記す。x 軸を OP 方向にとれば、y 軸は O を通り紙面に垂直で、手前から向こうへと向く (図 7.10)。

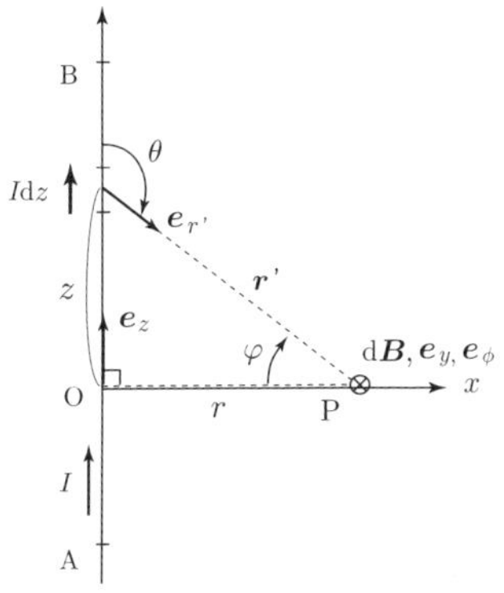

図 **7.10** 直線電流のつくる磁場 $\boldsymbol{B}$

z 軸上の任意の位置 z の電流素片 $I\mathrm{d}\boldsymbol{z}$ が P につくる磁場 $\mathrm{d}\boldsymbol{B}(\boldsymbol{r})$ は「ビオ・サバールの法則」で与えられ

$$\begin{aligned}\mathrm{d}\boldsymbol{B}(\boldsymbol{r}) &= k_m \frac{I\mathrm{d}z\boldsymbol{e}_z \times \boldsymbol{e}_{r'}}{r'^2} \\ &= k_m I\mathrm{d}z \frac{\sin\theta \boldsymbol{e}_y}{r'^2}\end{aligned} \tag{7.31}$$

である ($[\mathrm{d}\boldsymbol{B}] = \mathrm{N}\cdot(\mathrm{A}\cdot\mathrm{m})^{-1}$)。$\boldsymbol{r}'$ は電流素片から点 P への距離ベクトルであり、$\boldsymbol{e}_{r'}$ はその単位ベクトルとする。z 軸と $\boldsymbol{r}'$ のなす角を $\theta(=\varphi+\pi/2)$ と記した。

AB 間の電流 I のつくる磁場 $\boldsymbol{B}_\mathrm{AB}$ は上式を積分して

$$\begin{aligned}\boldsymbol{B}_\mathrm{AB} &= k_m I \int_{z_\mathrm{A}}^{z_\mathrm{B}} \frac{\cos\varphi}{r'^{\,2}} \mathrm{d}z\ \boldsymbol{e}_y = k_m I\ r \int_{z_\mathrm{A}}^{z_\mathrm{B}} \frac{1}{r'^{\,3}} \mathrm{d}z\ \boldsymbol{e}_y \\ &= k_m \frac{I}{r} \int_{\varphi_\mathrm{A}}^{\varphi_\mathrm{B}} \cos\varphi \mathrm{d}\varphi\ \boldsymbol{e}_y = k_m \frac{I}{r}(\sin\varphi_\mathrm{B} - \sin\varphi_\mathrm{A})\ \boldsymbol{e}_y\end{aligned} \tag{7.32}$$

となる。積分計算には $z = r\tan\varphi$ と置き換えた。$r' = r/\cos\varphi,\ \mathrm{d}z = r\mathrm{d}\varphi/\cos^2\varphi$ である。無限長（実質的に $|z_\mathrm{A}| \gg r, |z_\mathrm{B}| \gg r$）の直線電流では $\varphi_\mathrm{A} = -\pi/2, \varphi_\mathrm{B} = \pi/2$ であり、求める $\boldsymbol{B}(r)$ は

$$\boldsymbol{B}(r) = k_m \frac{2I}{r}\boldsymbol{e}_y = \frac{\mu_0 I}{2\pi r}\boldsymbol{e}_y \tag{7.33}$$

となる。計算を簡単にするために上では x 軸を P 点を通るようにとったので、磁場は y 軸方向を向く表記となるが、これは磁場は電流（z 軸）と P 点がつくる平面に対して垂直で $\boldsymbol{e}_z \times \boldsymbol{e}_\mathrm{OP}$ の向きをもつことを示す。P 点と離れた任意の位置で考えれば、そ

れは、すなわち、方位角 $\boldsymbol{e}_\phi$ の向きである。よって、磁場 $\boldsymbol{B}(\boldsymbol{r})$ は

$$\boldsymbol{B}(r) = \frac{\mu_0 I}{2\pi r}\boldsymbol{e}_\phi \tag{7.34}$$

と書ける ($[\boldsymbol{B}] = \mathrm{N}\cdot(\mathrm{A}\cdot\mathrm{m})^{-1}$)。式 (7.6) が得られたわけである。

上式が、直線状に一様な線密度 λ で分布する電荷がつくる電場 $\boldsymbol{E}$ (式 (2.49)) と類似するのに気づいたか？

$$\boldsymbol{E}(r) = \frac{\lambda}{2\pi\varepsilon_0 r}\ \boldsymbol{e}_r \tag{2.49}$$

$I\mathrm{d}\boldsymbol{\ell} \leftrightarrow q,\ \mu_0 \leftrightarrow 1/\varepsilon_0\ (k_m \leftrightarrow k_e)$ の置き換えによって、磁場 $\boldsymbol{B}$ と電場 $\boldsymbol{E}$ が対応づく。

(b) 円電流が中心軸上につくる磁場 $\boldsymbol{B}$

半径 a の円電流 I がその軸上につくる磁場 $\boldsymbol{B}(z)$ を求めよう (図 7.11(a))。

円の中心を O、電流の流れる方向に右ネジを回すようにとったときの中心軸を z 軸とし、z 軸上の任意の点 P(z) の磁場 $\boldsymbol{B}(z)$ を計算する。円周上の任意の電流素片 $I\mathrm{d}\boldsymbol{\ell}$(その位置を Q で示す) が点 P につくる磁場 $\mathrm{d}\boldsymbol{B}$ は、その向きは右ネジを $\mathrm{d}\boldsymbol{\ell}$ から $\overrightarrow{\mathrm{QP}}$ へ回したときのネジの進む向きである。$\mathrm{d}\boldsymbol{\ell}$ と $\overrightarrow{\mathrm{QP}}$ のなす角は $\pi/2$ であり、それらの外積の大きさは $|\mathrm{d}\boldsymbol{\ell}\times\boldsymbol{e}_{\overrightarrow{\mathrm{QP}}}| = \mathrm{d}\ell$ である。$\mathrm{d}\boldsymbol{B}$ は POQ を含む平面内で、点 P から QP に垂直な方向を向く。この $\mathrm{d}\boldsymbol{B}$ を z 軸に平行な成分 ($\mathrm{d}B_\parallel$) と垂直な成分 ($\mathrm{d}B_\perp$) に分解すると、垂直成分は円の対称性から互いに打ち消され、水平成分 $\mathrm{d}B_\parallel = \sin\theta\mathrm{d}B$ のみが足し合わさって点 P での磁場 $\boldsymbol{B}(z)$ を構成する。

$$\begin{aligned}\boldsymbol{B}(z) &= \int \mathrm{d}B_\parallel \boldsymbol{e}_z = \int \sin\theta\mathrm{d}B\ \boldsymbol{e}_z \\ &= \int\left(\frac{a}{\sqrt{a^2+z^2}}\right)k_m\frac{I\mathrm{d}\ell}{a^2+z^2}\ \boldsymbol{e}_z = k_m a I\int\frac{1}{(a^2+z^2)^{3/2}}\mathrm{d}\ell\ \boldsymbol{e}_z \end{aligned} \tag{7.35}$$

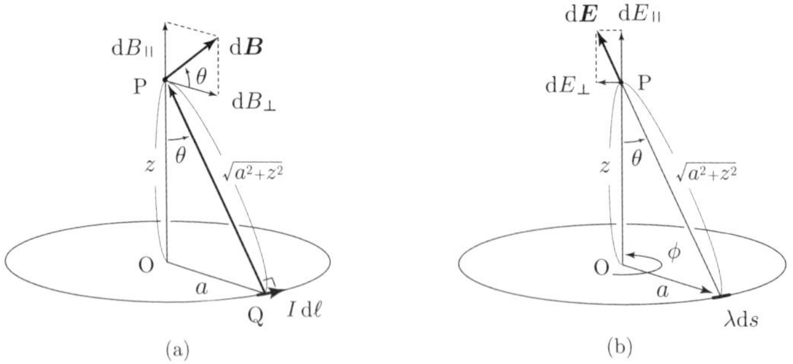

図 7.11　(a) 円電流が中心軸上につくる磁場 $\boldsymbol{B}$、(b) 円周状に分布する電荷のつくる電場 $\boldsymbol{E}$

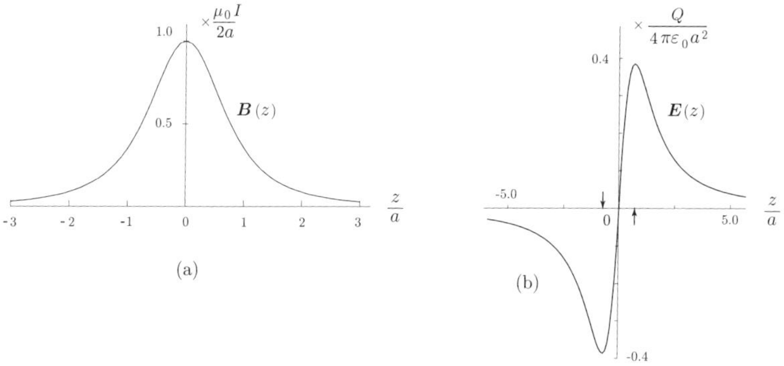

図 7.12 (a) 円電流が中心軸上につくる磁場 $\boldsymbol{B}$、(b) 円周状に分布する電荷のつくる電場 $\boldsymbol{E}$（2）

積分は円周に沿って一周するわけで、$\ell = 0 \sim 2\pi a$ が線積分の範囲であり、被積分関数はすべて積分演算と独立なものなので、積分は $2\pi a$ をもたらすだけである。よって、

$$\boldsymbol{B} = \frac{\mu_0}{4\pi} \frac{aI \cdot 2\pi a}{(a^2 + z^2)^{3/2}} \boldsymbol{e}_z = \frac{\mu_0 I a^2}{2(a^2 + z^2)^{3/2}} \boldsymbol{e}_z \tag{7.36}$$

である。中心 O での磁場 $\boldsymbol{B}$ は $z = 0$ から

$$\boldsymbol{B}(z = 0) = \frac{\mu_0 I}{2a} \boldsymbol{e}_z \tag{7.37}$$

となる。図 7.12(a) は磁場 $\boldsymbol{B}(z)$ の大きさを示したものであって、円のつくる平面上で最大値をもち、$|\boldsymbol{B}(z)|$ は平面に対して対称ではあるが、その向きは平面の両側のすべてにおいて z 軸の正方向を向く。

この磁場 $\boldsymbol{B}$ は「円周状に分布する電荷のつくる電場（例題 2-2)」(p.38) と対応する (図 7.11(b))。その電場 $\boldsymbol{E}$ は

$$\boldsymbol{E}(z) = k_e \frac{Qz}{(a^2 + z^2)^{3/2}} \ \boldsymbol{e}_z \tag{2.31}$$

である。$\varepsilon_0 \leftrightarrow 1/\mu_0$ ($k_e \leftrightarrow k_m$), Q(全電荷 $= 2\pi a\lambda$) $\leftrightarrow 2\pi a I$ に置き換えると

$$E(z) \to k_m \frac{Qz}{(a^2 + z^2)^{3/2}} = \frac{\mu_0 a I z}{2(a^2 + z^2)^{3/2}} \tag{7.38}$$

となる。電荷 q (C) と電流密度 $Id\ell$ (A · s) が対応関係にあるが、対応するだけで物理量の質までは一致はしない。$Q = 2\pi a\lambda$ (単位=C) $\leftrightarrow 2\pi a I$ (単位=A · m) が対応することは分かるであろう (λ (単位=C/m) は電荷の線密度である)。

式 (7.38) と式 (7.36) を比べてみよ。非常に似てはいるが、同じものでない！

電場 $\boldsymbol{E}$ と磁場 $\boldsymbol{B}$ のベクトル的振る舞いの違いが図 7.11 にみてとれる。それは以下に記す電場の極性ベクトルと磁場の軸性ベクトルの特性の違いによるものであって、z 軸に垂直な成分が打ち消し合い、平行な成分が実効的な役割を果たすという共通性を示しているが、それらは電場では $\cos\theta$ の形をとり、磁場では $\sin\theta$ の形をとる。その結果が、電場 $\boldsymbol{E}$(式 (2.31) あるいは置き換えで得られた式 (7.38)) の分子の因子 z と、磁場 $\boldsymbol{B}$(式 (7.36)) の分子の因子 a の違いである。このため、電場 $\boldsymbol{E}$ は中心 O でゼロとなるが、磁場 $\boldsymbol{B}$ は中心でゼロとならず、逆に最大値をもつ。電場分布は図 7.12(b) である。

対応づけはいいが、根本的な相違を充分に理解することが重要である。

7-2-3　極性ベクトルと軸性ベクトル

電場 $\boldsymbol{E}$ が極性ベクトル (polar vector) であるのに対し、磁場 $\boldsymbol{B}$ は軸性ベクトル (axial vector) となる。

極性ベクトル $\boldsymbol{A}(x,y,z)=(A_x,A_y,A_z)$ とは、距離ベクトル $\boldsymbol{r}$ や速度 $\boldsymbol{v}$ や力 $\boldsymbol{F}$ などのように本来的に方向性をもつベクトルで、それらは空間座標の反転 ($x\to x'=-x,\ y\to y'=-y,\ z\to z'=-z$) に対して、符号（＝向き）が反転するベクトル $\boldsymbol{A}(x,y,z)\to\boldsymbol{A}'(x',y',z')=(-A_x,-A_y,-A_z)$ をいう。

一方、軸性ベクトルは角速度 $\boldsymbol{\omega}$ や角運動量 $\boldsymbol{\ell}=\boldsymbol{r}\times\boldsymbol{p}$ や力のモーメント $\boldsymbol{N}=\boldsymbol{r}\times\boldsymbol{F}$ などのように軸の周りの回転を表す量で、それらは空間反転に対して、符号（向き）は反転しない。

極性ベクトルあるいは軸性ベクトル同士のベクトル積は軸性ベクトルであって、極性ベクトルと軸性ベクトルのベクトル積は極性ベクトルである。したがって、磁場 $\boldsymbol{B}$ は軸性ベクトルである。このことは、電場と磁場は空間反転に対して異なる特性をもつことを意味している。

また、ローレンツ力 $\boldsymbol{F}=q(\boldsymbol{E}+\boldsymbol{v}\times\boldsymbol{B})$ には極性の異なる電場 $\boldsymbol{E}$ と磁場 $\boldsymbol{B}$ がはたらくが、磁場は電場のように直接的に作用するのでなく、速度 $\boldsymbol{v}$ とのベクトル積を通してはじめて力 $\boldsymbol{F}$ となってはたらく特性をもつ。こういうことに気づくのも面白いではないか。

7-2-4　円電流のつくる磁気モーメント

(a)　円電流のつくる磁場 $\boldsymbol{B}$

円電流（中心 O、半径 a）がつくる中心軸 (z 軸) から外れた位置 P の磁場 $\boldsymbol{B}(\boldsymbol{r})$ を求めよう。

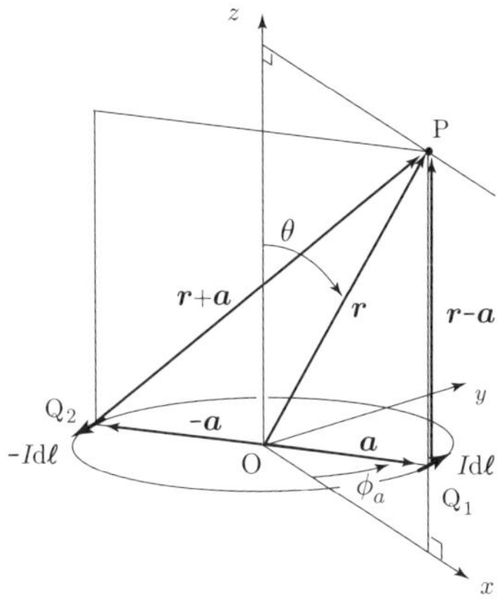

図 7.13 円電流のつくる磁気モーメント

電流は右ネジの回る方向にとり、そのとき右ネジの進む方向を z 軸とする (図 7.13)。電流は z 軸周りの回転に対して変化しない（対称である）ので、つくられる磁場も z 軸周りの回転に対して変わるものでない。すなわち、磁場は方位角 ϕ に依存する成分はもたない。円電流を含む $x-y$ 面上でどちら方向に x、y 軸を設定するのも任意であるので、計算を簡単にするために $x-z$ 面内に点 P が存在するように x 軸をとる。点 P は原点 O からの距離 r と極角 θ のみで指定できる (方位角は $\phi=0$)。

円周上の任意の点 Q_1（位置 $\boldsymbol{a}$）に電流素片 $I\mathrm{d}\boldsymbol{\ell}$ をとり、OQ_1 が x 軸となす角を ϕ_a と記す。この対面にある電流素片 $-I\mathrm{d}\boldsymbol{\ell}$(位置 Q_2) を対（つい）にして扱う。$\overrightarrow{Q_1P}=\boldsymbol{r}-\boldsymbol{a}$ であり、$\overrightarrow{Q_2P}=\boldsymbol{r}+\boldsymbol{a}$ である。直線 Q_1OQ_2 と OP を含む平面が存在し、Q_1P, Q_2P も同一平面にあり、両電流素片は（向きは逆だが）この平面に直交するので、両電流素片の P につくる磁場 $\mathrm{d}\boldsymbol{B}$ もこの平面内にある。2 つの平面 (x-z 平面と Q_1PQ_2 平面) があるが、両者は OP を共有して交わる。

2 つの電流素片の P につくる磁場は

$$\begin{aligned}\mathrm{d}\boldsymbol{B}(\boldsymbol{r}) &= k_m I\left\{\frac{\mathrm{d}\boldsymbol{\ell}\times(\boldsymbol{r}-\boldsymbol{a})}{|\boldsymbol{r}-\boldsymbol{a}|^3}+\frac{-\mathrm{d}\boldsymbol{\ell}\times(\boldsymbol{r}+\boldsymbol{a})}{|\boldsymbol{r}+\boldsymbol{a}|^3}\right\}\\ &= k_m I\left\{\mathrm{d}\boldsymbol{\ell}\times\boldsymbol{r}\left(\frac{1}{|\boldsymbol{r}-\boldsymbol{a}|^3}-\frac{1}{|\boldsymbol{r}+\boldsymbol{a}|^3}\right)-d\boldsymbol{\ell}\times\boldsymbol{a}\left(\frac{1}{|\boldsymbol{r}-\boldsymbol{a}|^3}+\frac{1}{|\boldsymbol{r}+\boldsymbol{a}|^3}\right)\right\}\end{aligned} \tag{7.39}$$

であり、電流素片のこの寄与を円に沿って半周足し合わせれば求める磁場 $\boldsymbol{B}(\boldsymbol{r})$ が得られる。

後は具体的に計算を間違わずに行えばよい。以下では、計算は直交座標表示で行うが、対称性を考慮すれば球座標表示が介在する。なお、直交座標と球座標の単位ベクトルの変換式を載せておくが、x 軸を上記したように $(\phi = 0)$ とることにより関係式が下の右式となり、大変シンプルになる。

$$\begin{cases} \boldsymbol{e}_r = \sin\theta\cos\phi\boldsymbol{e}_x + \sin\theta\sin\phi\boldsymbol{e}_y + \cos\theta\boldsymbol{e}_z & \rightarrow \quad \boldsymbol{e}_r = \sin\theta\boldsymbol{e}_x + \cos\theta\boldsymbol{e}_z \\ \boldsymbol{e}_\theta = \cos\theta\cos\phi\boldsymbol{e}_x + \cos\theta\sin\phi\boldsymbol{e}_y - \sin\theta\boldsymbol{e}_z & \rightarrow \quad \boldsymbol{e}_\theta = \cos\theta\boldsymbol{e}_x - \sin\theta\boldsymbol{e}_z \\ \boldsymbol{e}_\phi = -\sin\phi\boldsymbol{e}_x + \cos\phi\boldsymbol{e}_y & \rightarrow \quad \boldsymbol{e}_\phi = \boldsymbol{e}_y \end{cases} \tag{7.40}$$

$$\begin{cases} \boldsymbol{e}_x = \sin\theta\cos\phi\boldsymbol{e}_r + \cos\theta\cos\phi\boldsymbol{e}_\theta - \sin\phi\boldsymbol{e}_\phi & \rightarrow \quad \boldsymbol{e}_x = \sin\theta\boldsymbol{e}_r + \cos\theta\boldsymbol{e}_\theta \\ \boldsymbol{e}_y = \sin\theta\sin\phi\boldsymbol{e}_r + \cos\theta\sin\phi\boldsymbol{e}_\theta + \cos\phi\boldsymbol{e}_\phi & \rightarrow \quad \boldsymbol{e}_y = \boldsymbol{e}_\phi \\ \boldsymbol{e}_z = \cos\theta\boldsymbol{e}_r - \sin\theta\boldsymbol{e}_\theta & \rightarrow \quad \boldsymbol{e}_z = \cos\theta\boldsymbol{e}_r - \sin\theta\boldsymbol{e}_\theta \end{cases} \tag{7.41}$$

また、それぞれの因子を計算しておく。

$$\mathrm{d}\boldsymbol{\ell} = -a\mathrm{d}\phi_a(\sin\phi_a\boldsymbol{e}_x - \cos\phi_a\boldsymbol{e}_y) \tag{7.42}$$

$$\boldsymbol{r} = r(\sin\theta\boldsymbol{e}_x + \cos\theta\boldsymbol{e}_z)\ ;\quad \boldsymbol{a} = a(\cos\phi_a\boldsymbol{e}_x + \sin\phi_a\boldsymbol{e}_y) \tag{7.43}$$

これらから外積を計算すると、

$$\mathrm{d}\boldsymbol{\ell}\times\boldsymbol{r} = ar\mathrm{d}\phi_a(\cos\phi_a\cos\theta\boldsymbol{e}_x + \sin\phi_a\cos\theta\boldsymbol{e}_y - \cos\phi_a\sin\theta\boldsymbol{e}_z) \tag{7.44}$$

$$\mathrm{d}\boldsymbol{\ell}\times\boldsymbol{a} = -a^2\mathrm{d}\phi_a(\cos^2\phi_a + \sin^2\phi_a)\boldsymbol{e}_z = -a^2\mathrm{d}\phi_a\boldsymbol{e}_z \tag{7.45}$$

である。点 P は円電流よりも充分離れ、$r \gg a$ と見做すと、

$$\begin{aligned} &(\boldsymbol{r}\pm\boldsymbol{a})^2 = r^2 + a^2 \pm 2\boldsymbol{r}\cdot\boldsymbol{a} = r^2 + a^2 \pm 2ra\sin\theta\cos\phi_a \\ &\frac{1}{|\boldsymbol{r}\pm\boldsymbol{a}|^3} = \frac{1}{r^3}\left\{1 \pm 2\frac{a}{r}\sin\theta\cos\phi_a + \left(\frac{a}{r}\right)^2\right\}^{-3/2} \simeq \frac{1}{r^3}\left(1 \mp 3\frac{a}{r}\sin\theta\cos\phi_a\right) \\ &\frac{1}{|\boldsymbol{r}-\boldsymbol{a}|^3} - \frac{1}{|\boldsymbol{r}+\boldsymbol{a}|^3} = \frac{6a}{r^4}\sin\theta\cos\phi_a\ ;\quad \frac{1}{|\boldsymbol{r}-\boldsymbol{a}|^3} + \frac{1}{|\boldsymbol{r}+\boldsymbol{a}|^3} = \frac{2}{r^3} \end{aligned} \tag{7.46}$$

以上を使って、式 (7.39) の { } 内の第 1 項は

$$\frac{6a^2}{r^3}\mathrm{d}\phi_a\sin\theta\cos\phi_a\left[(\cos\phi_a\cos\theta\boldsymbol{e}_x + \sin\phi_a\cos\theta\boldsymbol{e}_y - \cos\phi_a\sin\theta\boldsymbol{e}_z)\right] \tag{7.47}$$

第 2 項は

$$\frac{2a^2}{r^3}\mathrm{d}\phi_a\boldsymbol{e}_z \tag{7.48}$$

となる。

求める磁場 $\boldsymbol{B}$ は $\mathrm{d}\boldsymbol{B}$ を積分したもの $(\boldsymbol{B} = \int\mathrm{d}\boldsymbol{B})$ であり、それは $\mathrm{d}\boldsymbol{\ell}$ にわたる積分で、結局は ϕ_a を $0 \sim \pi$ にわたって積分することである。被積分関数が上記の式 (7.47),

(7.48) であるが、具体的に行う積分は以下のものである。

$$\int_0^{\pi} \sin^2 \phi_a \mathrm{d}\phi_a = \frac{\pi}{2}\ ; \quad \int_0^{\pi} \cos^2 \phi_a \mathrm{d}\phi_a = \frac{\pi}{2}\ ; \quad \int_0^{\pi} \sin \phi_a \cos \phi_a \mathrm{d}\phi_a = 0 \tag{7.49}$$

よって、暗算で

$$\begin{aligned} \boldsymbol{B} &= k_m I \left\{ \frac{3a^2}{r^3} \pi (\sin\theta \cos\theta \boldsymbol{e}_x - \sin^2 \theta \boldsymbol{e}_z) + \frac{2a^2}{r^3} \pi \boldsymbol{e}_z \right\} \\ &= k_m I \frac{\pi a^2}{r^3} \left\{ 3 \sin\theta \cos\theta \boldsymbol{e}_x + (2 - 3\sin^2 \theta) \boldsymbol{e}_z \right\} \end{aligned} \tag{7.50}$$

を得る。式 (7.41) を使って直交座標から球座標へ単位ベクトルを書き換えると、

$$\begin{aligned} \boldsymbol{B}(\boldsymbol{r}) &= k_m I \frac{a^2 \pi}{r^3} \{ 3 \sin\theta \cos\theta (\sin\theta \boldsymbol{e}_r + \cos\theta \boldsymbol{e}_\theta) \\ &\qquad - (3 \sin^2 \theta - 2)(\cos\theta \boldsymbol{e}_r - \sin\theta \boldsymbol{e}_\theta) \} \\ &= k_m I \frac{a^2 \pi}{r^3} \left\{ 2 \cos\theta \boldsymbol{e}_r + (3 \sin\theta - 2 \sin\theta) \boldsymbol{e}_\theta \right\} \end{aligned} \tag{7.51}$$

を得る。ここで

$$p_m = I \pi a^2 \tag{7.52}$$

と置くと

$$\boldsymbol{B}(\boldsymbol{r}) = \frac{\mu_0 p_m}{2\pi r^3} \cos\theta \boldsymbol{e}_r + \frac{\mu_0 p_m}{4\pi r^3} \sin\theta \boldsymbol{e}_\theta \tag{7.53}$$

と書ける。確かに、磁場 $\boldsymbol{B}$ は方位角成分 $\boldsymbol{e}_\phi$ をもっていない。細部にわたり多くの計算式を書いたが、大して難しいものでない。はじめに長々と記した $x - z$ 面の取り方と、対になる電流素片の扱い方がポイントとなった。

式 (7.52) の p_m は円電流 I とその面積 πa^2 の積であり、p_m を円電流の**磁気モーメント**ということはすでに小節「円電流の受ける力」(p.195) で学んだ。

式 (7.53) は、半径 a が充分に無視できるほどに離れた位置 $r \gg a$ での磁場 $\boldsymbol{B}(\boldsymbol{r})$ であるが、任意の形状の微小面積 ΔS を囲んで流れる平面閉回路電流 I についても充分に離れたところでの磁場 $\boldsymbol{B}(\boldsymbol{r})$ は

$$\boldsymbol{p}_m = I \Delta \boldsymbol{S} \tag{7.54}$$

とおくことで式 (7.53) が成り立つ。$\Delta \boldsymbol{S}$ は微小面積ベクトルであって、平面閉回路電流の向きを右ネジの回る方向に、微小面積の法線ベクトルは右ネジの進む方向にとる。$\boldsymbol{p}_m$ に真空の透磁率 μ_0 をかけた量

$$\boldsymbol{m} = \mu_0 \boldsymbol{p}_m \tag{7.55}$$

を**磁気双極子モーメント**という ($[\boldsymbol{m}] = \mathrm{N} \cdot \mathrm{m}^2 \cdot \mathrm{A}^{-1} = \mathrm{Wb} \cdot \mathrm{m}$)。

問 7-2　式 (7.53) を球座標でベクトル表示すると

$$\boldsymbol{B} = \frac{3\boldsymbol{e}_r(\boldsymbol{e}_r \cdot \boldsymbol{m}) - \boldsymbol{m}}{4\pi r^3} \tag{7.56}$$

となることを示せ。

また、$\boldsymbol{B}$ の次元 (単位) を書き出せ。

この円電流がつくる磁場 $\boldsymbol{B}$(式 (7.53)) は、電気双極子 $\boldsymbol{p} = q\boldsymbol{\ell}$ が充分に離れたところにつくる電場 $\boldsymbol{E}$（「電気双極子のつくる電場（例題 2-1）」p.36）に対応する。電荷対 $+q$ と $-q$ が距離 $\boldsymbol{\ell}$ だけ離れてあるとき、充分遠方 ($r \gg \ell$) につくる電場 $\boldsymbol{E}$ は式 (2.26) で与えられ

$$\boldsymbol{E}(\boldsymbol{r}) = \frac{p\cos\theta}{2\pi\varepsilon_0 r^3}\boldsymbol{e}_r + \frac{p\sin\theta}{4\pi\varepsilon_0 r^3}\boldsymbol{e}_\theta \tag{2.26}$$

である。

式 (7.53) と式 (2.26) を比べると、$\mu_0 \leftrightarrow 1/\varepsilon_0, p_m \leftrightarrow p$ の対応が見える。磁気モーメントは $p_m = I\pi a^2$ ($[p_m] = \mathrm{A} \cdot \mathrm{m}^2$) であり、電気双極子モーメントは $p = q\ell$ ($[p] = \mathrm{C} \cdot \mathrm{m}$) であって、電荷 q ($[q] = \mathrm{C}$) と電流素片 $Id\ell$ ($[Id\ell] = \mathrm{A} \cdot \mathrm{m}$) の対応関係が成り立っている。

電気双極子ならびに磁気双極子は物理量としての違いはあるが、充分遠方 ($r \gg \ell$ あるいは $r \gg a$) においては同じ空間分布の様子を示す (図 7.14)。図 7.15 は充分遠方と

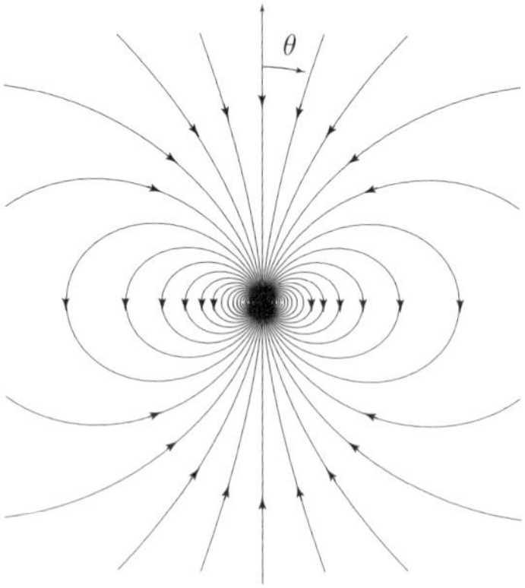

図 7.14　電気ならびに磁気双極子が遠方でつくる場 (式 (2.26) ならびに式 (7.53))

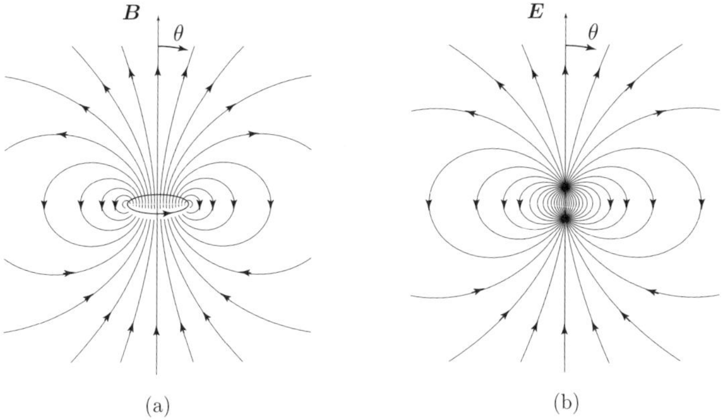

図 7.15 磁気双極子のつくる $\boldsymbol{B}$ と電気双極子のつくる $\boldsymbol{E}$

いう近似条件なしに計算した (a) 磁気双極子のつくる磁場 $\boldsymbol{B}(\boldsymbol{r})$ と、(b) 電気双極子のつくる電場 $\boldsymbol{E}(\boldsymbol{r})$ を示したものである。

(b) 磁気双極子モーメント $\mu_0 \pi a^2 I\boldsymbol{n}$ vs. $q_m \boldsymbol{d}$

本書では磁場の生成因を電流としているので、磁荷（磁石）を基本にする教科書で学んだ学生さんは「磁気双極子モーメント」ならびに「磁気モーメント」の違いに混乱するかもしれない。

少し説明しておく。

後者においては磁荷の対 $\pm q_m$ が、負の磁荷 $-q_m$ から距離 $\boldsymbol{d}$ だけ離れた位置にある正の磁荷 $+q_m$ とつくりだす磁気双極子

$$\boldsymbol{m} = q_m \boldsymbol{d} \tag{7.57}$$

を磁気双極子モーメント (magnetic dipole moment) という。一方、前者においては

$$\boldsymbol{p}_m = \pi a^2 I\boldsymbol{n} = I\Delta\boldsymbol{S} \qquad \left(\Delta\boldsymbol{S} = \pi a^2 \boldsymbol{n}\right) \tag{7.58}$$

を磁気モーメントといい、

$$\boldsymbol{m} = \mu_0 \boldsymbol{p}_m = \mu_0 I\Delta\boldsymbol{S} \tag{7.59}$$

を磁気双極子モーメントとよぶ。式 (7.57) のつくる磁場 $\boldsymbol{B}$ は図 7.15(b) と同じ分布を示し、式 (7.59) のつくる磁場 $\boldsymbol{B}$ は図 7.15(a) である。$\boldsymbol{r} \gg d,\ a$ の充分遠方では両者の磁場分布 $\boldsymbol{B}(\boldsymbol{r})$ には違いがない。したがって、等しい磁気双極子モーメント $\boldsymbol{m}$ ($\mu_0 I\Delta\boldsymbol{S} = q_m\boldsymbol{d}$) をもつ**円電流と磁気双極子は等価** ($\boldsymbol{r} \gg d,\ a$) であるといえる。

次元（単位）をみておく。

磁荷 q_m の単位は磁束と同じで、国際単位系 (SI 系) の組立単位の**ウェーバ** (weber, Wb) であって、それは

$$\mathrm{Wb} = \frac{\mathrm{N\cdot m}}{\mathrm{A}} \tag{7.60}$$

である。したがって、磁気双極子モーメントの次元 (単位) は

$$[\, q_m d \,] = \mathrm{Wb\cdot m} = \left(\frac{\mathrm{N}}{\mathrm{A^2}}\right)\cdot \mathrm{A\cdot m^2} = [\, \mu_0 I \Delta S \,] \tag{7.61}$$

であり、当然両磁気双極子モーメントは同じ次元をもつ。

7-2-5　電流素回路

「ストークスの定理」(p.80) ですでにやったように、ベクトル $\boldsymbol{A}(\boldsymbol{r})$(ここでは磁束密度 $\boldsymbol{B}(\boldsymbol{r})$ が相当する) が分布する空間内で、任意の閉曲線 C に沿っての線積分を考える。

電流閉回路にも同様な取り扱いができる。

図 7.16 のように、電流 I が流れる任意の形状の閉曲線 C は、それと同じ向きに流れる電流 I をもつ微小な閉回路 $C_i(i = 1, \ldots, n)$ の集まりと見なされる。ここでは、隣り合う微小閉回路同士は回路の一部を共有するが、そこでの電流の向きは互いに逆で打ち消し合うため、2 つの微小閉回路を流れる電流は共有することのない回路でつくる 1 つの閉回路となる。この事情をすべての微小閉回路 $C_i(i = 1, \ldots, n)$ に適応すれば、微小閉回路の電流の総和は、共有することのない回路、すなわち、閉回路 C に沿っての電流を構成する。この微小閉回路を**電流素回路**という。

以上のことから、任意の電流閉回路は電流素回路に分解して考えることができ、またその逆に、電流素回路のはたらきが分かれば、任意の電流閉回路についてはそれらの和として求められる。

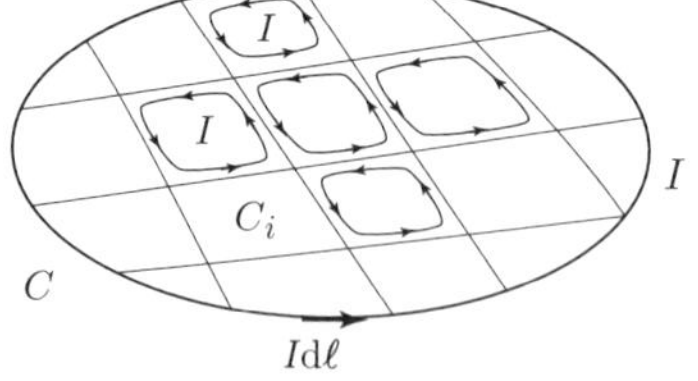

図 7.16　電流素回路

以降で利用することになるので、ここで述べた。

7-3 磁場のガウスの法則

7-3-1 電場 $\boldsymbol{E}$ と磁場 $\boldsymbol{B}$ の類似性から

磁場 $\boldsymbol{B}$ を生ずるのは電流（電荷の流れ）であって、電場 $\boldsymbol{E}$ を生ずる電荷に対応する磁荷の存在を必要としない。平行電流や電流素片 $I\mathrm{d}\boldsymbol{\ell}$ のつくる磁場 $\boldsymbol{B}$ は電流軸を中心とした回転する分布を示す。つまり、回転成分のみをもち、本来的には動径成分がない。この磁場の特性を式表現すれば（証明は後で示す）、

$$\oint_S \boldsymbol{B}\cdot\mathrm{d}\boldsymbol{S}=0 \quad \Big(\nabla\cdot\boldsymbol{B}=0\Big) \tag{7.62}$$

$$\oint_C \boldsymbol{B}\cdot\mathrm{d}\boldsymbol{s}=\mu_0\int_S \boldsymbol{i}\cdot\mathrm{d}\boldsymbol{S} \quad \Big(\nabla\times\boldsymbol{B}=\mu_0\boldsymbol{i}\Big) \tag{7.63}$$

であり、前者が「磁場のガウスの法則」、後者が「アンペールの法則」である（括弧内は微分形）。$\boldsymbol{i}$ は前出のように電流密度である。前者における S は任意の閉曲面を、後者における C は任意の閉曲線、S は C を周縁とする曲面を指す。また、後者左辺の $\mathrm{d}\boldsymbol{s}$ は線積分を行う C に沿っての線素片ベクトルである[9]。

前者は閉曲面 $\boldsymbol{S}$ を貫く磁束密度の総和はつねにゼロであって、流入量と流出量が等しく、磁場の「発散」が存在しないことを主張する。後者は磁束密度を閉曲線 C に沿って線積分したものは C を周縁とする曲面を貫く電流密度の面積分（に μ_0 を掛けたもの）に等しく、電流が磁場の「回転」を生じることを記述する。対応する電場 $\boldsymbol{E}$ の「ガウスの法則」と「保存場の法則」を載せる。

$$\varepsilon_0\oint_S \boldsymbol{E}(\boldsymbol{r})\cdot\mathrm{d}\boldsymbol{S}=\int_V \rho(\boldsymbol{r})\mathrm{d}v \quad \Big(\varepsilon_0\nabla\cdot\boldsymbol{E}(\boldsymbol{r})=\rho(\boldsymbol{r})\Big) \tag{2.46}$$

$$\oint_C \boldsymbol{E}(\boldsymbol{r})\cdot\mathrm{d}\boldsymbol{\ell}=0 \quad \Big(\nabla\times\boldsymbol{E}(\boldsymbol{r})=0\Big) \tag{3.9}$$

ここまでは、電場 $\boldsymbol{E}\leftrightarrow$ 磁場 $\boldsymbol{B}$ の類似を考え、$\varepsilon_0\leftrightarrow 1/\mu_0$、$q\leftrightarrow I\mathrm{d}z$ の対応関係を挙げた。上式もまたこの対応関係を満たす。さらに、電場の発散 $\nabla\cdot(\boldsymbol{E})$ が磁場の回転 $\nabla\times(\boldsymbol{B})$ に対応 $(\nabla\cdot\leftrightarrow\nabla\times)$ するのも見て取れる。電荷密度と電流密度の対応 $(\rho\leftrightarrow i)$ は点電荷と電流素片の対応 $(q\leftrightarrow I\mathrm{d}\boldsymbol{\ell})$ に帰すことは、次元（単位）の解析か

9) $\mathrm{d}\boldsymbol{\ell}$ で表記する電流経路に沿っての線積分と、任意の閉曲線に沿っての磁場の線積分が以降には 2 重積分となって登場する。2 重の積分を明確に区別できるように、後者の積分変数に $\mathrm{d}\boldsymbol{s}$ を用いる。そうでない通常の線積分では $\mathrm{d}\boldsymbol{\ell}$ と $\mathrm{d}\boldsymbol{s}$ の表記分けは厳密でないところもある。

ら分かる。後者は C ↔ A · m の次元対応をもち、それを体積の次元 m^3 で割ると前者の電荷密度 $[\rho] = \mathrm{C/m^3}$ と電流密度 $[i] = \mathrm{A/m^2}$ の相応する関係が得られる。

7-3-2　磁束と磁束管

磁場 (磁束密度)$\boldsymbol{B}$ の分布を示す曲線を**磁束線** (lines of magnetic flux) とよぶ。電気力線 $\boldsymbol{E}$ と同様のルール（小節「電気力線と電束線」p.39）で描くが、電荷に対応する磁荷が存在しないため、磁束線には始点も終点もなく、よって、周回する。磁束線の密度が磁場 (磁束密度)$\boldsymbol{B}$ の強さを表すことは電気力線と同じである。

ある面積を横切る磁束線の量を**磁束** (magnetic flux) といい、磁場 $\boldsymbol{B}$ 内に微小面積 $\Delta\boldsymbol{S}$ $(= \Delta S\boldsymbol{n},\ \boldsymbol{n}$は法線ベクトル$)$ を考えると、$\Delta\boldsymbol{S}$ を通る磁束 $\Delta\Phi_m$ は

$$\Delta\Phi_m = \boldsymbol{B}\cdot\Delta\boldsymbol{S} = B\Delta S\cos\theta \tag{7.64}$$

と書ける。ここで、θ は磁場 $\boldsymbol{B}$ と法線ベクトル $\boldsymbol{n}$ のなす角である。

磁束の次元 (単位) はすでに登場した (p.208) **ウェーバ** (Wb, weber) であって、

$$[\ \Phi_m\ ] = \mathrm{Wb} = \frac{\mathrm{N\cdot m}}{\mathrm{A}} \tag{7.65}$$

磁束を中心にみれば、式 (7.64) から $\boldsymbol{B}$ の次元 (単位) は

$$[\ \boldsymbol{B}\ ] = \frac{[\ \Phi_m\ ]}{[\ S\ ]} = \frac{\mathrm{Wb}}{\mathrm{m}^2} \tag{7.66}$$

であって、このことから $\boldsymbol{B}$ を磁束密度と呼ぶ。基本要素としての電流素片からみれば、「潜在的な力の場」の磁場は $[\boldsymbol{B}] = \mathrm{N}\cdot(\mathrm{A\cdot m})^{-1}$ の次元 (単位) で表示できる。これ以上の議論は 7-6 節に譲ることにする。

電流素片 $I\mathrm{d}\boldsymbol{\ell}$ がつくる磁場 $\mathrm{d}\boldsymbol{B}$ は、「ビオ・サバールの法則」が教えるように、$I\mathrm{d}\boldsymbol{\ell}\times\boldsymbol{r}$ の方向を、すなわち、両ベクトル $(\mathrm{d}\boldsymbol{\ell},\ \boldsymbol{r})$ を含む平面に垂直で、電流素片の向きに進む右ネジの回る向きをもち、途切れることなく磁束線は周回する (図 7.17)。

$\Delta\boldsymbol{S}$ の周縁の各点を通る磁束線に注目するとそれらは 1 つの管（くだ）をつくる。この管を**磁束管**といい、管の中の磁束線の数は変化しない。

このことから、電流素片 $I\mathrm{d}\boldsymbol{\ell}$ がつくる磁場 $\mathrm{d}\boldsymbol{B}$ は、$\mathrm{d}\boldsymbol{\ell}$ を軸とする無数の円環状の磁束管

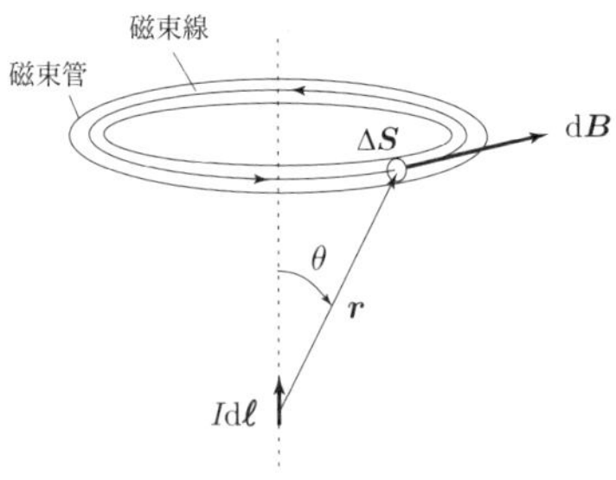

図 7.17　電流素片と磁束線

によって空間を埋めつくす。無数の電流素片 $Id\boldsymbol{\ell}$ のつながりである電流 I のつくる磁場 $\boldsymbol{B}$ は、それら電流素片のつくる磁束管群の重ね合わせである。

7-3-3 磁場 $\boldsymbol{B}$ のガウスの法則

電流 I のつくる磁場 $\boldsymbol{B}$ が任意の閉曲面 S を貫く磁束 Φ_m を評価しよう（図 7.18)。

このとき、電流素片 $Id\boldsymbol{\ell}$ が閉曲面 S 内部にあるか、外部にあるかは問題でない。それは磁束線は電気力線と異なり、始点ならびに終点がなく途切れることなく周回し、かつ電流素片に直接つながりがないからである。具体的に言えば、閉曲面 $\boldsymbol{S}$ はその形状にかかわらず、どの磁束管にも必ず偶数回だけ貫かれ、面の表裏 ($\boldsymbol{n}$ の向き) を考えれば、その貫く磁束量 $\mathrm{d}\Phi_{mi}$ はつねにゼロとなる。したがって、電流素片 $Id\boldsymbol{\ell}_i$ で構成された任意の電流回路がつくる閉曲面 $\boldsymbol{S}$ を貫く全磁束 Φ_m は $\mathrm{d}\Phi_{mi}$ を重ね合わせ（積分し）て、すなわち、閉曲面 $\boldsymbol{S}$ にわたり磁場 $\boldsymbol{B}$ を面積分して求められ

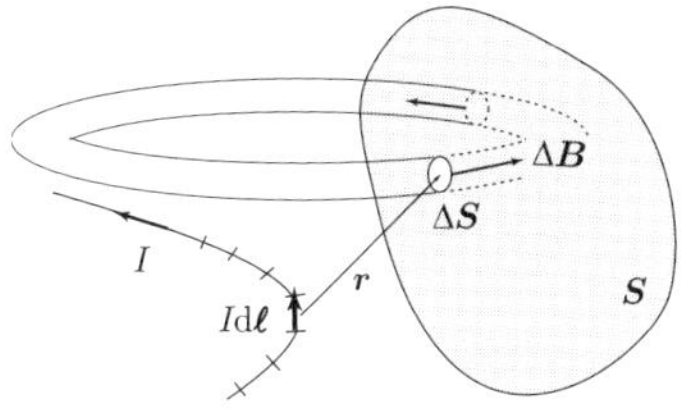

図 7.18 電流素片と磁束管 （2）

$$\Phi_m = \oint_S \boldsymbol{B} \cdot \mathrm{d}\boldsymbol{S} = 0 \tag{7.67}$$

である。これが積分形の**磁場 $\boldsymbol{B}$ のガウスの法則**である。

微分形の「磁場のガウスの法則」を導くには、「ガウスの定理」(式 (2.82): $\oint_S \boldsymbol{A}(\boldsymbol{r}) \cdot \mathrm{d}\boldsymbol{S} = \int_V \nabla \cdot \boldsymbol{A}(\boldsymbol{r})\, \mathrm{d}v$) を用いて上式を書き換えると

$$\oint_S \boldsymbol{B}(\boldsymbol{r}) \cdot \mathrm{d}\boldsymbol{S} = \int_V \nabla \cdot \boldsymbol{B}(\boldsymbol{r})\, \mathrm{d}v = 0 \tag{7.68}$$

となる。この関係がつねに成り立つためには、閉曲面 S の囲む体積 V にかかわらず、被積分関数がつねにゼロでなければならない。すなわち、

$$\nabla \cdot \boldsymbol{B} = 0 \tag{7.69}$$

である。これが微分形である。

磁束線には始点も終点もなく、よって、磁場 $\boldsymbol{B}$ の生成や吸収（発散）が生じないことと同義である。

7-4　アンペールの法則

「アンペールの法則」の式表示はすでに式 (7.63) として載せた。電場の「保存場の法則」(p.60) は電場 $\boldsymbol{E}$ には回転成分がないことを語るが、磁場 $\boldsymbol{B}$ においては回転成分こそが存在するわけで、直線電流のつくる磁場分布はその様子を簡潔に表現している。すこし長くなるが、数式表示での物理的イメージの捉え方を記す。

7-4-1　直線電流とアンペールの法則

直線電流 I を z 軸として、それに垂直な面上 ($x-y$ 面) に z 軸から d だけ離れたところを中心 O′ とする半径 a の円 (C) をとり、円弧 $\mathrm{d}\boldsymbol{s}$ に沿って磁場 $\boldsymbol{B}$ を一周り線積分する。線積分は z 方向に進む右ネジの回転する向きを正方向とする。

円が電流 I を囲むとき (図 7.19(a))、式 (7.34) より

$$\oint_C \boldsymbol{B}\cdot\mathrm{d}\boldsymbol{s} = \oint_C \left(\frac{\mu_0 I}{2\pi r}\boldsymbol{e}_\phi\right)\cdot(\mathrm{d}r\boldsymbol{e}_r + r\mathrm{d}\phi\boldsymbol{e}_\phi) = \frac{\mu_0 I}{2\pi}\int_0^{2\pi}\mathrm{d}\phi = \mu_0 I \qquad (7.70)$$

である。ここで、$\boldsymbol{e}_r$ ならびに $\boldsymbol{e}_\phi$ はそれぞれ $x-y$ 面上における動径方向と方位角方向の単位ベクトルである。直線電流 I では磁場 $\boldsymbol{B}$ は r に反比例し ($\propto 1/r$)、ϕ 成分のみをもつため、線素 $\mathrm{d}\boldsymbol{s}$ ($= \mathrm{d}r\boldsymbol{e}_r + r\mathrm{d}\phi\boldsymbol{e}_\phi$) との内積では $\mathrm{d}\boldsymbol{s}$ の ϕ 成分 ($r\mathrm{d}\phi\boldsymbol{e}_\phi$) のみを考慮すればよい。その結果、$r$ 因子は消え、$\mathrm{d}\phi$ での積分だけが残る特徴がある。線積分の結果は円の半径 a ならびに電流からの距離 d には依存しないことに気づけ。

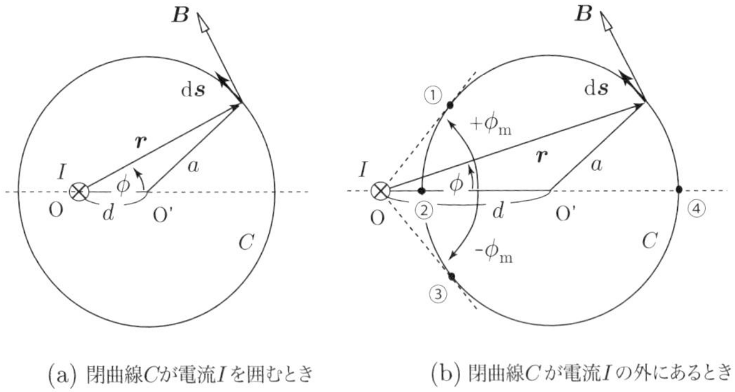

図 7.19　直線電流 I と円経路 C に沿っての磁場 $\boldsymbol{B}$ の線積分 (電流 (z 軸) 以外は同一の $x-y$ 平面上にある。図が煩雑にならないよう x, y, z 記号は記入せず)

電流 I は定義から、C を周縁とする曲面 S（円内の面）を貫く電流密度 $\boldsymbol{i}$ の和（面積分）であって、それ（ここでは直線電流であるが）は $I=\int_S \boldsymbol{i}\cdot\mathrm{d}\boldsymbol{S}$ である。よって、上式の右辺はさらに、

$$\mu_0 I=\mu_0\int_S \boldsymbol{i}\cdot\mathrm{d}\boldsymbol{S} \tag{7.71}$$

と書ける。

円が電流 I の外にあれば (図 7.19(b))、ϕ に関する積分は電流 I を周回することなく、同じ ϕ 領域を往復するだけ (①→ ② → ③ → ④ → ①) で、往路と復路のあいだで打ち消し合い

$$\oint_C \boldsymbol{B}\cdot\mathrm{d}\boldsymbol{s}=\frac{\mu_0 I}{2\pi}\left(\int_{+\phi_m}^{-\phi_m}\mathrm{d}\phi+\int_{-\phi_m}^{+\phi_m}\mathrm{d}\phi\right)=0 \tag{7.72}$$

となる。電流 I が C を貫いていないため、法則式の右辺も同等に ($\mu_0\int_S \boldsymbol{i}\cdot\mathrm{d}\boldsymbol{S}=$) 0 である。

直線電流 I と C=円経路という条件付きではあるが、これで「アンペールの法則」(式 (7.63)) が得られた。

微分形は「ストークスの定理」(式 (3.74): $\oint_C \boldsymbol{A}(\boldsymbol{r})\cdot\mathrm{d}\boldsymbol{\ell}=\int_S \nabla\times\boldsymbol{A}(\boldsymbol{r})\cdot\mathrm{d}\boldsymbol{S}$) を用いて書き換えればよい。

さらに、積分経路が円でなく、平面内の任意の形状の閉曲線 C であっても上の結果は成立する。直線電流 I から閉曲線 C を見込む微小な角 $\mathrm{d}\phi$ を考えると、$\mathrm{d}\phi$ を横切る線素 $\mathrm{d}\boldsymbol{s}$ の数は直線電流 I が閉曲線 C の内にあればつねに奇数回、外にあればつねに偶数回であって、それらの線素片の向きは右ネジの回る方向と反対方向が交互に登場する。磁場 $\boldsymbol{B}$ の $1/r$ 依存性が線素 $\mathrm{d}\boldsymbol{s}$ の ϕ 成分 ($r\mathrm{d}\phi\boldsymbol{e}_\phi$) と打ち消しあうので、同一角 $\mathrm{d}\phi$ 内では

$$\boldsymbol{B}\cdot\mathrm{d}\boldsymbol{s}=\pm\frac{\mu_0 I}{2\pi}\mathrm{d}\phi \tag{7.73}$$

であり（正負符号は線素の向きによる)、偶数回時は $+-$ が打ち消されゼロになり、奇数回時は 1 つだけ打ち消されずに残る。このため、線積分結果は閉曲線 C が円の場合と変わらない。

以上から、$\mathrm{d}\boldsymbol{s}$ についての線積分は $\mathrm{d}\phi$ についての積分になり、直線電流 I を囲む周回の閉経路では $\mu_0 I$、電流が外にある経路ではゼロとなり、「アンペールの法則」を得る。

閉曲線 C が平面上にない複雑な場合は、直線電流 I に垂直な平面に閉曲線を投影して考えればよい。考え方は上記と同じである。磁場 $\boldsymbol{B}$ が ϕ 方向成分のみをもつため、線素 $\mathrm{d}\boldsymbol{s}$ が動径成分ならびに極角成分をもっていても線積分へのはたらきはない。

7-4-2　電流素片だけでは「アンペールの法則」は成り立たない

電流素片 $I\mathrm{d}\boldsymbol{\ell}$ が閉曲線 C を貫くだけで「アンペールの法則」が成立する、と誤解しないように上記タイトルの項目を用意した。すなわち、線積分をする相手の磁場 $\boldsymbol{B}$ は電流全体が閉曲線 C につくる磁場であって、電流素片のつくる磁場でないということである。つまり、直線電流 I のシンプルな磁場分布 $\boldsymbol{B} \propto (1/r)\boldsymbol{e}_\phi$ が前小節の議論を成り立たせるのである。このことを具体的に記しておく。

はじめに、電流素片 $I\mathrm{d}\boldsymbol{\ell}$ に垂直な平面上に閉曲線 C をとり、線積分を行う。電流素片のつくる磁場 $\mathrm{d}\boldsymbol{B}$ は「ビオ・サバールの法則」(式 (7.26): $\mathrm{d}\boldsymbol{B}(\boldsymbol{r}) = k_m(I\mathrm{d}\boldsymbol{\ell} \times \boldsymbol{r}/r^3)$) で与えられるので、閉曲線 C に沿っての線積分は

$$\oint_C \mathrm{d}\boldsymbol{B}\cdot\mathrm{d}\boldsymbol{s} = k_m I \oint_C \left(\frac{\mathrm{d}\boldsymbol{\ell}\times\boldsymbol{r}}{r^3}\right)\cdot\mathrm{d}\boldsymbol{s} \tag{7.74}$$

と書ける。簡単のために、ここでも閉曲線 C は電流素片を中心とする半径 a の円周とする (図 7.20(a))。$\mathrm{d}\boldsymbol{\ell} = \mathrm{d}\ell\boldsymbol{e}_z$, $\boldsymbol{r} = a\boldsymbol{e}_r$, $\mathrm{d}\boldsymbol{s} = a\mathrm{d}\phi\boldsymbol{e}_\phi$ であるので、$(\mathrm{d}\boldsymbol{\ell}\times\boldsymbol{r})\cdot\mathrm{d}\boldsymbol{s} = (a\mathrm{d}\ell\boldsymbol{e}_\phi)\cdot a\mathrm{d}\phi\boldsymbol{e}_\phi = a^2\mathrm{d}\ell\mathrm{d}\phi.$　線積分の部分は

$$\oint_C \left(\frac{\mathrm{d}\boldsymbol{\ell}\times\boldsymbol{r}}{r^3}\right)\cdot\mathrm{d}\boldsymbol{s} = \oint_C \frac{1}{a}\mathrm{d}\phi\mathrm{d}\ell = \frac{2\pi}{a}\mathrm{d}\ell \tag{7.75}$$

となり、

$$\oint_C \mathrm{d}\boldsymbol{B}\cdot\mathrm{d}\boldsymbol{s} = k_m I\ \mathrm{d}\ell\left(\frac{2\pi}{a}\right) = \mu_0 I\left(\frac{\mathrm{d}\ell}{2a}\right) \tag{7.76}$$

である。つまり、電流素片だけでは「アンペールの法則」の右辺である $\mu_0 I$ は得られない。

直線電流 I に沿ってすべての電流素片からの寄与を足し合わせることによって、

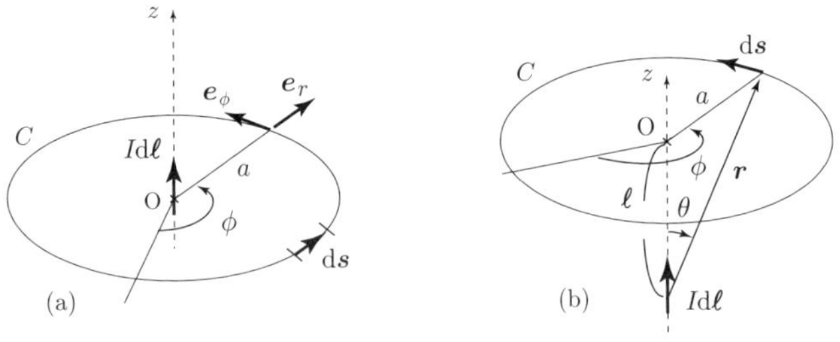

図 7.20　(a) 電流素片を含む平面での線積分と (b) 積分経路が電流素片の軸に沿って移動した線積分

$$\oint_C \boldsymbol{B}\cdot \mathrm{d}\boldsymbol{s} = k_m I \int_{-\infty}^{+\infty} \oint_C \left(\frac{\mathrm{d}\boldsymbol{\ell}\times \boldsymbol{r}}{r^3}\right)\cdot \mathrm{d}\boldsymbol{s} = \mu_0 I \tag{7.77}$$

が得られるのである。ただし、式 (7.76) を $\ell = -\infty \sim +\infty$ に積分しても求める答えは得られない。なぜなら、断ったように、電流素片が閉曲線 C を含む平面内にあると想定して、上の計算では 2 次元的扱いをしているからである。言い換えれば、平面から離れた電流経路について積分を行うには、電流素片を図 7.20(b) のように 3 次元的に扱う必要がある。これは難しいことでなく、つぎの問を解けば分かる。

問 7-3 図 7.20(b) のように、電流素片 $I\mathrm{d}\boldsymbol{\ell}$ が軸上を ℓ だけずれているときの閉曲線 C に沿っての線積分を示せ。答えは

$$\oint_C \mathrm{d}\boldsymbol{B}\cdot \mathrm{d}\boldsymbol{s} = 2\pi k_m I \frac{a^2 \mathrm{d}\ell}{(a^2+\ell^2)^{3/2}} \tag{7.78}$$

これを $\ell = -\infty \to +\infty$ で積分することによって、$\mu_0 I$ を導け。

7-4-3 任意の電流回路とアンペールの法則

直線電流に対する「アンペールの法則」を導いたが、しかし、すべての電流は無限に延びる直線状の電流ではない。定常電流はどのような経路を構成しようと、閉回路でなければ電流は流れない。(直線電流も実際は閉回路を構成している。それは直線部の両端は充分遠方に(理論的には無限遠に)延び、また周回部も同様にその磁場の寄与が無視できるほど充分遠方に広がっているとの想定のもとにある。)

よって、任意の電流回路で一般的に $\oint_C \boldsymbol{B}\cdot \mathrm{d}\boldsymbol{s}$ を評価するのに、①その微小要素としての電流素片 $I\mathrm{d}\boldsymbol{\ell}$ のつくる微小磁場 $\mathrm{d}\boldsymbol{B}$ を閉曲線 C に沿って線積分 $\oint_C \mathrm{d}\boldsymbol{B}\cdot \mathrm{d}\boldsymbol{s}$ し、②つぎにそれを電流閉回路 C' に沿って $\mathrm{d}\boldsymbol{\ell}$ にわたり線積分

$$\oint_C \boldsymbol{B}\cdot \mathrm{d}\boldsymbol{s} = \oint_{C'} \left(\oint_C \mathrm{d}\boldsymbol{B}\cdot \mathrm{d}\boldsymbol{s}\right) \tag{7.79}$$

するという手順で進めることになる。

(a) 磁場 B を閉曲線 C に沿って線積分する

① 電流素片と閉曲線 C を一般的な構成とし (図 7.21(a))、式 (7.74) を計算する。

$$\oint_C \mathrm{d}\boldsymbol{B}\cdot \mathrm{d}\boldsymbol{s} = k_m I \oint_C \left(\frac{\mathrm{d}\boldsymbol{\ell}\times \boldsymbol{r}}{r^3}\right)\cdot \mathrm{d}\boldsymbol{s} \tag{7.74}$$

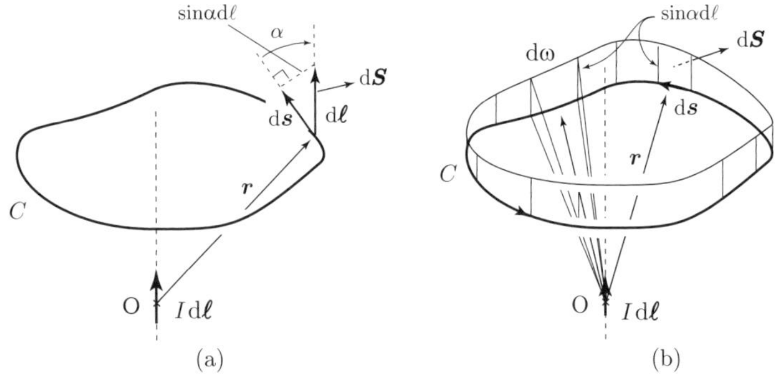

図 7.21　電流素片と線積分

まず、線積分部分を書き換える[10]。

$$\oint_C \left(\frac{\mathrm{d}\boldsymbol{\ell} \times \boldsymbol{r}}{r^3} \right) \cdot \mathrm{d}\boldsymbol{s} \quad = \oint_C \frac{(\mathrm{d}\boldsymbol{s} \times \mathrm{d}\boldsymbol{\ell}) \cdot \boldsymbol{r}}{r^3} \tag{7.80}$$

$\mathrm{d}\boldsymbol{s} \times \mathrm{d}\boldsymbol{\ell}$ は線素 $\mathrm{d}\boldsymbol{s}$ と素片 $\mathrm{d}\boldsymbol{\ell}$ がつくる微小面積 $\mathrm{d}\boldsymbol{S}$ と捉えると、経路 C に沿って高さ $\mathrm{d}\ell \sin\alpha$ の壁があるようなものだ (図 7.21(b)) (α は $\mathrm{d}\boldsymbol{s}$ と $\mathrm{d}\boldsymbol{\ell}$ のなす角)。経路 C に沿って周回する壁の法線ベクトルは C の内から外を向くのを正 ($\boldsymbol{n} > 0$) とする。たとえば、図 7.21 の場合では壁はあらゆるところで $\boldsymbol{n} > 0$ である。

$(\mathrm{d}\boldsymbol{s} \times \mathrm{d}\boldsymbol{\ell}) \cdot \boldsymbol{r}/r$ はこの微小面積 $\mathrm{d}\boldsymbol{S}$ を $\boldsymbol{r}$ 方向に投影した微小面積 $\mathrm{d}S_r$ であり、$(\mathrm{d}\boldsymbol{s} \times \mathrm{d}\boldsymbol{\ell}) \cdot \boldsymbol{r}/r^3 = \mathrm{d}S_r/r^2$ は電流素片位置 O から見た微小面積 $\mathrm{d}\boldsymbol{S}$ のつくる**立体角** (solid angle) $\mathrm{d}\omega$ である。

$$\frac{(\mathrm{d}\boldsymbol{s} \times \mathrm{d}\boldsymbol{\ell}) \cdot \boldsymbol{r}}{r^3} = \frac{\mathrm{d}\boldsymbol{S} \cdot \boldsymbol{r}}{r^3} = \frac{\mathrm{d}S_r}{r^2} = \mathrm{d}\omega \tag{7.81}$$

よって、式 (7.80) はこの微小立体角 $\mathrm{d}\omega$ を閉曲線 C に沿って積分したもの (周回する壁を O から眺めたときの立体角 $\mathrm{d}\Omega$)

$$\oint_C \frac{(\mathrm{d}\boldsymbol{s} \times \mathrm{d}\boldsymbol{\ell}) \cdot \boldsymbol{r}}{r^3} = \oint_C \mathrm{d}\omega = \mathrm{d}\Omega \tag{7.82}$$

となり、式 (7.74) は

$$\oint_C \mathrm{d}\boldsymbol{B} \cdot \mathrm{d}\boldsymbol{s} = k_m I \oint_C \left(\frac{\mathrm{d}\boldsymbol{\ell} \times \boldsymbol{r}}{r^3} \right) \cdot \mathrm{d}\boldsymbol{s} = \frac{\mu_0 I}{4\pi} \mathrm{d}\Omega \tag{7.83}$$

となる。

---

10) ベクトルの公式　$(\boldsymbol{A} \times \boldsymbol{B}) \cdot \boldsymbol{C} = (\boldsymbol{C} \times \boldsymbol{A}) \cdot \boldsymbol{B} = (\boldsymbol{B} \times \boldsymbol{C}) \cdot \boldsymbol{A}$　を思い出せ)。

② つぎに電流閉回路 C' に沿って式 (7.83) を積分する。

$$\oint_C \boldsymbol{B}\cdot \mathrm{d}\boldsymbol{s} = \oint_{C'}\oint_C \mathrm{d}\boldsymbol{B}\cdot \mathrm{d}\boldsymbol{s} = \frac{\mu_0 I}{4\pi}\oint_{C'} \mathrm{d}\Omega \tag{7.84}$$

である。しかし、この手順は入れ換えても違いはない。すなわち、電流閉回路 C' 全体が $\mathrm{d}\boldsymbol{s}$ につくる磁場 $\boldsymbol{B}$ を先に求め、つぎに閉曲線 C に沿って $\boldsymbol{B}$ を積分するのである。

教科書によって、前者のステップをとったり、後者をとったりする。どちらを先にやろうが同じなのであるが、読者が混乱して困らないようにこのことを確認しておく。前者 (case-1) は 1 行目となり、後者 (case-2) は 2 行目である。

$$\begin{aligned}\oint_C \boldsymbol{B}\cdot \mathrm{d}\boldsymbol{s} &= \oint_{C'}\oint_C \mathrm{d}\boldsymbol{B}\cdot \mathrm{d}\boldsymbol{s} = k_m I\oint_{C'}\oint_C \frac{(\mathrm{d}\boldsymbol{s}\times \mathrm{d}\boldsymbol{\ell})\cdot \boldsymbol{r}}{r^3} = \frac{\mu_0 I}{4\pi}\oint_{C'} \mathrm{d}\Omega_{C'} \\ &= \oint_{C}\oint_{C'} \mathrm{d}\boldsymbol{B}\cdot \mathrm{d}\boldsymbol{s} = k_m I\oint_{C}\oint_{C'} \frac{(\mathrm{d}\boldsymbol{\ell}\times \mathrm{d}\boldsymbol{s})\cdot (-\boldsymbol{r})}{r^3} = \frac{\mu_0 I}{4\pi}\oint_{C} \mathrm{d}\Omega_{C}\end{aligned} \tag{7.85}$$

それぞれ case-1 は図 7.22(a)、case-2 は図 7.22(b) に当たる。(a) から (b) へ視点を変えることは、$\mathrm{d}\boldsymbol{s}\times \mathrm{d}\boldsymbol{\ell} \to \mathrm{d}\boldsymbol{\ell}\times \mathrm{d}\boldsymbol{s},\ \boldsymbol{r}\to -\boldsymbol{r}$ に変換することである。立体角 $\mathrm{d}\Omega$ に C' あるいは C の添え字を付け、どちらから見込んだ立体角であるかを示した。

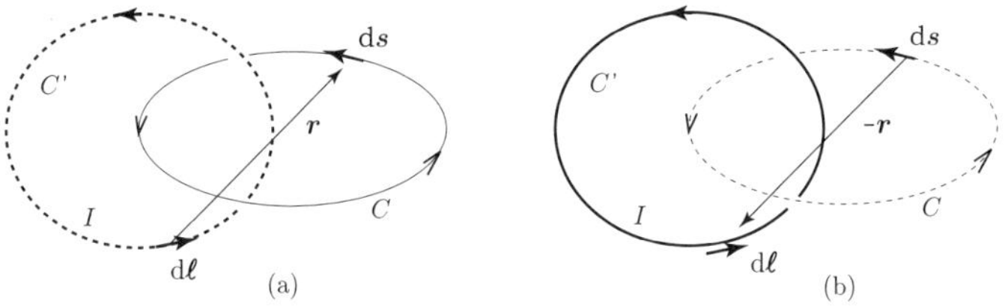

図 7.22 電流閉回路 C' と線積分の閉経路 C

(b) 立体角の積分を行う

さて、立体角の積分 $\oint_{C'} \mathrm{d}\Omega$ を行う。

このとき、面には裏表、つまり、正負があるので、立体角にも正負値があることを考慮しなければならない。図 7.23 のように閉曲線 C に沿って右ネジを回転させたときにネジの進む向きを面の法線ベクトル $\boldsymbol{n}$ の向きと定めれば、C を見込む立体角は (a) では $\boldsymbol{n}$ と $\boldsymbol{r}$ が同じ向きなので $\Omega > 0$ となり、(b) では反対向きなので $\Omega < 0$ である。

（1）電流閉回路 C' が閉曲線 C を貫かないとき

図 7.24 に示すように、閉回路 C' 上に任意の 2 点 $(\mathrm{P}_1, \mathrm{P}_2)$ をとり、一方の経路 C'_1 に沿っての線積分を考える。閉曲線 C のつくる面 S の裏側に $\mathrm{P}_{1(2)}$ があるときはその

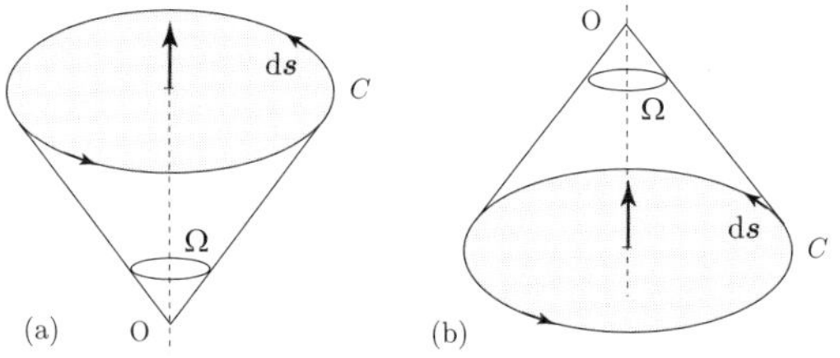

図 7.23　立体角の正負

立体角 $\Omega_{1(2)}$ は正値をとり、表側にあるときは負値をとる。この $d\Omega$ の積分は被積分関数 $= 1$ のため、始点 P_1 と終点 P_2 の立体角のみに依存し、

$$\int_{(C'_1)\ P_1}^{P_2} d\Omega = \Omega_2 - \Omega_1 \tag{7.86}$$

である。残る経路 C'_2 の積分は

$$\int_{(C'_2)\ P_2}^{P_1} d\Omega = \Omega_1 - \Omega_2 \tag{7.87}$$

であり、よって、閉回路 C' についての積分は

$$\oint_{C'} d\Omega = \int_{(C'_1)\ P_1}^{P_2} d\Omega + \int_{(C'_2)\ P_2}^{P_1} d\Omega = 0 \tag{7.88}$$

を得る。

（2）電流閉回路 C' が閉曲線 C を貫くとき

図 7.25 に示すように、閉曲線 C を裏から表へ貫く経路 C'_1 の積分を考える。C を底とし、閉経路 C' の 1 点 P_1 を頂点とする錐体(すいたい)を考え、その側面がゴムのような伸縮する材質でできていると想定しよう。そうすると、立体角 $d\Omega_1$ はゴム面 (錐体内部に面

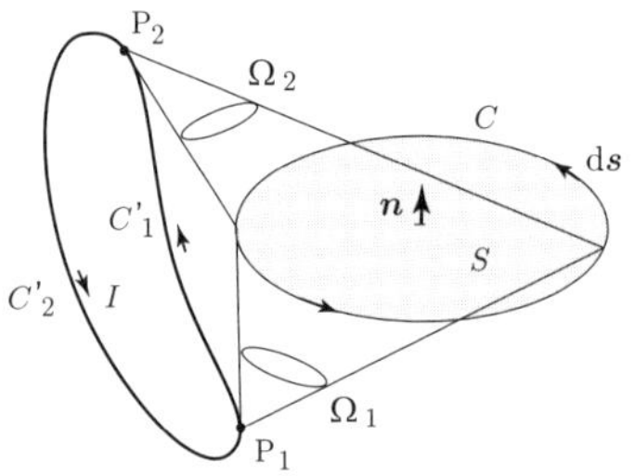

図 7.24　C' が C を貫かないとき

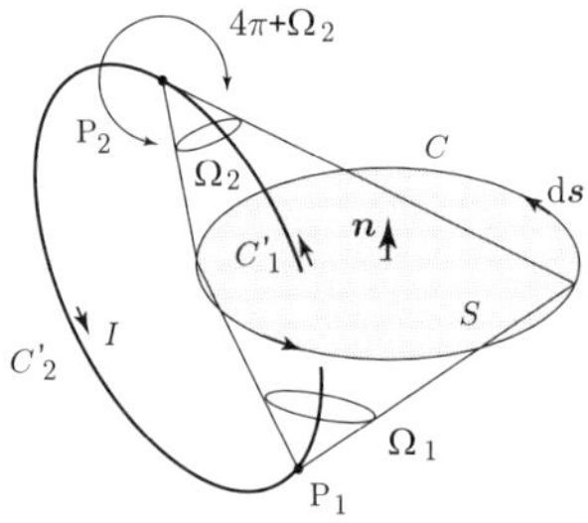

図 7.25　C' が C を貫くとき

した面を表とする) が包み込む 2 次元角に相当し、経路上を P_2 へ進むにつれて立体角は増加する。そして、底面を横切る瞬間には錐体は面となり、立体角は 2π に達する。次の瞬間には、頂点がゴム面を引っ張って新たに錐体をつくるが、立体角はゴム面の表面が形成する 2 次元角と定めたので、それは図 7.25 の Ω_2 ではなく、$4\pi+\Omega_2$ である (Ω_2 は負値であり、$4\pi-|\Omega_2|$ であって、4π を超えることはない。$|\Omega_2|\le 2\pi$)。故に、

$$\int_{(C_1')\ P_1}^{P_2} \mathrm{d}\Omega = (4\pi+\Omega_2)-\Omega_1 = 4\pi+(\Omega_2-\Omega_1) \tag{7.89}$$

である。一方、経路 C_2' は閉曲線 C を貫かないので、その積分は式 (7.87) であり、よって、C を貫く C' に沿っての周回積分は

$$\oint_{C'} \mathrm{d}\Omega = \int_{(C_1')\ P_1}^{P_2} \mathrm{d}\Omega + \int_{(C_2')\ P_2}^{P_1} \mathrm{d}\Omega = 4\pi \tag{7.90}$$

となる。

4π となる C' についての積分は、P_1 ならびに P_2 のとり方に依存しない。また、C_1' が閉曲線 C を貫く必要があるが、C_2' での積分がなくては積分結果は 4π とならない。つまり、積分経路 C' が周回する必要がある。

（3）電流閉回路 C' が閉曲線 C を複数回貫くとき

図 7.26 のように、電流閉回路が閉曲線 C を n 回裏から表へ貫くことを考える。

$$\begin{aligned}\oint_{C'} \mathrm{d}\Omega &= \left(\int_{P_1}^{P_2}+\int_{P_2}^{P_3}\right)+\left(\int_{P_3}^{P_4}+\int_{P_4}^{P_5}\right)+\cdots+\left(\int_{P_{k-1}}^{P_k}+\int_{P_k}^{P_1}\right)\\ &= \{(4\pi+\Omega_2-\Omega_1)+(\Omega_3-\Omega_2)\}+\{(4\pi+\Omega_4-\Omega_3)+(\Omega_5-\Omega_4)\}\\ &\quad +\cdots+\{(4\pi+\Omega_{2n}-\Omega_{2n-1})+(\Omega_1-\Omega_{2n})\}\\ &= n\times 4\pi \end{aligned} \tag{7.91}$$

となる。説明の必要はないであろう。

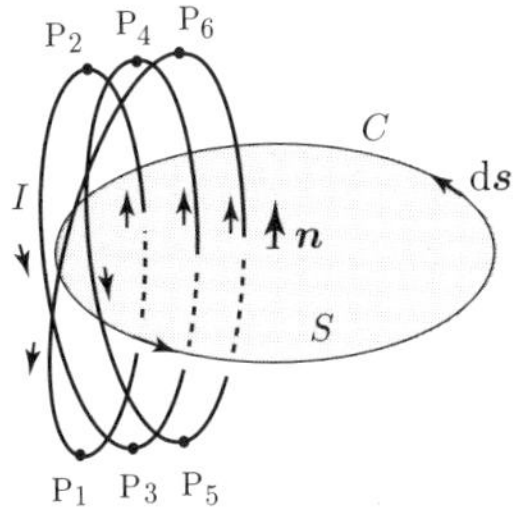

図 7.26 複数回閉曲線 C を貫くとき

(c) 積分形の「アンペールの法則」

最後に、電流閉回路 C' のつくる磁場 $\boldsymbol{B}$ を閉曲線 C に沿った線積分の形に書き出す。式 (7.85) から

$$\oint_C \boldsymbol{B}\cdot \mathrm{d}\boldsymbol{s} = \frac{\mu_0 I}{4\pi}\oint_{C'} \mathrm{d}\Omega_{C'} = \frac{\mu_0 I}{4\pi}(n\times 4\pi) = n\mu_0 I \tag{7.92}$$

となる（C' が C を貫かないときは $n=0$ である）。n は電流回路が閉曲線 C を裏 → 表へと貫く回数である。逆に、表 → 裏へと貫けば、その回数は負値となり、裏 → 表が n 回で、表 → 裏が m 回のときは

$$\oint_C \boldsymbol{B}\cdot \mathrm{d}\boldsymbol{s} = (n-m)\mu_0 I \tag{7.93}$$

である。

あるいは、電流密度 $\boldsymbol{i}$ が連続的に分布するときは、閉曲線 C を周縁とする任意の 1 つの曲面 $\boldsymbol{S}$ を考える。電流 I は電流密度 $\boldsymbol{i}$ を曲面 $\boldsymbol{S}$ にわたり面積分したものであるので

$$\oint_C \boldsymbol{B}\cdot \mathrm{d}\boldsymbol{s} = \mu_0 \int_S \boldsymbol{i}\cdot \mathrm{d}\boldsymbol{S} \tag{7.94}$$

と書き換えられる。これが積分形の「アンペールの法則」である。

(d) 微分形の「アンペールの法則」

「ストークスの定理」(式 (3.74): $\oint_C \boldsymbol{A}(\boldsymbol{r})\cdot \mathrm{d}\boldsymbol{\ell} = \int_S \nabla\times \boldsymbol{A}(\boldsymbol{r})\cdot \mathrm{d}\boldsymbol{S}$) を用いて、上式 (7.94) の左辺を書き直すと、

$$\oint_S \nabla\times \boldsymbol{B}\cdot \mathrm{d}\boldsymbol{S} = \mu_0 \int_S \boldsymbol{i}\cdot \mathrm{d}\boldsymbol{S} \tag{7.95}$$

を得る。上式が曲面 $\boldsymbol{S}$ の大きさや形状に依存せず、つねに成り立つためには、両辺の被積分関数が等しくなければならない。すなわち、

$$\nabla\times \boldsymbol{B} = \mu_0 \boldsymbol{i} \tag{7.96}$$

であり、この関係式が空間のあらゆる点において、つねに成り立つわけである。これが微分形の「アンペールの法則」であり、電流密度 $\boldsymbol{i}$(に μ_0 が掛かったもの) が存在すれば、それを取り巻くような磁場 $\boldsymbol{B}$($\boldsymbol{B}$ の回転) 分布があることを意味する。あるいは、磁場 $\boldsymbol{B}$ の回転成分 ($\nabla\times \boldsymbol{B}$) があれば、その内側に電流密度 $\boldsymbol{i}$(に μ_0 が掛かったもの) が存在することをいう。

以下、2, 3 の具体的な対象に「アンペールの法則」を活用して、磁場 $\boldsymbol{B}$ を求めよう。

7-4-4　ソレノイドの磁場 $\boldsymbol{B}$ とトロイドの磁場 $\boldsymbol{B}$

(a)　無限に長いソレノイドの磁場 $\boldsymbol{B}$

管状に巻かれたコイル、つまり、円電流回路を垂直な方向へ一定のピッチで巻き重ねたものを**ソレノイド** (solenoid) という。軸方向の単位長さ当たりの巻き数 n、半径 a の無限に長いソレノイドの内外の磁場 $\boldsymbol{B}$ を求める (図 7.27)。

コイルに流れる電流は中心軸 (z 軸) に関して回転対称であるが、図の場合電流の「回転」は正の z 軸方向（右ネジに対応）を向く。このことから、内部の磁場は中心軸に沿う方向を向くことが分かる。

円電流のつくる磁場 $\boldsymbol{B}$ を式 (7.53) で得たので、以上のことがらをそれにもとづいて導く。

$$\boldsymbol{B}(\boldsymbol{r}) = \frac{\mu_0 p_m}{2\pi r^3}\cos\theta \boldsymbol{e}_r + \frac{\mu_0 p_m}{4\pi r^3}\sin\theta \boldsymbol{e}_\theta \qquad (7.53)$$

図 7.27(b) のように任意の 2 つの円電流 1, 2 がそれらの中間位置 P につくる磁場 $\boldsymbol{B}$ を考えると、動径成分 ($\boldsymbol{e}_r$) も極角成分 ($\boldsymbol{e}_\theta$) も中心軸に垂直な成分は互いに打ち消し合い、平行な成分のみが残る (円電流のつくる磁場 $\boldsymbol{B}$ には方位角成分はない)。よって、円電流の総和である磁場 $\boldsymbol{B}$ は中心軸に沿う z 成分のみをもつ。

また、円電流の動径ならびに極角成分は r^{-3} の依存性をもつ (上式) ので、すべての円電流の寄与の総和は r^{-2} の次元の振る舞いをする。つまり、無限遠方では磁場はゼロである。

さて、図 7.27(a) に示すように、ソレノイドを跨（また）ぐ長方形 hijk を閉曲線 C とする磁場の線積分を行い、積分形の「アンペールの法則」(式 (7.94): $\oint_C \boldsymbol{B}\cdot \mathrm{d}\boldsymbol{s} = \mu_0 \int_S \boldsymbol{i}\cdot \mathrm{d}\boldsymbol{S}$) を適用する。このとき、kh ならびに ij の長さを d と記すと、C を周縁とする任意の閉

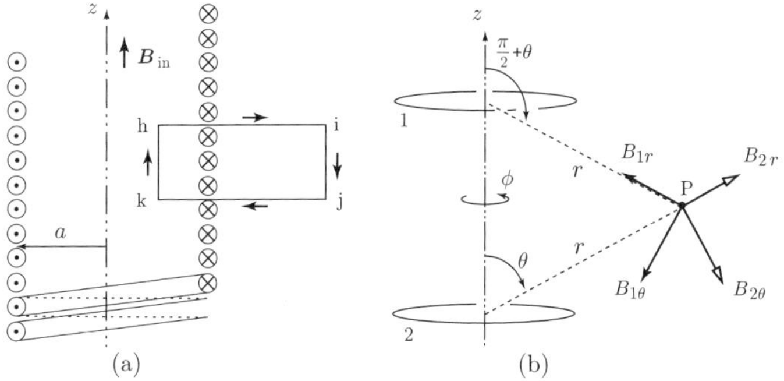

図 **7.27**　ソレノイドの磁場 $\boldsymbol{B}$

曲面 S を貫く電流は

$$\int_S \boldsymbol{i} \cdot \mathrm{d}\boldsymbol{S} = (nd)I \tag{7.97}$$

である（積分経路 C は S を貫く電流の向きに進む右ネジが回る方向）。一方、ij 辺を無限遠にもってゆくとそこでの磁場は無視でき、線積分は

$$\oint_C \boldsymbol{B} \cdot \mathrm{d}\boldsymbol{s} = B_{\mathrm{in}} d \tag{7.98}$$

となる。B_{in} はソレノイド内の磁場であって、z 方向を向く。よって、

$$B_{\mathrm{in}} = n\mu_0 I \tag{7.99}$$

を得る。B_{in} は巻き数と電流で決まり、ソレノイド内部の位置に依存しない。これは、閉曲線 C の kh 辺をソレノイド内のどこへもってゆこうが、式 (7.97) が変わらないことから知ることができる。同じように、kh 辺をソレノイド内に固定し、ij 辺を無限遠から近傍へ移動させても式 (7.97) と式 (7.99) が成り立つということは、ソレノイド外部には磁場が存在しないということ

$$B_{\mathrm{out}} = 0 \tag{7.100}$$

である。

なお、ここで、kh ならびに ij の長さを単位長さとせずに、d とした。もし単位長さとすれば、式 (7.98) の右辺は B_{in} となる。ところが、この式の次元（単位）は磁場 × 長さの N/A であり、B_{in} は磁場の単位でなくなる。そこで、あらわに d を掛け、すべての量の次元が明確になるようにした。(nd) は無次元で、最終的には「アンペールの法則」の両辺で d は打ち消しあう。次元（単位）に注意を払うこと。

(b) 有限の長さのソレノイド、トロイド・コイルの磁場 $\boldsymbol{B}$

上では無限に長いソレノイドを扱ったが、実際には長さは有限である。

問 7-4　有限の長さのソレノイド (単位長さ当たりの巻き数 n、半径 a) に電流 I が流れるとき、その中心軸上 P の磁場 $\boldsymbol{B}$ は

$$\boldsymbol{B} = \frac{n\mu_0 I}{2}(\cos\theta_1 - \cos\theta_2) \tag{7.101}$$

である。式 (7.36) あるいは式 (7.53) を用いて導け。

$$\boldsymbol{B} = \frac{\mu_0 I a^2}{2(a^2 + z^2)^{3/2}} \boldsymbol{e}_z \tag{7.36}$$

ここで、θ_1 ならびに θ_2 はP点とソレノイド端が中心軸 (z 軸) となす角である (図 7.28(a))。

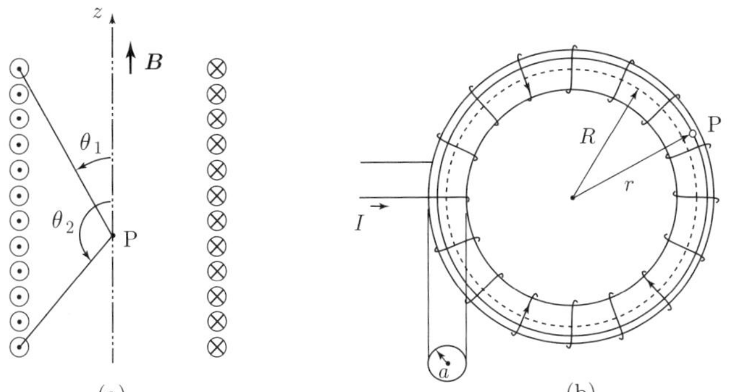

図 7.28　(a) 有限のソレノイドと (b) トロイド

環状のソレノイドコイルをトロイド・コイル、あるいは単にトロイド (toroid) とよぶ。

問 7-5　半径 R のトロイド (切り口の半径 a) に導線が n 回巻いてあり、電流 I が流れているとき、その内外の磁場 $\boldsymbol{B}$ を「アンペールの法則」を活用して求めよ (図 7.28(b))。

中心から r にあるトロイド内の磁場は

$$\boldsymbol{B} = \frac{n\mu_0 I}{2\pi r} \tag{7.102}$$

となる。

7-5　ベクトル・ポテンシャル

7-5-1　電位と磁位

電位と同じようにして、磁場についても**磁位** ϕ_m(magnetic potential) を導入することができるか、検討してみよう。

3-1 節では、電場 $\boldsymbol{E}(\boldsymbol{r})$ が保存場であることから電位 $\phi(\boldsymbol{r})$ を

$$\phi(\boldsymbol{r}) = \int_r^{\infty} \boldsymbol{E}(\boldsymbol{r}') \cdot \mathrm{d}\boldsymbol{r}' \tag{3.12}$$

として導入した。それははたらくクーロン力 ($\boldsymbol{F} = q\boldsymbol{E}$) に逆らって、単位電荷 q を無限遠から位置 $\boldsymbol{r}$ へ運ぶに要する仕事量 $W = q\phi(\boldsymbol{r})$ の「因数分解」から導出され、潜在的なエネルギーの場である ($[\phi] = \mathrm{N} \cdot \mathrm{m} \cdot \mathrm{C}^{-1} = \mathrm{J} \cdot \mathrm{C}^{-1}$, $[W] = \mathrm{J}$)。電位 $\phi(\boldsymbol{r})$ が分かると、逆に電場 $\boldsymbol{E}(\boldsymbol{r})$ は電位の勾配として

$$\boldsymbol{E}(\boldsymbol{r}) = -\nabla\phi(\boldsymbol{r}) \tag{3.25}$$

と求めることができる。

「電場 $\boldsymbol{E}$ のガウスの法則」($\nabla \cdot \boldsymbol{E}(\boldsymbol{r}) = \rho(\boldsymbol{r})/\varepsilon_0$) を書き換えると、電位の分布は「ポアソンの方程式」を満足する。

$$\Delta\phi(\boldsymbol{r}) = -\frac{\rho(\boldsymbol{r})}{\varepsilon_0} \tag{3.84}$$

電位 $\phi(\boldsymbol{r})$ は境界条件を満たす「ポアソンの方程式」の解として知ることができる。

無限遠での磁場 ($\boldsymbol{B}(r = \infty) = 0$) を基準にとり、磁場 $\boldsymbol{B}$ を任意の経路を経て $\boldsymbol{r}$ まで線積分する。つまり、

$$\phi_m(\boldsymbol{r}) = \int_r^{\infty} \boldsymbol{B}(\boldsymbol{r}') \cdot \mathrm{d}\boldsymbol{\ell}' \tag{7.103}$$

と定義してみる。磁位 $\phi_m(\boldsymbol{r})$ が決まれば、磁場 $\boldsymbol{B}(\boldsymbol{r})$ は

$$\boldsymbol{B}(\boldsymbol{r}) \;=\; -\nabla\phi_m(\boldsymbol{r}) \tag{7.104}$$

$$\left(B_x = -\frac{\partial\phi_m}{\partial x} \;;\;\; B_y = -\frac{\partial\phi_m}{\partial y} \;;\;\; B_z = -\frac{\partial\phi_m}{\partial z}\right) \tag{7.105}$$

として求まるかどうか？　磁場 $\boldsymbol{B}$ は前節で導いたように「アンペールの法則」

$$\nabla \times \boldsymbol{B} = \mu_0 \boldsymbol{i} \tag{7.96}$$

を満足するが、上で定義した磁位 ϕ_m から得られる磁場 $\boldsymbol{B}$ がこれを満たし得るかどうか？ をみる。

上式左辺を式 (7.105) にもとづいて磁位 ϕ_m で書き直すと、

$$
\begin{aligned}
\nabla \times \boldsymbol{B} &= \left(\frac{\partial B_z}{\partial y} - \frac{\partial B_y}{\partial z}\right)\boldsymbol{e}_x + \left(\frac{\partial B_x}{\partial z} - \frac{\partial B_z}{\partial x}\right)\boldsymbol{e}_y + \left(\frac{\partial B_y}{\partial x} - \frac{\partial B_x}{\partial y}\right)\boldsymbol{e}_z \\
&= \left(\frac{\partial^2 \phi_m}{\partial y \partial z} - \frac{\partial^2 \phi_m}{\partial z \partial y}\right)\boldsymbol{e}_x + \left(\frac{\partial^2 \phi_m}{\partial x \partial z} - \frac{\partial^2 \phi_m}{\partial z \partial x}\right)\boldsymbol{e}_y + \left(\frac{\partial^2 \phi_m}{\partial y \partial x} - \frac{\partial^2 \phi_m}{\partial x \partial y}\right)\boldsymbol{e}_z \\
&= 0
\end{aligned}
\tag{7.106}
$$

となる。「アンペールの法則」を満たさない。この不具合は、前節でみた磁場 $\boldsymbol{B}$ の線積分経路 C を電流閉回路 C' が貫くかどうかによる「アンペールの法則」の多価性に根ざすものである。磁位 ϕ_m は多価関数であるので、それにもとづく不具合を避けるには、線積分経路 C には電流閉回路 C' を貫かないという不合理な制限が必要になる。

このことは、一般的に磁位 ϕ_m という考えが通用しないことを意味する。

磁場をつくる基本要素を磁荷 q_m とする立場では電流が扱えない。しかし、そのかぎりでは電位 ϕ と同様にして磁位 ϕ_m を導入できる。だが、電流に起因する磁場を扱うときには、ここで論じているように磁位は通用せず、磁場を磁荷による磁場と電流による磁場の 2 つに分けて扱うことになる。

これに対し、本書ではすべての磁場をつくる基本要素を電流とする立場をとる。そこで、磁位 ϕ_m に代わり、ベクトル・ポテンシャル $\boldsymbol{A}(\boldsymbol{r})$ といわれるものを導入する。

7-5-2 ベクトル・ポテンシャル $\boldsymbol{A}$ と静電ポテンシャル ϕ

電位あるいは静電ポテンシャル ϕ 導入の意義は、ベクトル量である電場 $\boldsymbol{E}$ を大きさのみのより把握しやすいスカラー関数に還元して理解できることと共に、力場からより不変的なエネルギー場へと視点を移行できるところにある。

(a) ベクトル・ポテンシャル $\boldsymbol{A}$ の導入

この視点を磁場についても成り立たすためには、どうすればよいか？

極性ベクトル である電場 $\boldsymbol{E}$ に対して、磁場 $\boldsymbol{B}$ は軸性ベクトルである。残念ながら、スカラー量と微分演算子ナブラ ∇（極性）を組み合わせて軸性ベクトルは得られない（「極性ベクトルと軸性ベクトル」p.202）。これは電場が保存場である $(\nabla \times \boldsymbol{E} = 0)$ のに対して、磁場 $\boldsymbol{B}$ は保存場でない $(\nabla \times \boldsymbol{B} \neq 0)$ ことの表れである。そこで、

$$
\boldsymbol{B} = \nabla \times \boldsymbol{A} \tag{7.107}
$$

として磁場 $\boldsymbol{B}$ を組み立てる。この新しいベクトル関数 $\boldsymbol{A}(\boldsymbol{r})$ を**ベクトル・ポテンシャル** (vector potential) という。次元 (単位) は $[\boldsymbol{A}] = \mathrm{N \cdot A^{-1}} = (\mathrm{N \cdot s}) \cdot \mathrm{C^{-1}}$ である。電荷当たりの運動量という次元をもつ。静電ポテンシャル ϕ を「潜在的な（静電）エネルギーの場」(p.63) と読んだように、ベクトル・ポテンシャル $\boldsymbol{A}$ は「潜在的な運動量

の場」と理解できる。$\boldsymbol{A}$ の読みについてのこれ以上の議論は 13-1-4 小節の「「潜在的なエネルギーの場」ϕ と「潜在的な運動量の場」$\boldsymbol{A}$」(p.392) に譲る。

以下、少し数理物理の式編成がつづき難しそうに見えるが、大学初等の読者はこんなものかと視覚に留めておくだけでよい。これまでに電場の発散性 $(\nabla\cdot)$ と磁場の回転性 $(\nabla\times)$ の対応をみた (p.209)。前者は $\boldsymbol{E} = -\nabla\phi$ の形で保証されたのに対して、後者の保証は $\boldsymbol{A}$ の回転 $(\boldsymbol{B} = \nabla \times \boldsymbol{A})$ の対応する形でなされ、最終的には ϕ も $\boldsymbol{A}$ も「ポアソンの方程式」の解であるという統一観に至ることを知ればよい。

「磁場 $\boldsymbol{B}$ のガウスの法則」(p.211) から

$$\nabla \cdot \boldsymbol{B}(\boldsymbol{r}) = 0 \tag{7.68}$$

上記のベクトル・ポテンシャル $\boldsymbol{A}$ (式 (7.107)) は確かに上式を満たす。

$$\nabla \cdot (\nabla \times \boldsymbol{A}) = 0 \tag{7.108}$$

問 7-6　式 (7.108) が成り立つことを示せ。

ベクトル $\boldsymbol{A}$ から回転の成分を抽出したもの $(\nabla \times \boldsymbol{A})$ には、発散の成分は混入していない、ということである。

では、ベクトル・ポテンシャル $\boldsymbol{A}$ の具体的な様相をみよう。

磁場 $\boldsymbol{B}$ は「アンペールの法則」を満たすので、ベクトル・ポテンシャル $\boldsymbol{A}$ もそれを満足しなければならない。

$$\nabla \times \boldsymbol{B} = \mu_0 \boldsymbol{i} \quad \Rightarrow \quad \nabla(\nabla \cdot \boldsymbol{A}) - \Delta \boldsymbol{A} = \mu_0 \boldsymbol{i} \tag{7.109}$$

右式へは、つぎの問に挙げたベクトル公式を使った。

上の方程式 (7.109) を満たす $\boldsymbol{A}$ には任意の不定性があり、χ を任意のスカラー関数とすると $\boldsymbol{A}$ を

$$\boldsymbol{A} \to \boldsymbol{A} + \nabla\chi \tag{7.110}$$

に置き換えても、つねに「アンペールの法則」は成り立つ。この任意性を活用してベクトル・ポテンシャル $\boldsymbol{A}$ がつねに

$$\nabla \cdot \boldsymbol{A} = 0 \tag{7.111}$$

を満たすように要請する。式 (7.111) を満足するような χ を選ぶわけである。

$\nabla\chi$ の次元 (単位) は $\boldsymbol{A}$ の次元 (単位) と等しいので、χ の次元 (単位) は $[\chi] = \mathrm{N} \cdot \mathrm{m} \cdot \mathrm{A}^{-1} = \mathrm{J} \cdot \mathrm{A}^{-1}$ であって、単位電流当たりのエネルギーという次元をもつ。

問 7-7

$$\nabla \times (\nabla \times \boldsymbol{A}) = \nabla(\nabla \cdot \boldsymbol{A}) - \Delta \boldsymbol{A} \tag{7.112}$$

を導け。また、式 (7.110) の変換によっても、「アンペールの法則」が成り立つことを示せ。(任意のスカラー関数に対してつねに

$$\nabla \times \nabla \chi = 0 \tag{7.113}$$

が成り立つ。)

その結果、ベクトル・ポテンシャル表示の「アンペールの法則」(式 (7.109)) は第 1 項が消え

$$\Delta \boldsymbol{A} = -\mu_0 \boldsymbol{i} \tag{7.114}$$

となる。これは静電ポテンシャル ϕ 表示の「電場 $\boldsymbol{E}$ のガウスの法則」が「ポアソンの方程式」(式 (3.84)) を満たし、その解が式 (3.16)

$$\Delta \phi(\boldsymbol{r}) = -\frac{\rho(\boldsymbol{r})}{\varepsilon_0} \tag{3.84}$$

$$\phi(\boldsymbol{r}) = \frac{1}{4\pi\varepsilon_0} \oint_{V'} \frac{\rho(\boldsymbol{r}')}{|\boldsymbol{r} - \boldsymbol{r}'|} \mathrm{d}V' \tag{3.16}$$

となるのと同様に、空間に電流密度 $\boldsymbol{i}(\boldsymbol{r})$ が分布しているときのベクトル・ポテンシャル $\boldsymbol{A}(\boldsymbol{r})$ は「ポアソンの方程式」(式 (7.114)) を満たし、その解は

$$\boldsymbol{A}(\boldsymbol{r}) = \frac{\mu_0}{4\pi} \int_{V'} \frac{\boldsymbol{i}(\boldsymbol{r}')}{|\boldsymbol{r} - \boldsymbol{r}'|} \mathrm{d}V' \tag{7.115}$$

となることを教える。積分は電流密度 $\boldsymbol{i}(\boldsymbol{r}')$ が分布する空間領域にわたる体積積分である。(上式左右の次元 (単位) を計算し、等しくなることを確かめよ。)

$\phi(\boldsymbol{r})$ ならびに $\rho(\boldsymbol{r})$ がスカラー関数で、$\boldsymbol{A}(\boldsymbol{r})$ と $\boldsymbol{i}(\boldsymbol{r})$ がベクトル関数であるため上式がいまいち分かりにくければ、ベクトル表示の式 (7.114), (7.115) を各成分に展開すればよい。

$$\begin{aligned}
\Delta A_x = -\mu_0 i_x \quad &\Rightarrow \quad A_x(\boldsymbol{r}) = \frac{\mu_0}{4\pi} \int_{V'} \frac{i_x(\boldsymbol{r}')}{|\boldsymbol{r} - \boldsymbol{r}'|} \mathrm{d}V' \\
\Delta A_y = -\mu_0 i_y \quad &\Rightarrow \quad A_y(\boldsymbol{r}) = \frac{\mu_0}{4\pi} \int_{V'} \frac{i_y(\boldsymbol{r}')}{|\boldsymbol{r} - \boldsymbol{r}'|} \mathrm{d}V' \\
\Delta A_z = -\mu_0 i_z \quad &\Rightarrow \quad A_z(\boldsymbol{r}) = \frac{\mu_0}{4\pi} \int_{V'} \frac{i_z(\boldsymbol{r}')}{|\boldsymbol{r} - \boldsymbol{r}'|} \mathrm{d}V'
\end{aligned} \tag{7.116}$$

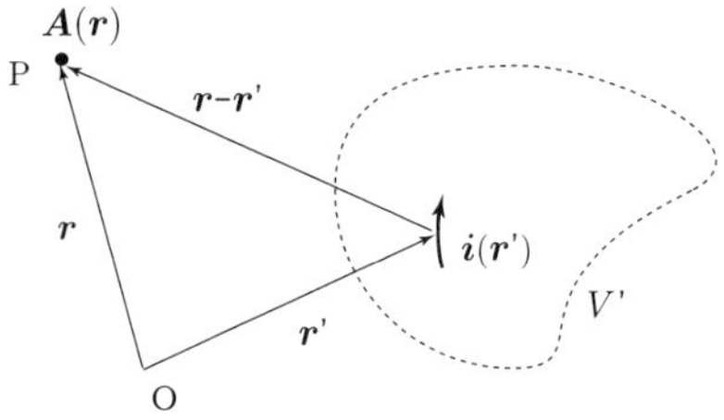

図 **7.29**　電流密度分布 $\boldsymbol{i}(\boldsymbol{r}')$ が P 点につくるベクトル・ポテンシャル $\boldsymbol{A}(\boldsymbol{r})$

$\phi(\boldsymbol{r})$ の「ポアソンの方程式」が、$A_j(\boldsymbol{r})$ $(j = x, y, z)$ の「ポアソンの方程式」になっているだけで、解の形は変わらない。電場 $\boldsymbol{E}$ と磁場 $\boldsymbol{B}$ の対応関係がここでも成り立ち、$\varepsilon_0 \to 1/\mu_0$ ならびに $\rho(\boldsymbol{r}) \to i_j(\boldsymbol{r})$ と置き換えればベクトル・ポテンシャル $\boldsymbol{A}(\boldsymbol{r})$ の解が得られる。

上式で明らかなことは、電流の各成分がベクトル・ポテンシャルの対応する成分のみを決めているということである。たとえば、電流密度分布が z 成分しかもたなければ、ベクトル・ポテンシャルも A_z 成分しか存在せず、$A_x = 0,\ A_y = 0$ である。

ところで、式 (7.111) の条件は、ベクトル・ポテンシャル $\boldsymbol{A}$ には発散成分（生成あるいは吸収）がないように、関数 χ を定めるということであり、それは関数 χ が

$$\Delta\chi = 0 \tag{7.117}$$

を満たすように定めるということである。

(b) $\boldsymbol{A}$ と ϕ の次元

静電ポテンシャル $\phi(\boldsymbol{r})$ とベクトル・ポテンシャル $\boldsymbol{A}(\boldsymbol{r})$ の次元（単位表示で）を比較しておこう。

	ポテンシャル	電場/磁場
磁場　：	$[\boldsymbol{A}] = \dfrac{\mathrm{N}}{\mathrm{A}}$	$[\boldsymbol{B}] = \dfrac{\mathrm{N}}{\mathrm{A\cdot m}}$
電場　：	$[\phi] = \dfrac{\mathrm{N\cdot m}}{\mathrm{C}} = \dfrac{\mathrm{N\cdot m}}{\mathrm{A\cdot s}}\ ,$	$[\boldsymbol{E}] = \dfrac{\mathrm{N}}{\mathrm{C}} = \dfrac{\mathrm{N}}{\mathrm{A\cdot s}}$

場 $\boldsymbol{E}$ あるいは $\boldsymbol{B}$ はポテンシャル ϕ あるいは $\boldsymbol{A}$ の空間微分のため、確かに長さの次元が 1 つ低い。電場と磁場のポテンシャルも「場」もそれらの比は、速度の次元をもつ。

問 7-8

$$\frac{[\boldsymbol{E}]}{[\boldsymbol{B}]} = \frac{\mathrm{m}}{\mathrm{s}}, \qquad \frac{[\phi]}{[\boldsymbol{A}]} = \frac{\mathrm{m}}{\mathrm{s}} \tag{7.118}$$

であることを確認せよ。

繰り返すと、$\boldsymbol{A}$ には発散成分がなく ($\nabla \cdot \boldsymbol{A} = 0$：式 (7.111))、その回転成分が磁場 $\boldsymbol{B}$ である ($\boldsymbol{B} = \nabla \times \boldsymbol{A}$：式 (7.107))。電流に巻き付いて磁場があり ($\nabla \times \boldsymbol{B} = \mu_0 \boldsymbol{i}$)、磁場に巻き付いてベクトル・ポテンシャルがある ($\boldsymbol{B} = \nabla \times \boldsymbol{A}$)。よって、ベクトル・ポテンシャルは電流と同じ向きをもつ。これを示したのが、式 (7.116) である。磁場 $\boldsymbol{B}$ に代わり、具体的にベクトル・ポテンシャル $\boldsymbol{A}$ を使ってその扱いに慣れてみよう。

7-5-3　直線電流のつくるベクトル・ポテンシャル

(a)　有限長の直線電流

小節「直線電流のつくる磁場 $\boldsymbol{B}$」(p.199) と同様に考える。

電流 I を z 軸にとり、z 軸から距離 r 離れた点 P のベクトル・ポテンシャル $\boldsymbol{A}$ を求める。点 P から z 軸に垂線を下ろし、その交点を原点 O とすると、P は $x-y$ 面上にあり、その位置は $(x, y, z) = (r\cos\phi, r\sin\phi, 0)$ 、$r = \sqrt{x^2+y^2}$, $\tan\phi = y/x$ である (図 7.30 には、式 (7.116) の変数 $\boldsymbol{r}'$, $\boldsymbol{r}-\boldsymbol{r}'$ を示した)。

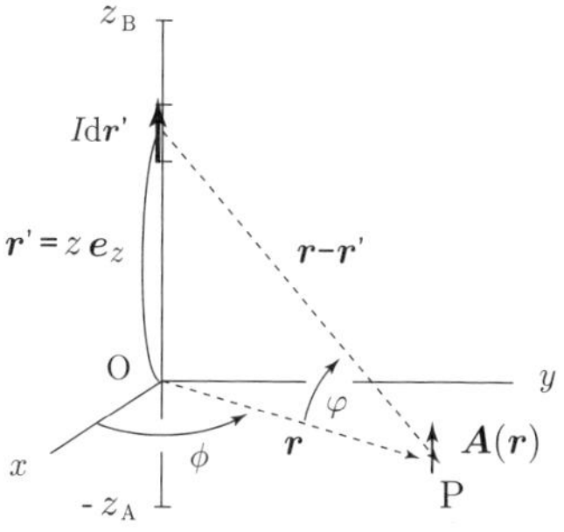

図 **7.30**　直線電流のつくるベクトル・ポテンシャル $\boldsymbol{A}$

電流密度 $\boldsymbol{i}$ は z 成分しかもたず、式 (7.116) で知ったようにベクトル・ポテンシャルも A_z 成分のみで $A_x = 0$, $A_y = 0$ である。

電流密度 $\boldsymbol{i}$ は単位面積当たりの電流であるので、z 軸に沿って流れる電流 I の $x-y$ 平面上の断面積を $\mathrm{d}S(=\mathrm{d}x\mathrm{d}y)$ と記せば、$I = i\mathrm{d}S$ である。電流素片は $I\mathrm{d}\boldsymbol{r}' = I\mathrm{d}z\boldsymbol{e}_z = (i\mathrm{d}S)\mathrm{d}z\boldsymbol{e}_z = i\boldsymbol{e}_z\mathrm{d}x\mathrm{d}y\mathrm{d}z = i\boldsymbol{e}_z\mathrm{d}V$ $(i = i_z)$ と書ける。つまり、$i_z\mathrm{d}V = I\mathrm{d}z$ である。

z の積分範囲を $-z_\mathrm{A} \sim z_\mathrm{B}$ とし、式 (7.116) から $A_z(\boldsymbol{r})$ を計算する。

$$A_z(\boldsymbol{r}) = \frac{\mu_0}{4\pi}\int_{V'}\frac{i_z(\boldsymbol{r}')}{|\boldsymbol{r}-\boldsymbol{r}'|}\mathrm{d}V' = \frac{\mu_0}{4\pi}\int_{-z_A}^{z_B}\frac{I\mathrm{d}z}{\sqrt{r^2+z^2}}$$
$$= \frac{\mu_0 I}{4\pi}\log\frac{\sqrt{r^2+z_\mathrm{B}^2}+z_\mathrm{B}}{\sqrt{r^2+z_\mathrm{A}^2}-z_\mathrm{A}} \tag{7.119}$$

を得る。1 行目で体積積分が 1 次元の z 軸に沿う線積分に変化しているが、それは電流密度 i_z が z 軸上にしかないためである。

(b) 無限長の直線電流

つぎに、$z_\ell = z_{\mathrm{A}} = z_{\mathrm{B}} \to \infty$ として無限長の直線電流に移行する。

$$\begin{aligned} A_z(\boldsymbol{r}) &= \frac{\mu_0 I}{4\pi} \log \frac{\sqrt{r^2 + z_\ell^2} + z_\ell}{\sqrt{r^2 + z_\ell^2} - z_\ell} = \frac{\mu_0 I}{4\pi} \log \frac{(\sqrt{r^2 + z_\ell^2} + z_\ell)^2}{r^2} \\ &= \frac{\mu_0 I}{2\pi} \log \frac{\sqrt{r^2 + z_\ell^2} + z_\ell}{r} \approx \frac{\mu_0 I}{2\pi} \log \frac{z_\ell \{1 + (r^2/2z_\ell^2)\} + z_\ell}{r} \\ &= \frac{\mu_0 I}{2\pi} \log \left(\frac{2z_\ell}{r} + \frac{r}{2z_\ell} \right) \approx \frac{\mu_0 I}{2\pi} \log \frac{2z_\ell}{r} = \frac{\mu_0 I}{2\pi} \left(\log 2z_\ell + \log \frac{1}{r} \right) \end{aligned} \tag{7.120}$$

2 行目の第 1 式から第 2 式へは $z_\ell \gg r$ のもとで $\sqrt{r^2 + z_\ell^2} \approx z_\ell \{1 + (r^2/2z_\ell^2)\}$ と近似した。また、3 行目第 1 式の第 2 項目は $r/z_\ell \to 0$ のため無視した。最終式の第 1 項目 $\log 2z_\ell$ は r によらない定数である。ポテンシャルは相対的なものであるので、この定数部分は除外しても問題ない。よって、直線電流のベクトル・ポテンシャル $\boldsymbol{A}(\boldsymbol{r})$ は

$$\boldsymbol{A}(\boldsymbol{r}) = A_z(\boldsymbol{r}) \boldsymbol{e}_z = \frac{\mu_0 I}{2\pi} \log \frac{1}{r} \boldsymbol{e}_z \tag{7.121}$$

となる（ $[\boldsymbol{A}] = \mathrm{N} \cdot \mathrm{A}^{-1} = (\mathrm{N} \cdot \mathrm{s}) \cdot \mathrm{C}^{-1}$ ）。

$\boldsymbol{A}(\boldsymbol{r})$ は z 成分のみをもつが、z の関数でない。その大きさは電流から遠ざかるにつれて $\log(1/r) = \log(1/\sqrt{x^2 + y^2})$ で減少するのである。$A(\boldsymbol{r})$ の分布は $x - y$ 面でみれば、z 軸を中心に軸対称な裾野のゆったりとした富士山型である (図 7.31)。

式 (7.121) が正解かどうかをみる。

$$\begin{aligned} \boldsymbol{B}(\boldsymbol{r}) &= \nabla \times \boldsymbol{A}(\boldsymbol{r}) = \left(\frac{\partial A_z}{\partial y} - \frac{\partial A_y}{\partial z} \right) \boldsymbol{e}_x + \left(\frac{\partial A_x}{\partial z} - \frac{\partial A_z}{\partial x} \right) \boldsymbol{e}_y + \left(\frac{\partial A_y}{\partial x} - \frac{\partial A_x}{\partial y} \right) \boldsymbol{e}_z \\ &= \frac{\partial A_z}{\partial y} \boldsymbol{e}_x - \frac{\partial A_z}{\partial x} \boldsymbol{e}_y = \frac{\mu_0 I}{2\pi} \left(\frac{\partial}{\partial r} \log \frac{1}{r} \right) \left(\frac{\partial r}{\partial y} \boldsymbol{e}_x - \frac{\partial r}{\partial x} \boldsymbol{e}_y \right) \\ &= -\frac{\mu_0 I}{2\pi} \left(\frac{1}{r} \right) \left(\frac{y}{r} \boldsymbol{e}_x - \frac{x}{r} \boldsymbol{e}_y \right) = \frac{\mu_0 I}{2\pi r} \left(-\sin\theta \boldsymbol{e}_x + \cos\theta \boldsymbol{e}_y \right) = \frac{\mu_0 I}{2\pi r} \boldsymbol{e}_\theta \end{aligned} \tag{7.122}$$

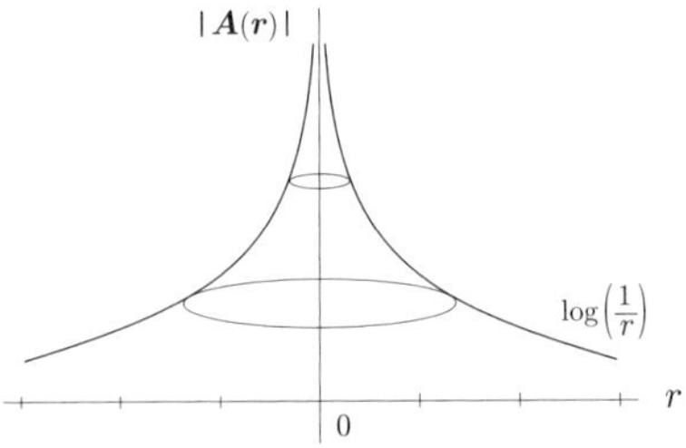

図 **7.31**　直線電流の $A(r)$ 分布

正しく、式 (7.33) の磁場 $\boldsymbol{B}(\boldsymbol{r})$ を導けた。

いまの場合、ナブラを円柱座標で表示する方がスマートである。ベクトル $\boldsymbol{A}$ の回転を円柱座標 (r, θ, z)[11]で書きあらわす。$\boldsymbol{A}$ の円柱座標表示を $\boldsymbol{A} = A_r\boldsymbol{e}_r + A_\theta\boldsymbol{e}_\theta + A_z\boldsymbol{e}_z$ と記すと、その回転は

$$\nabla \times \boldsymbol{A} = \left(\frac{1}{r}\frac{\partial A_z}{\partial \theta} - \frac{\partial A_\theta}{\partial z}\right)\boldsymbol{e}_r + \left(\frac{\partial A_r}{\partial z} - \frac{\partial A_z}{\partial r}\right)\boldsymbol{e}_\theta + \left(\frac{1}{r}\frac{\partial (rA_\theta)}{\partial r} - \frac{1}{r}\frac{\partial A_r}{\partial \theta}\right)\boldsymbol{e}_z \tag{7.123}$$

である。$A_r = 0$ ならびに $A_\theta = 0$ であり、A_z は r のみの関数である。よって、ゼロでない偏微分は $\partial A_z/\partial r$ だけで

$$\nabla \times \boldsymbol{A} = -\frac{\partial A_z}{\partial r}\boldsymbol{e}_\theta = -\frac{\mu_0 I}{2\pi}\frac{\partial}{\partial r}\log\frac{1}{r}\boldsymbol{e}_\theta = \frac{\mu_0 I}{2\pi}\frac{\partial}{\partial r}\log r\boldsymbol{e}_\theta = \frac{\mu_0 I}{2\pi r}\boldsymbol{e}_\theta \tag{7.124}$$

となる。

ついでに、発散もみておく。円柱座標表示の発散は

$$\nabla \cdot \boldsymbol{A} = \frac{1}{r}\frac{\partial}{\partial r}(rA_r) + \frac{1}{r}\frac{\partial A_\theta}{\partial \theta} + \frac{\partial A_z}{\partial z} \tag{7.125}$$

である。書き出すまでもなく、発散はゼロである。

◯「回転」と「発散」の花盛り

3 次元空間のベクトル物理量 $\boldsymbol{X}$ は、空間変数について 9 つの偏微分係数 $\partial X_i/\partial j\ (i, j = x, y, z)$ を構成できる。回転はそのうちの 6 つ $\partial X_i/\partial j\ (i \neq j)$ を用いているわけで、ほとんどのベクトル物理量はそのうちの 1 つ以上のゼロでない偏微分を有するであろう。ベクトル物理量が回転成分をもつのが普通であると考えられる。逆に、回転がない方が特別である。

回転に含まれない 3 つの偏微分係数は $\partial X_i/\partial i$ である。そして、それらは発散 $(\nabla\cdot)$ として現れるわけで、「回転」と「発散」はまったく別な演算であり、独立な量を抽出する。

この視点で、たとえば、煙の流れをみればどの時点においても、あらゆるところで「回転」があり、また「発散」する様子がみえる。宇宙の写真をみれば、物質の流れのベクトルはあらゆるところで「回転」し、「発散」(というよりも爆発、あるいは重力による引き込み) が見てとれる。電磁場の振る舞いもそれらに劣らず、「回転」、「発散」の花盛りであるため、教科書には $\nabla\times$ と $\nabla\cdot$ が繰り返されることになる。

[11] 円柱座標については p.47 の脚注を参照。

7-5-4　円電流のつくるベクトル・ポテンシャルと磁気モーメント

小節「円電流のつくる磁気モーメント」(p.202) で扱った円電流のベクトル・ポテンシャル $\boldsymbol{A}(\boldsymbol{r})$ を求める。

半径 a の円電流 I を x-y 面上にとり、その中心を座標原点 O とする。ベクトル・ポテンシャル $\boldsymbol{A}(\boldsymbol{r})$ は電流と同じ方向性をもつ。電流 I が z 軸を中心に回転しているので、$\boldsymbol{A}(\boldsymbol{r})$ も z 軸を中心に回転すると考えられる。球座標 (r, θ, ϕ) をとれば、$\boldsymbol{A}(\boldsymbol{r})$ は方位角 ϕ 方向のベクトル $\boldsymbol{A}(\boldsymbol{r}) = A_\phi \boldsymbol{e}_\phi$ であり、それは ϕ を変数として含まないことが分かる。

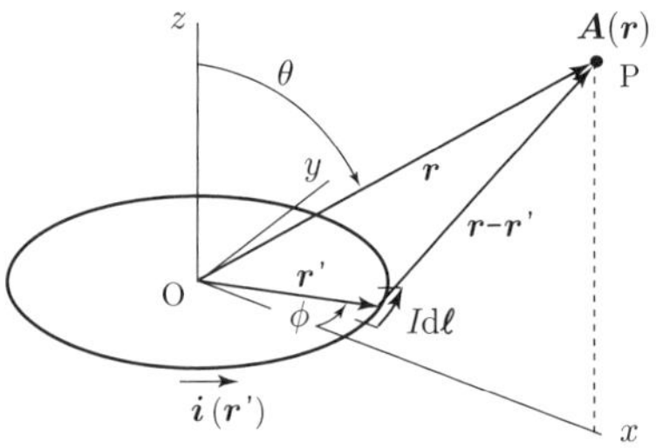

図 7.32　円電流のつくるベクトル・ポテンシャル

そこで、計算を考えやすくするために、$\boldsymbol{A}(\boldsymbol{r})$ ベクトルを求める任意の点 P が x-z 面内にくるように x 軸を定める（図 7.32)。そうすると、$\boldsymbol{r}$ ベクトルは r と θ のみで (直交座標では x と z のみで) 記すことができる。これで一般性が失われるわけでなく、$\boldsymbol{A}(\boldsymbol{r})$ ベクトルが方位角方向を向くとは、この x 軸のとり方では y 軸方向を向くという表現になる。

円電流は x-y 面にあって半径 a が決まっているので、電流素片を記述する変数は ϕ のみとなる (P 点の方位角は $\phi = 0$)。円電流の素片 $I\mathrm{d}\boldsymbol{\ell}$ の位置ベクトルを $\boldsymbol{r}'$ と記す $(r' = a)$。電流素片は $I\mathrm{d}\boldsymbol{\ell} = (i\mathrm{d}S)(a\mathrm{d}\phi\boldsymbol{e}_\phi) = i\mathrm{d}V'\boldsymbol{e}_\phi(\mathrm{d}S = a\mathrm{d}\theta \times \mathrm{d}r', \mathrm{d}V' = \mathrm{d}S \times a\mathrm{d}\phi)$ である。ここで dS は p.229 でも登場したように（電流 I）=（電流密度 i）×（断面積 dS）の電流（導線）の断面積であって、dV' は電流素片の体積である。

よって、求める $\boldsymbol{A}(\boldsymbol{r})$ ベクトルは

$$\boldsymbol{A}(\boldsymbol{r}) = \frac{\mu_0}{4\pi}\int_{V'}\frac{i\boldsymbol{e}_\phi}{|\boldsymbol{r}-\boldsymbol{r}'|}\mathrm{d}V' = \frac{\mu_0 I}{4\pi}\int_0^{2\pi}\frac{\boldsymbol{e}_\phi}{|\boldsymbol{r}-\boldsymbol{r}'|}a\mathrm{d}\phi \tag{7.126}$$

である。まず、分母の計算である。

$$\frac{1}{|\boldsymbol{r}-\boldsymbol{r}'|} = \left\{r^2 + r'^2 - 2(\boldsymbol{r}\cdot\boldsymbol{r}')\right\}^{-1/2} = \frac{1}{r}\left(1 + \frac{\boldsymbol{r}\cdot\boldsymbol{r}'}{r^2}\right) \tag{7.127}$$

ここで、$r \gg r'$ と置いた。

これを式 (7.126) に代入して、計算すればよい。第 1 項はゼロである。

$$\frac{\mu_0 I}{4\pi r}\int_0^{2\pi}\boldsymbol{e}_\phi a\mathrm{d}\phi = 0 \tag{7.128}$$

積分は 2π ではない。なぜなら、角 $\mathrm{d}\phi$ について積分しているのでなく、線素片ベクトル $\mathrm{d}\boldsymbol{\ell} = a\boldsymbol{e}_\phi \mathrm{d}\phi$ について積分しているからである(図 7.33)。球座標の単位ベクトルは、xyz 直交座標のように不動のものでなく、対象の移動とともに方向が四六時中変化することに留意する必要がある。電流の向きが x 方向、y 方向ともに＋－と変化するので、線素片ベクトルの総和は $\sum_i \mathrm{d}\boldsymbol{\ell}_i = \int_0^{2\pi} \boldsymbol{e}_\phi a \mathrm{d}\phi = 0$ である。

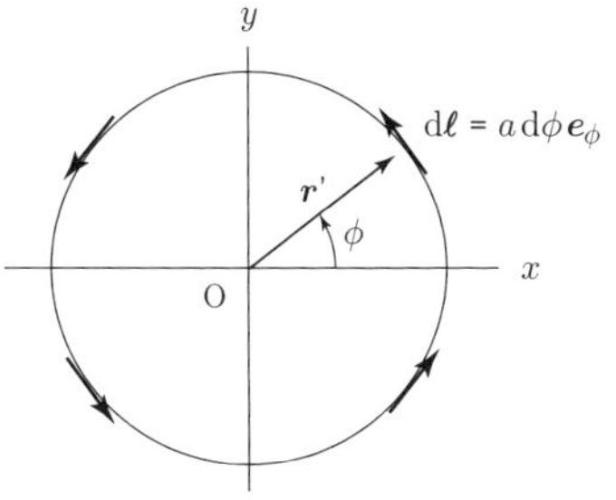

図 7.33 円電流を積分する

つぎに、第 2 項

$$\boldsymbol{A}(\boldsymbol{r}) = \frac{\mu_0 I}{4\pi r^3} \int_0^{2\pi} (\boldsymbol{r} \cdot \boldsymbol{r}')\boldsymbol{e}_\phi a \mathrm{d}\phi \tag{7.129}$$

である。

$$\boldsymbol{r} \cdot \boldsymbol{r}' = (r \sin\theta \boldsymbol{e}_x + r\cos\theta \boldsymbol{e}_z) \cdot (a\cos\phi \boldsymbol{e}_x + a \sin\phi \boldsymbol{e}_y) = ar\sin\theta\cos\phi \tag{7.130}$$

$$\boldsymbol{e}_\phi = -\sin\phi \boldsymbol{e}_x + \cos\phi \boldsymbol{e}_y \tag{7.131}$$

を代入すると

$$\boldsymbol{A}(\boldsymbol{r}) = \frac{\mu_0 I}{4\pi} \frac{a^2 r \sin\theta}{r^3} \int_0^{2\pi} \cos\phi(-\sin\phi \boldsymbol{e}_x + \cos\phi \boldsymbol{e}_y)\mathrm{d}\phi \tag{7.132}$$

積分のみを計算すると、

$$\frac{1}{2}\int_0^{2\pi} \big(-\sin 2\phi \boldsymbol{e}_x + (1+\cos 2\phi)\boldsymbol{e}_y\big)\, \mathrm{d}\phi = \pi \boldsymbol{e}_y \tag{7.133}$$

三角関数の倍角公式をつかって上式左辺を得、$\sin 2\phi$, $\cos 2\phi$ の $0 \sim 2\pi$ の積分はゼロ。よって、円電流のつくるベクトル・ポテンシャル $\boldsymbol{A}(\boldsymbol{r})$ は

$$\boldsymbol{A}(\boldsymbol{r}) = \frac{\mu_0 I}{4\pi r^3}(\pi a^2) r \sin\theta \boldsymbol{e}_y = \frac{\mu_0 I}{4\pi r^3}\boldsymbol{S} \times \boldsymbol{r} = \frac{\boldsymbol{m} \times \boldsymbol{r}}{4\pi r^3} \tag{7.134}$$

となる。ここで、$\boldsymbol{S} = \pi a^2 \boldsymbol{e}_z$ は円電流回路の面積で、$\boldsymbol{r} = r\boldsymbol{e}_r$ であり、両ベクトルのなす角は θ である。$\boldsymbol{S} \times \boldsymbol{r} (= Sr\sin\theta)$ の向きは $\boldsymbol{e}_z \times \boldsymbol{e}_r = \boldsymbol{e}_\phi$ で方位角方向であって、$\boldsymbol{r}$ ($\overrightarrow{\mathrm{OP}}$) を x 軸上にとったので、このとき $\boldsymbol{e}_\phi = \boldsymbol{e}_y$ である。

$$\boldsymbol{m} = \mu_0 I \boldsymbol{S} \tag{7.135}$$

は**磁気双極子モーメント**といい、真空の透磁率 μ_0 で割った量

$$\boldsymbol{p}_m = I\boldsymbol{S} \tag{7.136}$$

を**磁気モーメント** といった。

問 7-9　式 (7.134) のベクトル・ポテンシャル $\boldsymbol{A}(\boldsymbol{r})$ を用いて、円電流 I が遠方につくる磁場 $\boldsymbol{B}(\boldsymbol{r})$(式 (7.53) を導け。

$$\boldsymbol{B}(\boldsymbol{r}) = \frac{\mu_0 p_m}{2\pi r^3}\cos\theta\boldsymbol{e}_r + \frac{\mu_0 p_m}{4\pi r^3}\sin\theta\boldsymbol{e}_\theta \qquad (p_m = I\pi a^2) \qquad (7.53)$$

また、$\boldsymbol{A}, \boldsymbol{m}, \boldsymbol{p}_m$ の次元 (単位) を計算せよ。

7-6　$\boldsymbol{B}$ or $\boldsymbol{H}$?

電場 $\boldsymbol{E}$ と電束密度 $\boldsymbol{D}$ と同様に、磁気においても磁場 $\boldsymbol{H}$ と磁束密度 $\boldsymbol{B}$ が登場する。本書では断り書きのもとで $\boldsymbol{B}$ を磁場と記してきたが、磁気力の基本要素を「磁荷」q_m とする教科書で学んだ学生さんには、磁場は $\boldsymbol{H}$ であって、$\boldsymbol{B}$ は磁束密度である。この矛盾するように見える事項について、本節で述べる。

さらには、次章で磁性体を扱うが、基本要素をどちらにとるかによって磁性生成のメカニズムの理解の仕方が全く異なってくる。しかしながら、どちらの視点に立っても、磁場ならびに磁束密度の振る舞いは同一の結果が導かれる！　これらの面白さを混乱なく理解するためにも、本節は次章への導入である。

基本要素の「場」である「電荷の場」、「電流（素片）の場」、「磁荷の場」をまとめて、以下では、「要素の場」とよぶ。

7-6-1　「力の場」、「要素の場」の割り当て方

静電場と同様に場の命名法に従えば、静磁場の基本要素間にはたらく「力の法則」から、力を受ける一方の要素を分離した残りが、もう一方の要素がつくる「潜在的な力の場」であり、それを磁場として定義する。また、「要素の場」は「力の場」から換算係数を除いたものであり、単位面積当たりの要素（の量）を表現する。

これに従い磁荷 q_m を基本要素とすれば、第 1-2 節の小節「磁場のみなもとは磁荷から電流へ」(p.9) で述べたように、「潜在的な磁気力の場」としての磁場は 式 (1.9)-式 (1.11) で定義され、これが $\boldsymbol{H}$ である。

$$\boldsymbol{F} = \frac{q_{m1}q_{m2}}{4\pi\mu_0 r^2}\boldsymbol{e}_r = q_{m2}\boldsymbol{H}(\boldsymbol{r}) \tag{1.9}$$

$$\boldsymbol{H}(\boldsymbol{r}) = \frac{q_{m1}}{4\pi\mu_0 r^2}\boldsymbol{e}_r \tag{1.11}$$

そして、磁場 $\boldsymbol{H}$ からこの換算係数 μ_0 を除いた「要素の場」が磁束密度

$$B = \mu_0 H = \frac{q_m}{4\pi r^2} \tag{7.137}$$

であって、磁荷 q_m を空間に投影した「場」として表示したものと捉える。

以上が、「磁場」$\boldsymbol{H}$ と「磁束密度」$\boldsymbol{B}$ の名称と記号の起こりである。

一方、電流素片 $I\mathrm{d}\boldsymbol{\ell}$ を基本要素とするときは、「潜在的な磁気力の場」として磁場は「ビオ・サバールの法則」(式 (7.27)) から

$$B = \mu_0 \frac{I\mathrm{d}\ell}{4\pi r^2} \tag{7.138}$$

と定められ、これが磁場 $\boldsymbol{B}$ である。「要素の場」は

$$H = \frac{B}{\mu_0} = \frac{I\mathrm{d}\ell}{4\pi r^2} \tag{7.139}$$

であり、「電流素片の場」とでもよぶものである。このとき、電流素片の間にはたらく力は

$$F = (I\mathrm{d}\ell)'B = \frac{\mu_0}{4\pi}\frac{(I\mathrm{d}\ell)'(I\mathrm{d}\ell)}{r^2} \tag{7.140}$$

である (上式をベクトル表記すれば、磁荷間の磁気力と電流素片間の磁気力の違いが現れるが、ここでの議論ではこのベクトル性は考えない。)

換算係数が μ_0^{-1}(式 (1.9)) から μ_0 (式 (7.140)) へ逆数の形をとるが、しかし、その役割は要素間の r の逆 2 乗則を力の次元 (F) に変換することには変わりがない。

7-6-2 次元で比較する

上の関係を次元（単位）からながめる。

まず、磁荷 q_m の単位、ウェーバ (Wb, weber) を思い出そう。

$$[\ q_m\ ] = \mathrm{Wb} = \frac{\mathrm{N\cdot m}}{\mathrm{A}} \tag{7.141}$$

である。それは式 (1.9) から、真空中で大きさの等しい 2 つの磁荷 q_{m1}, q_{m2} を 1 m 離して置いたとき、6.3×10^4 N の力が生じる磁荷量である。ウェーバ (Wb) はまた磁束 (p.210) の単位でもあり、よって、$\mathrm{Wb\cdot m^{-2}}$ の次元 (単位) をもつ $\boldsymbol{B}$ が磁束密度と呼

	磁気の基本要素		電気の基本要素
	電流素片(A•m)	磁荷 (Wb)	電荷 (C)
$[\boldsymbol{B}]$	$= \frac{\mathrm{N}}{\mathrm{A \cdot m}}$ **(力の場)**	$= \frac{\mathrm{Wb}}{\mathrm{m}^2}$ (要素の場)	$[\boldsymbol{E}] = \frac{\mathrm{N}}{\mathrm{C}}$ **(力の場)**
$[\boldsymbol{H}]$	$= \frac{\mathrm{A \cdot m}}{\mathrm{m}^2}$ (要素の場)	$= \frac{\mathrm{N}}{\mathrm{Wb}}$ **(力の場)**	$[\boldsymbol{D}] = \frac{\mathrm{C}}{\mathrm{m}^2}$ (要素の場)

図 7.34　「場」の次元 (単位) と役割

ばれる。

図 7.34 に基本要素を「磁荷」q_m あるいは「電流素片」$I\mathrm{d}\ell$ としたときの $\boldsymbol{H}$ と $\boldsymbol{B}$ の次元 (単位) を示す。磁荷ならびに磁束の単位 Wb、電流素片の単位 A · m でまとめた。「潜在的な力の場」に相当するものは力の単位 N があらわになるように示した。

磁荷 q_m を基本要素とする見方では、H が「潜在的な磁気力の場」で単位は $\mathrm{N \cdot Wb^{-1}}$。これが磁荷 (Wb) に作用すると、力 (N) がはたらく。そして、B は確かに磁束密度の単位 $\mathrm{Wb \cdot m^{-2}}$ をもち、「磁荷（密度）の場」となる。一方、電流素片 $I\mathrm{d}\ell$ を基本にとると、B が「潜在的な磁気力の場」で単位は $\mathrm{N \cdot (A \cdot m)^{-1}}$。これが電流素片 (A·m) に作用すれば、力 (N) がはたらく。H の単位は $\mathrm{(A \cdot m) \cdot m^{-2}}$ であり、「電流素片の場」である。

「磁荷」のときの「力の場」$\boldsymbol{H}$ の単位 $\mathrm{N \cdot Wb^{-1}}$ を式 (7.141) を使って書き換えると $\mathrm{(A \cdot m) \cdot m^{-2}}$ となり 、「電流素片の場」を示す単位となる。同じように、「電流素片」のときの「力の場」$\boldsymbol{B}$ の単位 $\mathrm{N \cdot (A \cdot m)^{-1}}$ を書き換えると $\mathrm{Wb \cdot m^{-2}}$ となり 、「磁荷の場」を示す単位となる。基本要素を「電流素片」としても、「磁荷」としても、$\boldsymbol{B}$ ならびに $\boldsymbol{H}$ の次元は当然変化しないが、単位の表示は「力の場」の（力の単位=N/基本要素の単位）と「要素の場」の（基本要素の単位/m^2）を行き来する。すなわち、$[\,\boldsymbol{B}\,]=\mathrm{N \cdot (A \cdot m)^{-1}}$（電流素片を基本要素とするときの力の場）$=\mathrm{Wb \cdot m^{-2}}$（磁荷を基本要素とするときの要素の場）であり、$[\,\boldsymbol{H}\,]=\mathrm{(A \cdot m) \cdot m^{-2}}$（電流素片を基本要素とするときの要素の場）$=\mathrm{N \cdot Wb^{-1}}$（磁荷を基本要素とするときの力の場）である。

7-6-3　本書ならびに多くの教科書での「磁場」と「磁束密度」の使い方

「電流素片」を基本要素とするときは $\boldsymbol{B}$ を磁場、$\boldsymbol{H}$ を磁束密度とよび、名実が相伴う使い方をしたくなる。しかしながら、「磁荷」を基本要素とする静磁気学、特に、磁性体について、が発展した歴史的経過から磁場を $\boldsymbol{H}$、磁束密度を $\boldsymbol{B}$ とよぶ取り扱いが定着しているためわざわざ混乱させる必要もないので、「電流素片」を基本要素とするときもそれを踏襲しているのが現状である。

では、「電流素片」のときには異なるアルファベット記号を使えばよいと思うだろうが、のちに見るように、両基本要素の間で相互の $\boldsymbol{B}$ 同士は一致し、また相互の $\boldsymbol{H}$ 同士も一致する。異なる記号を使う理由がない。しかし、「力の場」か、「要素の場」かの位置づけは異なる。これについては 9-4 節「どっちがどっち」(p.305) でさらに議論する。

本書ならびに多くの教科書では折衷案的な使用法をとる。名称と記号は磁場=$\boldsymbol{H}$、磁束密度=$\boldsymbol{B}$ のままを維持し、電流素片を要素として記述する文脈では磁場=$\boldsymbol{B}$、磁束密度=$\boldsymbol{H}$ を実質的に表現する。こんなことは教科書に丁寧に書いていないので、このことを理解しないでいると当然、勉強する学生さんは混乱するであろう。電流素片を要素として真空中の磁場の振る舞いを学ぶはじめは「潜在的な磁気力の場」である磁場が重要な役割を果たすので、混乱を来さないであろうということで $\boldsymbol{B}$ を磁場 とも よぶと断りを付しながら、「磁場 $\boldsymbol{B}$」の記法が常態となる。

以上で、本節の課題は終わる。しかし、せっかく議論したのであるから、少し遊んでみよう。次元（単位）に親しむために。

7-6-4 エールステッドの発見の重要性

歴史的には、はじめに磁荷のあいだの磁気力が「クーロンの法則」(1785 年)(式 (1.9)) として確認され、つぎにエールステッドによる「電流の磁気作用の発見」(1820 年) (p.187) が起こり、それを伝え聞いたアンペールが「平行電流の法則」を確立 (1820 年)(式 (7.1)) したというのが、順序である。

「エールステッドの発見」があったので、それ以降の研究では電流が生じる作用は磁石のもつ作用と同じ磁気作用であることが既知の事実として受け入れられたと推測する。

もし、「平行電流の法則」の発見が先に登場したならば、これが磁気力であることは自明でなく、この発見を聞いたエールステッドが電流の磁石に及ばす作用を見出すことになる研究を行ったという歴史をたどったに違いない。すなわち、このエールステッドの発見がなされるまでは、「磁荷間のクーロンの法則」と「平行電流の法則」は別種の相互作用と考えられ、いまわれわれが真空の透磁率 μ_0(換算係数) とよんでいる定数はそれぞれの「法則」で異なる物理量として扱われたであろう。そして、当然、磁荷の単位の Wb が電流素片の単位の $\mathrm{A \cdot m}$ と式 (7.141) でみるようにつながりをもつこともなかったであろう。したがって、「エールステッドの発見」は電場の生成元である電荷の流れが磁気作用を生じるという、電磁気学の確立への大変重要なステップであって、高く評価し過ぎることのない偉大な業績である。これはまた電磁気学がローレンツ力を介してアインシュタインの特殊相対論へと発展する土台を築いたものでもある（相対論のことばを出さず、7-1-2 小節「「導線に流れる」という表現についてのコメント」p.189 でわずかに触れた）。

(a) 換算係数 μ_0 が磁荷 q_m と電流 $Id\ell$ を結ぶ

エールステッドの発見により、「磁荷間のクーロンの法則」と電流素片の間の「平行電流の法則」(議論をしやすくするために「平行電流の法則」を式 (7.140) で置き換える) は同質の磁気力を示すことが分かった。これらの法則を結びつけるのが換算係数 μ_0 である。

ここで、2 つの法則が教える力を等号で結び、換算係数を考える。数値を議論するのではなく、次元（単位）の観点でみる。

前者の換算係数を κ_1(式 (1.9) の $1/\mu_0$ に当たる)、後者の係数を κ_2(式 (7.140) の μ_0 に当たる) と記し、[　] で挟んで、挟まれた量の次元を表記すると、

$$[\kappa_1]\frac{[q_m q'_m]}{[r^2]} = [\kappa_2]\frac{[(Id\ell)(Id\ell)']}{[r^2]} \tag{7.142}$$

$$\Rightarrow \quad \frac{[\kappa_2]}{[\kappa_1]} = \frac{[q_m q'_m]}{[(Id\ell)(Id\ell)']} = \frac{[q_m]^2}{[Id\ell]^2} \tag{7.143}$$

1 行目は 2 つの力を等号で結んだもので、次元を考えているのでベクトル構成は無視する。$\mu_0 = 1/\kappa_1 = \kappa_2$ とすれば、2 行目から 1 つの解として

$$[\mu_0] = \frac{1}{[\kappa_1]} = [\kappa_2] = \frac{[q_m]}{[Id\ell]} = \frac{\mathrm{Wb}}{(\mathrm{A}\cdot\mathrm{m})} \qquad \left(= \frac{\mathrm{N}}{\mathrm{A}^2} \right) \tag{7.144}$$

が得られる。

μ_0 が磁荷と電流素片を結びつける、すなわち、μ_0 は両者間の変換係数ともなっている。

$$q_m = \mu_0(Id\ell)\ ; \qquad (Id\ell) = \frac{q_m}{\mu_0} \tag{7.145}$$

である。これが「エールステッドの実験」が教えるところのものであり、この関係を使って磁荷の間の「クーロンの法則」と電流素片の間の「平行電流の法則」を書き換えてみると、両者は同一のものである (それは当り前で、論理的には式 (7.142) から式 (7.145) への過程を逆に辿ったことになる)。

問 7-10 式 (7.145) を使って、「磁荷間のクーロンの法則」(式 (1.9)) と電流素片の間の「平行電流の法則」(式 (7.140)) を書き換え、両者が同一になることを確かめよ。

(b) 磁場 $\boldsymbol{B}$ と磁荷 q_m の間にはたらく力

前々小節では磁気の基本要素を「磁荷」、あるいは「電流素片」として、それぞれの場合について磁場 $\boldsymbol{H}$ と磁束密度 $\boldsymbol{B}$ を論じた。しかし、基本要素が混在する場合は、どうすればよいだろう。

たとえば、エールステッドの実験のように電流素片のつくる「潜在的な磁気力の場」$\boldsymbol{B}$ の中にある磁荷 q'_m の受ける力、あるいは逆に磁荷のつくる「潜在的な磁気力の場」$\boldsymbol{H}$ の中にある電流素片 $(I\mathrm{d}\ell)'$ の受ける力はどのように取り扱えばいいのか？ 基本要素が混じり合って、前者は磁荷 q'_m と電流のつくる $\boldsymbol{B}$ 場の相互作用であり、後者は電流素片 $(I\mathrm{d}\ell)'$ と磁荷のつくる $\boldsymbol{H}$ 場との相互作用である。

前者ならびに後者のはたらく力をそれぞれ F_Q, F_I と記すと、それらはつぎのような形式をとると推測しないだろうか。

$$F_Q = q'_m B = q'_m \cdot \frac{\mu_0(I\mathrm{d}\ell)}{4\pi r^2} \tag{7.146}$$

$$F_I = (I\mathrm{d}\ell)' H = (I\mathrm{d}\ell)' \cdot \frac{q_m}{4\pi\mu_0 r^2} \tag{7.147}$$

しかし、これでは下に見るように力の次元 $[F] = \mathrm{N}$ が得られない。

$$[F_Q] = \mathrm{Wb} \cdot \frac{\mathrm{N}}{\mathrm{A \cdot m}} = [\mu_0] \times \mathrm{N} \tag{7.148}$$

$$[F_I] = (\mathrm{A \cdot m}) \cdot \frac{\mathrm{N}}{\mathrm{Wb}} = \frac{1}{[\mu_0]} \times \mathrm{N} \tag{7.149}$$

その上、作用と反作用が異なる力の法則に従わねばならず、$[F] = \mathrm{N}$ を得るには式 (7.148) は換算係数 μ_0 が余分であり、式 (7.149) は換算係数 μ_0 が不足している。式 (7.145) の関係を使って、この μ_0 の過不足分を補正してやると、磁荷と電流素片の間の力は

$$F = \frac{q'_m(I\mathrm{d}\ell)}{4\pi r^2} \tag{7.150}$$

となる。これを式 (7.145) によって磁荷間の力に書き換えると

$$F = q'_m \cdot \frac{q_m}{4\pi\mu_0 r^2} = q'_m \cdot H \qquad \left(B = \mu_0 H = \frac{q_m}{4\pi r^2} \right) \tag{7.151}$$

電流素片間の力に書き換えると

$$F = (I\mathrm{d}\ell)' \cdot \frac{\mu_0(I\mathrm{d}\ell)}{4\pi r^2} = (I\mathrm{d}\ell)' \cdot B \qquad \left(H = \frac{B}{\mu_0} = \frac{(I\mathrm{d}\ell)}{4\pi r^2} \right) \tag{7.152}$$

である。「力の場」は「磁荷」の $\boldsymbol{H}$ であり、「電流素片」の $\boldsymbol{B}$ である。

(c) 混乱は不必要！

自然界の現象は人間の視点によらずに、客観的に機能する。静磁場の現象も「磁荷」を基本要素とするか、「電流素片」を基本要素とするかによらない。

上式 (7.150)-(7.152) から分かるように、式 (7.145) を覚えてさえいれば、$\boldsymbol{B}$ と $\boldsymbol{H}$ に関する混乱は避けられる。

$$q_m = \mu_0(I\mathrm{d}\ell)\ ; \qquad (I\mathrm{d}\ell) = \frac{q_m}{\mu_0} \tag{7.145}$$

まず、「磁荷間のクーロンの法則」(式 (1.9)) と「平行電流の法則」(式 (7.140)) が本質的に同じものであることを認識すること。磁荷 q_m を扱うときの「潜在的な力の場」である磁場は H であって、$F = q_m' \cdot H$ から H を定め、磁束密度 B は $B = \mu_0 H$ である。電流素片 $I\mathrm{d}\ell$ を扱うときの「潜在的な力の場」である磁場は B であって、$F = (I\mathrm{d}\ell)' \cdot B$ から B を定め、磁束密度 H は $H = B/\mu_0$ である。

両者で磁場ならびに磁束密度が入れ子になり、異なるように思える。それは基本要素の表示が異なっているからで、式 (7.145) にしたがって、同じ要素で表示すれば違いは消える。

磁荷 q_m と電流素片 $I\mathrm{d}\ell$ の間の力 (式 (7.150)) では換算係数 μ_0 が現れないが、それを覚える必要などない。磁荷の間の「クーロンの法則」か、電流素片の間の「平行電流の法則」か一方を覚えておけば、他の 2 つは関係式 $\mu_0(I\mathrm{d}\ell) = q_m$ から導ける。

以上、ベクトル性を無視して議論したが、事態はもう少し複雑で面白い。磁性体を対象に第 8 章において、同じ課題を「電流素片」あるいは「磁荷」の視点で解析する。

《著者紹介》

大島隆義（おおしま たかよし）

1946 年　大阪市に生まれる
1969 年　同志社大学工学部電子工学科卒業
1975 年　名古屋大学大学院理学系研究科博士課程単位取得退学
東京大学原子核研究所助手、
高エネルギー加速器研究機構助教授、
名古屋大学理学部教授などを経て
現　在　名古屋大学名誉教授、理学博士
著　書『自然は方程式で語る　力学読本』（本会、2012 年）
『理工学の基礎　電磁気学』（共著、培風館、2009 年）他

電磁気学読本　上

2016 年 10 月 15 日　初版第 1 刷発行

定価はカバーに
表示しています

著　者　大　島　隆　義

発行者　金　山　弥　平

発行所　一般財団法人　名古屋大学出版会

〒 464-0814　名古屋市千種区不老町 1 名古屋大学構内
電話 (052)781-5027/FAX(052)781-0697

印刷・製本 三美印刷 ㈱　ISBN978-4-8158-0849-5
乱丁・落丁はお取替えいたします。